高等院校规划教材——计算机科学与技术系列

新编计算机导论

周苏 主编

谢安俊 王文 曾希君 金海溶 参编

机械工业出版社

本书针对计算机和其他IT专业学生的发展需求，结合一系列计算机学科的丰富知识和实验，把计算机学科的概念、理论和技术知识融入在实践当中，使学生保持浓厚的学习热情，加深对专业知识的认识、理解和掌握。本书内容包含了计算机学科的各个方面，涉及计算机学科体系，计算机与数据，计算机硬件与体系结构，计算机网络与因特网，计算机软件与信息标准化，文字处理、电子表格和演示文稿，数据组织与数据存储，多媒体与数字艺术，算法、程序设计与数据结构，数据库、数据仓库与数据挖掘，软件工程与软件测试，信息安全与风险责任，职业、职业素质与法律等。本书还以实验和引导学生自主学习的方式，安排了对Word、Excel、PowerPoint、Access、Visio和Project等常用软件的学习，理论联系实际，教学与实验内容丰富、生动。

本书是全新设计编写的学科综述性导引课程教材，可作为高等院校IT专业“计算机导论”课程的主教材。

图书在版编目(CIP)数据

新编计算机导论/周苏主编.—北京：机械工业出版社，2008.5（2014.8重印）
（高等院校规划教材·计算机科学与技术系列）
ISBN 978-7-111-23989-5

Ⅰ.新…　Ⅱ.周…　Ⅲ.电子计算机-高等学校-教材　Ⅳ.TP3

中国版本图书馆CIP数据核字(2008)第057461号

机械工业出版社（北京市百万庄大街22号　邮政编码　100037）
责任编辑：田淑华　赵　轩
责任印制：张　楠
唐山丰电印务有限公司印刷

2014年8月第1版·第6次印刷
184mm×260mm·19.5印张·482千字
12801-14600册
标准书号：ISBN 978-7-111-23989-5
定价：39.00元

凡购本书，如有缺页、倒页、脱页，由本社发行部调换

电话服务
社服务中心：(010) 88361066
销售一部：(010) 68326294
销售二部：(010) 88379649
读者购书热线：(010) 88379203

网络服务
教材网：http://www.cmpedu.com
机工官网：http://www.cmpbook.com
机工官博：http://weibo.com/cmp1952
封面无防伪标均为盗版

前　言

在学科综述性导引课程的构建问题上，人们容易将“计算机文化”与“计算机导论”混为一谈。其实，这是两门性质不同的课程。“计算机文化”（或“大学计算机基础”等）要解决的是人们对计算机功能的工具性认识，其目的在于培养学生操作计算机的初步能力，所以常着眼于应用操作的具体细节；而“计算机导论”除了培养学生操作计算机能力之外，关键是要解决计算机及其他IT专业的学生对本专业和对计算本质的认识问题。IT专业的学生不能局限于仅仅把“计算”看成一种工具，而更应该理解和掌握计算学科的基本原理、根本问题，以及解决问题的新的思维模式。换句话说，在不降低操作技能要求的同时，应该着眼于专业知识面的开拓，这才叫“宽基础、高素质”。

另一方面，高等教育的大众化对应用型、教学型的相关专业课程的教学提出了更高的要求。新的高等教育形势需要我们积极进行教学改革，研究和探索新的教学方法。在长期的教学实践中，我们体会到“因材施教”是教育教学的重要原则之一，把实践环节与理论教学相融合，抓实验实践教学促进学科理论知识的学习，是有效改善教学效果和提高教学水平的重要方法之一。

本书是全新设计编写的学科综述性导引课程教材，主要基于以下几个目的：

- 通过主要基于因特网的实验活动，培养学生借助网络环境进行自主学习的能力。
- 通过主要针对Word、Excel、PowerPoint、Project、Visio和Access等常用软件的实验活动，培养学生的动手能力。
- 通过广泛的专业文章阅读和教材阅读，培养学生探究性学习、理性思考和创新思维的能力。

本书可作为高等院校计算机专业及相关IT专业“计算机导论”课程的具有较强实践性的主教材。本书针对IT专业学生的发展需求，通过对一系列计算机学科丰富知识的学习和实验，把计算机学科的概念、理论和技术知识融入在实践当中，从而使学生保持浓厚的学习热情，加深对专业知识的认识、理解和掌握。课程和实验内容包含了计算机学科的各个方面。

本书的编写得到了浙江大学城市学院、温州大学瓯江学院、浙江工业大学之江学院和台州科技职业学院等院校领导和师生的大力支持，在此一并表示感谢！欢迎教师索取本书教学配套的PPT和相关资料并交流：zs@mail.hz.zj.cn，QQ：81505050，个人博客：http://blog.sina.com.cn/zhousu58；也可从机械工业出版社教材服务网（www.cmpedu.com）下载本书的电子教案PPT。

周　苏

2008年春于西子湖畔

2009年11月修订

读 者 指 南

本书是一本计算机专业基础教材，涉及计算机学科的各个方面，其设计意图在于勾画出计算机科学体系的框架，为有志于从事 IT 行业的学生奠定计算机科学知识的基础，架设了一座深入专业理论学习的桥梁。

读者对象

本书是全新设计编写的计算机学科综述性导引课程教材，可作为大学 IT 专业"计算机导论"课程的具有较强实践性的主教材。本书叙述流畅，内容全面，也是学习计算机基础知识的良好自学读物。相信本书将有助于"计算机导论"课程的教与学，有助于读者对理解、掌握和应用本课程的内容建立起足够的信心和兴趣。

课程与实验内容

本书针对 IT 专业学生的发展需求，通过一系列对计算机学科丰富知识与应用的学习和实验，把计算机学科的概念、理论和技术知识融入在实践当中，从而使学生保持浓厚的学习热情，加深对专业知识的认识、理解和掌握。全书共 14 章，课程和实验内容（图 1）包含了计算机学科的各个方面，涉及计算机学科体系、计算机与数据、计算机硬件与体系结构、计算机网络与因特网、计算机软件与信息标准化、文字处理/电子表格和演示文稿、数据组织与数据存储、多媒体与数字艺术、算法/程序设计与数据结构、数据库/数据仓库与数据挖掘、软件工程与软件测试、信息安全与风险责任、职业/职业素质与法律等。本书还以实验和引导学生自主学习的方式，安排了对 Word、Excel、PowerPoint、Access、Visio 和 Project 等常用软件的学习，理论联系实际，教学与实验内容丰富、生动。

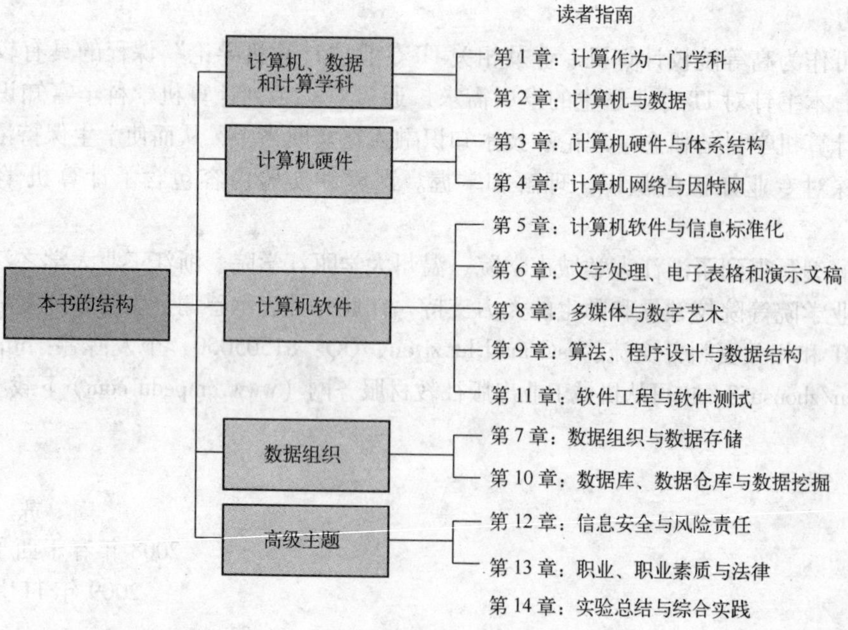

图 1　本书的结构

本书的特点

重概念宽基础

本书没有深入讨论计算机学科的各个主题但试图覆盖计算机学科的相关主题。经验表明，学生掌握了数据的表示和处理，就能够更好地进行程序设计，而掌握了有关计算机学科的一般知识，学生可以更容易学好本专业的各门课程。因此，本书是对计算机学科的一个鸟瞰式的纵览。

阅读与思考

广泛的专业文章阅读，了解和学习前人的卓越成就，将有助于培养学生的专业精神，提高学生的专业意识。本书中，各章都精选了一些阅读材料，以有益于培养学生探究性学习与表达、理性思考和创新思维的能力。

主要术语

本书各章都列出了介绍过的主要术语，透过每个术语，可以重温本章的学习内容，测试本章的学习状况。同时，术语，即行话，也是学生专业性的重要表现。

实验设计

高等教育的大众化对强调应用、教学型的相关专业课程的教学提出了更高的要求，新的高等教育形势需要我们积极进行教学改革，研究和探索新的教学方法。在长期的教学实践中，我们体会到，“因材施教”是教育教学的重要原则之一，把实验实践环节与理论教学相融合，抓实验实践教学促进学科理论知识的学习，是有效改进教学效果和提高教学水平的重要方法之一。

为方便教师组织教学，本书在实验内容的选择，实验步骤的设计和实验文档的组织等诸方面都作了精心的考虑和安排。教师和学生都可以通过本书的实验练习来研究概念的实现。

实验要求

本书实验内容的设计十分丰富，部分实验在有限的上机实验时间内不一定能完成。根据不同的教学安排和要求，教师可以根据实际情况、条件及需要，从中选取部分实验必须完成，部分实验由学生作为作业选择完成。以自主学习为特征的课程实验有助于“让学生课余时间忙起来”，促进学生学习能力、动手能力的提高，甚至也有助于学风的改善。

致教师

本书第1章“计算作为一门学科”的学习内容一直以来都被忽视了。事实上，站在计算机和IT专业的角度来思考，这是我国教育部计算机教育指导委员会相关蓝皮书的主要内容，对帮助学生对本学科发展的认识、对专业课程的学习和理解等都具有非常重要的意义，应该得到足够重视。但如果受限于学时数，在实际教学中也可以作为自学、阅读内容来处理。计算机科学与工程知识本身就具有鲜明的应用性，我们应该充分重视本课程的实验环节，以实验与实践教学来促进理论知识的学习。

本书的全部实验，都经过了严格的教学实践的检验，取得了良好的教学效果。根据经验，实验活动的开展在学生中普遍存在两个方面的问题：

（1）常常会忽视对教学内容的阅读和理解，而急功近利，只求完成实验步骤。

（2）在实验步骤完成之后，没有投入时间对实验内容进行消化，从而不能很好地进行相关的实验总结。

因此,为了保证实验的质量,建议教师重视对教学实践环节的组织,例如:

(1) 在实验之前要求学生对教学和实验内容进行预习。指导老师在实验开始时应该对学生的预习情况进行检查,并计入实验成绩。

(2) 明确要求学生重视对实验内容的理解和体会,认真完成"单元学习评价"和"实验总结"等环节,并把这些内容作为实验成绩的主要评价成分,以激励学生对所学知识进行积极和深度的思考。

(3) 每个实验均留有"教师评价"部分,全部实验完成之后的实验总结部分还设计了"课程学习能力测评"等内容。希望以此方便师生交流对学科知识、实验内容的理解与体会,并对学生的学习情况进行必要的评估。

如果需要,教师还可以在现有实验的基础上,在应用实践方面做出一些要求、指导和布置,以进一步发挥学生的潜能并激发学习的主动性和积极性。

关于实验的评分标准

合适的评分标准有助于促进实验的有效完成。在实践中,我们摸索出了如下评分安排,即,对于每个实验以 5 分计算。其中,阅读教学和实验内容(要求学生用彩笔标注,留下阅读记号)占 1 分,完成全部实验步骤占 2 分(完成了但质量不高则只给 1 分),认真撰写"实验总结"占 2 分(写了但质量不高则只给 1 分)。以此强调对教学内容的阅读并通过撰写"实验总结"来强化实验效果。

致学生

计算机科学与技术是一个充满了挑战和发展机遇的学科:计算机网络将地球上每一个角落的人们连接在一起,虚拟现实创造了眩目的三维图像,宇宙空间探险的成功也部分归功于计算机技术的发展,计算机建立的特技效果改变了电影工业,计算机在遗传学研究中也扮演了一个重要的角色……。毫无疑问,这里充满着挑战和令人兴奋的职业机会,但也需要具有迎接挑战的足够信心和积极的努力。

计算机技术的发展方兴未艾,其所具有的鲜明的应用性,需要我们在学习过程中重视实践,重视通过动手来牢固掌握相关的知识,也需要通过实践把认识上升到一定的理论高度。本书为读者提供了一个深入了解和研究计算机知识的新的学习方法,下面两点对于提高学生的学习和实验效果非常重要。

(1) 在开始每一个实验之前,请务必预习各章的教学内容,其中包含着本课程知识的主体,和实验内容有着密切的联系。

(2) 实验完成后,请认真撰写每个实验的"单元学习评价"、"实验总结"和最后的"课程实验总结",完成"课程学习能力测评",把感受、认识和意见建议等表达出来,这能起到"画龙点睛"的作用,也可以此和老师进行积极的交流,并对自己的学习情况进行必要的评估。

另一方面,可能仅靠书本所提供的实验还不够。如果需要,可以在这些实验的基础上,结合应用项目,来进一步实践以发挥自己的潜能和激发学习的主动性与积极性。

关于网络环境下的自主学习

本书的作者认为,大学课程的学习,一方面是老师尽心尽职地教,一方面是学生积极主动地学;一方面是课堂上老师的讲授引导,一方面是学生课余的自主探索。哪个方面都很重要。我们有幸生活在网络时代,依托因特网环境,培养自主学习能力,是时代的恩惠,也是时代的象征。本书或者本课程所展示的,都会因你的勤奋努力而得到发展,不可限量。

实验设备

个人计算机在学生，尤其是专业学生中的普及，使我们有机会把实验任务分别利用课内和课外时间来完成，以获得更多的锻炼。

实验设备与环境

大多数实验和知识探索都基于Windows 和因特网环境，因此，用来开展本课程实验的计算机，应该具有良好的上网条件。

在利用个人计算机完成实验时，要重视理解操作系统所显示的提示甚至警告信息，注意保护自己的数据和计算环境的安全，做好必要的数据备份工作，以免产生不必要的损失。

没有设备时如何使用本书

如果本书的读者由于某些客观原因无法获得必要的实验设备，也不用失望，我们相信您仍能从本书中受益。全书以循序渐进的方式进行介绍，读者通过认真阅读和仔细分析实验的操作步骤，相信也能在一定程度上有所收获。

Web 站点资源

几乎所有软件工具的生产厂商都对其产品的用户提供了足够的因特网支持，用户可利用这些支持网络来修改错误、升级系统并获得更新、更为详尽和丰富的技术资料。

由于网络资料的日新月异，我们不便在本书中一一罗列，有要求的读者可以上网利用、百度等搜索工具即时进行检索。

可以从机械工业出版社教材服务网（www. cmpedu. com），或者联系作者 QQ:81505050，选择下载与本书内容相配套的教学课件，帮助教师做一点基础的备课准备，使学生在课堂上可以更好地集中听课注意力，也方便课前课后的预习和复习。

目　录

前言

读者指南

第 1 章　计算作为一门学科 ………… 1

1.1　计算学科的历史背景 ………… 1

1.1.1 《计算作为一门学科》报告 ……… 2

1.1.2　CC1991 的主要成果 ………… 2

1.1.3　CC2001 的主要成果 ………… 3

1.2　CC2004 与本科教育知识体系 …… 3

1.2.1　计算学科领域的分化 ………… 4

1.2.2　计算机科学学科的知识领域 …… 4

1.2.3　计算机工程学科的知识领域 …… 5

1.2.4　软件工程学科的知识体系和领域 ………… 6

1.2.5　信息系统学科的知识领域 ……… 7

1.2.6　信息技术学科的知识领域 ……… 8

1.3　计算的本质与计算学科的定义 … 8

1.3.1　机械计算机器 ………… 8

1.3.2　计算机硬件的历史 ………… 10

1.3.3　图灵对计算本质的揭示 ……… 10

1.3.4　现代计算机的产生及计算学科的定义 ………… 11

1.3.5　计算学科的根本问题 ………… 11

1.4　计算学科各主领域的主要内容 ………… 12

1.4.1　离散结构 ………… 12

1.4.2　程序设计基础 ………… 12

1.4.3　算法与复杂性 ………… 12

1.4.4　体系结构 ………… 12

1.4.5　操作系统 ………… 13

1.4.6　网络计算 ………… 13

1.4.7　程序设计语言 ………… 13

1.4.8　人机交互 ………… 13

1.4.9　图形学和可视化计算 ………… 13

1.4.10　智能系统 ………… 14

1.4.11　信息管理 ………… 14

1.4.12　软件工程 ………… 14

1.4.13　社会和职业 ………… 15

1.4.14　科学计算 ………… 15

1.5　抽象、理论和设计三个学科形态 ………… 15

1.5.1　抽象形态 ………… 15

1.5.2　理论形态 ………… 15

1.5.3　设计形态 ………… 16

1.5.4　三个学科形态的内在联系 ……… 16

1.6　计算学科的教育问题 ………… 16

1.6.1　"工科"还是"理科" ………… 17

1.6.2　理论与实践相结合 ………… 17

1.6.3　能力培养 ………… 17

1.6.4　创新意识培养 ………… 18

1.7　阅读与思考:人工智能之父——图灵 ………… 18

1.8　主要术语 ………… 20

1.9　练习与实验 ………… 20

第 2 章　计算机与数据 ………… 24

2.1　冯·诺依曼的定义 ………… 24

2.2　计算机系统基础 ………… 25

2.2.1　软件 ………… 25

2.2.2　计算机分类 ………… 25

2.2.3　微型计算机的兼容性 ………… 27

2.2.4　外围设备 ………… 28

2.2.5　计算机网络 ………… 28

2.2.6　因特网 ………… 28

2.3　用户界面 ………… 28

2.3.1　提示 ………… 28

2.3.2　命令 ………… 29

2.3.3　菜单和对话框 ………… 29

2.3.4　图形对象 ………… 30

2.3.5　指示设备 ………… 31

2.3.6　键盘 ………… 31

2.3.7　监视器 ………… 32

2.3.8　联机帮助 ………… 32

2.4　数据和数的表示 ………… 33

2.4.1　存储和组织数据 ………… 33

2.4.2 计算机内部的数据 …………… 34
2.4.3 表示数据…………………… 34
2.4.4 十六进制与八进制 ………… 37
2.4.5 十进制和二进制 …………… 38
2.4.6 进制的转换 ………………… 38
2.4.7 整数表示法 ………………… 39
2.4.8 浮点表示法 ………………… 41
2.5 阅读与思考:现代计算机之父——冯·诺依曼……………… 43
2.6 主要术语…………………………… 45
2.7 练习与实验………………………… 46
第3章 计算机硬件与体系结构 ……… 53
3.1 数字电路…………………………… 53
3.1.1 系统内部…………………… 53
3.1.2 集成电路…………………… 54
3.1.3 主板 ………………………… 54
3.1.4 数据传输…………………… 54
3.2 内存………………………………… 55
3.2.1 随机访问存储器 …………… 55
3.2.2 虚拟内存…………………… 56
3.2.3 只读存储器 ………………… 56
3.2.4 CMOS 存储器 ……………… 57
3.2.5 地址空间…………………… 57
3.3 中央处理器………………………… 57
3.3.1 CPU 体系结构 ……………… 57
3.3.2 指令与指令周期 …………… 58
3.3.3 CPU 的性能因素 …………… 59
3.3.4 流水线和并行处理 ………… 60
3.3.5 双核处理器 ………………… 61
3.4 输入输出…………………………… 61
3.4.1 扩展槽和扩展卡 …………… 62
3.4.2 扩展端口和电缆…………… 63
3.5 移动计算技术……………………… 63
3.6 阅读与思考:摩尔定律 …………… 64
3.7 主要术语…………………………… 66
3.8 练习与实验………………………… 67
第4章 计算机网络与因特网 ………… 70
4.1 计算机网络的基本概念…………… 70
4.1.1 网络的历史 ………………… 70
4.1.2 网络分类…………………… 73
4.2 网络的组成与结构………………… 75
4.2.1 计算机网络的基本组成 …… 75
4.2.2 资源子网和通信子网 ……… 75
4.2.3 网络拓扑结构 ……………… 76
4.2.4 网络传输介质 ……………… 78
4.3 网络互联与通信协议……………… 79
4.3.1 网络互联…………………… 79
4.3.2 网络互联设备 ……………… 80
4.3.3 网络协议…………………… 81
4.3.4 IP 地址、子网掩码与域名 ……… 82
4.3.5 统一资源定位符 …………… 84
4.3.6 IP v6 协议 ………………… 84
4.4 网络软件…………………………… 85
4.4.1 网络操作系统 ……………… 85
4.4.2 网络应用程序 ……………… 85
4.4.3 网络软件许可证 …………… 86
4.4.4 工作流软件和群件 ………… 86
4.5 多功能的 Web 浏览器 …………… 86
4.5.1 万维网 ……………………… 86
4.5.2 Web 门户网站 ……………… 87
4.5.3 因特网多媒体 ……………… 88
4.5.4 文件传输…………………… 88
4.5.5 因特网交互活动 …………… 89
4.6 Web 创作和站点管理 …………… 89
4.6.1 网页制作…………………… 89
4.6.2 HTML 及其制作工具 ……… 89
4.6.3 网页设计提示 ……………… 90
4.6.4 发布网页…………………… 91
4.7 阅读与思考:一个网络管理员的心里话…………………… 92
4.8 主要术语…………………………… 93
4.9 练习与实验………………………… 94
第5章 计算机软件与信息标准化 … 101
5.1 计算机软件的历史 ……………… 101
5.2 计算机软件基础 ………………… 102
5.2.1 计算机程序 ……………… 102
5.2.2 计算机软件 ……………… 102
5.2.3 享有版权的软件………… 102

5.2.4 许可软件 ………………………… 103
5.2.5 共享软件 ………………………… 103
5.2.6 公共域软件 ……………………… 104
5.3 系统软件和应用软件 ………… 104
5.3.1 设备驱动程序 …………………… 104
5.3.2 计算机编程语言………………… 104
5.3.3 应用软件…………………………… 105
5.4 操作系统 ……………………… 105
5.4.1 操作系统的职能………………… 105
5.4.2 桌面和服务器操作系统 ……… 105
5.4.3 操作系统的演化………………… 108
5.4.4 操作系统的组成………………… 109
5.5 信息标准化 …………………… 111
5.5.1 标准化的内容 …………………… 111
5.5.2 信息标准化的意义……………… 111
5.5.3 信息标准的层次………………… 112
5.6 阅读与思考:数字地球
——21世纪认识地球的方式 … 113
5.7 主要术语 ……………………… 116
5.8 练习与实验 …………………… 117
第6章 文字处理、电子表格和演示文稿 ……………………… 122
6.1 文字处理 ……………………… 122
6.1.1 打字和键盘输入………………… 123
6.1.2 写作过程 ………………………… 123
6.1.3 改进写作质量…………………… 123
6.1.4 格式化文档 ……………………… 124
6.1.5 纸版印刷和电子出版 ………… 126
6.1.6 文档自动生成 …………………… 126
6.2 电子表格 ……………………… 127
6.2.1 创建简单的工作表 …………… 128
6.2.2 公式计算与模板………………… 129
6.2.3 测试和修改工作表 …………… 130
6.2.4 电子表格的"智能"…………… 130
6.2.5 设计建议与假设分析 ………… 132
6.3 演示文稿 ……………………… 132
6.3.1 建立演示文稿 …………………… 133
6.3.2 设计外观统一的演示文稿 …… 135
6.3.3 插入并处理对象………………… 137
6.3.4 演示文稿放映 …………………… 138
6.3.5 打印演示文稿 …………………… 140
6.4 阅读与思考:狂热的革新者——Word之父西蒙尼……… 141
6.5 主要术语 ……………………… 143
6.6 练习与实验 …………………… 144
第7章 数据组织与数据存储 ……… 149
7.1 数据、信息和文件…………… 149
7.1.1 基本概念 ………………………… 149
7.1.2 文件命名规范 …………………… 149
7.1.3 通配符 …………………………… 150
7.1.4 可执行文件 ……………………… 150
7.1.5 数据文件 ………………………… 151
7.1.6 配置文件、程序模块和其他文件 ……………………………… 151
7.2 资源管理器 …………………… 152
7.2.1 设备驱动器号 …………………… 152
7.2.2 目录和文件夹 …………………… 152
7.2.3 存储模型 ………………………… 153
7.2.4 资源管理器操作………………… 153
7.3 存储文件数据 ………………… 153
7.3.1 存储的概念 ……………………… 153
7.3.2 磁技术和光技术………………… 154
7.3.3 磁道、扇区和簇………………… 154
7.3.4 闪存技术 ………………………… 155
7.3.5 文件分配表 ……………………… 155
7.4 存储设备 ……………………… 156
7.4.1 存储设备的评价标准 ………… 156
7.4.2 U盘存储 ………………………… 157
7.4.3 硬盘存储 ………………………… 157
7.5 阅读与思考:数字化生存与人性化思考 ……………………… 158
7.6 主要术语 ……………………… 160
7.7 练习与实验 …………………… 161
第8章 多媒体与数字艺术 ………… 167
8.1 多媒体技术 …………………… 167
8.1.1 多媒体的定义 …………………… 167
8.1.2 多媒体设备 ……………………… 169
8.1.3 数字扫描 ………………………… 169

8.1.4 数字摄影 …………………… 169
8.1.5 数字动画和视频…………………… 170
8.2 数据压缩技术 …………………… 170
8.3 虚拟现实技术 …………………… 171
8.4 动漫设计技术 …………………… 172
8.5 技术对艺术的影响 ………………… 173
8.5.1 摄影技术的诞生…………………… 173
8.5.2 电子媒体的诞生…………………… 173
8.5.3 电子计算机的诞生………………… 174
8.6 数字艺术设计 …………………… 174
8.7 阅读与思考:鼠标之父、人机交互大师恩格尔巴特 ………… 175
8.8 主要术语 ………………………… 178
8.9 练习与实验 ……………………… 178
第9章 算法、程序设计与数据结构 ……………………… 186
9.1 算法 ……………………………… 186
9.1.1 问题描述 ………………………… 186
9.1.2 算法的概念 ……………………… 186
9.1.3 三种结构 ………………………… 188
9.1.4 算法的框图表示…………………… 188
9.1.5 算法的定义 ……………………… 189
9.2 编写计算机程序 ………………… 189
9.2.1 程序顺序 ………………………… 189
9.2.2 顺序结构 ………………………… 190
9.2.3 选择结构 ………………………… 190
9.2.4 重复结构 ………………………… 191
9.3 测试和文档 ……………………… 191
9.3.1 测试程序 ………………………… 191
9.3.2 程序文档 ………………………… 192
9.4 编程语言的特点 ………………… 192
9.4.1 过程性语言 ……………………… 192
9.4.2 说明性语言 ……………………… 193
9.4.3 脚本语言 ………………………… 193
9.4.4 低级语言 ………………………… 194
9.4.5 高级语言 ………………………… 194
9.4.6 编译程序和解释程序 …………… 194
9.4.7 面向对象语言 …………………… 195
9.4.8 事件驱动语言 …………………… 195
9.4.9 构件(组件) …………………… 195
9.5 选择编程语言 …………………… 195
9.6 数据结构 ………………………… 197
9.6.1 数组 ……………………………… 197
9.6.2 记录 ……………………………… 198
9.6.3 链表 ……………………………… 198
9.7 阅读与思考:19世纪的传奇合作——巴贝奇与阿达 ………… 200
9.8 主要术语 ………………………… 201
9.9 练习与实验 ……………………… 202
第10章 数据库、数据仓库与数据挖掘 ……………………… 208
10.1 数据库基础……………………… 208
10.1.1 数据库的基本结构 …………… 208
10.1.2 数据库的特点 ………………… 209
10.1.3 数据模型 ……………………… 209
10.1.4 数据库的发展 ………………… 211
10.2 数据库管理系统………………… 211
10.2.1 数据库管理系统功能 ………… 211
10.2.2 面向对象数据库 ……………… 212
10.2.3 基于Web的数据库工具 ……… 213
10.2.4 主流的数据库管理系统………… 213
10.3 数据库检索……………………… 213
10.3.1 结构化和非结构化数据库 …… 214
10.3.2 信息检索……………………… 214
10.3.3 菜单和超文本索引 …………… 214
10.3.4 关键字搜索…………………… 215
10.3.5 实例查询……………………… 216
10.4 数据仓库………………………… 216
10.4.1 数据仓库的特点 ……………… 217
10.4.2 数据仓库的组成 ……………… 217
10.4.3 数据仓库的意义 ……………… 218
10.4.4 数据仓库与数据库 …………… 219
10.5 数据挖掘………………………… 219
10.6 阅读与思考:9·11事件中的摩根斯坦利证券公司……………… 221
10.7 主要术语………………………… 222
10.8 练习与实验……………………… 223
第11章 软件工程与软件测试 ……… 229

11.1 软件生存周期及其模型……… 229
11.1.1 软件生存周期过程 ……… 229
11.1.2 软件生存周期模型 ……… 230
11.1.3 瀑布模型 …………… 230
11.1.4 渐增模型 …………… 231
11.2 软件工程定义……………… 231
11.3 软件开发过程……………… 232
11.3.1 分析阶段……………… 232
11.3.2 设计阶段……………… 232
11.3.3 实现阶段……………… 232
11.3.4 测试阶段……………… 233
11.4 模块化……………………… 233
11.4.1 工具 ……………………… 233
11.4.2 耦合 ……………………… 234
11.4.3 内聚 ……………………… 234
11.5 软件质量…………………… 235
11.5.1 质量定义……………… 235
11.5.2 质量因素……………… 236
11.6 软件文档…………………… 237
11.6.1 用户文档……………… 237
11.6.2 系统文档……………… 238
11.7 软件测试…………………… 238
11.7.1 测试应用程序 ………… 238
11.7.2 软件测试自动化 ……… 239
11.8 面向对象方法和 UML ……… 240
11.8.1 面向对象的基本认识 ……… 240
11.8.2 统一建模语言 ……… 241
11.9 信息系统建设……………… 242
11.9.1 办公自动化 ………… 242
11.9.2 事务处理 …………… 242
11.9.3 管理信息系统 ……… 242
11.9.4 决策支持系统 ……… 243
11.9.5 专家系统 …………… 243
11.10 软件开发绘图工具 Visio …… 244
11.11 阅读与思考:《人月神话》作者布鲁克斯……………… 245
11.12 主要术语 ………………… 246
11.13 练习与实验 ……………… 247
第 12 章 信息安全与风险责任 ……… 259
12.1 基于计算机系统的风险……… 259
12.1.1 操作错误……………… 259
12.1.2 掉电、电源尖峰、电源混涌 …… 259
12.1.3 硬件失效 …………… 260
12.2 计算机病毒………………… 260
12.2.1 计算机病毒的产生 ……… 260
12.2.2 恶意程序 …………… 261
12.2.3 反病毒技术 ………… 262
12.3 风险管理…………………… 263
12.3.1 建立政策和规程 ……… 264
12.3.2 限制在线访问 ……… 264
12.3.3 用户权限……………… 265
12.3.4 数据加密……………… 265
12.3.5 因特网安全 ………… 265
12.3.6 提供冗余……………… 266
12.4 数据备份…………………… 266
12.5 阅读与思考:计算机行业的特点……………………… 266
12.6 主要术语…………………… 268
12.7 练习与实验………………… 268
第 13 章 职业、职业素质与法律 …… 275
13.1 IEEE/ACM 计算学科教学计划的相关要求……………… 275
13.2 计算的社会背景…………… 275
13.2.1 网络的社会内涵 ……… 275
13.2.2 知识产权保护 ……… 276
13.2.3 隐私保护……………… 277
13.2.4 职业和道德责任 ……… 278
13.3 计算机犯罪与立法………… 280
13.4 计算机职业………………… 281
13.4.1 工作的分类 ………… 281
13.4.2 计算机专业 ………… 281
13.4.3 准备从事计算机行业工作 …… 281
13.4.4 寻找工作的技巧 ……… 282
13.5 阅读与思考:计算机职业人员的职业道德与原则………… 282
13.6 主要术语…………………… 285
13.7 练习与实验………………… 285
第 14 章 实验总结与综合实践 ……… 292

14.1 计算机导论实验总结………… 292
14.1.1 实验的基本内容 …………… 292
14.1.2 实验的基本评价 …………… 293
14.1.3 课程学习能力测评 ………… 294
14.1.4 课程实验总结 ……………… 294
14.1.5 实验总结评价（教师）……… 295
14.2 计算机导论综合实践………… 295
14.2.1 实践任务 ……………………… 295
14.2.2 报告内容 ……………………… 295
14.2.3 实践报告总结 ………………… 296
14.2.4 实践报告评价（教师）……… 297
主要参考文献 ……………………………… 298

第1章　计算作为一门学科

在学科综述性导引课程的构建问题上，人们容易将"计算机文化"与"计算机导论"混为一谈。其实，这是两门性质不同的课程。

"计算机文化"（或"大学计算机基础"等）要解决的是人们对计算机功能的工具性认识，其目的在于培养学生操作计算机的初步能力，所以常着眼于应用操作的具体细节；而"计算机导论"除了培养学生操作计算机能力之外，关键是要解决计算机及其他IT（信息技术）专业的学生对本专业和对计算本质的认识问题。IT专业的学生不能局限于仅仅把"计算"看成一种工具，而更应该理解和掌握计算学科的基本原理、根本问题，以及解决问题的新的思维模式。

1.1　计算学科的历史背景

以计算机为基础的信息技术已经扩展到社会各个领域，人类对信息的依赖迅速增长，计算机技术和基于计算机的应用技术已经成为信息社会的重要基础设施，计算机教育和培训也成为我国高等教育中一个重要的环节。近年来，行业界和教育界都十分关注"计算（Computing）"这个词的含义，并明显意识到计算所覆盖的领域正处在不断地、迅速地扩展中。

计算学科源于欧美，诞生于20世纪40年代初。计算学科的理论基础在第一台现代电子计算机出现以前就已经建立起来了，20世纪40年代电子数字计算机诞生后，促进了计算机设计、程序设计以及计算机理论等领域的发展。

英国的一台名叫"巨人"（Colossus）的计算机早在1943年就投入了运行，用于译解德国的密码，但由于英国政府在1970年之前一直对它保密，人们并不了解。因此，一般认为，美国宾夕法尼亚大学于1946年2月14日研制成功的ENIAC（Electronic Numerical Integrator and Calculator，电子数字积分器和计算器）是世界上第一台多功能电子数字计算机，如图1-1所示。

图1-1　世界上第一台多功能电子数字计算机ENIAC

最早的计算机科学学位课程是由美国普渡大学[㊀]于 1962 年开设的。随后，斯坦福大学也开设了同样的学位课程。但针对“计算机科学”这一名称，在当时曾引起了激烈的争论。毕竟当时的计算机主要用于数值计算，大多数科学家认为使用计算机仅仅是编程问题，不需要进行深刻的科学思考，没有必要设立学位。很多人认为，计算机从本质上说只是一种职业而非学科。20 世纪 70 ~ 80 年代，计算技术得到了迅速发展，并开始渗透到大多数学科领域，但争论仍在继续。

1.1.1 《计算作为一门学科》报告

针对激烈的争论，1985 年春，(美国)计算机协会(Association for Computing Machinery, ACM)及(美国)电气和电子工程师学会计算机分会(Institute of Electrical and Electronics Engineering-Computer Society, IEEE CS)联手组成研究组(IEEE/ACM)，开始了对“计算作为一门学科”的存在性证明。经过近四年的工作，研究组提交了《计算作为一门学科》(Computing as a discipline)的报告，该报告得到了 ACM 教育委员会的认可并批准发行，其主要内容发表在 1989 年 1 月的《ACM 通讯》杂志上。

IEEE/ACM 提交的报告第一次为“计算学科”给出了一个透彻的定义：计算学科主要在系统地研究信息描述和变换的算法过程，包括它们的理论、分析、设计、效率、实现和应用。一切计算的基本问题是“什么能被(有效地)自动化？”。这是一个“活的”定义，是一个迅速发展的动态领域的瞬间“快照”，随着该领域的发展，可以进行修改。然而在现阶段，这个定义科学地阐明了计算学科的内涵，同时对“计算”一词给出了全面的含义。报告回答了计算学科中长期以来一直争论的一些问题，完成了计算学科的“存在性”证明(Existence Proof)。

该报告还提出了覆盖计算学科的 9 个主要领域，也称为计算学科的 9 个主科目，每个主科目有若干个知识单元，共 55 个。每个主科目都包含理论、抽象和设计 3 个过程，9 个主科目与 3 个过程构成了知识—过程的 9 列 3 行矩阵(计算学科二维定义矩阵)。

1.1.2 CC1991 的主要成果

1990 年，IEEE/ACM 在《计算作为一门学科》报告的基础上，提交了关于《计算学科教学计划 1991》(Computing Curricula1991)，简称 CC1991 的报告。

CC1991 用“计算”一词来概括计算机科学与工程、计算机工程、计算机科学及其他类似的领域。计算机科学侧重于理论和抽象，工程侧重于抽象和设计，科学与工程则居中。这符合当时国内外计算机本科教学的实际情况，即尽管各院校计算机专业的特色和基础各不相同，但它们的教学计划及主要的课程设置都大致相同。因此，可以用计算学科来统一指称原来的一些学科名称。然而，考虑到国内多数人对“计算”一词传统和狭义的理解，为避免误解，我国的一些专家建议暂用“计算机学科”来指称《计算作为一门学科》报告中提出的“计算学科”这个名称。

CC1991 中“社会的、道德的和职业的问题”主领域的提出，使计算学科的研究更加完备。但是，与《计算作为一门学科》报告相比，CC1991 没有重大突破，雄心勃勃的 CC1991 教学计划

㊀ 普渡大学(Purdue University)建于 1869 年，是美国老牌公立大学之一。

的执行远没有达到它的预期目标。尽管如此,它仍然对计算学科教育产生了很大的影响。

1.1.3 CC2001 的主要成果

1998 年秋,IEEE/ACM 开始了《计算学科教学计划 2001》(CC2001)的起草工作。经过三年多的工作,于 2001 年 12 月提交了具有指导性意义的计算学科本科教学参考计划。该报告分析了自 CC1991 报告以来近 10 年的时间里,计算领域中来自技术和文化方面的变化。根据这些变化,报告将 CC1991 报告划分的 11 个主领域扩展为 14 个主领域如表 1-1 所示,提出了计算机科学知识体(Computer Science body of Knowledge)的新概念,并从领域、单元和主题三个不同的层次给出了知识体的内容,为整个学科核心课程的详细设计奠定了基础。

表 1-1 计算学科二维定义矩阵

过程 学科主领域	抽 象	理 论	设 计
1 离散结构(DS)			
2 程序设计基础(PP)			
3 算法与复杂性(AL)			
4 体系结构(AR)			
5 操作系统(OS)			
6 网络计算(NC)			
7 程序设计语言(PL)			
8 人机交互(HC)			
9 图形学和可视化计算(GV)			
10 智能系统(IS)			
11 信息管理(IM)			
12 软件工程(SE)			
13 社会和职业的问题(SP)			
14 科学计算(CN)			

CC2001 肯定了《计算作为一门学科》报告为"计算作为一门学科"被更为广泛地承认所作的贡献,并称"这场为谋求合法性的战役取得了胜利"。CC2001 报告不仅包含了更详细的课程设计内容,还给出了详细的课程描述。但是,许多重要的问题仍然没有解决,例如,由于整个学科大量内容的罗列,有可能使学生们只见树木,不见森林,因此,有必要继续寻找对整个学科进行科学的、系统的分析和总结的方法。

CC2001 报告的主要成果是完成了《计算作为一门学科》报告以来,必须解决而又未解决的关于整个学科核心课程详细设计这样一个重大问题。CC2001 对我国计算机学科的教育产生了很大的影响,国内专家学者对其进行详细研究,并于 2002 年公布了中国计算机本科教学参考计划(CCC2002)。

1.2 CC2004 与本科教育知识体系

继 CC2001 推出后,经过几年的跟踪研究、意见反馈和计划评估,IEEE/ACM 在总结前期工作的基础上，对原 CC2001 给出的四个专业方向进行修改和扩充，给出新的评述，并于 2004 年 6 月 1 日公布，称为“计算教程 CC2004”。

1.2.1 计算学科领域的分化

计算学科长期以来被认为代表了两个重要的领域，一个是计算机科学，另一个是计算机工程，两者曾经分别作为软件和硬件领域的代名词。随着科学技术的发展，IEEE/ACM 在 CC2001 中将计算学科分为四个领域，分别是计算机科学、计算机工程、软件工程和信息系统。CC2004 报告在上述四个领域的基础上，增加了一个信息技术专业学科领域，并预留了未来的新发展领域。各个专业都针对本科生的教育提出了相应的知识领域、知识单元和知识点，并给出了相应的参考教学计划和课程设置。这五个专业学科领域为：

- 计算机科学（Computer Science，CS）；
- 计算机工程（Computer Engineering，CE）；
- 软件工程（Software Engineering，SE）；
- 信息技术（Information Technology，IT）；
- 信息系统（Information System，IS）。

计算学科的分化表现了一种科学发展和知识演化与时俱进的趋势，IEEE/ACM 在解释这种分化情况时，对“计算”这个词的含义和它所覆盖的领域作了如下重要说明：

- “计算”学科发生了巨大的变化；
- 这种变化对课程设置与教学方法产生了深远影响；
- “计算”的范畴已经拓宽；
- “计算”很难再定义为一个单一的学科；
- “计算”不再是 CS 或 CE 的同义词，21 世纪，“计算”已经超出了 CS 或 CE 之外；
- “计算”涵盖了许多其他重要学科。

从上述的说明可以看出，计算学科的变化非常迅速，其知识领域得到了充分扩展，覆盖了其他很多重要的学科。

1.2.2 计算机科学学科的知识领域

计算机科学学科的知识领域（IEEE/ACM-CCCS）和最终报告公布于 2001 年 12 月 15 日，也成为我国计算机和其他相关学科的参考规范，我国计算机教育界在参考 CC2001 的基础上，给出了中国自己的计算机专业本科教学参考计划，CCCS 学科针对本科生提出的知识领域、知识单元和知识点，也成为专业计划制定和课程设置的参考。这些知识领域是：

- 离散结构（Discrete Structures，DS）；
- 程序设计基础（Programming Fundamentals，PF）；
- 算法和复杂性（Algorithms & Complexity，ALC）；
- 程序设计语言（Programming Languages，PL）；
- 计算机结构与组织（Architecture & Organization，AR）；
- 操作系统（Operating Systems，OS）；
- 人—机交互（Human-Computer Interaction，HCI）；
- 图形学与可视计算（Graphics & Visual Computing，GC）；

- 智能系统(Intelligent Systems,IS);
- 信息管理(Information Management,IM);
- 以网络为中心的计算(Net-Centric Computing,NC);
- 软件工程(Software Engineering,SE);
- 数值计算科学(Computational Science,CN);
- 社会道德和职业问题(Social & Professional Issues,SP)。

计算机科学与计算机工程学科的界定非常明确:一个着重于理论与算法,另一个着重于技术与工程实现。两个学科的本科知识领域既有交叉,又有侧重。

1.2.3 计算机工程学科的知识领域

计算机工程学科组于 2004 年 6 月 8 日公布 CCCE 的学科报告,更新了 CE 学科的核心知识领域,重新给出的 18 个核心单元的知识领域如下:

- 计算机体系结构和组织(Computer Architecture & Oraganization,CAO);
- 计算机系统工程(Computer System Engineering,CSE);
- 电路和信号(Circuit & Signals,CSG);
- 数据库系统(Database System,DBS);
- 数字逻辑(Digital Logic,DIG);
- 数字信号处理(Digital Signal Processing,DSP);
- 电子学(Electronics,ELE);
- 嵌入式系统(Embedded Systems,ESY);
- 算法和复杂性(Algorithms & Complexity,ALG);
- 人机交互(Human Computer Interaction,HCI);
- 计算机网络(Computer Networks,NWK);
- 操作系统(Operating Systems,OPS);
- 程序设计基础(Programming Fundamentals,PRF);
- 社会和职业问题(Social & Professional Issues,SPR);
- 软件工程(Software Engineering,SWE);
- VLSI 设计与构造(VLSI Design & Fabrication,VLS);
- 离散结构(Discrete Structures,DSC);
- 概率和统计(Probability & Statistics,PRS)。

报告进一步明确了计算机工程的概念和定义,指出:"计算机工程是反映现代计算系统和由计算机控制的设备的软件与硬件的设计、建造、实现的科学与技术。"早期,计算机工程被认为是计算机科学与电子工程的交叉领域,但经过 30 年的发展,计算机工程自身已成为一门独立的学科(尽管它仍与 CS 和 CE 相关)。"计算机工程的基础包含计算、数学、科学及工程的理论与原理,并运用这些理论与原理,解决硬件、软件、网络的设计,以及其他过程中的技术问题。"

计算机工程师主要从事基于计算机的系统设计,解决其中的应用需求,这些工作覆盖了大多数工业和应用领域,如计算机、航空、通信、电力、国防和微电子等,所设计的高技术装置小到微电子芯片,大到使用芯片集成和连接芯片的高效系统,以及系统所组成的功能强大的复杂系

统。报告对计算机工程师的能力提出了要求:

(1) 对计算目标和约束之间的矛盾能折中处理,能设计计算机软件、硬件系统以解决各种工程问题。

(2) 具备宽广的数学和工程学知识,而不仅仅局限于满足工程需要的具体领域。

(3) 能够应付职业领域中的实际工程问题。

1.2.4 软件工程学科的知识体系和领域

针对 CC2004 报告,IEEE/ACM 软件工程学科组于 2004 年 5 月 21 日公布了软件工程教育知识体系(Software Engineering Education Knowledge,SEEK)的最终报告,这份报告针对软件工程本科教育的课程知识领域,给出了相关领域方向的课程知识单元和知识点的配置,以及参考课程计划。2004 年 6 月 23 日,IEEE 的另一个学科组,也公布了软件工程知识体系(Software Engineering Body of Knowledge,SWEBOK)的更新版,它被软件行业称为软件工程教育的基本法。这两个知识体系分别面向本科软件工程教育和软件工程行业教育的从业要求。

1. SEEK(CCSE)的知识领域覆盖点

SEEK(CCSE)的知识领域覆盖点如下:

- 计算的本质(Computing Essentials,CMP);
- 数学与工程基础(Mathematical & Engineering Fundamentals,FND);
- 职业训练(Professional Practice);
- 软件建模与分析(Software Modeling & Analysis,MAA);
- 软件设计(Software Design,DES);
- 软件验证(Software Verification & Validation,VAV);
- 软件进化(Software Evolution,EVL);
- 软件过程(Software Process,PRO);
- 软件质量(Software Quality,QUA);
- 软件管理(Software Management,MGT);
- 系统与应用专题(System & Application Specialties,SAS)。

CCSE2004 报告强调了对软件工程的新定义,即软件工程是“以系统的、学科的、定量的途径,把工程应用于软件的开发、运营和维护;同时,开展对上述过程中各种方法和途径的研究”。这里明确提出了“把工程应用于软件”,明显地体现了软件工程领域内的两类重要的研究和应用方向:工程学和方法学。

软件工程专业教育培养的目标是让受教育者了解和掌握软件开发中的方法学和工程学的知识,并应用于实践。因此,IEEE/ACM 区分了典型的人才职业特征,这些特征也强调了其职业定位(这里的“职业”体现了专业技术背景和应用行业背景)。例如,电子工程师着重关注电路、信号分析、信号合成、信号传输等电子学、物理学领域的问题;计算机科学家主要关注计算的理论基础和算法;计算机工程师着重关注基于计算机的产品的正常运行和维护;信息资源专家则关注信息资源的获取、部署、管理及使用;而软件工程师则重点关注大规模软件开发与维护的原则,着重开发过程质量,以避免潜在的风险性。

在职业特征的基础上,IEEE/ACM 强调了工程教育的基本要求,具体内容如下。

(1) 系统观点:要求学生熟悉系统设计、构造和分析过程。

(2) 知识的深度和广度:要求学生知识面宽,但应当在一个或多个领域方向上能够深入。

(3) 设计经验:期望学生参与设计活动,具有项目(尤其是大项目)开发概念。

(4) 工具使用:要求学生能够使用(软硬件)工具,分析和解决实际问题。

(5) 职业训练:要让学生了解职业需求,具有"产品"的判断力。这里,产品的概念是广义的,包括软件、系统、行业和应用服务等方面的知识、技能与判断力。

(6) 交流技巧:训练学生能够以合适的形式(书面、口头和图形等)进行交流与沟通。

上述基本要求,明显体现了工科院校对工程型人才培养的基本要求,它们不仅仅针对软件工程领域,也针对计算机工程学科、信息系统学科和信息安全学科。

SEEK 针对软件工程学科的本科课程知识领域(Area),分解为知识单元(Unit)和知识点(Topic),并要求教育者用一条"思维"的线把这些单元和点串起来,形成不同的知识模块(Model),然后,用课程这样的实施方法,对应于各个知识模块。一个知识模块可用不同的课程覆盖,允许课程内容具有一定的重复性,在教学过程中仍然提倡理论、抽象、设计(或抽象、理论、设计)的过程。不难看出,理论到抽象(或抽象到理论)的过程正好体现了科学的方法论,而抽象到设计(或理论到设计)的过程,也体现了软件工程学科的工程性。

2. 软件工程知识体系

与 SEEK 几乎同步,IEEE 的软件工程知识体系(SWEBOK)2004 更新版本也公布了。这是一个覆盖整个软件行业和领域的知识体系,SEEK 仅仅是针对本科生教育的知识领域,是 SWEBOK 在教育实施中的一个子集,因为还有较大一部分的知识领域单元是放在研究生教育中的。SWEBOK-2004 较 SWEBOK-2001 版本有了较大的修改和更新,这些变化和修改有助于了解国际上软件工程领域的思维观念、领域范畴、技术发展和相关联系。

- 软件需求(Software Requirements, SWR);
- 软件设计(Software Design, SWD);
- 软件构造(Software Construction, SWC);
- 软件测试(Software Testing, SWT);
- 软件维护(Software Maintenance, SWM);
- 软件配置管理(Software Configuration Management, SCM);
- 软件工程管理(Software Engineering Management, SEM);
- 软件工程过程(Software Engineering Process, SEP);
- 软件工程工具和方法(Software Engineering Tools & Methods, STM);
- 软件质量(Software Quality, SWQ);
- 相关学科知识(Knowledge Areas of Related Disciplines)。

1.2.5 信息系统学科的知识领域

信息系统学科在我国被划归在管理学学科,CC2004 中给出了以 IS-2002 为基础的本科段知识领域(IEEE/ACM-CCIS),分为三个部分覆盖了信息技术、组织与管理、系统理论与开发学科领域。它们的组成如图 1-2 所示。

可见,信息系统专业实际上是"计算机应用领域"的工程实施和系统构建,该学科的知识领域涉及计算机的各个应用领域和行业业务。

信息技术 +	组织与管理 +	系统理论与开发
01. 计算机体系结构	01. 基本组织理论	01. 系统与信息
02. 算法与数据结构	02. 信息系统管理	02. 系统开发途径
03. 编程语言	03. 决策理论	03. 系统开发方法
04. 操作系统	04. 组织性能	04. 系统开发工具、技术
05. 电信系统	05. 过程变动管理	05. 应用计划
06. 数据库	06. 职业道德	06. 风险管理
07. 人工智能	07. 专业领域	07. 项目管理
08. 人际关系	08. 信息与商务分析	
09. 信息系统设计		
10. 系统实现与测试		
11. 系统操作与维护		
12. 专用信息系统开发		

图 1-2　信息系统学科的组成

1.2.6　信息技术学科的知识领域

CC2004 增加了一个新的学科,即信息技术学科(Information Technology Discipline),但尚未给出 CCIT 本科段知识领域(IEEE/ACM-CCIT)。信息技术学科在计算机硬件与体系结构的基础上,覆盖了组织与系统、应用技术、软件开发和系统基础设施等领域。信息技术学科不管在理论还是在应用方向上都与应用技术相关。在应用技术下面,涉及信息分类、获取、存储、处理、传输、再生和输出等,还涉及基于 Web 的数字技术,并扩展到了广阔的信息应用空间。

1.3　计算的本质与计算学科的定义

很早以前,人们就碰到了必须计算的问题。已经考证的,远在旧石器时代刻在骨制和石头上的花纹就是对某种计算的记录。然而,在 20 世纪 30 年代以前,人们并没有真正认识计算的本质。尽管如此,在人类漫长的岁月中,人们一直没有停止过对计算本质的探索。很早以前,我国的学者就认为,对于一个数学问题,只有当确定了其可用算盘解算它的规则时,这个问题才算可解。这就是古代中国的"算法化"思想,它蕴含着中国古代学者对计算的根本问题,即"能行性"问题的理解,这种理解对现代计算学科的研究仍具有重要的意义。

1.3.1　机械计算机器

计算的历史包含了人们对计算过程的本质所进行的探索,同时也为现代计算机的研制积累了经验。在 1946 年第一台电子数字计算机 ENIAC 问世之前,计算机器的发展经历了一个漫长的阶段。根据计算机器的特点,可以将其划分为三个时代:算盘时代、机械时代和机电时代。

1. 算盘时代

算盘作为主要的计算工具,这是计算机器发展史上时间最长的一个阶段。这一阶段出现了表示语言和数字的文字及其书写工具、作为知识和信息载体的纸张和书籍,以及专门存储知识和信息的图书馆。这一时期最主要的计算工具是算盘,其特点是:通过手动完成从低位到高位的数字传送(十进位传送),数字由算珠的数量表示,数位则由算珠的位置来确定,执行运算就是按照一定的规则移动算珠的位置。

直到中世纪,哲学家们提出了一个大胆的问题:能否用机械来实现人脑活动的个别功能?最初的试验目的并不是制造计算机,而是试图从某个前提出发机械地得出正确的结论,即思维机器的制造。早在1275年,西班牙神学家雷蒙德·露利(R. Lullus)就发明了一种思维机器(旋转玩具),从而开创了计算机器制造的先河。“旋转玩具”引起了许多著名学者的研究兴趣,并最终导致了能进行简单数学运算的计算机器的产生。

2. 机械时代

随着齿轮传动技术的产生和发展,计算机器进入了机械时代。这一时期计算装置的特点是:借助于各种机械装置(齿轮、杠杆等)自动传送十进位数字,而机械装置的动力则来自计算人员的手。1641年,法国人帕斯卡(B. Pascal)利用齿轮技术制成了第一台加法机;1673年,德国人莱布尼茨(G. W. V. Leibniz)在此基础上又制造出能进行加、减、乘、除的演算机;1822年,英国人巴贝奇(C. Babbage)制成了第一台差分机(DiKerence Engine),这台机器可以计算平方表及函数数值表;1834年,巴贝奇又提出了分析机(Analytical Engine)的设想,如图1-3所示。巴贝奇是提出用程序控制计算思想的第一人。值得指出的是:分析机中有两个部件与现代计算机相应部件(存储器和中央处理器)的功能十分相似,遗憾的是,该机器的开发因经费短缺而失败。

图1-3　巴贝奇分析机及部件

3. 机电时代

计算机器的发展在电动机械时代的特点就是使用电力作为动力,但计算机构本身还是机械式的。1886年,赫尔曼·霍勒瑞斯(Herman Hollerith)制成了第一台机电式穿孔卡系统——造表机,成为第一个成功地把电和机械计算结合起来制造电动计算机器的人。这台造表机最初用于人口普查卡片的自动分类和计算卡片的数目,获得了极大的成功。于是,1896年,霍勒瑞斯创立了造表公司TMC(Tabulating Machines Company),这就是IBM公司的前身。电动计算机器的另一代表是由美国人霍华德·艾肯(Howard Aiken)提出、IBM公司生产的自动序列控制演算器(ASCC),它结合了霍勒瑞斯的“穿孔卡”技术和巴贝奇的通用可编程机器的思想,即Mark I。1944年,Mark I正式在哈佛大学投入运行,IBM公司从此走向开发与生产计算机之路。

1.3.2 计算机硬件的历史

现代计算机的历史可以追溯到1943年英国研制的巨人计算机和同年美国哈佛大学研制的Mark I。今天,计算机已经历了四代,并得到了迅猛发展。

(1) 第一代计算机(1946年~1957年)。第一代计算机利用真空管制造电子元件,利用穿孔卡作为主要的存储介质,体积庞大,重量惊人,耗电量也很大。

(2) 第二代计算机(1958年~1964年)。在计算的历史上,1947年晶体管的发明是一个重要的事件。使用晶体管的计算机被称为第二代计算机。和真空管计算机相比,晶体管计算机无论是耗电量还是产生的热能都大大降低,而可靠性和计算能力则大为提高。第二代计算机利用磁心制造内存,利用磁鼓和磁盘取代穿孔卡作为主要的外部存储设备。此时,出现了高级程序设计语言,如FORTRAN和COBOL。

(3) 第三代计算机(1965年~1971年)。这一代计算机的特征是使用集成电路代替晶体管,使用硅半导体制造存储器,广泛使用微程序技术简化处理机设计,操作系统开始出现。系列化、通用化和标准化是这一时期计算机设计的基本思想。

(4) 第四代计算机(1972年至今)。其主要特征是采用了大规模(LSI)和超大规模(VLSI)集成电路,使用集成度更高的半导体元件作为主存储器。在此期间,微处理器产生并高速发展,微型计算机(也称个人计算机)市场迅速扩大。第四代计算机在体系结构方面的发展引人注目,发展了并行处理机、分布式处理机和多处理机等计算机系统。同时,巨型、大型、中型和小型机也取得了稳步的进展。计算机发展呈现出网络化和智能化的趋势。

随着第四代计算机向智能化方向的发展,最终将导致新一代计算机的出现。新一代计算机的研制是各国计算机界研究的热点,如知识信息处理系统(KIPS)、神经网络计算机、生物计算机等。知识信息处理系统是从外部功能方面模拟人脑的思维方式,使计算机具有人的某些智能,如学习和推理的能力。神经网络计算机则从内部结构上模拟人脑神经系统,其特点是具有大规模的分布并行处理、自适应和高度容错的能力。生物计算机是使用以人工合成的蛋白质分子为主要材料制成的生物芯片的计算机。生物计算机具有生物体的某些机能,如自我调节和再生能力等。

1.3.3 图灵对计算本质的揭示

20世纪30年代后期,英国数学家图灵(A. M. Turing)从计算一个数的一般过程入手,对计算的本质进行研究,从而实现了对计算本质的真正认识。

根据图灵的研究,直观地说,所谓计算就是计算者(人或机器)对一条两端可无限延长的纸带上的一串0和1执行指令,一步一步地改变纸带上的0或1,经过有限步骤,最后得到一个满足预先规定的符号串的交换过程。图灵成功地表述了计算这一过程的本质,其成果不仅再次表明了某些数学问题是不能用任何机械过程来解决的思想,而且还深刻地揭示了计算所具有的"能行过程"的本质特征。

图灵的描述是关于数值计算的,不过,我们知道英文字母及汉字均可以用数来表示,因此,图灵机同样可以处理非数值计算。不仅如此,更为重要的是,由数值和非数值(英文字母、汉字等)组成的字符串,既可以解释成数据,又可以解释成程序,从而计算的每一个过程都可以用字符串的形式进行编码,并存放在存储器中,以后使用时译码,并由处理器执行,机器码(结果)可以从高级符号形式(即程序设计语言)机械地推导出来。

图灵的研究成果是:可计算性 = 图灵可计算性。

在关于可计算性问题的讨论时,不可避免地要提到一个与计算具有同等地位和意义的基本概念,那就是算法。算法也称为能行方法或能行过程,是对解题(计算)过程的精确描述,它由一组定义明确且能机械执行的规则(语句、指令等)组成。根据图灵的论点可以得到这样的结论:任一过程是能行的(能够具体表现在一个算法中),当且仅当它能够被一台图灵机实现。图灵机与当时哥德尔(K. Godel)、丘奇(A. Church)、波斯特(E. L. Post)等人提出的用于解决可计算问题的递归函数、λ 演算和 POST 规范系统等计算模型在计算能力上是等价的。

1.3.4 现代计算机的产生及计算学科的定义

伴随着电子学理论和技术的发展,在图灵机这个思想模型提出不到 10 年的时间里,世界上第一台电子计算机诞生了。图灵机反映的是一种具有能行性的用数学方法精确定义的计算模型,而现代计算机正是这种模型的具体实现。

在进行大量分析的基础上,《计算作为一门学科》的报告给计算学科作了以下定义:计算学科是对描述和变换信息的算法过程,包括对其理论、分析、设计、效率、实现和应用等进行的系统研究。它来源于对算法理论、数理逻辑、计算模型、自动计算机器的研究,并与存储式电子计算机的发明一起形成于 20 世纪 40 年代初期。

计算学科包括对计算过程的分析,以及计算机的设计和使用。该学科的广泛性在美国计算科学鉴定委员会(Computing Sciences Accreditation Board)发布的报告摘录中得到强调:计算学科的研究包括从算法与可计算性的研究到根据可计算硬件和软件的实际实现问题的研究。这样,计算学科不但包括从总体上对算法和信息处理过程进行研究的内容,也包括满足给定规格要求的有效而可靠的软、硬件设计——包括所有科目的理论研究、实验方法和工程设计。

1.3.5 计算学科的根本问题

在大量分析的基础上,《计算作为一门学科》的报告对学科中的根本问题进行了概括,计算学科的根本问题是:什么能被(有效地)自动进行。

计算学科的根本问题讨论的是"能行性"的有关内容。而凡是与"能行性"有关的讨论,都是处理离散对象的。因为非离散对象,即所谓的连续对象,是很难进行能行处理的。因此,"能行性"这个计算学科的根本问题决定了计算机本身的结构和它处理的对象都是离散型的,甚至许多连续型的问题也必须在转化为离散型问题以后才能被计算机处理。例如,计算定积分就是把它变成离散量,再用分段求和的方法来处理。

正是源于计算学科的根本问题,以离散型变量为研究对象的离散数学对计算技术的发展起着十分重要的作用。同时,又因为计算技术的迅猛发展,使得离散数学越来越受到重视。为此,CC2001 报告特意将它从 CC1991 报告的预备知识中抽取出来,列为计算学科的第一个主领域,命名为"离散结构",以强调计算学科对它的依赖性。

尽管计算学科如今已经成为一个极为宽广的学科,但其根本问题仍然是:什么能被(有效地)自动进行。甚至还可以更为直率地说,计算学科所有分支领域的根本任务就是进行计算,其实质就是字符串的变换。

1.4 计算学科各主领域的主要内容

在这一节中，我们来了解计算学科各主领域的主要内容。

1.4.1 离散结构

离散结构主领域的主要内容包括集合论、数理逻辑、近世代数、图论和组合数学等。该领域与计算学科各主领域有着紧密的联系，CC2001 为了强调它的重要性，特意将它列为计算学科的第一个主领域。该主领域以抽象和理论两个学科形态出现在计算学科中，它为计算学科各分支领域解决其基本问题提供了强有力的数学工具。

1.4.2 程序设计基础

程序设计基础主领域的主要内容包括程序设计结构、算法、问题求解和数据结构等。其基本问题如下。

（1）对给定的问题，如何进行有效的描述并给出算法？

（2）如何正确选择数据结构？

（3）如何进行设计、编码、测试和调试程序？

1.4.3 算法与复杂性

算法与复杂性主领域的主要内容包括算法的复杂度分析、典型的算法策略、分布式算法、并行算法、可计算理论、P 类和 NP 类问题、自动机理论、密码算法和几何算法等。其基本问题如下。

（1）对于给定的问题类，最好的算法是什么？要求的存储空间和计算时间有多少？空间和时间如何折中？

（2）访问数据的最好方法是什么？

（3）算法最好和最坏的情况是什么？

（4）算法的平均性能如何？

（5）算法的通用性如何？

1.4.4 体系结构

体系结构主领域的主要内容包括数字逻辑、数据的机器表示、汇编级机器组织、存储技术、接口和通信、多道处理和预备体系结构、性能优化、网络和分布式系统的体系结构等。其基本问题如下。

（1）实现处理器、内存和机内通信的方法是什么？

（2）如何设计和控制大型计算系统，而且使其令人相信：尽管存在错误和失败，但它仍然是按照我们的意图工作的？

（3）哪种类型的体系结构能够有效地包含许多在一个计算中能够并行工作的处理元素？

（4）如何度量性能？

1.4.5 操作系统

操作系统主领域的主要内容包括操作系统的逻辑结构、并发处理、资源分配与调度、存储管理、设备管理和文件系统等。其基本问题如下。

(1) 在计算机系统操作的每一个级别上,可见的对象和允许进行的操作各是什么?

(2) 对于每一类资源,能够对其进行有效利用的最小操作集是什么?

(3) 如何组织接口才能使用户只需与抽象的资源而非硬件的物理细节打交道?

(4) 作业调度、内存管理、通信、软件资源访问、并发任务间的通信,以及可靠性与安全的控制策略是什么?

(5) 通过少数构造规则的重复使用进行系统功能扩展的原则是什么?

1.4.6 网络计算

网络计算主领域的主要内容包括计算机网络的体系结构、网络安全、网络管理、无线和移动计算,以及多媒体数据技术等。其基本问题如下。

(1) 网络中的数据如何进行交换?

(2) 网络协议如何验证?

(3) 如何保证网络的安全?

(4) 分布式计算的性能如何评价?

(5) 分布式计算如何组织才能够使通过通信网连接在一起的自主计算机参加到一项计算中,而网络协议、主机地址、带宽和资源则具有透明性?

1.4.7 程序设计语言

程序设计语言主领域的主要内容包括程序设计模式、虚拟机、类型系统、执行控制模型、语言翻译系统、程序设计语言的语义学和基于语言的并行构件等。其基本问题如下。

(1) 语言(数据类型、操作、控制结构、引进新类型和操作的机制)表示的虚拟机的可能组织结构是什么?

(2) 语言如何定义机器? 机器如何定义语言?

(3) 什么样的表示法(语义)可以有效地用于描述计算机应该做什么?

1.4.8 人机交互

人机交互主领域的主要内容包括以人为中心的软件开发和评价、图形用户接口设计、多媒体系统的人机接口等。其基本问题如下。

(1) 表示物体和自动产生供阅览的照片的有效方法是什么?

(2) 接受输入和给出输出的有效方法是什么?

(3) 怎样才能减小产生误解和由此产生的人为错误的风险?

(4) 图表和其他工具怎样才能通过存储在数据集中的信息去理解物理现象?

1.4.9 图形学和可视化计算

图形学和可视化计算的主要内容包括计算机图形学、可视化、虚拟现实和计算机视觉等四个学科子领域的研究内容。其基本问题如下。

(1) 支撑图像产生及信息浏览的更好模型。

(2) 如何提取科学的(计算和医学)及更抽象的相关数据。

(3) 图像形成过程的解释和分析方法。

1.4.10 智能系统

智能系统主领域的主要内容包括约束可满足性问题、知识表示和推理、Agent(代理)、自然语言处理、机器学习和神经网络、人工智能规划系统和机器人学等。其基本问题如下。

(1) 基本的行为模型是什么？如何建造模拟它们的机器？

(2) 规则评估、推理、演绎和模式计算在多大程度上描述了智能？

(3) 通过这些方法模拟行为的机器的最终性能如何？

(4) 传感数据如何编码才使得相似的模式有相似的代码？

(5) 电机编码如何与传感编码相关联？

(6) 学习系统的体系结构怎样？

(7) 这些系统如何表示它们对这个世界的理解？

1.4.11 信息管理

信息管理主领域的主要内容包括信息模型与信息系统、数据库系统、数据建模、关系数据库、数据库查询语言、关系数据库设计、事务处理、分布式数据库、数据挖掘、信息存储与检索、超文本和超媒体、多媒体信息与多媒体系统、数字图书馆等。其基本问题如下。

(1) 使用什么样的建模概念来表示数据元素及其相互关系？

(2) 怎样把基本操作(如存储、定位、匹配和恢复)组合成有效的事务？

(3) 这些事务怎样才能与用户有效地进行交互？

(4) 高级查询如何翻译成高质量的程序？

(5) 哪种机器体系结构能够进行有效的恢复和更新？

(6) 怎样保护数据,以避免非授权访问、泄露和破坏？

(7) 如何保护大型的数据库,以避免由于同时更新引起的不一致性？

(8) 当数据分布在许多机器上时如何保护数据、保证性能？

(9) 文本如何索引和分类才能够进行有效的恢复？

1.4.12 软件工程

软件工程主领域的主要内容包括软件过程、软件需求与规格说明、软件设计、软件验证、软件演化、软件项目管理、软件开发工具与环境、基于构件的计算、形式化方法、软件可靠性和专用系统开发等。其基本问题如下。

(1) 程序和程序设计系统发展背后的原理是什么？

(2) 如何证明一个程序或系统满足其规格说明？

(3) 如何编写不忽略重要情况且能用于安全分析的规格说明？

(4) 软件系统是如何历经不同的迭代进行演化的？

(5) 如何从可理解性和易修改性着手设计软件？

1.4.13 社会和职业

社会和职业主领域的主要内容包括计算的历史、计算的社会背景、分析方法和工具、专业和道德责任、基于计算机系统的风险与责任、知识产权、隐私与公民的自由、计算机犯罪、与计算有关的经济问题和哲学框架等。其基本问题如下。

(1) 计算学科本身的文化、社会、法律和道德的问题。

(2) 有关计算的社会影响问题,以及如何评价可能的一些答案的问题。

(3) 哲学问题。

(4) 技术问题及美学问题。

1.4.14 科学计算

科学计算主领域的主要内容包括数值分析、运筹学、模拟和仿真、高性能计算。其基本问题如下。

(1) 如何精确地以有限的离散过程近似表示连续和无限的离散过程?

(2) 如何处理这种近似产生的错误?

(3) 给定某一类方程在某精确度水平上能以多快的速度求解?

(4) 如何实现方程的符号操作,如积分、微分,以及到最小项的归约?

(5) 如何把这些问题的答案包含到一个有效、可靠和高质量的数学软件包中?

1.5 抽象、理论和设计三个学科形态

抽象、理论和设计三个学科形态(或过程)概括了计算学科中的基本内容,是计算学科认知领域中最基本(原始)的三个概念。不仅如此,它还反映了人们的认识是从感性认识(抽象)到理性认识(理论),再由理性认识(理论)回到实践中来的科学思维方法。

1.5.1 抽象形态

《计算作为一门学科》报告认为:理论、抽象和设计是从事本领域工作的三种主要形态(或称文化方式),它提供了定义计算学科的条件。按人们对客观事物认识的先后次序,我们将报告中的抽象列为第一个学科形态,理论列为第二个学科形态。抽象源于实验科学。

按客观现象的研究过程,抽象形态包括以下步骤及内容。

(1) 形成假设。

(2) 建造模型并进行预测。

(3) 设计实验并收集数据。

(4) 对结果进行分析。

1.5.2 理论形态

在计算学科中,从统一合理的理论发展过程来看,理论形态包括以下步骤及内容。

(1) 表述研究对象的特征(定义和公理)。

(2) 假设对象之间的基本性质和对象之间可能存在的关系(定理)。

(3) 确定这些关系是否为真(证明)。

(4) 结论。

1.5.3 设计形态

在计算学科中,从为解决某个问题而实现系统或装置的过程来看,设计形态包括以下步骤及内容。

(1) 需求分析。

(2) 建立规格说明。

(3) 设计并实现该系统。

(4) 对系统进行测试与分析。

1.5.4 三个学科形态的内在联系

设计、抽象和理论三个形态针对具体的研究领域均起作用。在具体研究中,就是要在其理论的指导下,运用其抽象工具进行各种设计工作,最终成果将是计算机的软硬件系统及其相关资料(如需求说明、规格说明和设计与实现方法说明等)。

(1) 抽象源于现实世界,它的研究内容表现在两个方面:一方面是建立对客观事物进行抽象描述的方法;另一方面是要采用现有的抽象方法,建立具体问题的概念模型,从而实现对客观世界的感性认识。

(2) 理论源于数学,它的研究内容也表现在两个方面:一方面是建立完整的理论体系;另一方面是在现有理论的指导下,建立具体问题的数学模型,从而实现对客观世界的理性认识。

(3) 设计源于工程,它的研究内容同抽象、理论一样,也表现在两个方面:一方面是在对客观世界的感性认识和理性认识的基础上,完成一个具体的任务;另一方面是要对工程设计中所遇到的问题进行总结,提出问题,由理论界去解决它。同时,也要对工程设计中所积累的经验和教训进行总结,最后形成方法(如计算机组成结构的设计方法——冯·诺依曼型计算机),以便以后的工程设计。

抽象、理论和设计三个学科形态的划分,有助于我们正确理解学科中三个形态的地位和作用。在计算学科中,人们还完全可以从抽象、理论和设计三个形态出发独立地开展工作,这种工作方式可以使研究人员将精力集中在所关心的学科形态中(如计算机科学侧重理论和抽象形态、计算机工程侧重设计和抽象形态),从而促进计算理论研究的深入和计算技术的发展。

《计算作为一门学科》报告认为:在计算学科中,“三个过程”错综复杂地缠绕在一起,以至于把任何一个作为根本都是不合理的。

1.6 计算学科的教育问题

一个成功的 IT 专业大学毕业生除了需要掌握计算机科学知识体系中包括的技术之外,还需要具备一定的数学素养、科学的研究和思维方法、有效的交流技能,以及作为项目组成员富有成效地开展工作的能力。

1.6.1 “工科”还是“理科”

《计算作为一门学科》报告认为:计算机科学和计算机工程在本质上没有区别,学科中的抽象、理论和设计要解决的都是计算中的“能行性”和“有效性”的问题。相对而言,计算机科学注重理论和抽象,计算机工程注重抽象和设计,计算机科学和工程则居中。因此,无须简单地将计算学科归属于“理科”还是“工科”。IEEE/ACM 将计算机科学、计算机工程、计算机科学和工程、计算机信息学,以及其他类似名称的专业及其研究范畴统称为计算学科。

1.6.2 理论与实践相结合

这个问题实际上就是如何做到将课堂上讲授的原理(理论)与实验室培养的技能(实验与实践)紧密结合的问题。IEEE/ACM 的专家们非常重视这个问题,他们从实验室工作的三个目的出发,介绍了解决这个问题的一般方法。

(1) 提供具体经验。实验室必须提供将课堂上讲授的原理运用于实际软件和硬件的设计、实现和测试的具体经验,以培养学生关于实际计算的感性认识,帮助学生理解抽象概念。

(2) 强调程序设计。必须强调学生对实验室技术、硬件能力、软件工具的正确理解和运用。实验室的计算机上要求备有许多软件工具,以及实验和方案的适当文档,并教会学生如何正确地使用这些工具及文档。

(3) 介绍试验方法。包括对试验的使用和设计、软件和硬件监控器、结果的统计分析,以及研究结果的适当陈述,使学生们懂得如何将粗心的观察和细心的试验区别开来。

实验课题应与课堂讲授的材料相协调。个人实验课题一般探讨硬件与软件的结合。根据不同情况,实验作业可以强调简化软件开发过程的技术与工具;或强调分析和测量已有软件或比较已知的算法;还可以强调基于课堂上所学原理的程序开发等。

1.6.3 能力培养

结合国际计算学科的发展,CC2004 等报告给出了一种教学参考规范,但它不是教条。它对计算机科学、计算机工程、软件工程等学科都强调了学生自我角色和站在社会角度的职业道德(素质),对工程学科强调了实践训练。

教育的目的是要培养学生从事某一领域的工作能力。工作能力,也就是有效的活动能力,它是评价一个人在本领域从事独立的实践活动水平的标准。培养能力的教育过程有五个步骤。

(1) 引起学习该领域的动机。

(2) 充分展示该领域能做什么。

(3) 揭示该领域的特色。

(4) 追溯这些特色的历史根源。

(5) 实践这些特色。

关于计算领域的工作者应该具备什么能力,《计算作为一门学科》报告指出有两类。

(1) 面向计算学科的思维能力:发现本领域新特性的能力。这些特性将导致新的活动方式和新工具的产生。

(2) 使用工具的能力:使用本领域的工具有效地进行其他领域实践活动的能力。

报告建议:把面向计算学科的思维能力作为大学计算专业课程设计的主要目的。同时,计算专业工作者必须充分熟悉工具,以便与其他学科的人们有效地合作,进行那些学科的设计活动。

有必要在强调理论的同时,强调职业实践。为了保证毕业生能够顺利地适应新的工作环境,作为计算教育的一部分,必须使学生接受实践的锻炼。这些实践应包括超出特定计算技能之外的广阔的活动范围,如管理、道德规范和价值观念,书面和口头的交流,以及作为项目组成员的工作协调能力等。

1.6.4 创新意识培养

创新,就是创造性地提出问题和创造性地解决问题。具体地说,它是指个体根据一定的目的和任务,利用已知的一切条件,产生新颖、有价值的成果的认知和行为活动。它主要包括两个重要特征:新颖性、价值性。

根据新颖性在时间和地域范围上的层次性可将创新划分为三个层次。

(1) 低级层次:只对创造者个人来说是前所未有的,如人们在日常生活、工作中提出的一些新问题及新建议等。

(2) 中间层次:具有地区、行业的新颖性,具有一般的社会价值,能产生一定的经济效益和社会效益,如一个新的旅游项目的开发、新医疗设备的生产等。

(3) 最高层次:具有原创性,具有巨大的历史价值,甚至可以改变整个社会的理念、改变科学和技术的面貌,如创建一个科学理论体系、提出一种新的划时代的思想等。

德国国家信息技术研究中心(GMD)主席 Dennis Tsichdtzis 认为,创新至少具有以下四个过程。

(1) 提出新思想。极具生命力的新思想可以改变一个理论,然后改变实践这一新理论的活动。出版科学论文的目的就是通过同行的审查来证实其新奇性和原创性。

(2) 产生新实践。

(3) 产生新产品。

(4) 开拓新业务。

计算学科与大多数学科一样,将第一个过程置于最有价值的地位。

1.7 阅读与思考:人工智能之父——图灵

图 1-4 图灵

阿兰·麦席森·图灵(Alan Mathison Turing,1912~1954),英国数学家、逻辑学家,被称为人工智能之父,如图 1-4 所示。1931 年,图灵进入剑桥大学国王学院,毕业后到美国普林斯顿大学攻读博士学位,二战爆发后回到剑桥,后曾协助军方破解德国的著名密码系统 Enigma,帮助盟军取得了二战的胜利。

图灵 1912 年生于英国伦敦,1954 年死于英国的曼彻斯特。他是计算机逻辑的奠基者,许多人工智能的重要方法也源自于这位伟大的科学家。他对计算机的重要贡献在于他提出的有限状态自动机,也就是图灵机的概念。对于人工智能,他提出了重要的衡量标准——"图灵测试"。如果有机器能够通过图灵测试,那它就是一个完全意义上的智能机,和人没有区别了。杰出的贡献使他成为计算机界的第一人。现在,人们为了纪念这位伟大的科学家,将计算机界的最高奖定名为“图灵奖”。

上中学时,图灵在科学方面的才能就已经显示出来,这种才能仅仅限于非文科的学科上,他的导师希望这位聪明的孩子也能够在历史和文学上有所成就,但是都没有太大的建树。少年图灵感兴趣的是数学等学科。在加拿大他开始了职业数学生涯。在大学期间,这位学生似乎对前人现成的理论并不感兴趣,什么东西都要自己来一次。大学毕业后,他前往美国普林斯顿大学,也正是在那里,他制造出了以后称之为图灵机的东西。图灵机被公认为现代计算机的原型,这台机器可以读入一系列的0和1,这些数字代表了解决某一问题所需要的步骤,按这个步骤走下去,就可以解决某一特定的问题。这种观念在当时是具有革命性意义的,因为即使在20世纪50年代的时候,大部分的计算机还只能解决某一特定问题,不是通用的,而图灵机从理论上却是通用机。在图灵看来,这台机器只需保留一些最简单的指令,一项复杂的工作只要把它分解为这几个最简单的操作就可以实现了,在当时能够具有这样的思想确实是很了不起的。他相信有一个算法可以解决大部分问题,而困难的部分则是如何确定最简单的指令集,什么样的指令集才是最少的,而且又能顶用,还有一个难点是如何将复杂问题分解为这些指令的问题。

1936年,图灵向伦敦权威的数学杂志投了一篇论文,题为《论数字计算在决断难题中的应用》。在这篇开创性的论文中,图灵给“可计算性”下了一个严格的数学定义,并提出著名的“图灵机”(Turing Machine)的设想。“图灵机”不是一种具体的机器,而是一种思想模型,可制造一种十分简单但运算能力极强的计算装置,用来计算所有能想象得到的可计算函数。“图灵机”与“冯·诺依曼机”齐名,被永远载入计算机的发展史中。1950年10月,图灵又发表了另一篇题为《机器能思考吗》的论文,成为划时代之作。也正是这篇文章,为图灵赢得了“人工智能之父”的桂冠。1951年,图灵以他杰出的贡献被选为英国皇家学会会员。

就在图灵事业步入辉煌之际,灾难降临了。1952年,由于同性恋倾向,图灵离开了当时属于高度保密的英国国家物理实验室(NPL)。1954年6月8日,图灵42岁,正逢他生命中最辉煌的创造顶峰。这天早晨,女管家走进他的卧室,发现台灯还亮着,床头上还有个苹果,只咬了一小半,图灵沉睡在床上,一切都和往常一样。但这一次,图灵是永远地睡着了,不会再醒来……经过解剖,法医断定是剧毒氰化物致死,那个苹果是在氰化物溶液中浸泡过的。图灵的母亲则说他是在做化学实验时,不小心沾上的,她的“艾伦”从小就有咬指甲的习惯。但外界的说法是服毒自杀,一代天才就这样走完了人生。

图1-5　苹果公司Logo

今天,苹果(Apple)电脑公司以那个咬了一口的苹果作为其商标图案,如图1-5所示,就是为纪念这位伟大的人工智能领域的先驱者——图灵。

资料来源:百度百科(http://baike.baidu.com/)

请分析:

(1) 阅读以上文章,请回答:图灵的伟大成就主要体现在哪些方面?

2）请简述：什么是图灵机？

1.8 主要术语

确保自己理解以下术语：

ACM	计算	神经网络计算机
IEEE	计算本质	生物计算机
《计算作为一门学科》	计算机	图灵
ENIAC	计算机导论	图灵机
IBM 公司	计算机工程	图灵可计算性
巴贝奇分析机	计算机科学	现代计算机
抽象	计算机文化	信息技术
创新	计算机学科	信息系统
创新意识	计算学科	学科形态
第一代计算机	苹果(Apple)电脑公司	主领域
第二代计算机	可计算性	知识领域
第三代计算机	理论	知识体系
第四代计算机	能力	知识信息处理系统(KIPS)
核心课程	软件工程	
机械计算机器	设计	

1.9 练习与实验

本章“练习与实验”的目的如下。

(1) 了解“计算学科”的历史背景，了解“计算(Computing)”这个词的深刻含义。熟悉计算的本质与计算学科的定义。

(2) 了解 IEEE/ACM 的 CC 系列报告，了解 CC2004 报告、本科教育知识体系及其主要内容，熟悉计算学科的五个专业方向。

(3) 了解图灵与图灵机及其对计算学科的重要贡献，培养阅读与思考的学习能力。

1.9.1 工具与准备工作

在开始本实验之前，请回顾教科书的相关内容。

如果可能，请准备一台带有浏览器，能够访问因特网的计算机，以通过网络搜索丰富知识来源。

1.9.2 实验内容与步骤

1. 了解自己所学的专业

有调查表明[⊖⊖]，有相当多(60%以上)的计算机专业学生，即使当其临近毕业时，对自己所学的专业也不甚了解，认为“专业课程设置不太合理”的甚至高达68%，但他们普遍(61%)认为，专业知识学习是“自己本科学习阶段最需要改善的方面”。

请针对下列问题选择你的回答：			
1. 你被录取的专业是你的：	□ 第一志愿	□ 第二志愿	□其他志愿
2. 你了解自己目前所学习的专业吗？	□ 了解	□ 有点了解	□ 不了解
3. 如果有机会，你希望转专业吗？	□ 不想	□ 想	□ 不确定

结合本章的学习，请对照上述调查数据，简单谈谈你的想法：

____

____

____

2. 概念理解

请结合阅读课文，思考并回答以下问题：

(1)《计算作为一门学科》报告是谁研究撰写的？该报告取得的主要成果是什么？

____

____

____

(2) IEEE/ACM 发布的 CC 系列报告的主要内容是什么？其意义何在？

____

____

____

(3) 计算学科的定义是什么？

____

____

____

(4) 图灵是如何揭示计算本质的？

____

____

____

(5) 为什么说离散数学对计算技术的发展起着十分重要的作用？

____

____

____

⊖ 周苏，从应届毕业生问卷调查看“大学教育质量”。计算机教育，2007，1。

⊖ 周苏，应届毕业生“大学教育质量”跟踪问卷调查与分析。计算机教育，2007，12。

（6）为什么说“人要在计算能力上超过计算机是不现实的”？请简述你的观点。

（7）计算学科是“理科”，还是“工科”？请简单阐述。

（8）你认为，应该如何做到计算课程学习中的理论与实践相结合？

（9）你认为计算领域工作者应具备什么能力？请简述之。

3. **分析与思考**

参考课文内容及其他资料，思考并阐述以下问题。

（1）结合你的理解，请简述程序设计在计算学科中的地位。你觉得程序设计知识和能力重要吗？

（2）CC2004结合国际计算学科发展，对计算机科学、计算机工程、软件工程、信息技术和信息系统等学科方向有明确的界定和内涵解释，通过初步了解，现阶段你认为自己适合在哪个方向上发展？

（3）CC2004报告并不要求所有学校千篇一律，教学模式一个标准，而是鼓励各校根据自身具体条件对教程进行调整，安排相应的专业教学计划。你了解自己专业的教学计划吗？

1.9.3 单元学习评价

（1）你认为本单元最有价值的内容是：

(2) 下列问题我需要进一步地了解或得到帮助：

(3) 为使学习更有效,你对本单元的教学有何建议?

1.9.4 实验总结

1.9.5 实验评价(教师)

第2章 计算机与数据

计算机曾被称为“智力工具”,因为它可以完成通常是由脑力劳动来执行的任务。计算机擅长诸如快速计算、大量数据的处理,以及在大型信息库中进行搜索等工作。与人类自己完成这些工作相比,计算机干起来要快得多,也准确得多。使用计算机是对人类智力的一大补充。

2.1 冯·诺依曼的定义

在1940年以前出版的字典中,“Computer”被定义为“执行计算任务的人”。虽然机器也能执行计算任务,但它们被称为计算器,而不叫计算机。1940年,应二战军事需要而开发的第一台电子计算装置问世之后,人们才开始使用“计算机”这一术语。

1945年,一组工程师开始为美国军方的一个秘密项目工作,他们要研制“电子离散变量自动计算机”(Electronic Discrete Variable Automatic Computer,EDVAC)。杰出的数学家约翰·冯·诺依曼在一个报告中对EDVAC计划进行了描述,这个报告被视为“计算机科学的历史上最具影响力的论文”,是最早对计算机部件明确给出定义,并描述了它们功能的文献之一。冯·诺依曼在这篇报告中使用了术语“自动计算系统”,今天称之为“计算机”、“电脑”或“计算机系统”。第一台基于冯·诺依曼思想的计算机于1950年在美国宾夕法尼亚大学诞生,名为EDVAC。此前,在美国只建造了一台能够运行的计算机(即ENIAC,1946年)。同时,同样类型的被称为EDSAC的计算机由英国剑桥大学的Maurice Wilkes制造产生。

基于冯·诺依曼提出的概念,我们可以把计算机定义为一个能接受输入、处理数据、存储数据,并产生输出的设备,如图2-1所示。

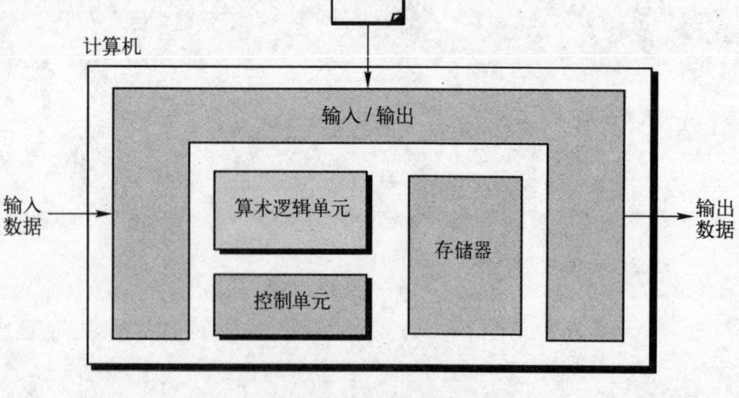

图2-1 冯·诺依曼模型

(1) 接受输入。所谓“输入”是指送入计算机系统的任何东西,也指把信息送进计算机的过程。输入可能是人、环境或其他计算机提供的。计算机可以处理多种类型的输入,例如,文档里的单词和符号，用于计算的数字、图形、温度计的温度、传声器（麦克风）的音频信号，以及完成某个处理过程的指令等。输入设备收集输入信息，并把它们转化为计算机可以处理的形式。计算机用户通常把键盘作为自己的主要输入设备。

（2）处理数据。数据泛指那些代表某些事实和思想的符号。计算机可以用很多方法操作数据，而我们将这种操作称为“处理”。例如，计算机处理数据的方式包括：执行计算，对词汇或数字的列表进行排序，按用户指令修改文档或图片，以及绘图。在计算机术语里，我们把处理定义为计算机操作数据时采取的一系列系统性活动。计算机在一个称为中央处理器（Central Processing Unit，CPU）的设备中处理数据。

（3）存储数据。计算机必须能存储数据，以便处理数据。依照数据被使用的方式不同，计算机通常在不只一个地方储存数据。对于正等待被处理的数据，计算机把它们放到一个地方（内存）；当数据不需要立即处理时，计算机又把它们放到另一个长期保存数据的地方（外存）。

（4）产生输出。“输出”指计算机生成的结果，也指产生输出结果的过程。报表、文档、音乐、图形和图片都是计算机输出的形式。输出设备用来显示、打印或传输计算机的处理结果。

冯·诺依曼对计算机所做的定义仍然适用于今天的计算机。

2.2 计算机系统基础

计算机系统一般包括硬件和软件。硬件是指计算机本身和被称为外围设备的部件，即操作数据的电子和机械设备，其中的外围设备扩展了计算机的输入、输出和存储能力。

计算机硬件本身并不提供什么有用的“智力工具”。为使计算机具有使用价值，还需要计算机软件。软件中的程序是一些指令的集合，它告诉计算机如何执行某个特定的任务。与其他计算机连接起来后，人们就可以共享信息，计算机的效用也就大了。

2.2.1 软件

软件通过计算机设置来执行某些特定的任务，告诉计算机如何与用户交互，指示计算机如何处理用户的数据等。没有软件的计算机，只是一个带有电源开关的“摆设”，就像没有唱片的唱机、没有磁带的录音机、没有 CD 盘片的 CD 播放机。幸运的是，软件是丰富的，对于成千上万形形色色的任务，你都能找到解决它们的软件。

2.2.2 计算机分类

按照传统分类方法，依据计算机的处理能力，计算机被从低到高依次分成四类，分别为微型计算机、小型计算机、大型计算机和巨型计算机。一台计算机被划归哪一类，主要由它的技术、功能、物理尺寸、性能和成本等因素来决定。随着技术的发展，分类标准也在发生变化。类别之间的界限并不非常清晰，当功能更强大的计算机出现后，分类界限也会随之上移。

微型计算机一般用于家庭、办公场合和小型机构里，如图 2-2 所示。衡量微型计算机能力的一个指标是它的处理器速度。可以以单机方式使用微型计算机，也可以连接到其他计算机（网络），与别的用户共享数据和程序。但是，即使连接到其他计算机，它也主要是处理自己的任务。

图 2-2　微型计算机

小型计算机比微型计算机的处理能力更强，它可以同时执行多个人的处理任务，这些人都通过终端与小型计算机相连。终端（Terminal）实际上就是一个由键盘和屏幕组成的输入/输出设备，没有处理数据的能力。当在终端发出一个处理请求时，该请求被传送到小型计算机主机，主机按要求处理数据，然后把结果送回终端。

大型机是高速、昂贵的计算机，通常用在大型机构中，为大量数据提供集中化的存储、操作和管理。大型机可以为许多用户提供处理服务，用户只需在自己的终端输入处理请求，这一点与小型计算机类似，但大型机能为更多的用户服务。为了处理大量数据，当数据的可靠性、安全性和集中控制等因素非常重要时，就要考虑使用大型机。

巨型计算机（又称超级计算机）实际上是一个巨大的计算机系统，如图 2-3 所示，一般每秒可执行百万亿条指令，主要用来承担重大的科学研究、国防尖端技术和国民经济领域的大型计算课题及数据处理任务。如大范围天气预报，整理卫星照片，原子核物的探索，研究洲际导弹、宇宙飞船等，制定国民经济的发展计划。这些任务因其项目繁多，时间性强，要综合考虑各种各样的因素，依靠巨型计算机能较顺利地完成。

图 2-3　巨型计算机及其内部

我国是世界上少数几个能够研制和生产超级计算机的国家之一。由国防科技大学研制的“银河”、“天河”系列计算机不仅使我国成为世界上少数几个能发布中期数值天气预报的国家,而且对重大自然灾害的预报能力也明显提高。见图 2-4 所示。

图 2-4　我国首台千万亿次超级计算机“天河一号”

微型机、小型机、大型机和巨型计算机系统都含有输入、处理、存储和输出数据的设备。本书主要讨论微型计算机,因为人们最有可能使用这种类型的计算机,然而,其概念大多同样适用于其他类型的计算机。

2.2.3　微型计算机的兼容性

全世界有许多公司都在生产微型计算机,但这些微型计算机都基于有限的几种计算机平台。当前,主要的微型计算机平台是 PC 和 Mac。

PC 是基于 IBM 公司生产的第一台微型计算机(IBM PC)的体系结构,它使用标准的可购买部件。现在,包括惠普、Dell、联想[⊖]等许多公司都在生产 PC。为 PC 设计的软件常被称为 Windows 软件,因此,也把 PC 平台称为 Windows 平台。Mac 则是基于苹果公司的 Macintosh 计算机体系结构,也称为 Mac 平台。Mac 基本上是苹果公司独家生产的。

所谓兼容机,是指它们的运行方式在本质上相同。如果两个计算机平台可以使用相同的软件,连接相同的外设,就称它们是兼容的。但并不是所有的微型计算机都彼此兼容。PC 和 Mac 被视为不兼容的平台,因为它们不能使用相同的硬件设备,不能运行相同的软件,除非添加必要的硬件或软件来进行转换。过去,在不同平台间共享数据非常困难,甚至是不可能的。在当前广泛应用的微型计算机中,有 90% 是 PC,因此,本书主要讨论 PC 平台。

⊖ 2005 年 5 月 1 日,联想公司正式宣布完成收购 IBM 全球 PC 业务,合并后的新联想以 130 亿美元的年销售额一跃成为全球第三大 PC 制造商。

2.2.4 外围设备

“外围设备”是指那些可以附加到计算机系统中用来加强计算机功能的设备。例如，打印机是常用的外围设备。虽然键盘、监视器、鼠标和磁盘驱动器等设备一般都包含在计算机的基本系统中，但有时也被归为外围设备。

外围设备能扩充或改变基本的计算机系统。例如，买计算机时一般配备鼠标，但用户可能更喜欢使用跟踪球，可能需要增加扫描仪以输入图像来扩充计算机的功能，配置调制解调器可以将计算机连接到电话系统中，从而可以访问存储在其他计算机中的信息等。

大多数微型机的外围设备都设计成可以让用户自行安装，而不需要专家参与。当购买一个外围设备时，通常附有安装指南和专门为其设计的软件（设备驱动程序），用户应当按照设备指南来安装设备及其软件。但是，Windows 软件也提供了“即插即用”功能以实现自动安装。

2.2.5 计算机网络

计算机网络是一组连接在一起，为实现共享数据、硬件和软件等的计算机和其他设备，网络用户可以向网上其他用户发送消息或从中心存储设备上检索数据。使用网络上的计算机与使用独立的计算机并无太多不同，只是可以访问更多数据，能与他人通信。

网络必须能阻止非授权访问以保护其所保存的数据。大多数机构通过要求用户使用唯一的用户名和密码进行登录以限制对网上软件和数据的访问。用户名可以是数据和字母的组合以充当个人标识。用户名是公开的，通常是某人地址的一部分，该地址可在网上发送消息。可以让别人知道你的用户名，但是为了数据安全的缘故，请注意绝不要公开密码。

2.2.6 因特网

网络可以将微型机、小型机、大型机甚至巨型机连接在一起。世界上最大的计算机网络是因特网（Internet），它提供了遍及全球数百万台计算机之间的互联，提供了许多信息服务，其中最常用的应用是万维网（WWW），经常简称为 Web。

Web 是信息的“跳蚤市场”，遍及全世界的计算机站点中存储着各类数据，如气象地图、人口数据、产品信息、学习课程、MP3 音乐和图像等。将计算机连接到 Web 上时，就可以访问这些信息。借助于因特网，在 Web 中可以查找信息，加入讨论组，浏览信息，进行在线购物等。

2.3 用户界面

要有效地使用计算机作为智力工具，必须与其通信，例如告诉计算机要执行的任务，精确地解释计算机提供的信息等。这些人与计算机通信的手段被称为用户界面。

用户界面是软件和硬件的综合体，控制用户界面的软件定义了界面特性，例如，是通过操纵图形对象还是通过输入命令来完成任务等。常用的软件界面要素有提示、向导、命令、菜单、对话框和图形对象等，而硬件界面的要素则包括指示设备、键盘和监视器等。

2.3.1 提示

“提示”是计算机显示的消息，要求用户响应提示，输入信息或按照指令操作。在“提示”

用户界面中,需要人与计算机进行对话。

但是,提示对话的交互过程是线性的,用户必须从头开始并顺序响应每一个提示,如果出错,则很难回退;第二,由于人类自然语言的模糊性,如果一个提示内容不清楚,对话就不能正常进行。

一般情况下,微型机软件都使用“向导”的对话形式。向导是一组屏幕提示,指导用户通过多步操作完成软件任务,如创建图形、商用合同列表或传真封面等。向导使用图形来帮助解释提示,并允许用户回退和修改响应信息。

2.3.2 命令

命令是用户输入以告诉计算机执行任务的指令。使用这样的用户界面(如原先的微型机DOS界面和大型机界面)时,必须输入命令,然后按回车键,告诉计算机执行命令。命令中的每个词都将导致计算机的特定动作,命令字通常是英文单词,如print、list等,但有些命令字含义模糊,例如,ls表示列表,cls表示清除屏幕,而“!”表示退出。

输入的命令要遵守特殊的语法。语法表示命令字、参数的序列和标点。如果拼错了命令、丢掉了所需要的标点或者命令字顺序出错,将出现语法错误,计算机将显示出错消息。显示出错消息时,必须找出命令是在何处出错,并重新输入正确的命令。

需要用户输入命令的界面称为“命令行用户界面”,如图2-5所示。学习使用命令行用户界面时必须记住命令字及其含义。如果忘记了正确的命令和标点,或者正在使用一个不熟悉的命令行用户界面时,通常可以输入help命令来寻求帮助,或者需要阅读用户参考手册。

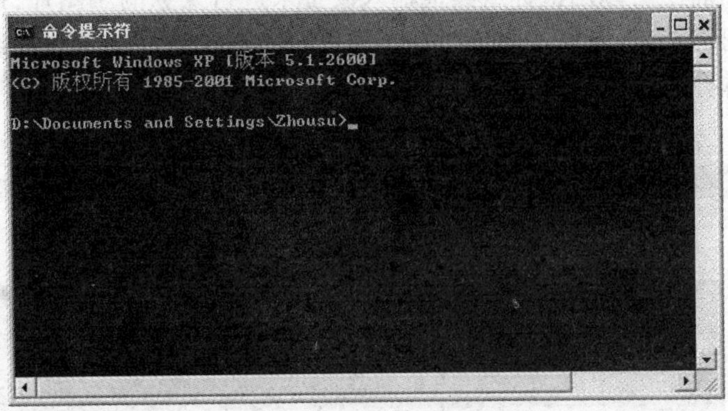

图2-5 (DOS)命令行用户界面

2.3.3 菜单和对话框

命令字和命令行用户界面语法很难记住,菜单就是为克服这样的困难而开发的。菜单显示了一组命令或选项,每行菜单称为菜单项或菜单条,如图2-6所示。

菜单是常用的用户界面元素。使用菜单时,不需要记住命令字,只要在列表中选择所需要的命令即可。而且,因为列表中所有的命令都是有效的,所以不会产生语法错误。软件设计者常用两种方法来提供更大的菜单选项,即子菜单和对话框。

子菜单是在主菜单中选择一项后,计算机继续显示的一组附加命令。有时,一个子菜单还会继续通过显示另一个子菜单来提供更多的命令选项。有些菜单会导出对话框,对话框显示与命令有关的选项,需要填充该对话框以指示如何执行命令,如图 2-7 所示。对话框中显示了一些屏幕“控制项”,如按钮和列表等,可以用鼠标操作来指定和设置命令参数。

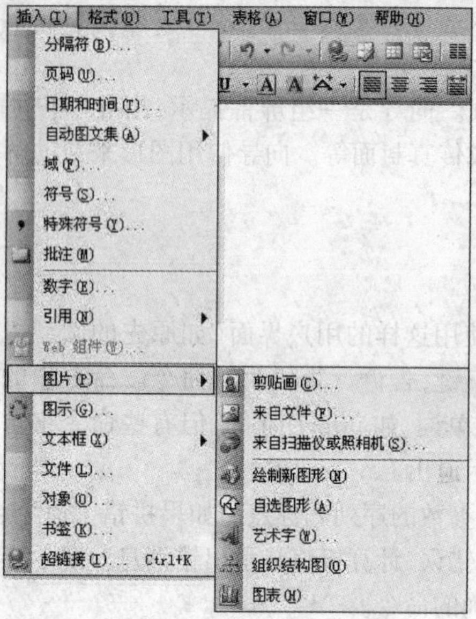

图 2-6 使用菜单

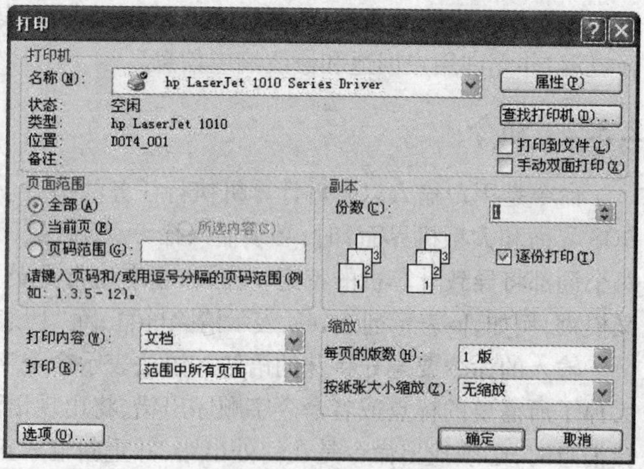

图 2-7 使用对话框

2.3.4 图形对象

图形对象是屏幕上可以用鼠标或其他输入设备来进行操纵的小图片,每个图形对象可以表示一个计算机任务、命令或真实对象。在图形用户界面(GUI)下,通过操纵图形对象而不用输入命令或选择菜单项,就能告诉计算机用户想让它做的事。图形对象包括图标、按钮和窗口等,如图 2-8 所示。

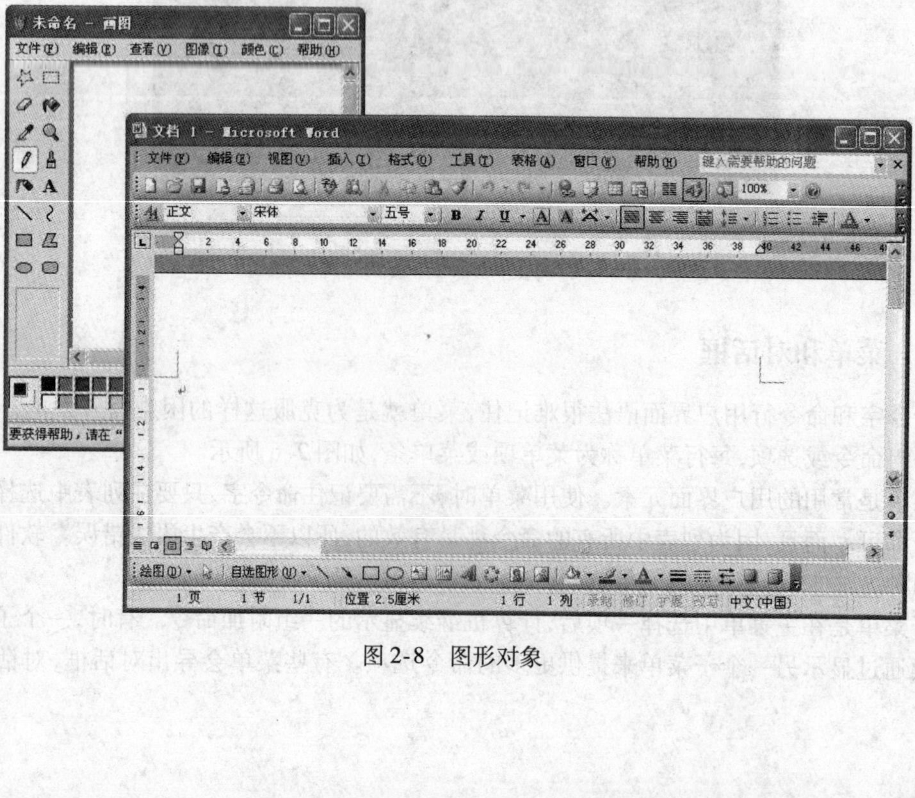

图 2-8 图形对象

图形对象是 GUI 的关键元素。GUI 建立在使人们能够直观地使用计算机的思想基础上，即用户只需最少的训练就可以操作表示任务或命令的屏幕对象。除了显示图形对象外，GUI 还经常显示菜单和提示，因为设计人员发现，很难用图标和工具来表示所有可能的任务。通常，软件程序的所有命令都会显示在菜单中，而最常用的命令会使用图形对象来表示。

2.3.5 指示设备

作为用户界面一部分的指示设备（如鼠标、跟踪球或光笔等）可以帮助操纵对象并选择菜单项，最常用的指示设备是鼠标。鼠标在 20 世纪 70 年代初由道格·恩格尔巴特（Doug Engelbart）开发，以支持比键盘更高效的输入方法。恩格尔巴特的工作与制作图形用户界面的努力目标是一致的，但是，直到苹果计算机公司于 1983 年制造了具有图形用户界面的 Macintosh 计算机后，鼠标才开始流行。

当在桌面上移动鼠标时，指针便出现在屏幕上，它随着鼠标的移动而移动。按下鼠标左键可在屏幕上选定一个对象，称为“单击”；有些操作需要连续快速单击鼠标两次，称为“双击”；还可以在屏幕上用鼠标将对象从一个地方拖到另一个地方，即先将指针指向对象，再按下鼠标按钮，然后移动鼠标将对象放到一个新位置，最后释放鼠标按钮，称为“拖”。

Mac 的鼠标只有一个键，而 PC 则使用两键或三键鼠标。两键鼠标允许单击右键来操纵对象。例如，如果单击左键选择一个对象，单击右键可能弹出操作该对象的右键快捷菜单。三键鼠标的中键很少使用。

2.3.6 键盘

实际上每种计算机用户界面都要使用键盘，如图 2-9 所示。为了有效地使用计算机，应当熟悉计算机键盘，因为它包含特殊的按键，可用来操纵用户界面。

图 2-9 计算机键盘

可以通过键盘输入命令、响应提示并输入文档文本。光标或插入点表示输入的字符将出现在什么地方。“光标”是出现在屏幕上的闪动的下画线，“插入点”是出现在屏幕上的闪动竖条。可以用箭头键或鼠标改变光标或插入点的位置。

按下 <Shift>（上档）键的同时再按下其他的键，可以输入大写字母或输入双符号键中的上部符号。

<Backspace>（回退）键和 <Delete>（<Del>，删除）键可用于删除字符。<Backspace> 键删除光标左边的字符，<Delete> 键删除光标右边的字符。如果想删除一个对象或一幅图的一部分，通常也是使用 <Delete> 键。

键盘右侧的数字键盘是提供计算器风格的数字和算术符号的输入设备。注意数字键盘上有些键包括两种符号。当 < NumLock >（数字锁定）键激活时，数字键盘上的键产生数字；当 < NumLock > 键未被激活时，这些键可以根据键上的箭头来移动光标。< NumLock > 键是个切换键，可以在两种模式中变换。< CapsLock > 键也是一种切换键。按下 < CapsLock > 键时，就变为大写模式，再按下 < CapsLock > 键时，就回到小写模式。< Insert > 键也是切换键，当激活 < Insert > 键时，输入的任何文本都会被添加在插入点处，当 < Insert > 键没有被激活（改写）时，输入的任何文本都会覆盖原有文本。键盘右侧上方的指示灯可以显示切换键的状态。

功能键，即位于键盘最上一排的 < F1 > ~ < F12 > 键主要用于启动命令。例如，许多软件包中 < F1 > 是帮助键。功能键的问题是它们没有标准的含义。在某个程序中，按 < F7 > 键可以保存文档；而在另一个程序中，可能要按 < F5 > 键来保存文档。

< Alt > 键和 < Ctrl > 键一般与字母键配合使用（称为快捷键），可用来代替鼠标选择菜单命令。

2.3.7 监视器

监视器是每台计算机的用户界面都必需的输出设备，计算机通过监视器显示结果、提示、菜单和图形对象等与用户通信。监视器显示技术决定了用户界面设计者可以采用的颜色和图形对象。

早期的微型机监视器和目前许多大型机终端的显示器都是基于字符的。基于字符的显示器将屏幕分成若干矩形格子，每格显示一个字符。屏幕可以显示的字符集是不可变的，所以，不能显示不同大小或不同风格的字符。基于字符的显示器唯一可显示的图形是通过感叹号、下画线和字符集中的其他符号组成的图形。大型机很少支持 GUI（图形用户界面）的一个原因，就是因为与大型机系统连接的都是基于字符的终端。

位图显示将屏幕分成小点（称为像素）矩阵。计算机在屏幕上显示的任何字符或图形必须由屏幕矩阵中的像素构造。屏幕可显示的像素越多，分辨率就越高。高分辨率的显示器比低分辨率的显示器更容易产生复杂的图形和易于阅读的文字。现在微型机监视器都具有位图显示能力，这就可以灵活地显示了 GUI 所需的字符和图形对象了。

2.3.8 联机帮助

通常，用来产生文档、玩游戏和访问因特网的软件都有标准的 Windows 控件集。学会如何使用这些控件，就能比较容易地学习任何新软件了。Windows 软件的信息源主要是“联机帮助”，如图 2-10 所示。大多数软件都可以通过单击屏幕顶部菜单栏中的“帮助（Help）”命令来启动联机帮助功能。当解决某个任务碰到问题时，联机帮助尤其有用。

通常在使用 Help 时，首先搜索关键字列表，找到与需求相关的关键字。有些联机帮助也提供联机“助手”，它看起来可以智能地回答用户的问题。

每个人都有不同的学习风格，有些人喜欢发现式学习，而另一些人喜欢结构化的讲座。学习风格与最有效的学习方式密切相关。如果你喜欢阅读并容易记住书中的内容，就可能喜欢使用印刷的手册或教程；如果喜欢通过视觉学习，就可能喜欢视频教程；如果是爱探索的学生，可能喜欢自己摸索软件，而不需要印刷材料和视频教程。基于图形和菜单的用户界面使这种摸索成为可能，包括联机帮助的界面也为此提供了方便。

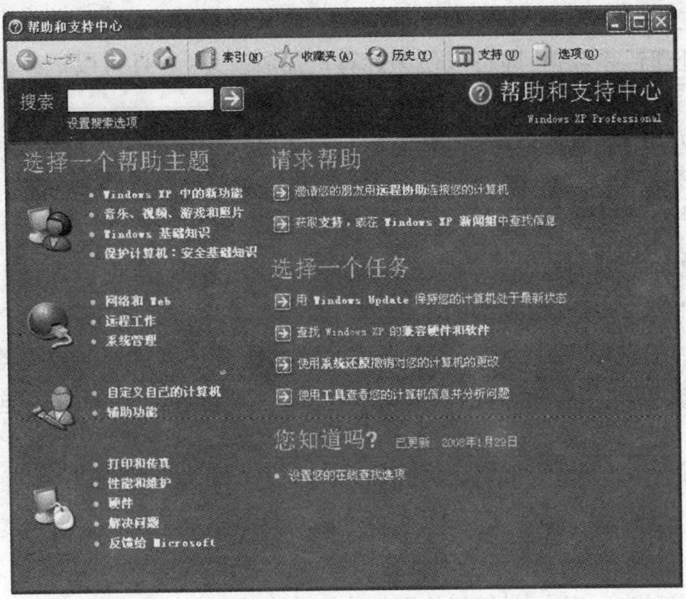

图 2-10　Windows 的联机帮助

2.4　数据和数的表示

冯·诺依曼模型清楚地将计算机定义为数据处理机，它接受输入数据、处理数据并输出相应的结果。在这一节中，我们来了解不同类型的数据是怎样以 0 和 1 序列的二进制模式存储在计算机内部的。

2.4.1　存储和组织数据

冯·诺依曼模型并没有定义数据应该怎样存储在计算机中。如果计算机是电子设备，那最好的数据存储方式应该是电子信号，以电子信号的出现和消失的特定方式来存储数据，这意味着计算机可以以两种状态之一的形式来存储数据。显然，日常使用的数据并不仅仅是这样的，例如，日常的十进制数字可以是 0 ~ 9 十种状态中的任何一种。但是不能（至少到目前为止）将这类信息直接存储到计算机内部，除非将这类信息变换成另一种只使用两种状态（0 和 1）的系统。同样，也需要处理其他类型的数据（如文本、图像、声音和视频等）。因为它们同样也不能被直接存储到计算机当中，除非将它们转变成合适的形式（0 和 1 序列）。

另一方面，尽管数据只能以一种形式（二进制模式）存储在计算机内部，但在计算机外部却可以表现为多种形式。在存储到计算机中之前，数据被组织成许多小的单元，再由这些小的单元组成更大的单元。

数据以不同的形式出现，如数字、文字、图像、音频和视频等，人们需要处理所有这些类型的数据。

- 工程应用的主要目的是处理数字，如进行算术运算、解代数或三角方程、找出微分方程的根等。
- 文字处理的主要目的是处理文本，如调整对齐方式，移动和删除文字等。

- 图像处理主要用来处理图像，如创建、缩小、放大和旋转等。
- 计算机也处理音频数据，即可以使用计算机播放音乐，并且可以把声音作为数据输入到计算机中。
- 计算机不仅能用来播放电影，还能创建我们在电影中所看见的特技效果等。

2.4.2 计算机内部的数据

数据往往是多种类型的混合。例如，尽管银行主要是处理数字，但它也需要以文本形式存储客户姓名；图像通常是图形和文本的混合。

最有效的解决方法就是采用统一的数据表示法。所有计算机外的数据类型都采用统一的数据表示法，经过转换后存入计算机，当数据从计算机输出时再还原回来。这种通用的格式被称为位模式。

（1）位。位的定义是："位"（bit，binary digit 的缩写，二进制数字）是存储在计算机中的最小数据单位，它是 0 或 1。位代表设备的某一状态，这些设备只能处于两种状态中的某一种状态。例如，开关合上或者断开。按惯例用 1 表示合上状态，用 0 表示断开状态。电子开关能表示位，换句话说，开关能存储一个位的信息。现在，计算机使用各种各样的两态设备来存储数据。

（2）位模式。由于要存储更大的数、文本和图形等，单个"位"并不能解决数据表示问题。为了表示数据的不同类型，可以使用"位模式"，它是一个序列。例如，1000101010111111 展示了由 16 个位组成的位模式，它是 0 和 1 的组合。这就意味着，如果要存储一个由 16 个位组成的位模式，就需要 16 个电子开关。如果要存储 1000 个位模式，每个 16 位，那么就需要16000 个开关。

计算机存储器仅仅将数据以位模式存储，至于解释位模式是数字类型、文本类型或其他的数据类型，则由输入/输出设备或程序来完成。换句话说，当数据被输入计算机时，它们被编码，当呈现数据被给用户时，它们被解码，如图 2-11 所示。

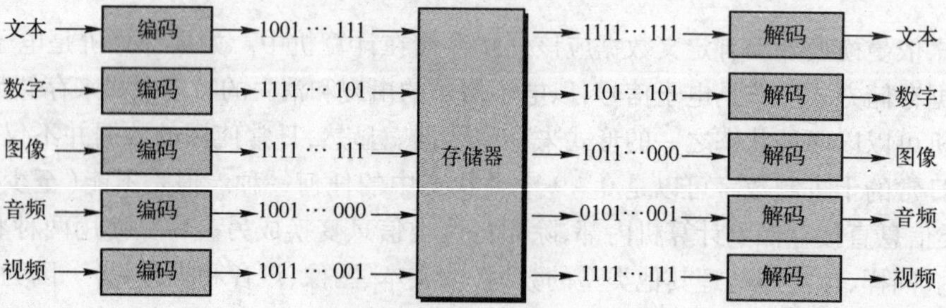

图 2-11　位模式举例

（3）字节。通常长度为 8 的位模式称为"字节"，这个术语同样被用作测量内存或其他存储设备的大小。例如，一台能存储 800 万位信息的计算机我们称其有 1 兆字节的内存容量。

2.4.3 表示数据

位模式可以用来表示不同类型的数据。

1. 文本

在任何语言中，文本的片断是用来表示该语言中某个意思的一系列符号。例如，在英语中使用 26 个符号(A,B,C,…Z)来表示大写字母,26 个符号(a,b,c,…z)表示小写字母,10 个符号(0,1,2,…9)来表示数字字符(不是数字,后面将看到它们的不同之处),以及符号(.,?,:,;,…,!)来表示标点。另外一些符号,如空格、换行和制表符被用于文本的对齐和可读性等。

位模式可以表示任何一个符号。例如,由 4 个符号组成的"BYTE"文本可采用 4 个位模式表示,每个模式定义一个符号:BYTE 分别表示为 1000010、1011001、1010100 和 1000101。

在一种语言中,位模式需要多少位来表示一个符号,这取决于该语言集中有多少个不同的符号。位模式长度与符号数量的关系是个对数关系。例如,如果需要 2 个符号,位模式长度是 1 位($\log_2 2 = 1$),即 0、1;如果需要 4 个符号,位模式长度是 2 位($\log_2 4 = 2$),即 00、01、10 和 11,这些形式中的任何一种都可用来代表一个字符。同样,3 位的位模式有 8 种不同的形式:000、001、010、011、100、101、110 和 111。

不同的位模式集合被设计用于表示文本符号,每一个集合被称为"代码",表示符号的过程称为"编码"。常用的代码如下。

(1) ASCII:美国国家标准协会(ANSI)开发了被称为美国信息交换标准码(ASCII)的代码。此代码使用 7 位表示每个符号,即可以定义 $2^7 = 128$ 种不同的符号。

(2) 扩展 ASCII 码:为了使每个位模式大小统一为 1 字节(8 位),ASCII 位模式通过在左边增加额外的 0 来进行扩充,使每一个模式都能很容易地恰好存入 1 字节大小的内存中。换句话说,在扩展 ASCII 码中,第一个模式是 00000000,最后一个是 01111111。

(3) Unicode:为适应更大容量代码的需要,硬件和软件制造商们联合起来,共同设计了一种名为 Unicode 的代码,这种代码使用 16 位,能表示多达 $2^{16} = 65536$ 个符号。代码的不同部分被分配用于表示世界上不同语言的符号,其中还有部分代码被用于表示图形和特殊符号。Java语言就使用这种代码来表示字符。

微软公司的 Windows 使用了 Unicode 前 256 个字符的一个变化版本。

2. 数

在计算机中,数是使用二进制系统来表示的。在这种系统中,位模式(一系列的 0 和 1)被用来表示数。然而,像 ASCII 码这样的代码并没有用来表示数,这主要是因为数的表示方法不同于非数字形式的其他数据,它们之间存在差别的原因如下。

(1) 字符集如 ASCII 码用于表示数的效率不高,ASCII 码能表示 128 个字符,但十进制却只需 10 个字符(即使考虑到其他符号,仍大大少于 128)。例如,如果想用 ASCII 码存储 65535,那么就需要 5 个字节(每位 1 字节)。但如果用无符号整数表示 65535 则只需 2 字节。

(2) 如果用字符代码表示数中的每位,则相应的数运算(如加法和减法等)会十分复杂。

(3) 数精度的表示(指置于小数点后的数字)需较多字节。例如,存储 23454.00001 需 11 字节,但如果用浮点法表示,需要的字节就少得多。

3. 图像

图像在计算机中有两种表示方法,即位图图形或矢量图形。

在位图图形方法中,图像被分成像素矩阵,每个像素是一个小点。像素的大小取决于分辨率。例如,图像可以分成 1000 像素或者 10000 像素。图像显示分辨率越高,需要的内存空间就越多。

把图像分成像素之后,每一个像素被赋值为位模式。模式的尺寸和值取决于图像。对于仅由黑白点组成的图像,1 位模式已足够表示像素,例如 0 模式表示黑像素,1 模式表示白像素。然后,模式被一个接一个地记录并存储在计算机中。图 2-12 显示了这种图像及其表示。

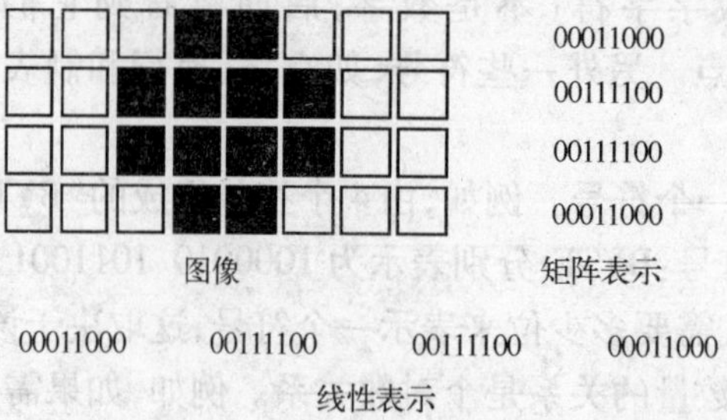

图 2-12 黑 - 白图像的位图图形表示方法

如果一幅图像不是由纯黑、纯白像素组成,那么可以增加位模式的长度来表示灰色度。例如,可以使用两位模式来显示四重灰度级。黑色像素被表示成 00,深灰色像素被表示成 01,浅灰色像素被表示成 10,白色像素被表示成 11。如果是表示彩色图像,则每一种彩色像素被分解成三种主色:红、绿和蓝(RGB)。然后测出每一种颜色的强度,并把位模式(通常 8 位)分配给它。换句话说,每一个像素有三个位模式:一个用于表示红色的强度,一个用于表示绿色的强度,一个用于表示蓝色的强度。例如,图 2-13 采用四个位模式表示彩色图像中的像素。

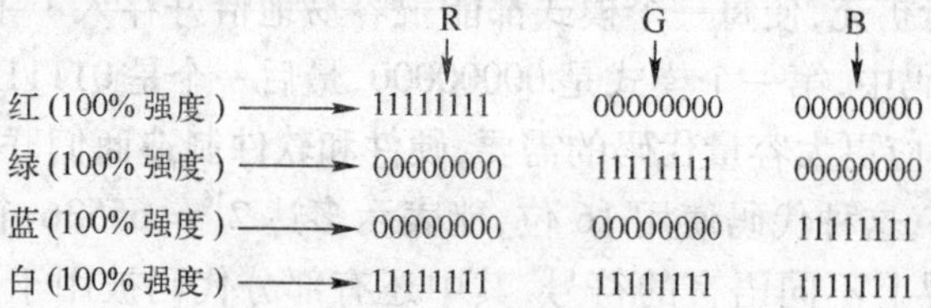

图 2-13 彩色像素的表示方法

在位图图形表示法中,一幅特定的图像采用精确位模式表示后存储在计算机中,随后,如果想重新调整图像的大小,就必须改变像素的大小,这将产生波纹状或颗粒状的图像。

而矢量图表示方法不存储位模式,它是将图像分解成曲线和直线的组合,其中每一曲线或直线由数学公式表示。例如,一条直线可以通过它的端点坐标来绘制,圆则可以通过它的圆心坐标和半径长度来绘制。这些公式的组合被存储在计算机中。当要显示或打印图像时,将图像的尺寸作为输入传给系统,系统根据新的尺寸重新设计图像并用相同的公式画出图像。在这种情况下,每画一次图像,公式也将重新估算一次。

4. 音频

音频表示声音和音乐。音频本质是模拟数据,它是连续性的(模拟的),并不是离散的(数字的)。音频转换成数字数据,并使用位模式存储它们,其具体步骤如下。

(1) 对模拟信号进行采样,就是以相等的间隔来测量信号的值,如图 2-14 所示。

(2) 量化采样值,就是给采样值分配值。例如,如果一采样值为 29.2,可以考虑量化该采样值赋值为 29。

(3) 将量化值转换成位模式。例如,把 29 转换为位模式 00011101。

(4) 存储该位模式。

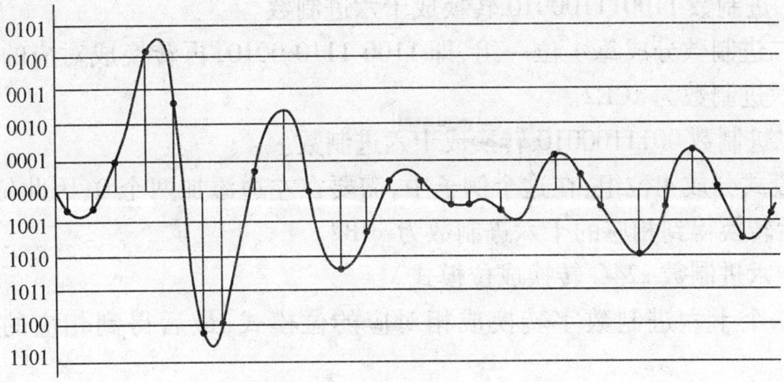

图 2-14　声音的采样和量化

5. 视频

视频是图像(帧)在时间上的表示。电影就是一系列的帧,一张接一张地播放而形成的运动图像。所以,如果知道如何将图像存储在计算机中,也就知道了如何存储视频;每一幅图像或帧转化成一系列位模式并存储。这些图像组合起来就可以表示视频。注意到,现在视频通常是被压缩存储的。

2.4.4　十六进制与八进制

数据存储在计算机中时是采用位模式表示的,但人们了解位模式时却很困难,一长串的0和1非常乏味且容易出错,这时,可以采用十六进制来加以简化。

十六进制以16(hexadec在希腊语中表示16)为基数,这意味着有16个符号(十六进制数字),即0~9、A、B、C、D、E、F。十六进制数字与四个位对应,表2-1给出了位模式和十六进制数字间的关系。

表 2-1　十六进制数字

位模式	十六进制数字	位模式	十六进制数字
0000	0	1000	8
0001	1	1001	9
0010	2	1010	A
0011	3	1011	B
0100	4	1100	C
0101	5	1101	D
0110	6	1110	E
0111	7	1111	F

将位模式转换成十六进制数,是将模式(从右边开始)组成每四个一组,找到与每组相对应的十六进制数字即可。例如,1111 1100 1110 0100可表示成十六进制数的F C E 4。

十六进制数有两种写法。

(1) 在数的前面加大写或小写的x来代表当前的表示方法为十六进制。例如,xA34表示一个十六进制数。

(2) 将数字基数(16)作为表示法的下标。例如,$A34_{16}$表示一个十六进制的值。

例 1 将二进制数 110011100010 转换成十六进制数。

解 将该二进制数分成每 4 位一组，即 1100 1110 0010，再转换成对应的十六进制数字，最后得到的十六进制数为 xCE2。

例 2 将二进制数 0011100010 转换成十六进制数。

解 将位模式分成 4 位组，在这个例子中，需要在左边添加两个 0，因此位模式变为 0000 1110 0010，最后转换得到相应的十六进制数为 x0B2。

例 3 将十六进制数 x24C 转换成位模式。

解 将每一个十六进制数字转换成相对应的位模式，最后得到相应的位模式为 0010 0100 1100。

另一种简化位模式的分组表示法是八进制法。八进制法以 8（oct 在希腊语中表示 8）为基数，这意味着有八个符号（八进制数字），即 0 ~ 7。每个八进制数字对应于三个位。在数的前面加小写或大写的 o 来代表当前的表示方法为八进制。例如，o12 表示一个八进制数。

2.4.5 十进制和二进制

在现代计算机中，十进制和二进制这两种记数系统占主导地位。十进制系统是在 8 世纪由阿拉伯数学家发明的。第一个使用十进制记数系统的是古埃及人。巴比伦人则对埃及人使用的记数系统进行改进，使位置在记数系统中变得有意义。十进制系统底数的幂为 10，因此，第一位为 10^0，第二位为 10^1，第三位为 10^2……。例如，十进制的 243 可以分解为：$2\times10^2+4\times10^1+3\times10^0$。

与十进制底数为 10 不同，二进制系统底数为 2。例如，十进制数 243 转换为二进制数是 11110011，同理，可分解为：$1\times2^7+1\times2^6+1\times2^5+1\times2^4+0\times2^3+0\times2^2+1\times2^1+1\times2^0$。一般来说，因为使用较频繁，应该记住 2^{10} 以内的二进制幂值，即 1024、512、256、128、64、32、16、8、4、2。

2.4.6 进制的转换

1. 二进制数向十进制数转换

给出一个二进制数，将其每个二进制数字分别乘以它的权值，再将结果相加，即得到相应的十进制数。

例 1 将二进制数 10011 转换成对应的十进制数。

解 写出每位上的数值和相应的权值，然后将每位上的数值和对应的权值相乘，最后将结果相加，即得到相应的十进制数，即

$$10011_2=1\times2^4+0\times2^3+0\times2^2+1\times2^1+1\times2^0=1\times16+0\times8+0\times4+1\times2+1\times1=19_{10}$$

2. 十进制数向二进制数转换

一般采用“除 2 取余法”。以十进制数 45 为例，被底数 2 连除，得二进制数 101101，如图 2-15 所示。

例 2 将十进制数 35 转换成相对应的二进制数。

解 用除 2 取余法，如图 2-16 所示。

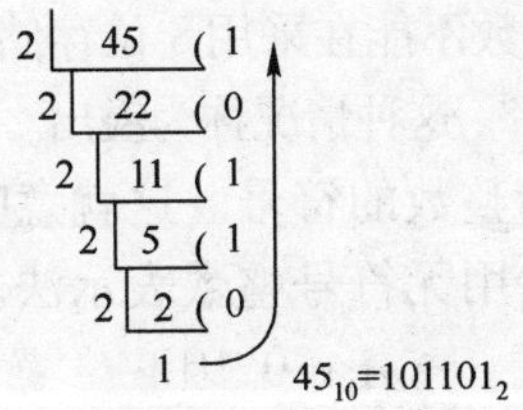

图 2-15　十进制数 45 转换成二进制数

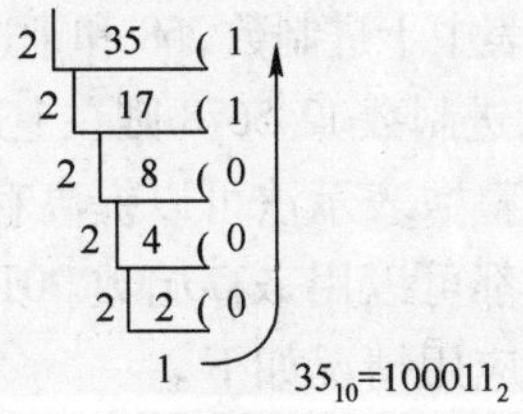

图 2-16　十进制数 35 转换成二进制数

2.4.7　整数表示法

下面将介绍在计算机中是如何存储整数的。整数(Integers)即没有小数部分的完整数。例如,134 是整数,而 134.23 不是整数;再例如 -134 是整数,而 -134.567 则不是。

整数可以是正的或负的。负整数的范围是从负无穷到 0,正整数是从 0 到正无穷。但实际上没有计算机可以存储上面所述范围的所有整数。因为要做到这一点,需要有无限的位,这就意味着计算机要有无限的存储能力。

为了高效地利用计算机的存储空间,人们设计开发了两种使用广泛的整数表示法,即无符号整数和有符号整数。而有符号整数还有三种不同的表示方法,即符号加绝对值格式、二进制反码格式和二进制补码格式,现在最常用的表示法是二进制补码。

1. 无符号整数格式

无符号整数的范围介于 0 到正无穷大之间。通常,计算机都定义一个最大无符号整数的常量。这样,无符号整数的范围就介于 0 到该常量之间。而最大无符号整数取决于计算机中分配用于保存无符号整数的二进制位数有多少。下面的定义给出了无符号整数的范围,这里 N 就是计算机中分配用于表示一个无符号整数的二进制位数:

$$0 \sim (2^N - 1)$$

存储无符号整数的过程可以简单地概括为以下步骤。

(1) 首先将整数变成二进制数。

(2) 如果二进制位数不足 N 位,则在二进制数的左边补 0,使它的总位数为 N 位。

例 1　将 7 存储在 8 位存储单元中。

解　首先将这个数转换为二进制数 111。在该二进制数的左边加 5 个 0,使总的位数为 N(8)位,即得到 00000111。再将该数存储到计算机的存储单元中。

表 2-2 显示了无符号整数是怎样在两种不同的计算机中存储的:一种使用 8 位存储单元,另一种使用 16 位存储单元。

表 2-2　两类不同的计算机中无符号整数的存储

十 进 制 数	8 位存储单元	16 位存储单元
7	00000111	0000000000000111
234	11101010	0000000011101010
258	溢出	0000000100000010
24760	溢出	0110000010111000
1245678	溢出	溢出

注意到表中十进制数 258 和十进制数 24760 作为无符号整数不能在采用 8 位存储单元的计算机中存储，十进制数 1245678 则在上述两种计算机中都不能存储。这种情况称为溢出。

无符号整数表示法可以提高存储的效率，因为不必存储整数的符号。这就意味着所有分配的位单元都可以用来存储数。只要没有用到负数，都可以用无符号整数表示法。无符号数的一些具体应用情况如下。

(1) 计数。当计数不需要负数时，可以从 1（有时是 0）开始增长。

(2) 寻址。有些计算机语言在一个存储单元中存储了另一个存储单元的地址。而地址都是从 0（存储器的第一字节）开始到整个存储器的总字节数的正数。这里，同样也不需要用到负数，因此无符号整数可以完成这个工作。

2. 符号加绝对值格式

用符号加绝对值格式存储整数，需要用一个二进制位表示符号（0 表示正，1 表示负）。这就意味着在 8 位存储单元中，仅可以用 7 位表示数的绝对值（不带符号）。因此，最大的正数值仅是无符号整数最大数的一半。

现在的计算机中没有采用符号加绝对值的表示方法来存储带符号的数，主要原因如下。

(1) 这样的表示法进行加、减运算不方便。

(2) 0 在这种表示法中有两种（+0 和 −0），编程比较麻烦。

但是，符号加绝对值表示法也有其优点：在十进制和二进制之间的转换非常简单。这种表示法在不涉及数字运算的应用中使用很方便，如将模拟信号转换成数字信号。首先采样模拟信号，对采样值赋正值或负值，然后把它转换成二进制数，最后通过数字信道发送。

3. 二进制反码格式

二进制反码表示法约定：表示正数，使用无符号整数；表示负数，则用正数的反码形式。为了获得数的反码形式，只需将所有的 0 改为 1，所有的 1 则改为 0 即可。

现在的计算机中也没有用二进制反码表示法来存储数。其主要原因如下。

(1) 采用这样的表示法进行加、减运算不方便。

(2) 在这种表示法中，0 有两种表示方法，编程比较麻烦。

该表示法是二进制补码表示法的基础，它所具有的一些属性使得诸如错位检测和纠错的数据通信应用程序变得有意义。

4. 二进制补码格式

二进制补码表示法是目前最普遍、最重要，也是应用最广泛的整数表示法，其整数表示范围是：

$$-(2^{N-1}) \sim +(2^{N-1}-1)$$

这里，N 就是计算机分配用于存储二进制补码整数的位数。

表 2-3 给出了现代计算机整数表示的一般范围。系统中只有一个 0。

表 2-3　二进制补码数的范围

位　数	范　围
8	−128 ~ −0　+0 ~ +127
16	+32768 ~ −0　+0 ~ +32767
32	+2147483648 ~ −0　+0 ~ +2147483647

存储二进制补码需要以下步骤。

(1) 首先将数转换成二进制,符号被忽略。

(2) 如果二进制位数不足 N 位,则在数的左边补 0,直到总的位数为 N。

(3) 如果符号为正,则无须变动;如果符号为负,则将最右边的所有 0 和首次出现的 1 保持不变,其余位取反。

在二进制补码表示法中,最左边的位定义为符号位。如果为 0,数为正;如果是 1,数为负。

例 2 将 +7 用二进制补码表示法存储在 8 位存储单元中。

解 首先把数转换成二进制 111,加上 5 个 0 使总的二进制位数为 N(即 8)位,得到 00000111。因为符号为正,不用再进行变化。

例 3 将 -40 用二进制补码表示法存储在 16 位存储单元中。

解 首先把数转换成二进制 101000,补上 10 个 0 使总的位数为 N(即 16)位,得到 0000000000101000。因为符号为负,所以,从右边的 0 到第一个 l(包括 1)不变,其余的换成它的反码形式,结果是 1111111111011000。

表 2-4 给出了二进制补码数是怎样在两种不同的计算机中存储的:一种使用 8 位存储单元;另一种使用 16 位存储单元。

表 2-4 两种不同的计算机中二进制补码表示法示例

十 进 制	8 位存储单元	16 位存储单元
+7	00000111	0000000000000111
-7	11111001	1111111111111001
+124	01111100	0000000001111100
-124	10000100	1111111110000100
+24760	溢出	0110000010111000
-24760	溢出	1001111101001000

2.4.8 浮点表示法

为了表示浮点数(既包含整数又包含小数的数),数被分为两部分:整数部分和小数部分。例如,浮点数 14.234 就有整数部分 14 和小数部分 0.234。

1. 转换成二进制

把浮点数转换成二进制数,步骤如下。

(1) 把整数部分转换成二进制。

(2) 把小数部分转换成二进制。

(3) 在两部分之间加上小数点。

整数部分的转换我们在前面已经介绍过。

为把小数转换成二进制数,可以用连乘的方法,即“乘 2 取整法”。例如,把 0.125 转换成二进制数:将该数乘以 2,得 0.250,结果的整数部分(0)被提取出来,作为二进制数最左边的数字。接着继续用 2 来乘 0.250 得 0.50。同样,将结果的整数部分提取出来作为二进制数的下一位。如此反复,直到小数部分变成 0 或者达到用户所能用到的位数。

例 1 将小数 0.875 转换成二进制数。

解 将该数不断用 2 来乘,提取出整数部分作为二进制位,直到该数为 0.0,得 0.111_2。

例2 将小数0.4转换成6位的二进制数(保留6位有效数字)。

解 将该数不断用2来乘,并提取出整数部分作为二进制位。在这个例子中,不可能恰好得到该小数正确的二进制表示,因为在乘的过程中原始小数再次出现,因此只需要取到题目所要求的6位就可以停止了,得0.011001_2。

2. 规范化

为了表示数71.3125(+1000111.0101),需要将符号、所有的位,以及小数点的位置存储于内存中。这种方法虽然具有可行性,但使对数的运算变得困难。为此,需要浮点数标准表示法。解决的办法称为规范化,即移动小数点使小数点的左边只有一个"1",即:

1. xxxxxxxxxxxxxxxxxx

为了表示这个数原始的值,将它乘以2^e,这里e表示这个数的小数点所移动的位数:e为正数则左移,e为负数则右移。根据该数的正负将正负号加在最前面。表2-5给出了规范化的例子。

表2-5 规范化示例

原始数	移位	规范化后
+1010001.11001	←6	$+2^6 \times 1.01000111001$
−111.000011	←2	$+2^2 \times 1.11000011$
+0.00000111001	6→	$+2^{-6} \times 1.11001$
−0.001110011	3→	$-2^{-3} \times 1.110011$

3. 符号、幂和尾数

数在规范化之后只存储了这个数的三部分信息:符号、指数和尾数(小数点右边的位)。例如,+1000111.0101规范化后成为

+	2^6	×	1.0001110101
符号	指数:6		尾数:0001110101

注意到小数点左边的1并没有存储,这种省略是可以理解的。

(1) 符号。数的符号可以用一个二进制位来存储(0或者1)。

(2) 指数。指数(2的幂)定义小数点移动的位数。幂可以为正,也可以为负。

(3) 尾数。尾数是指小数点右边的二进制数,它定义了数的精度。尾数作为无符号整数存储。

4. IEEE标准

IEEE定义了三种存储浮点数的标准,其中的两种用来在内存中存储数值(单精度和双精度),格式如图2-17所示。

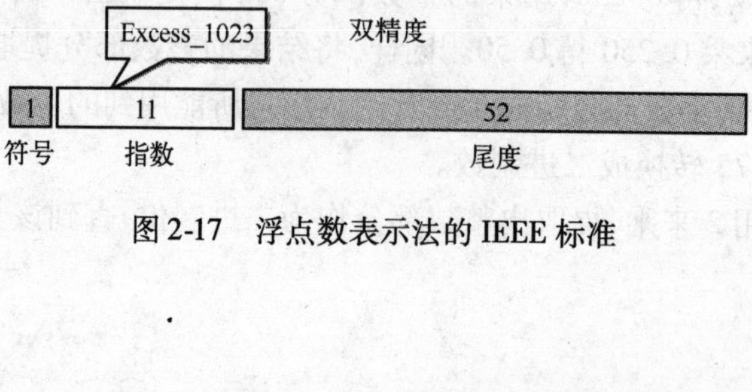

图2-17 浮点数表示法的IEEE标准

注意方框中的数就是每一项的位的数目，Excess 表示法是用来存储指数的方法，所分配的位数（N）定义了计算机可以存储的数的范围。

2.5 阅读与思考：现代计算机之父——冯·诺依曼

图 2-18 冯·诺依曼

约翰·冯·诺依曼（John von Neumann，1903～1957），美籍匈牙利人，如图 2-18 所示，1903 年 12 月 28 日生于匈牙利的布达佩斯。其父亲是一个银行家，家境富裕，十分注意对孩子的教育。冯·诺依曼从小聪颖过人，兴趣广泛，读书过目不忘，一生掌握了七种语言，最擅长德语。1911～1921 年，冯·诺依曼在布达佩斯的卢瑟伦中学读书期间就崭露头角，因而深受老师的器重。在费克特老师的个别指导下，合作发表了第一篇数学论文，此时冯·诺依曼还不到 18 岁。1921～1923 年在苏黎世大学学习。很快又在 1926 年以优异的成绩获得了布达佩斯大学数学博士学位，此时冯·诺依曼年仅 22 岁。1927～1929 年，冯·诺依曼相继在柏林大学和汉堡大学担任数学讲师。1930 年接受了普林斯顿大学客座教授的职位，西渡美国。1931 年，他成为美国普林斯顿大学的第一批终身教授，那时，他还不到 30 岁。1933 年，转到该校的高级研究所，成为最初的六位教授之一，并在那里工作了一生。冯·诺依曼是普林斯顿大学、宾夕法尼亚大学、哈佛大学、伊斯坦堡大学、马里兰大学、哥伦比亚大学和慕尼黑高等技术学院等校的荣誉博士。他是美国国家科学院、秘鲁国立自然科学院和意大利国立林且学院等院的院士。1954 年他任美国原子能委员会委员，1951～1953 年任美国数学会主席。

1954 年夏，冯·诺依曼被发现患有癌症，1957 年 2 月 8 日在华盛顿去世，终年 54 岁。

冯·诺依曼在数学的诸多领域都进行了开创性工作，作出了重大贡献。在第二次世界大战前，他主要从事算子理论、集合论等方面的研究。1923 年关于集合论中超限序数的论文，显示了冯·诺依曼处理集合论问题所特有的方式和风格。他把集合论加以公理化，奠定了公理集合论的基础。他从公理出发，用代数方法导出了集合论中许多重要概念、基本运算、重要定理等。

1933 年，冯·诺依曼解决了希尔伯特第五问题，即证明了局部欧几里得紧群是李群。1934 年他又把紧群理论与波尔的殆周期函数理论统一起来。他还对一般拓扑群的结构有深刻的认识，弄清了它的代数结构和拓扑结构与实数是一致的。他对算子代数进行了开创性的工作，并奠定了它的理论基础，从而建立了算子代数这门新的数学分支。这个分支在当代的有关数学文献中均称为冯·诺依曼代数。冯·诺依曼 1944 年发表了奠基性的重要论文《博弈论与经济行为》，文中包含了博弈论的纯粹数学形式的阐述，以及对于实际博弈应用的详细说明，文中还包含了诸如统计理论等教学思想，在经济学和决策科学领域竖起了一块丰碑，被经济学家公认为“博弈论之父”。冯·诺依曼在格论、连续几何、理论物理、动力学、连续介质力学、气象计算、原子能和经济学等领域都做过重要的工作。

在物理领域，冯·诺依曼在 30 年代撰写的《量子力学的数学基础》已经被证明对原子物理学的发展有极其重要的价值。他在化学方面也有相当的造诣，曾获苏黎世高等技术学院化学系大学学历。

冯·诺依曼对人类的最大贡献是对计算机科学、计算机技术和数值分析的开拓性工作。

现在一般认为ENIAC机是世界第一台电子计算机,它是由美国科学家研制的,于1946年2月14日在费城开始运行。其实由汤米、费劳尔斯等英国科学家研制的“科洛萨斯”计算机比ENIAC机问世早两年多,于1944年1月10日在布莱奇利园区开始运行。ENIAC机证明电子真空技术可以大大地提高计算技术,不过,ENIAC机本身存在两大缺点:一是,没有存储器;二是,它用布线接板进行控制,甚至要搭接几天,计算速度也就被这一工作抵消了。ENIAC机研制组的莫克利和埃克特显然是感到了这一点,他们也想尽快着手研制另一台计算机,以求改进。

1944年,诺伊曼参加原子弹的研制工作,该工作涉及极为困难的计算。在对原子核反应过程的研究中,要对一个反应的传播给出“是”或“否”的回答。解决这一问题通常需要通过几十亿次的数学运算和逻辑指令,尽管最终的数据并不要求十分精确,但所有的中间运算过程均不可缺少,而且要尽可能地保持准确。他所在的洛·斯阿拉莫斯实验室为此聘用了一百多名女计算员,利用台式计算机从早到晚计算,还是远远不能满足需要。无穷无尽的数字和逻辑指令如同沙漠一样把人的智慧和精力吸尽。

被计算机所困扰的诺伊曼在一次极为偶然的机会中知道了ENIAC机的研制计划,从此他投身到计算机研制这一宏伟的事业中,建立了一生中最大的丰功伟绩。

1944年夏的一天,正在火车站候车的诺伊曼巧遇戈尔斯坦,并同他进行了短暂的交谈。当时,戈尔斯坦是美国弹道实验室的军方负责人,他正参与ENIAC机的研制工作。在交谈中,戈尔斯坦告诉了诺伊曼有关ENIAC机的研制情况。具有远见卓识的诺伊曼被这一研制计划所吸引,他意识到了这项工作的深远意义。

冯·诺依曼由ENIAC机研制组的戈尔德斯廷中尉介绍参加ENIAC机研制小组后,便带领这批富有创新精神的年轻科技人员,向着更高的目标进军。1945年,他们在共同讨论的基础上,发表了一个全新的“存储程序通用电子计算机方案”(EDVAC)。在这个过程中,冯·诺依曼显示出他雄厚的数理基础知识,充分发挥了他的顾问作用及探索问题和综合分析的能力。诺伊曼以“关于EDVAC的报告草案”为题,起草了长达101页的总结报告。报告广泛而具体地介绍了制造电子计算机和程序设计的新思想。这份报告是计算机发展史上一个划时代的文献,它向世界宣告:电子计算机的时代开始了。

EDVAC方案明确奠定了新机器由五个部分组成,包括运算器、逻辑控制装置、存储器、输入和输出设备,并描述了这五部分的职能和相互关系。报告中,诺伊曼对EDVAC中的两大设计思想进行了进一步的论证,为计算机的设计树立了一座里程碑。

设计思想之一是二进制,他根据电子元件双稳工作的特点,建议在电子计算机中采用二进制。报告提到了二进制的优点,并预言,二进制的采用将大大简化机器的逻辑线路。实践证明了诺伊曼预言的正确性。如今,逻辑代数的应用已成为设计电子计算机的重要手段,在EDVAC中采用的主要逻辑线路也一直沿用至今,只是对实现逻辑线路的工程方法和逻辑电路的分析方法进行了改进。

程序内存是诺伊曼的另一杰作。通过对ENIAC的考察,诺伊曼敏锐地抓住了它的最大弱点——没有真正的存储器。ENIAC只有20个暂存器,它的程序是外插型的,指令存储在计算机的其他电路中。这样,解题之前,必须先准备好所需的全部指令,通过手工把相应的电路连通。这种准备工作要花几小时甚至几天时间,而计算本身只需几分钟。计算的高速与程序的手工方式存在着很大的矛盾。

针对这个问题，诺伊曼提出了程序内存的思想：把运算程序存在机器的存储器中，程序设计员只需要在存储器中寻找运算指令，机器就会自行计算，这样，就不必每个问题都重新编程，从而大大加快了运算进程。这一思想标志着自动运算的实现，标志着电子计算机的成熟，已成为电子计算机设计的基本原则。

1946 年七、八月间，冯·诺依曼和戈尔德斯廷、勃克斯在 EDVAC 方案的基础上，为普林斯顿大学高级研究所研制 IAS 计算机时，又提出了一个更加完善的设计报告"电子计算机逻辑设计初探"。以上两份既有理论又有具体设计的文件，首次在全世界掀起了一股"计算机热"，它们的综合设计思想，便是著名的"冯·诺依曼机"，其中心就是有存储程序原则——指令和数据一起存储。这个概念被誉为"计算机发展史上的一个里程碑"，它标志着电子计算机时代的真正开始，指导着以后的计算机设计。自然一切事物总是在发展着的，随着科学技术的进步，今天人们又认识到"冯·诺依曼机"的不足，它妨碍着计算机速度的进一步提高，因而提出了"非冯·诺依曼机"的设想。

冯·诺依曼还积极参与了推广应用计算机的工作，对编制程序及数值计算都作出了杰出的贡献。冯·诺依曼于 1937 年获美国数学会的波策奖，1947 年获美国总统的功勋奖章、美国海军优秀公民服务奖，1956 年获美国总统的自由奖章和爱因斯坦纪念奖及费米奖。

冯·诺依曼逝世后，未完成的手稿于 1958 年以《计算机与人脑》为名出版。他的主要著作收集在六卷《冯·诺依曼全集》中，1961 年出版。

鉴于冯·诺依曼在发明电子计算机中所起到的关键性作用，他被誉为"现代计算机之父"。

资料来源：百度百科(http://baike.baidu.com/)

请分析：

(1) 阅读以上文章，并回答"冯·诺依曼机"概念的核心思想是什么？

____

____

____

(2) "冯·诺依曼机"由哪五部分组成？你知道在今天的计算机设备中，这五大部分又有哪些新发展吗？

____

____

2.6 主要术语

确保自己理解以下术语：

ASCII 码	基于字符的显示	提示
EDVAC	计算机平台	统一字符编码标准(Unicode)
Mac	计算机网络	图标
Macintosh 计算机	兼容	图像(Image)
PC	监视器	图形对象
Web	键盘	图形用户界面(GUI)

Windows
按钮
八进制
笔记本电脑
补码
采样
菜单
插入点
超级计算机
处理
窗口
窗口软件
存储
存储单元
存储介质
存储器
大型计算机
代码
单选按钮
对话框
二—十进制转换
二进制
反码
分辨率
冯·诺依曼模型
浮点数
功能键
光标
巨型计算机
开关
扩展 ASCII 码
联机帮助(Help)
量化
浏览器
命令
命令行用户界面
模拟的
内存
切换键
人工智能(AI)
软件
软件包
软盘驱动器与软盘
十进制
十六进制
矢量图形
视频
输出
输入
鼠标
数据
数据处理器
数据类型
数字的
搜索引擎
外围设备
万维网
微型计算机
位(bit)
位模式
位图图形
文本
下拉列表
向导
像素
小型计算机
因特网
音频
硬件
硬盘驱动器
用户界面
右键快捷菜单
语法
语法错误
源码
整数
指针
中央处理器(CPU)
终端
子菜单
字节(Byte)

2.7 练习与实验

本章“练习与实验”的目的如下。

(1) 熟悉和掌握计算机及其数据表示的基本概念。

(2) 学习计算机的基本用户界面,熟悉 GUI,掌握联机帮助的基本操作。

(3) 学习启动计算机、运行程序、打开应用软件等使用计算机的基础操作。

(4) 学习使用 Web 浏览器,搜索因特网信息等的基本操作。

2.7.1 工具与准备工作

在开始本实验之前,请回顾教科书的相关内容。

需要准备一台带有浏览器,能够访问因特网的计算机。

2.7.2 实验内容与步骤

1. 快速测试

下面是一些快速测试题，请完成这些测试题目，检查自己是否理解了课程的内容。

填空题

(1) 计算机完成的四大功能是输入、________、存储和输出。

(2) ________表示由计算机处理的内容。

(3) 计算机在一个称为________处理器的装置中处理数据。

(4) 计算机将数据暂存在________中等待处理。

(5) 当数据不需要处理时，计算机将其存放在________中。

(6) ________通常也只执行唯一一个用户的处理任务。

(7) ________是一个像微型机但没有任何处理能力的设备。

(8) 如果一个组织机构想提供多于 200 个用户的处理能力，并要求可靠、安全和集中控制，________最能满足这些要求。

(9) 大多数微型机配备有________作为主要的输入设备，并配备________作为主要的输出设备。

(10) IBM 与 Dell(戴尔)计算机是________的，因为它们基本上采用同样的工作方式。

(11) 计算机________允许从集中的存储设备中访问数据。

(12) ________，如"Enter your name："，是计算机告诉用户如何去做的一种方式。

(13) 不用提示对话，当今的软件都采用________来指导用户通过多个步骤的软件任务，如创建一个图示或创建一个传真封面。

(14) 当使用命令行界面时，在命令输入结束后要按________键。

(15) 当输入命令时，如果忘记所需要的空格，将会出现________错误。

(16) 当选择菜单时，可能出现________或对话框让用户输入更多的细节信息，指导计算机完成任务。

(17) ________是屏幕上的工作区，就像在桌子上打开的不同书籍和文件一样。

(18) 闪动的下画线表示用户处在屏幕上的位置，称为________，闪动的竖条称为________。

选择题

(1) 存储 1 字节，需要(　　)个电子开关。

A. 1　　B. 2　　C. 4　　D. 8

(2) 1 字节有(　　)位。

A. 2　　B. 4　　C. 8　　D. 16

(3) 10 位的位模式可以表示(　　)个符号。

A. 128　　B. 256　　C. 512　　D. 1024

(4) 图像在计算机中通过(　　)方法表示。

A. 位图图形　　B. 矢量图　　C. 矩阵图形　　D. A 或 B

(5) 采用(　　)图形表示方法在计算机中表示图像，重新调节图像时会产生波纹状或颗粒状图像。

A. 位图　　B. 矢量　　C. 量化　　D. 二进制

(6) 要在计算机上下载音乐,音频信号必须(　　)。

A. 采样　　B. 量化　　C. 编码　　D. 上面全是

2. 概念理解

请结合阅读课文,思考并回答以下问题。

(1) 请给出计算机能处理的五种基本的数据形式。

____

(2) 计算机如何处理所有的数据类型?

____

____

(3) 位图图形表示法是如何来表示图像的?矢量图表示法与位图图形表示法相比有哪些优点?

____

____

(4) 音频数据转换成位模式的步骤有哪些?

____

____

(5) 一个采用四级灰度数字化的灰度图像由 100×100 像素组成,那么需要多少位来表示该图像?

____

(6) 某一音频信号采样频率为 8000 次/秒,每个采样值有 256 个不同的标准表示,则每秒需多少位来表示这个信号。

____

3. 基本运算

(1) 将下列二进制数转换为十六进制数。

A. 100011110000　答:________　B. 1000001101　答:________

C. 10001　答:________　D. 11111111　答:________

(2) 将下列十六进制数转换为二进制数。

A. x120　答:________　B. x2A34　答:________

C. x00　答:________　D. xFF　答:________

(3) 将下列二进制数转换为八进制数。

A. 100011110000　答:________　B. 1000001101　答:________

C. 10001　答:________　D. 11111111　答:________

(4) 将下列八进制数转换为二进制数。

A. o12　答:________　B. o27　答:________

C. o45　答:________　D. o20　答:________

4. 引导、运行和搜索

下面,我们来学习和熟悉计算机的一些基础操作。

(1) 引导计算机。

如今，在大多数情况下，以何种顺序打开计算机、监视器和打印机并没有关系。

当计算机启动时，键盘的指示灯会闪烁，磁盘驱动器会响，并且屏幕上会出现多种启动信息。所有这些活动都是“引导”过程的一部分，在此期间，计算机进行一系列自检来确保所有部件工作正常。当 Windows 桌面出现在屏幕上时，引导过程就完成了。

操作：请重复计算机的开机过程，仔细观察计算机的启动顺序，注意观察上述引导过程的细节。

____

（2）运行程序。

按照计算机的专业术语，启动和使用软件程序的过程被称为“运行”。启动和运行程序的方法很多，例如双击代表该程序的图标、在“开始”菜单中进行命令选择，或者直接输入运行命令等，可以任选其一。

假设我们希望访问因特网，并希望使用称为 Web 浏览器的软件来进行 Web 冲浪，应该启动相应软件，即双击桌面上的“Internet”图标。

操作：打开 Web 浏览器软件，完成上网的一般操作步骤。请将操作过程中出现的问题记录在下面（如果有的话）。

____

（3）搜索 Web。

如果可以连接到因特网，那么访问因特网，学习搜索网上信息，则可以学习到更多的知识。

在启动 Web 浏览器软件之后，至少可以使用两种方式来查找信息。如果知道信息所存储的地址，如 www.qq.com，可以直接在屏幕上方的“地址”栏中输入该地址，也可以使用 Web 搜索引擎来查找有关特定主题的信息。

为了使用搜索引擎，应该首先在浏览器中输入其地址。常见的搜索引擎包括 Yahoo!（www.yahoo.com）、Google（谷歌，www.google.cn）和百度（www.baidu.com）等。访问某个搜索引擎，就可以从列表中选择自己希望的主题，或者输入自己感兴趣主题的关键字。

请分析并回答：

（1）你用来访问因特网的软件工具的名称是什么？

____

（2）怎样访问你们学校的“主页”？

____

（3）至少列出五个在本次操作中访问的其他站点。你是怎样访问到这些站点的？如何回退到已经访问过的站点？

____

____

（4）因特网除了是一个极佳的游戏、娱乐和聊天的环境外，在当今这个时代，更是丰富学习与工作内容的重要工具。你注意到了吗？请简述你的看法。

____

____

____

5. 问题:计算机会思考吗

科幻小说常常把计算机描述成智能设备。1950 年,著名的英国数学家阿兰·图灵写到:"我相信在本世纪末,某人说起机器能够思考时没有人会反对。"计算机能够思考吗?这是多年来计算机科学家和哲学家长期争论的问题。

我们先来想一想人类是怎样思考的。怎样知道某人能够思考?你不能进入这个人的大脑。相反地,你也许会使用某种逻辑,比如"我是人,并且我可以思考。其他人也是人,他们也一定能思考。"该逻辑看起来正确,但是你不能把这个逻辑应用到非人类的字体上。例如,你不能使用它来确定其他生物是否能够思考,或者计算机是否能够思考。那么,有其他方法可以评估某人或者某物能够思考吗?你也许会通过观察其行为来判断。比如,如果某人或者其他生物的行为具有智能,你会假设他或者她可以思考。是否可以使用该标准来判断计算机会不会思考呢?实际上,这就是阿兰·图灵提出的策略。

阿兰·图灵提出了机器智能的"测试"方法,即图灵测试。图灵测试有点像电视游戏。测试者对幕后的两个被测试者(人和机器)发问,根据回答来确定回答者是人还是计算机。图灵认为,如果测试者不能分辨出计算机和人,那么,这台计算机就像人一样具有智能。行为和人类一样具有智能的计算机必须被认为是具有智能的,并且一定能够思考。

自从 1950 年以来,设计能够通过图灵测试的计算机已经逐渐发展成为一个研究领域,即人工智能。人工智能(AI)指能够像人类一样解决问题和执行任务的计算机的能力。AI 研究人员已经制造出可以移动和操作机械臂、对人类语言作出反应、诊断疾病、把文档从一种语言转换成其他语言、具有极高水平的下棋能力,以及能够学习新任务的计算机。然而到目前为止,尚没有计算机能够通过图灵测试。

即使计算机最终通过图灵测试,也并不是每个人都认为计算机能够思考。比如,哲学家 John Searle 就主张,即使计算机通过图灵测试,它仍然不理解与人类进行的交流——相反地,它仅仅是处理符号,尽管看起来正确回答了问题。

尽管多年来始终在争论,但"计算机能够思考吗"这个问题尚未得到确切答案。不过,这些争论促进了对 AI 的研究,并且已经研究出能够提高我们生活质量的技术。

资料来源:(美)June Jamrich Parsons、Dan Oja 著,田丽韫等译,2003,计算机文化(原书第 4 版),北京:机械工业出版社

请针对下列问题选择你的回答:			
1. 计算机能够思考吗?	□ 能	□ 不能	□ 不确定
2. 人类智能与机器智能有区别吗?	□ 有	□ 没有	□ 不确定
3. 在国际象棋比赛中打败国际象棋大师的计算机能通过图灵测试吗?	□ 能	□ 不能	□ 不确定

6. 操作:DOS 用户界面

通过对 DOS 命令行用户界面的操作能了解命令行用户界面的优缺点。

DOS 包含在原来的 IBM PC 中,供用户完成系统任务,如列出、移动或删除磁盘上的文件等。虽然一般的计算机用户更愿意使用图形用户界面,如 Windows,但是,DOS 命令仍然在大多数 IBM 兼容计算机和其他很多计算机中起作用。

请完成以下操作。

步骤一:执行"开始"→"所有程序"→"附件"→"命令提示符"命令,进入"DOS 用户界

面”,了解和体验 DOS 操作。

步骤二:输入命令:DIR、DIR/p 和 DIR/w。记录和分析出现的不同结果。

步骤三:若敲错命令,如将 DIR 错敲成 DIT 时,会出现什么现象?按照什么步骤可以纠正这种错误?

步骤四:输入命令:DIR/?,观察和解释所出现的结果;输入命令:VER/?,观察并解释所出现的结果。你可以由此对命令参数“/?”进行什么样的推广?

步骤五:输入命令:VER/w。为什么能与 DIR 一起使用的“/w”与 VER 命令一起使用无效?

步骤六:关闭“命令提示符“窗口或用 EXIT 命令退出 DOS 窗口。

步骤七:请简单描述对命令行用户界面的认识。

7. 操作:熟悉键盘使用

要成为熟练的计算机用户,必须熟悉基本输入设备——键盘。

请尝试以每分钟多打 5 个汉字为目标来提高你的打字速度。例如,如果目前打字速度为 10w/m,则目标是 15w/m。完成目标后,开始下一个目标的努力。

请记录:

姓名:__________

开始日期:__________　　开始打字速度:__________w/m

结束日期:__________　　结束打字速度:__________w/m

练习日期/练习时间:__________

2.7.3 单元学习评价

(1) 你认为本单元最有价值的内容是:

(2) 下列问题需要进一步地了解或得到帮助:

(3) 为使学习更有效,请提出对本单元教学的建议。

2.7.4 实验总结

2.7.5 实验评价(教师)

第3章　计算机硬件与体系结构

计算机体系结构是指计算机系统的设计和构造。计算机的基本组成部件可以分为三大类（或子系统），即中央处理单元（CPU，又称处理器）、主存储器和输入/输出设备，如图3-1所示。

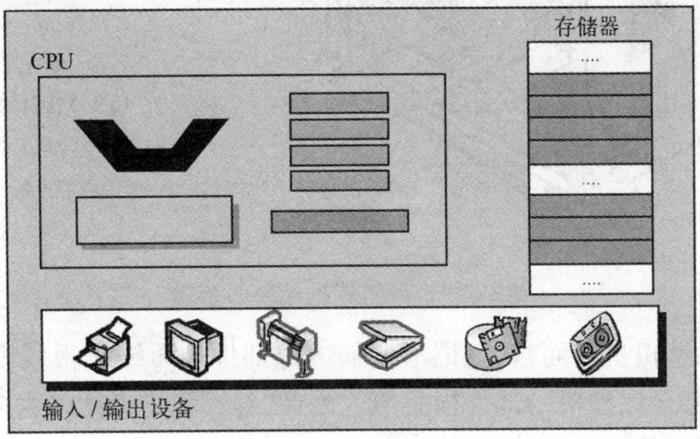

图3-1　计算机硬件（子系统）

3.1　数字电路

任何计算机的体系结构都可以按照两个特点进行分类，即计算机使用的能源是什么和在物理上计算机是如何表示、处理、存储和移动数据的。大部分的现代计算机都使用电作为能源，并且使用电信号和电路进行数据的表示、处理和移动。

3.1.1　系统内部

观察计算机系统的内部结构，计算机系统单元通常包含电路板、电源及存储设备等。一些线缆把这些单元连接起来，如图3-2和图3-3所示。

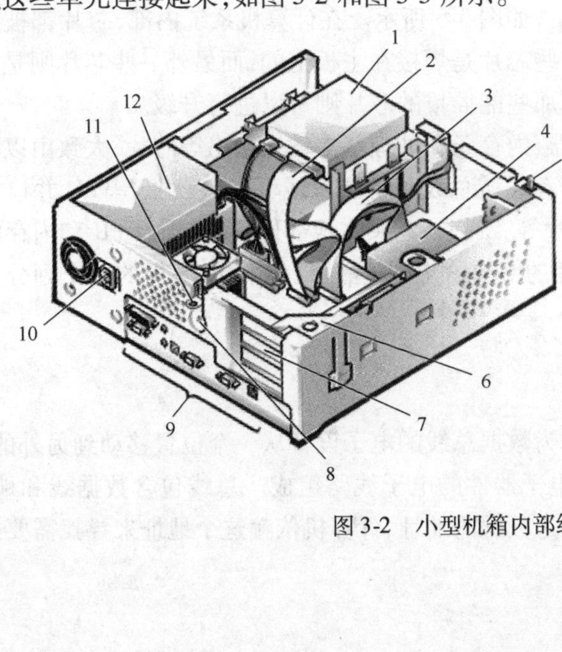

1 上部托架中的软盘驱动器
2 软盘驱动器接口电缆
3 硬盘驱动器接口电缆
4 硬盘驱动器
5 机箱防盗开关
6 扩充卡固定框架
7 扩充槽
8 安全缆线孔
9 I/O端口和连接器
10 交流电源插座
11 挂锁扣环
12 电源设备

图3-2　小型机箱内部结构

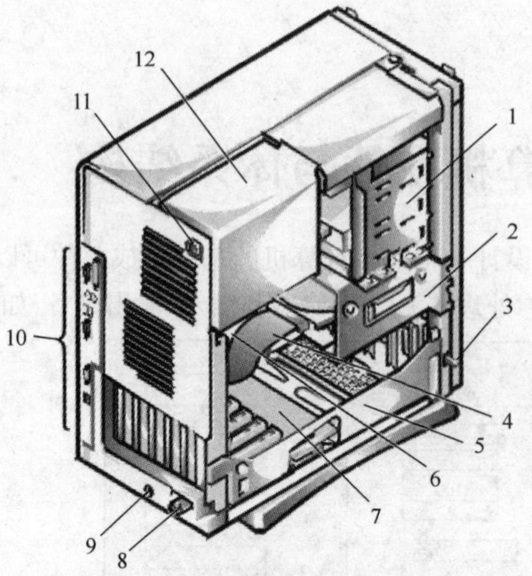

1 外部驱动器托架
2 内部驱动器固定框架
3 机箱防盗开关
4 硬盘驱动器接口电缆
5 扩充卡固定框架
6 主机板
7 提升板
8 挂锁扣环
9 安全缆线孔
10 I/O 接口和连接器
11 交流电源插座
12 电源设备

图 3-3　小型塔式机箱内部结构

相对于图示的微型机机箱而言,笔记本电脑内部部件被压缩得很紧密。微型机的主要部件与小型机、大型机甚至巨型机的部件很类似。因此,这一章中介绍的大多数微型机体系结构的概念也同样适用于其他类型的计算机。

3.1.2　集成电路

计算机内部的大部分电子部件都是集成电路(IC),这是一个充满了微小电路器件,如电线、半导体、电容和电阻等的很薄的硅晶片,一个小于 $1/4in^2$ 的集成电路芯片可以含有超过 100 万个微小的电路器件。通常集成电路芯片被封装在陶瓷中,通过引脚与其他计算机部件相连,如图 3-4 所示。

图 3-4　集成电路

3.1.3　主板

主板是计算机中最重要的部件之一,如图 3-5 所示。在计算机系统内部,芯片都被安装在主板电路板上。仔细观察,就会发现有些芯片是焊接在主板上的,而另外一些芯片则是插在主板上的。焊接的芯片是永久连接的,而那些能插拔的芯片则可以进行升级。

微型计算机的主板上包含了处理器、内存条和处理基本输入输出等芯片,大致由以下几个部分组成:CPU 插槽、内存插槽、高速缓存局域总线和扩展总线、硬盘、软驱、串口、并口等外设接口、时钟和 CMOS 主板 BIOS 控制芯片等。通常,购买主板部件是不包括 CPU 和内存的。

主板上安装的 CPU 类型不同,采用的 CPU 的插座(槽)也就不同,主板的一个划分方法就是按 CPU 插座(槽)的类型进行的。

3.1.4　数据传输

通常,计算机中的数据通过一个称为数据总线的电子设备从一个位置移动到另外的位置。数据总线由一系列的连接主板上不同电子器件的电子线路组成。总线包含数据线和地址线。数据线传送表示数据的信号,地址线传送数据的地址,计算机依赖这个地址来寻找需要处理的数据。

图 3-5　华硕 875P 芯片组 P4C800 豪华版主板

3.2　内存

在计算机中,内存用来保存数据和程序指令。内存有时被称为主存,但是这种说法容易与磁盘存储混淆。所以,我们把与处理器直接相连的存放数据的器件称为内存,不直接与处理器相连的介质(如磁盘)称为存储器。

目前主要有四种类型的内存,即随机存取存储器、虚拟内存、CMOS 存储器和只读存储器,它们根据保存的数据类型和使用的存储技术进行分类。

3.2.1　随机访问存储器

随机存取存储器(RAM)是计算机系统单元内,在数据处理前后临时性保存数据的区域。例如,当输入一篇文档时,输入的字符并不是立刻就得到处理,它们被保存在 RAM 中,只有当需要的时候(如打印),才通过软件对它们进行处理。

在 RAM 中,称为电容的微型电子部件保存着使用 ASCII、EBCDIC 或二进制编码表示的数据的电信号。可以形象地把电容想象成可以打开和关闭的灯泡,充电的电容表示“on”,放电的电容表示“off”。每排电容有 8 位或者说有 1 字节,每排 RAM 地址可以帮助计算机定位这一排所包含的数据。

从某种意义上讲,RAM 就像一块黑板,可以在黑板上写数学公式,擦除它们,再在上面写一个报告的大纲……。和它相似,当使用电子表格的时候,RAM 可以保存使用的数字和公式,当使用文字处理软件写文章的时候,RAM 会保存用户的文章。RAM 的内容可以通过改变电容的状态来改变。由于 RAM 的内容可以改变,所以它是一个可重复利用的计算机资源。

与硬盘和软盘不同,绝大部分的 RAM 都是不持久的。换句话说,如果计算机关机或者掉电，保存在 RAM 中的数据就会立刻丢失。当听到某人说“我的数据全丢了”，通常就是当他正在文档或工作表中输入数据且还没有存到磁盘上时，计算机掉电了。

RAM 保存了等待处理的数据，以及将要用于处理数据的指令。在将数据存放到磁盘等永久性存储器上之前，都要靠 RAM 来保存数据。例如，当使用个人理财软件来结算账目时，输入要处理的数据，它们被存放在 RAM 中；个人理财软件发出处理 RAM 中的这些数据的指令，处理器使用这些指令来处理这些数据，并将结果送回 RAM；通过 RAM，可以将结果存到磁盘上、显示或打印出来。

除了处理数据和软件指令外，RAM 还存放控制计算机系统基本功能的操作系统指令。这些指令在每次启动计算机时被加载到 RAM 中，一直到关机才消失。

RAM 的存储容量用 MB 来衡量。现在的微型机通常都有 512MB 到几 GB 的存储容量。计算机需要的 RAM 容量取决于所使用的软件。通常软件运行所需要的最小内存容量都在软件包装盒的外面有说明。用户可以根据自己机器的情况，通过购买额外的 RAM 芯片来扩充其内存容量。

RAM 的速度非常重要。处理器一般以很高的速度在工作，但如果它要等待从 RAM 中读取数据的话，就会导致速度下降。

在如今的微型机中，RAM 通常被配置为固定于 DIMM（Dual In-line Memory Module）小电路板上的一系列 DIPS 芯片上。DIMM 带有金属“牙齿”的一边插到主板上特殊 RAM 插槽中，这样就可以很容易地替换有缺陷的 RAM 或者添加 RAM 容量，如图 3-6 所示。

图 3-6　内存条

3.2.2　虚拟内存

计算机可以使用硬盘空间来扩充内存，计算机这种使用磁盘空间模拟内存的能力被称为虚拟内存。虚拟内存使没有足够实际内存的计算机能运行大的程序，操作大的数据文件，实时地运行复杂程序。虚拟内存的运行速度不如 RAM 快，计算机从虚拟内存中检索数据要花费更多的时间，因为磁盘是机械设备。

像 RAM 中的数据一样，虚拟内存中的数据在计算机掉电时也无法访问。因为，虽然在掉电时虚拟内存中的数据并不会从磁盘上删除，但是指导计算机定位虚拟内存的指令存储在 RAM 中，在掉电时会丢失。因此，即使给计算机重新加电，计算机仍不能访问原先虚拟内存的数据。

3.2.3　只读存储器

存放在只读存储器（ROM）中的指令是永久性的，要改变这些指令只有将 ROM 芯片从主板上取出，使用另外的芯片来替换。当打开计算机时，CPU 得到电能，开始准备执行指令，可是由于刚刚开机，RAM 中还是空的，并没有那些需要执行的指令，这就需要 ROM 保存一个称为 ROM BIOS（基本输入输出系统）的小型指令集合。BIOS 中的指令告诉计算机如何访问磁盘驱动器和其他外围设备。CPU 执行 ROM BIOS 中的指令来搜索磁盘上的操作系统主文件，并把这些文件调入 RAM 中，进行后面的计算工作。

3.2.4 CMOS 存储器

计算机只有在将操作系统文件从硬盘复制到 RAM 以后，才能准备好处理数据。而有了硬盘的格式化信息（如硬盘的柱面和扇区数目等）后，计算机才能访问硬盘上的数据。由于有可能对硬盘进行升级或者维护，所以不能把诸如硬盘信息等存放在 ROM 中。计算机必须使用一种灵活的方式来保存引导数据，为此，需要一种特殊的内存，它保存信息的时间能够比 RAM 长久，但又不像 ROM 那样不可更改，这就是 CMOS。

CMOS 存储器（互补金属氧化物半导体）只需要极少的电能就可以保持其中的数据。由于耗电极低，CMOS 芯片利用集成在主板上的电池供电，这样，即使在关机后，数据也不会（或者说不易）丢失。正因为如此，CMOS 保存着计算机系统配置等重要数据。在许多微型机中，CMOS 芯片位于 ROM BIOS 的芯片载体中。

当计算机的系统配置改变后，例如换了新的硬盘或者扩充了更大的内存等，CMOS 中的数据必须进行更新。有些操作系统提供了特殊的工具进行 CMOS 设置的更新，现在很多计算机都有即插即用的特征，可以在安装了新的硬件设备后自动更新 CMOS。

3.2.5 地址空间

在存储器中存取每个字都需要有相应的标识符。尽管程序员使用命名的方式来区分字（或一组字的集合），但在硬件层次上，每个字都是通过地址来标识的。所有在存储器中可标识的独立地址单元的总数称为地址空间。例如，一个 64KB、字长为 1B 的存储器地址空间的范围为 0～65535。

3.3 中央处理器

数字计算机使用一系列的电信号表示数据，使用数据总线传输数据，使用内存来保存数据。但是，计算机并不仅仅是传输数据和存储数据，它的主要工作是处理数据，即执行算术运算，然后排序和制作文档等。

中央处理器（CPU）是计算机中执行处理数据指令的器件。CPU 从 RAM 中接收数据和指令，然后处理这些指令，再将处理结果送回到 RAM 中，处理结果可以显示和存储起来。

3.3.1 CPU 体系结构

以前，计算机的 CPU 非常庞大且不可靠，要使用大量的电能。1944 年制造的 ENIAC 计算机，有 20 个处理单元，每个处理单元有 2in 宽，8in 高，CPU 的尺寸用英尺来计量，如图 3-7 所示，可是，今天的处理单元使用毫英寸（0.001in）来度量。

图 3-7　电子管计算机的 CPU

图 3-8　Intel 奔腾 E2200 CPU

大型机的 CPU 通常包含多个集成电路和电路板。在微型机中,CPU 就是一个称为微处理器的单个集成电路,如图 3-8 所示。CPU 由三部分组成,即运算逻辑单元、控制器和寄存器。每个单元执行处理数据的特定任务。

运算逻辑单元(ALU,又称算术逻辑单元或运算器)执行加减等算术操作,以及比较数据是否相等这些逻辑操作。ALU 使用寄存器来保存等待处理的数据。在运算中,算术操作或逻辑操作的结果暂时存放在累加器中。数据可以从累加器被发送到 RAM,或者被进一步处理。

在 CPU 控制器的协调和控制下,运算器得到数据,并得知要执行的是逻辑运算还是算术运算。控制器使用指令指针来跟踪要处理的指令顺序。借助于指令指针,控制器顺序地从 RAM 中取出每个指令,并将它们放到特殊的寄存器——指令寄存器中。然后,控制器翻译指令以决定要实现的操作。按照指令解释,控制器向数据总线发送信号,从 RAM 中取数据,并发送信号到运算器进行处理。控制器在很大程度上影响着处理器的处理效率,它要执行一系列的指令。

寄存器是用来临时存放数据的高速独立的存储单元,CPU 的运算离不开多个寄存器。寄存器包括数据寄存器、指令寄存器和程序计数器等。

3.3.2 指令与指令周期

计算机通过执行一系列简单的步骤(指令)来完成一个复杂的任务。指令控制着计算机执行特定的算术、逻辑或控制运算。

一条指令可以分为两部分:操作码和操作数。操作码就是一个类似累加、比较或跳转等操作的控制字。指令的操作数给出了需要处理的数据或数据的地址。

例如,在 JMP M1 这条指令中,操作码是 JMP,操作数是 M1。JMP 意味着跳转到另外一条指令,M1 是将要执行的指令的内存地址。指令 JMP M1 只有一个操作数,也有很多指令有多个操作数。例如,指令 ADD REG1 REG2 就包含了 REG1 和 REG2 两个操作数。

CPU 可以执行的指令集合称为指令集,计算机要执行的任务必须由指令集中有限的指令通过组合而得到。表 3-1 给出了一个简单的指令集,计算机使用这些指令来完成所有的任务。

表 3-1 简单指令集

操作码	操作	范例
INP	将给定的值放到指定的内存地址	INP 7 M1
CLA	将累加器清零	CLA
MAM	将累加器中的值放到指定的内存地址	MAM M1
MMR	将指定内存地址中的值取到累加器中	MMR M1 REG1
MRA	将指定寄存器中的值取到累加器中	MRA REG1
MAR	将累加器中的值取到指定寄存器中	MAR REG1
ADD	将两个寄存器中的值相加,结果放在累加器中	ADD REG1 REG2
SUB	将第二个寄存器中的值减去第一个寄存器中的值,结果放在累加器中	SUB REG1 REG2
MUL	将两个寄存器中的值相乘,结果放在累加器中	MUL REG1 REG2
DIV	用第二个寄存器中的值去除第一个寄存器中的值,结果放在累加器中	DIV REG1 REG2
INC	将寄存器中的值加 1	INC REG1
DEC	将寄存器中的值减 1	DEC REG1
CMP	比较两个寄存器中的值,相等将 1 放在累加器中,不等将 0 放在累加器中	CMP REG1 REG2
JMP	跳转到指定内存地址中的指令	JMP P2
JPZ	如果累加器中是 0,就跳转到指定地址	JPZ P3
JPN	如果累加器中不是零,跳转到指定地址	JPN P2
HLT	停止程序执行	HLT

“指令周期”是指计算机执行一条指令的过程。每当计算机执行一条指令时都会重复指令周期。指令周期中的步骤是:(1)获取指令。(2)解释指令。(3)执行指令。(4)指令指针加 1。

3.3.3 CPU 的性能因素

集成电路技术是制造微型机、小型机、大型机和巨型机 CPU 的基本技术,它的发展使计算机的速度和能力有了极大的改进。1965 年,芯片巨人 Intel(英特尔)公司的创始人 Gordon Moore 给出了著名的“摩尔定律”,他预测芯片上的晶体管数量每隔 18 ~ 24 个月就会翻一番。让所有人感到惊奇的是,这个定律非常精确地预测了芯片 30 年的发展。1958 年第一代集成电路仅仅包含两个晶体管,但是在 1999 年,奔腾 III 处理器已经包含了 950 万个晶体管。

集成的晶体管数量越大,就意味着越强的芯片计算能力。各种 CPU 的速度并不一样,它受到以下几个因素的制约,即时钟频率、字长、高速缓冲存储器,以及指令集的大小。当然,使用高性能 CPU 的计算机系统并不意味着它在各方面都能够提供较高的性能。计算机系统也有它的薄弱环节,即使计算机配备了高性能 CPU,但如果硬盘速度很慢、没有高速缓冲,且 RAM 容量小,则执行某些任务也会很慢。

1. 时钟频率

计算机有一个系统时钟。与保存日期和时间的“实时时钟”不同,系统时钟用来定时发出脉冲,以控制所有系统操作的同步(节奏),设置数据传输和指令执行的速度或频率。

系统时钟的频率决定了计算机执行指令的速度,因此限制了计算机在一定时间内所能够执行的指令数。衡量时钟频率的单位是兆赫(MHz)。

最初 IBM PC 中微处理器的时钟频率是 4.77MHz,现在的微处理器的执行速度已经超过 600MHz。如果其他条件一样,CPU 的时钟频率越高,就意味着处理速度越快。

2. 字长

字长就是中央处理器可以同时处理的位数。字长由 CPU 寄存器的大小和总线的数据线个数所决定。例如,字长为32位的CPU被称为32位处理器,它的寄存器是32位的,可以同时处理32位数据。

字长较长的计算机在一个指令周期中要比字长短的计算机处理更多的数据。单位时间内处理的数据越多,处理器的性能就越高。比如,最初的微机使用8位处理器,可是现在都是32位或64位的处理器。

3. 高速缓冲存储器

影响CPU性能的另一个因素是高速缓冲存储器,如图3-9所示,这是一个特别的存储器。由于CPU的速度非常快,所以它的大部分时间都在等待与RAM传送数据。使用高速缓冲存储器可以使CPU一旦被请求就可以迅速访问到数据。

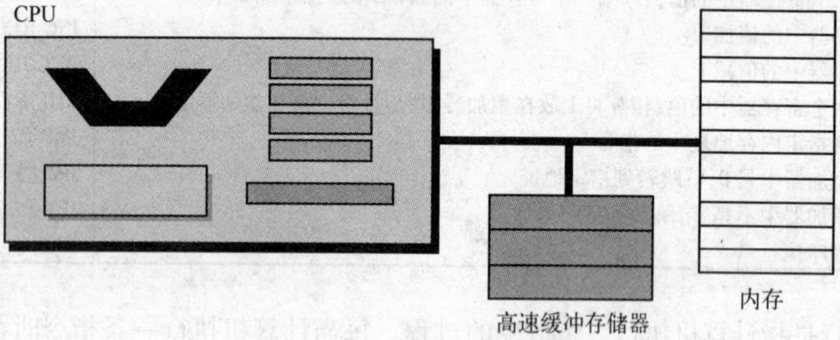

图3-9 高速缓冲存储器

当启动某个任务时,计算机预测CPU可能会需要哪些数据,并将这些数据预先送到高速缓冲存储器区域。当指令需要数据的时候,CPU首先检查高速缓冲存储器中是否有所需要的数据。如果有,CPU就从高速缓冲存储器中直接读取数据而无须访问RAM。在其他条件相同的情况下,高速缓冲存储器越大,处理的速度就越快。

4. 指令集的复杂性

随着计算机指令集的扩充,程序员开始使用越来越多的复杂指令,这些指令占用很多内存空间,执行它们需要的时钟周期也更多。基于使用复杂指令集的CPU的计算机被称为复杂指令集计算机(CISC,Complex Instruction Set Computer)。

1975年,IBM的一位科学家John Cocke发现微处理器中的大部分工作只需要指令集中的一小部分就可以完成。更进一步的研究发现,只要CISC的20%的指令就可以完成80%的工作。Cocke的研究结果导致了精简指令集微处理器(RISC,Reduced Instruction Set Computer)的开发。

精简指令集计算机的指令数量有限,但是这些指令的执行速度很快。因此,在理论上,RISC计算机要比CISC计算机快。有些计算机科学家相信,如果把RISC和CISC技术综合起来,便能够制造出更有效和更灵活的计算机。

3.3.4 流水线和并行处理

单处理器的计算机以串行方式执行指令,也就是说一个时刻只执行一条指令。通常处理器必须完成指令周期中的四个步骤后才执行下一条指令。使用流水线技术,处理器就可以在完成上一条指令前开始执行另外一条指令,加快了处理速度,如图3-10所示。

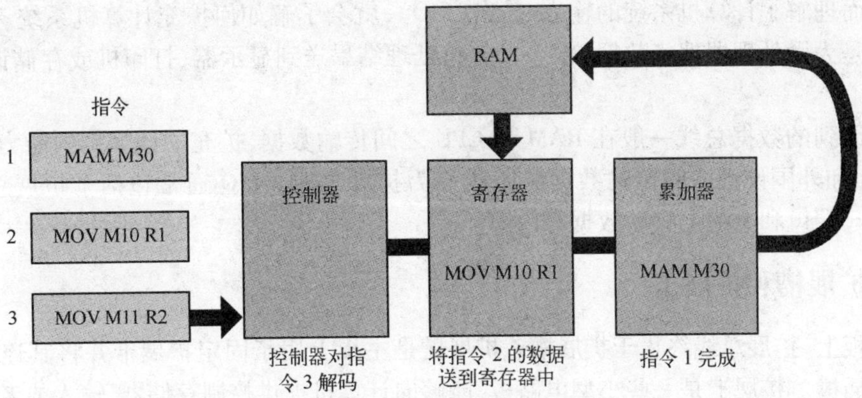

图 3-10　流水线允许计算机同时处理多条指令

具有多个处理器的计算机可以同时执行多条指令,并行处理方式增加了计算机单位时间内完成的任务。能够执行并行处理的计算机称为并行计算机,也称非冯·诺依曼计算机。

串行操作每次执行一条指令;流水线计算机在处理完一条指令之前,就开始处理下一条指令;并行处理则可以同时执行多条指令。

3.3.5　双核处理器

所谓双核处理器(Dual Core Processor),简单地说,就是在一块CPU 基板上集成两个处理器核心,并通过并行总线将各处理器核心连接起来,从而提高了计算能力,如图 3-11 所示。

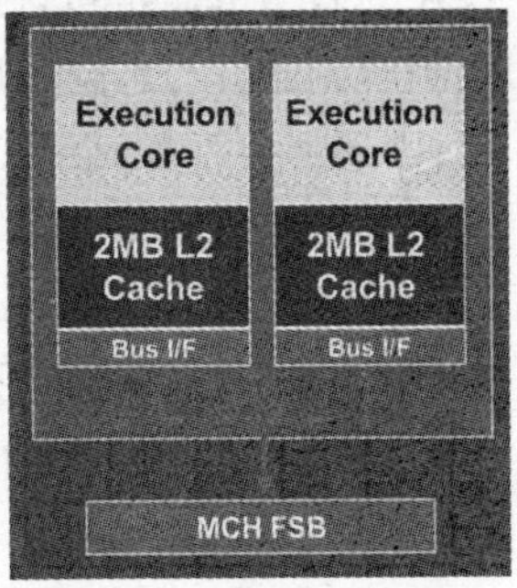

图 3-11　双核之间协调工作

双核心并不是一个新概念,而只是 CMP(Chip Multi Processors,单芯片多处理器)中最基本、最简单、最容易实现的一种类型。其实在 RISC 处理器领域,双核心甚至多核心都早已经实现。CMP 最早是由美国斯坦福大学提出的,其思想是在一块芯片内实现 SMP(Symmetrical Multi-Processing,对称多处理)架构,且并行执行不同的进程。

早在上个世纪末,惠普和 IBM 就已经提出双核处理器的可行性设计。IBM 在 2001 年就推出了基于双核心的 POWER4 处理器,随后是 Sun 和惠普公司,都先后推出了基于双核架构的芯片,但此时双核心处理器架构还都是在高端的 RISC 领域,直到 Intel 和 AMD 相继推出自己的双核心处理器,双核心才真正走入了主流的 X86 领域。

Intel 和 AMD 之所以推出双核心处理器,最重要的原因是原有的普通单核处理器的频率难于提升,性能没有质的飞跃。由于频率难于提升,Intel 在发布 3.8GHz 的产品以后只能宣布停止 4GHz 的产品计划;而 AMD 在实际频率超过 2GHz 以后也无法大幅度提升,3GHz 成为了 AMD 无法逾越的一道坎。正是在这种情况下,为了寻找新的卖点,Intel 和 AMD 都不约而同地举起了双核心这面大旗。

3.4　输入输出

购买计算机并使用一段时间之后,用户就会关心如何对它进行升级,从而可以不断扩展它的能力。而理解了计算机系统的输入/输出(I/O),就会了解如何扩充计算机系统。I/O 的主要功能就是为微处理器搜集数据(输入),并将处理结果送到显示器、打印机或存储设备等(输出)。

前面讲到的数据总线一般在 RAM 和 CPU 之间传输数据,扩充了计算机的能力。数据总线在 RAM 和外围设备之间传输数据的路段称为扩展总线。I/O 通常包括了扩展总线、扩展槽、扩展卡、端口和电缆上移动数据等内容。

3.4.1 扩展槽和扩展卡

在主板上,扩展总线终止于扩展槽。扩展槽是主板上用于固定扩展卡并将其连接到系统总线上的插槽。扩展卡是一些小型电路板,能够向计算机提供控制存储器、输入或者输出设备的能力,这是一种添加或增强计算机特性及功能的方法。例如,如果不满意主板整合显卡的性能,可以添加独立显卡以增强显示性能;不满意板载声卡的音质,可以添加独立声卡以增强音效;不支持 USB 2.0 或 IEEE1394 的主板可以通过添加相应的 USB 2.0 扩展卡或 IEEE1394 扩展卡以获得该功能等。

大多数微型计算机有四到八个扩展槽,在购买计算机的时候有些槽已经插上了扩展卡。现在的微型机通常包含连接到监视器的图形显示卡(显卡)、通过电话线或者电缆传输数据的调制解调器,以及连接到扬声器、麦克风和耳机的声卡等。如果想连接到扫描仪、数字视频网络,则还需要添加其他扩展卡。

空扩展槽的类型和数目表明了它的扩充能力。主板扩展槽的种类主要有 ISA、PCI、AGP、CNR、AMR、ACR、PCI Express,以及笔记本电脑用的 PCMCIA 和 Mini PCI 等,主流扩展插槽是 PCI 和 PCI Express,如图 3-12 所示。图中左侧最长的插槽为 ISA 插槽(黑色),中间白色的为 PCI 插槽,右边棕色的插槽为 AGP 插槽。

图 3-12 扩展槽

(1) ISA 插槽基于 ISA(Industrial Standard Architecture,工业标准结构)总线,是一种较老的技术,现在主要用于某些调制解调器和其他速度较慢的设备。许多新的计算机甚至不提供 ISA 插槽。

（2）PCI 插槽基于 PCI（Pedpherd Component Interconnect，周边元件扩展接口）局部总线，可以提供更快的传输速率和 64 位的数据总线。该插槽通常用于显卡、声卡、视频捕捉卡、调制解调器或者网卡等。PCI 是主板的主要扩展插槽，通过插接不同的扩展卡可以获得目前计算机能实现的几乎所有外接功能。

（3）AGP（Accelerated Graphics Port，加速图形端口）是在 PCI 总线基础上发展起来的，主要针对图形显示方面进行优化，专门用于图形显示卡，速率比 PCI 插槽更快，AGP 插槽提供了适合于 3-D 图形的高速数据传输通道。但是，随着显卡速度的提高，AGP 插槽已经不能满足显卡传输数据的速度，AGP 显卡已经逐渐淘汰，取代它的是 PCI Express 插槽。

（4）PCIExpress 是最新的总线和接口标准，是由 Intel 提出的。这个新标准将全面取代现行的 PCI 和 AGP，最终实现总线标准的统一。它的主要优势就是数据传输速率高，而且有相当大的发展潜力。

扩展卡是为特定类型的插槽设计的。如果计划添加或者升级计算机中的某类卡，必须首先确保计算机的插槽与希望安装的卡的类型相匹配。

3.4.2 扩展端口和电缆

要将外围设备和扩展卡连接起来，只需将连接外围设备的电缆插在扩展端口上即可。扩展端口是计算机和外围设备之间交换数据的连接器。端口有时被称为“插口”。

扩展端口通常位于扩展卡上，端口也可以跳过扩展卡，直接与主板相连。多种端口具有对应的各种各样的电缆。如果外围设备已经提供电缆，通过查看电缆连接器和端口的外观是否匹配就可以确定将它插在何处。

3.5 移动计算技术

移动计算（Mobile Computing）是指使人们能够在任何时间和任何地点进行工作的技术和设备，它为人们提供了一个无处不在的移动计算环境。移动计算是随着移动通信、因特网、数据库、分布式计算等技术的发展而兴起的一个多学科交叉、涵盖范围广泛的新兴技术，是当前计算技术研究中的热点领域，并被认为是对未来具有深远影响的四大技术方向之一。移动计算技术将使计算机或其他信息智能终端设备在无线环境下实现数据传输及资源共享。

衡量一个设备是否属于移动计算设备，通常可以从三个方面来进行判断，即看该设备是否具有计算、存储和通信方面的能力。所谓计算是指设备能够处理信息的能力，而通信是指通过该设备能够上网，收发 E-mail 或者与其他设备交换数据。由此可知，笔记本电脑、掌上电脑和 PDA 等都属于移动设备的范畴。手机是典型的移动设备，现在有些型号的手机虽然也可以实现收发 E-mail 和存储信息的功能，但因为它不具备处理数据的能力，所以也不能算是移动计算设备。

由于笔记本电脑的性能和台式机已经越来越接近，而它的便携性好，能够提供无所不在的移动计算环境，尤其对于那些经常需要出差的员工而言，更可以极大地提高他们的工作效率，因此，在企业应用中，笔记本电脑大有将台式机取而代之的趋势。除了工程设计等应用在大屏幕显示、高速数据处理和大容量存储器等方面有特殊要求外，台式机所做的工作有 98% 都可以用笔记本电脑来完成。

移动计算近年来之所以能够得以迅猛发展,应该说应用的刺激和技术的进步这两方面的原因兼而有之。首先,购买和使用移动计算设备的人越来越多,应用的实际需求为移动计算的发展提供了动力。其次,计算机技术本身的发展与进步也不容忽视,它使移动计算的迅猛发展成为可能。现在移动计算设备中所采用的芯片比以前更小、耗电更少,而功能却更加强大。此外,在移动计算设备的体积和功能等方面都较从前而言有了很大的进步,步入了一个崭新的发展时期。

移动计算的目的是构建无处不在、无时不在的工作环境,其中的关键之一就在于确保移动计算设备能够便利地与其他设备进行通信,也就是它与其他设备交换数据的能力。目前移动计算所采用的通信方式主要有三种,即电话线连接、无线连接和红外线连接。

电话线连接非常方便和经济,通过电话线连接来传输数据可以说是移动计算设备最为普遍、最为常用的通信方式。无线连接需要在移动计算设备中插入一个无线卡,同时还需要有一个 GSM 号,这样才能通过无线通信网来传输数据。但是这种通信方式非常耗电,很不经济。移动计算设备通过红外线连接来传输数据时,在接受数据的设备一端需要有一个红外线的接受器,同时红外线连接的设备范围不能超过 1m。

2003 年,Intel 公司开发的"迅驰"(Centrino)移动计算技术是一种包括了全新的 Pentium-M 处理器、Intel855 芯片组和 IntelPRO 无线网络连接模块的移动计算技术平台。这项技术的应用也将使移动终端的便携性得到真正的提高,并进而催生出很多新的功能设计和应用模式。

移动计算技术除了继续向体积更小、性能更高等方向发展外,未来的移动计算设备所提供的功能将更加专一,与此同时,移动计算的应用也将越来越多样化,为用户提供更多的选择。笔记本电脑的发展目前主要追求三个目标:一是极好的性能,如强大的处理能力、大显示屏幕、大存储量、杰出的多媒体功能和高度的通信能力;二是极佳的便携性,如超薄、超轻;三是极具竞争力的价格。移动计算设备的未来将更加绚丽缤纷、丰富多彩。

普适计算:1999 年,IBM 提出普适计算(Pervasive Computing,又称普及计算)的概念。所谓普适计算指的是,无所不在的、随时随地可以进行计算的一种方式;无论何时何地,只要需要,就可以通过某种设备访问到所需的信息。普适计算所涉及的技术包括移动通信技术、小型计算设备制造技术、小型计算设备上的操作系统技术及软件技术等。

间断连接与轻量计算(即计算资源相对有限)是普适计算最重要的两个特征。普适计算的软件技术就是要实现在这种环境下的事务和数据处理。

在信息时代,普适计算可以降低设备使用的复杂程度,使人们的生活更轻松、更有效率。实际上,普适计算是网络计算的自然延伸,它使个人计算机和其他小巧的智能设备连接到网络中,从而方便人们即时地获得信息并采取行动。

IBM 将普适计算确定为电子商务之后的又一重大发展战略。IBM 认为,实现普适计算的基本条件是计算设备越来越小,方便人们随时随地佩带和使用。在计算设备无时不在、无所不在的条件下,普适计算才有可能实现。

3.6 阅读与思考:摩尔定律

被称为计算机第一定律的摩尔定律(Moore)是指 IC 上可容纳的晶体管数目,约每隔 18 个月便会增加一倍，性能也将提升一倍。摩尔定律是由英特尔(Intel)名誉董事长戈登·摩尔(Gordon Moore，图 3-13)经过长期观察发现的。

1965 年，戈登·摩尔准备一个关于计算机存储器发展趋势的报告。他整理了一份观察资料。在他开始绘制数据时，发现了一个惊人的趋势。每个新的芯片大体上包含其前任两倍的容量，每个芯片都是在前一个芯片产生后的 18～24 个月内产生的。如果这个趋势继续的话，计算能力相对于时间周期将呈指数式的上升。Moore 的观察资料，就是现在所谓的 Moore 定律，所阐述的趋势一直延续至今，而且不同寻常地准确。人们还发现它不光适用于对存储器芯片的描述，还精确地说明了处理机能力和磁盘驱动器存储容量的发展。该定律成为许多工业对于性能预测的基础。

图 3-13 摩尔

由于高纯硅的独特性，集成度越高，晶体管的价格越便宜，这样也就引出了摩尔定律的经济学效益。在 20 世纪 60 年代初，一个晶体管要 10 美元左右，但随着晶体管越来越小，小到一根头发丝上可以放 1000 个晶体管时，每个晶体管的价格只有千分之一美分。据有关统计，按运算 10 万次乘法的价格算，IBM 704 计算机为 1 美元，IBM 709 降到 20 美分，而 60 年代中期 IBM 耗资 50 亿研制的 IBM 360 系统计算机已变为 3.5 美分。

归纳起来，“摩尔定律”主要有以下三种“版本”。

(1) 集成电路芯片上所集成的电路的数目，每隔 18 个月就翻一番。

(2) 微处理器的性能每隔 18 个月提高一倍，而价格下降一倍。

(3) 用一个美元所能买到的计算机性能，每隔 18 个月翻两番。

以上几种说法中，以第一种说法最为普遍，第二、三两种说法涉及到价格因素，其实质是一样的。三种说法虽然各有千秋，但在一点上是共同的，即“翻番”的周期都是 18 个月，至于“翻一番”(或两番)的是“集成电路芯片上所集成的电路的数目”，是整个“计算机的性能”，还是“一个美元所能买到的性能”就见仁见智了。

需要指出的是，摩尔定律并非数学、物理定律，而是对发展趋势的一种分析预测，因此，无论是它的文字表述还是定量计算，都应当容许一定的宽裕度。从这个意义上看，摩尔的预言实在是相当准确而又难能可贵的了，所以才会得到业界人士的公认，并产生巨大的反响。

摩尔定律问世 40 余年，人们不无惊奇地看到半导体芯片制造工艺水平以一种令人目眩的速度提高。Intel 的微处理器芯片 Pentium 4 的主频已高达 2G，2011 年推出了含有 10 亿个晶体管、每秒可执行 1 千亿条指令的芯片。人们不禁要问：这种令人难以置信的发展速度会无止境地持续下去吗？

事实上，总有一天，芯片单位面积上可集成的元件数量会达到极限。问题只是这一极限是多少，以及何时达到这一极限。业界已有专家预计，芯片性能的增长速度将在今后几年趋缓。一般认为，摩尔定律能再适用 10 年左右。其制约的因素一是技术，二是经济。

从技术的角度看，随着硅片上线路密度的增加，其复杂性和差错率也将呈指数增长，同时也使全面而彻底的芯片测试几乎成为不可能。一旦芯片上线条的宽度达到纳米(10^{-9}米)数量级时，相当于只有几个分子的大小，这种情况下材料的物理、化学性能将发生质的变化，致使采用现行工艺的半导体器件不能正常工作，摩尔定律也就要走到它的尽头了。

然而,也有人从不同的角度来看问题。美国一家名叫 CyberCash 公司的总裁兼 CEO 丹·林启说:“摩尔定律是关于人类创造力的定律,而不是物理学定律”。持类似观点的人也认为,摩尔定律实际上是关于人类信念的定律,当人们相信某件事情一定能做到时,就会努力去实现它。摩尔当初提出他的观察报告时,他实际上是给了人们一种信念,使大家相信他预言的发展趋势一定会持续。

资料来源:百度百科(http://baike.baidu.com/)

请分析:

(1) 在此前你听说过摩尔定律吗?你是否赞同“摩尔定律是关于人类创造力的定律,而不是物理学定律”这一说法?请简述之。

____

____

____

____

(2) 通过上述内容的阅读,对你是否有启发?

____

____

____

____

3.7 主要术语

确保自己理解以下术语:

AGP	地址总线	声卡
ALU(算术逻辑单元)	调制解调器	数据线
CISC	高速缓冲存储器	数据总线
CMOS 内存	即插即用	数字设备
DIMM	集成电路(IC)	图形卡
I/O(输入/输出)	计算机体系结构	微处理器
ISA	寄存器	系统时钟
PCI	开机自检	虚拟内存
RAM	控制器	移动计算
RAM 地址	控制总线	移动计算设备
RISC	扩展槽	引导过程
ROM	扩展端口	引导盘
ROM BIOS	扩展卡	指令
安全模式	扩展总线	指令集
并行处理	累加器	指令寄存器
并行计算机	流水线	指令指针
操作码	模拟设备	指令周期

操作数	普及计算	主板
地址空间	普适计算	字长

3.8 练习与实验

本章“练习与实验”的目的如下。

1）识别微型机主板上的主要部件。

2）熟悉 RAM、ROM、虚拟内存、CMOS 和告诉缓冲存储器等存储部件之间的区别。

3）了解 CPU 执行程序中的指令过程，了解影响 CPU 性能的因素。

3.8.1 工具与准备工作

在开始本实验之前，请回顾教科书的相关内容。

需要准备一台带有浏览器，能够访问因特网的计算机。

3.8.2 实验内容与步骤

1. 快速测试

下面是一些快速测试题，请通过完成这些测试题目，检查自己是否理解了课程的内容。

（1）一个________是充满了微小的电路器件，如电线、晶体管、电容和电阻的晶片。

（2）________设备使用不连续的数字，而________设备使用连续变化的数据。

（3）________是电子路径，用于连接计算机主板上的芯片。

（4）________是用于保存数据和程序的电子器件。

（5）由于 RAM 是________，所以必须保证计算机有持续的电源供应。

（6）RAM 的容量用________来度量。

（7）在 RAM 中，使用称为________的微小的电子部件来保存表示数据的电信号。

（8）RAM 速度使用________衡量。

（9）如果计算机没有足够的 RAM 来同时运行多个程序，操作系统可以使用基于硬盘的________内存来模拟 RAM。

（10）计算机开机时执行的指令集合被永久存放在________中。

（11）系统配置信息，例如硬盘的柱面和扇区数目等，被保存在使用电池供电的________存储器中。

（12）微机使用________芯片作为 CPU。

（13）CPU 中的________执行算术和逻辑运算。

（14）CPU 的________控制和协调整个计算机系统。

（15）计算机指令有两部分：操作码和________。

（16）CPU 的速度用________来衡量。

（17）计算机系统的同步由________来确定。

（18）在 RAM 和扩展槽之间传送数据的电子路径是________。

2. 操作与分析

请利用所学概念回答下列问题，必要时请借助于教科书、网络等寻求资料。注意发挥自己的批判性思考能力、逻辑分析能力及创造力。

(1) 观察计算机内部(在有条件的情况下进行。如果在实验室或者使用他人的机器,请注意获得批准和同意)。断开电源线之后,小心打开计算机机箱,画出内部部件草图,并标出每个部件。尝试定位和标出本章中讨论的所有部件。

请在此粘贴所画的草图,并记录存在的问题(如果有的话):

____

(2) 浏览计算机广告,搜索关键术语。借阅若干本最新的计算机专业杂志,分析在杂志广告中出现过的专业术语,尤其注意那些缩写。并请记录如下,对于专业术语的缩写,请给出它们的定义。

____

____

(3) 研究 RAM。假定你是一个计算机工业的分析人员,准备在某个计算机专业杂志上发表一篇关于计算机内存的文章。请搜集尽可能多的关于 RAM 的资料,包括当前的价格、典型计算机的内存容量、增加内存的技巧等。请根据资料,编写一篇短文来帮助读者理解 RAM 的各项指标。

请在此粘贴你撰写的短文:

____

3. 计算机 DIY 网站的浏览与分析

(1) 请上网浏览,了解正在做计算机 DIY 技术支持工作的网站,并在表 3-2 中记录搜索结果。

> **提示:**一些计算机 DIY 专业网站的例子包括:
> http://www.enet.com.cn/ediy/ (eNet 天堂硅谷硬件 DIY 频道)
> http://www.myhard.yesky.com/ (天极硬件)
> http://www.ccidnet.com/ (赛迪 DIY)
> http://www.pchome.net/ (电脑之家)

你习惯使用的网络搜索引擎是:____________________

你在本次搜索中使用的关键词主要是:____________________

表 3-2 计算机 DIY 专业网站实验记录

网站名称	网 址	内容描述

(2) 戴尔(Dell)公司的网站(www.dell.com.cn)是一个著名的网上直销戴尔计算机产品的电子商务网站,顾客可以在该网站上有限地配置自己欲购买的计算机。请登录该网站,尝试

完成网上配置和采购计算机的过程,观察该网站对顾客提供的支持和服务,并记录搜索结果。

1）戴尔网站当前提供的计算机产品主要包括：

2）戴尔网站当前重点推荐的计算机产品是：

3.8.3 单元学习评价

（1）你认为本单元最有价值的内容是：

（2）下列问题还需要进一步地了解或得到帮助：

（3）为使学习更有效,你对本单元的教学有何建议？

3.8.4 实验总结

3.8.5 实验评价(教师)

第 4 章　计算机网络与因特网

计算机网络是计算机技术和通信技术紧密结合的产物,它的诞生使计算机体系结构发生了巨大的变化,它的发展推动着社会经济的发展,对人类社会的进步起着举足轻重的作用。

4.1　计算机网络的基本概念

近年来,计算机网络的术语和定义也在不断地发展和演变中。目前,关于计算机网络比较一致的定义是:计算机网络是将分散在不同地点且具有独立功能的多个计算机系统,利用通信设备和线路(例如电线、电缆甚至空气等)相互连接起来,在网络协议和软件的支持下进行数据通信,以实现资源共享和信息交换为目的的系统。

这个定义涉及到以下几个方面。

1) 两台或两台以上的计算机相互连接起来才能构成网络,网络中的各计算机相互独立。

2) 计算机之间要交换信息,彼此就需要某些约定和规则,这些约定和规则就是网络协议。网络协议是计算机网络工作的基础。

3) 网络中的各计算机间进行相互通信,需要有一条通道及必要的通信设备。通道指网络传输介质,它可以是有线的(如双绞线、同轴电缆等),也可以是无线的(如激光、微波等)。通信设备是在计算机与通信线路之间按照一定通信协议传输数据的设备。

4) 组建计算机网络的主要目的是实现计算机的资源共享,使用户能够共享网络中的所有硬件、软件和数据资源。

4.1.1　网络的历史

计算机网络的发展过程是计算机与通信的融合过程。

1. 计算机网络发展的四个阶段

计算机网络的形成和发展大体可分为以下四个阶段。

(1) 面向终端分布的远程联机系统

最初的计算机网络出现在 20 世纪 60 年代,其主要形式是一台主机通过通信线路连接若干个远程终端,称为面向终端的计算机通信网。它是以单个主机为中心的星形网,提供了计算机通信的许多基本技术。远程终端没有独立的处理能力,它通过通信线路点到点的直接方式或通过专用通信处理机或集中器的间接方式和主机相连,从而构成网络。在前一种连接方式下主机和终端通信的任务由主机来完成,而在后一种方式下该任务则由通信处理机和集中器承担。并且这种系统本身也成为以后发展起来的计算机网络的组成部分,因此,称它为第一代计算机网络,其模型如图 4-1 所示。这种网络主要用于数据处理,远程终端负责数据采集,主机则对采集到的数据进行加工处理,例如航空自动售票系统、商场销售管理系统等。

(2) 以共享资源为目的的多计算机系统

20 世纪 60 年代后期,美国建成了以 ARPANET(阿帕网)为代表的第二代计算机网络,如

图4-2所示，它以"通信子网"为中心,许多主机和终端设备在通信子网的外围构成一个"用户资源子网"。通信子网不再使用类似于电话通信的电路交换方式,而采用更适合于数据通信的分组交换方式,大大降低了计算机网络中通信的费用。由阿帕网开始发展,形成了今天在世界范围内广泛应用的因特网(Internet,又称互联网),其使用的TCP/IP协议簇已成为事实上的国际标准。

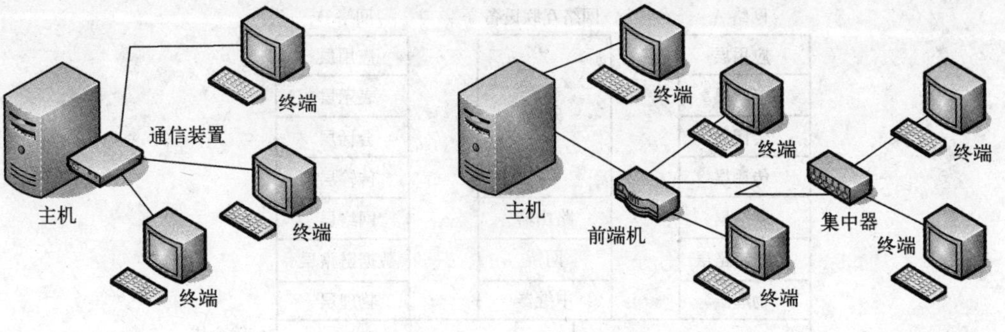

图4-1　第一代计算机网络模型

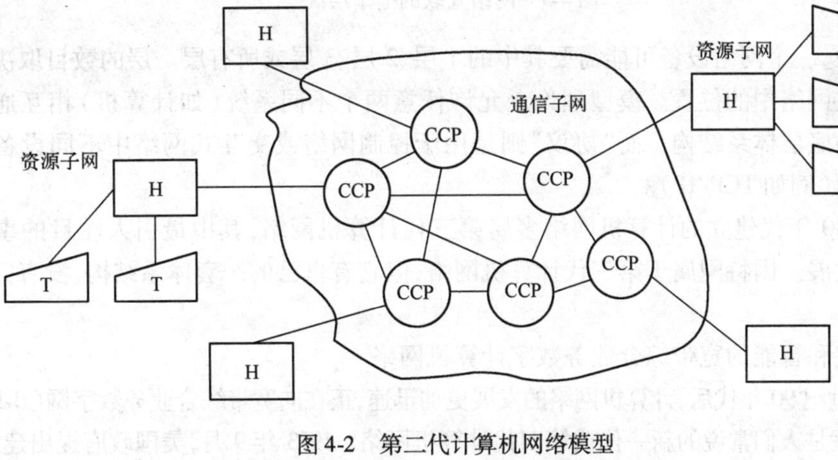

图4-2　第二代计算机网络模型

H:主机；　T:终端；　CCP:通信控制处理器

(3) OSI/RM的提出与第三代计算机网络

计算机网络是一个复杂系统,相互间进行通信的计算机系统必须高度协调才能工作。为了设计这样的复杂系统,20世纪70年代,包括IBM在内的一些计算机公司纷纷提出了本公司的网络体系结构,如SNA、DNA等,各自按照自己的协议(如DECNet、Token Ring等)迅速发展,从而影响越来越大。

但是,因为不同厂家的产品不同,因此不能互联,这对于广大计算机用户来说极不方便,同时也不利于网络的继续发展。为此,1977年ISO[⊖]根据网络标准化的趋势,组织专门委员会,在研究分析已有网络结构经验的基础上,专门从事研究"开放系统互联"问题。经过几年的努

⊖ ISO(International Organization for Standardization,国际标准化组织),是一个全球性的非政府组织,也是国际标准化领域中一个十分重要的组织。ISO的任务是促进全球范围内的标准化及其有关活动,以利于国际间产品与服务的交流,以及在知识、科学、技术和经济活动中发展国际间的相互合作。它显示了强大的生命力,吸引了越来越多的国家参与其活动。

力，ISO 在 1984 年公布了“开放系统互联基本参考模型”的正式文件，即著名的国际标准 ISO 7498，通常人们称它为开放系统互联参考模型 OSI/RM（Open System Interconnection/Reference Model）。该模型包括七层：物理层、数据链路层、网络层、传输层、会话层、表示层和应用层。模型中给出了每一层应该完成的功能，如图 4-3 所示。

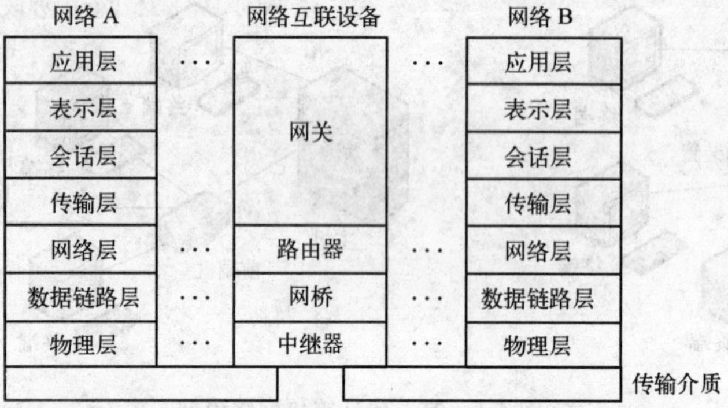

图 4-3　网络互联的七个层次

这七层中，一个网络设备可能需要其中的 1 层、2 层、3 层或所有层。层的数目取决于设备的功能及其在网络中的位置。模型理论上允许任意两个不同系统（如计算机）相互通信而无需考虑它们的底层体系结构。而“协议”则是用于控制网络或交互式网络中不同设备间交互的一系列规则（例如 TCP/IP）。

20 世纪 80 年代建立的计算机网络多属第三代计算机网络，其中最引人注目的事情是因特网的飞速发展。因特网属于第三代计算机网络，但它有自己的一套体系结构，没有完全使用 OSI 体系结构。

（4）高速和智能的宽带综合业务数字计算机网络

进入 20 世纪 90 年代后，计算机网络的发展更加迅速，正在向宽带综合业务数字网（B-ISDN）的方向演变，也就是人们常说的新一代或第四代计算机网络。1993 年 9 月，美国政府提出建设“信息高速公路”的计划，其主要内容之一就是建设一个覆盖全美国的宽带综合业务数字网。

第四代网络的特点是：传输数据的多样化和高的传输速度。宽带网络不但能够用于传统数据的传输，而且还可以胜任声音、图像和动画等多媒体数据的传输，数据传输速率高。第四代网络可以提供视频点播、电视现场直播、全动画多媒体电子邮件、CD 级音乐等网上服务。

智能网 IN（Intelligent Network）是在通信网多种新业务不断发展的情况下，要求运用计算机技术对通信网进行智能化自动管理的形势下产生的。美国贝尔通信公司在 1984 年首先提出智能网的概念，国际电报电话咨询委员会（CCITT）于 1992 年予以标准化。其目标就是要为所有的通信网，包括公用电话网、分组交换网、ISDN 及移动通信网等服务。

2. 因特网的由来

因特网是由许多计算机网络连成的网络，即网络的网络。它的产生主要分三个过程。

1）阿帕网的诞生　1969 年，第一个计算机网络——阿帕网诞生，这种计算机网络跨越的地理范围较大，如一个省、一个国家甚至全球，被称为广域网。

2）以太网的出现　1973 年，鲍勃·梅特卡夫（Bob Metcalfe）在施乐（Xerox）公司发明了以太网（Ethernet）。这种计算机网络所跨越的地域较小，如几个办公室、一栋大楼。今天，以太网已成为局域网的代名词,是中小型单位网络建设较理想的选择。

3）因特网的产生　1973 年,美国斯坦福研究院的文特·瑟夫(Vint Cerf)提出了关于计算机网络的一个重要概念——网关(Gateway),这对最终形成 TCP/IP(传输控制协议/网际协议)起了决定性的作用,因此他被人们誉为“因特网之父”。1974 年 5 月,文特·瑟夫和鲍勃·卡恩(Bob Kahn)正式发表了传输控制协议(TCP),即后来的 TCP/IP 两个协议(1978 年将 TCP 中的处理分组路由选择部分分割出来,单独形成一个 IP)。1977 年,文特·瑟夫和鲍勃·卡恩成功地实现了阿帕网、无线分组交换网络和卫星分组交换网三网互连。虽说因特网源于阿帕网,但是真正促成因特网形成的则是美国国家科学基金会(NSF)。1986 年,主干网使用 TCP/IP 的 NSF 网络建成。1986-1991 年,并入 NSF 网的网络数从 100 个增到 3000 个,1989 年,NSF 网络正式改称为 Internet(因特网)。

今天,网络正在重新定义生活的每个层面。传统的习惯和生活方式随着网络的不断进化而改变,网络日渐渗透到衣食住行的每个细节当中:信用卡消费和网上购物为人们的生活提供了种种便利;不断涌现的新媒体冲击着人们的视听,改变了获取信息的途径;种种虚拟社区应用更让亲朋好友跨越天涯之隔,分享珍贵的视频、音频和文字体验。

网络成为提高劳动生产率、推动经济增长的引擎。网络与企业运营之间的关系越来越密切,随着网络和其他 IT 技术不断融合的趋势,企业不仅需要网络作为各种应用的基础设施和流程共享、业务支持的平台,还能够在网络之上实现将通话、即时消息、视频和应用共享、电子邮件、语音邮件和消息等融为一体的新型通信方式,从而不断提升沟通效率,拓展协作空间。

网络也提供了创造未来的契机。网络的力量帮助人们超越社会和经济地位的藩篱,获取必要的知识储备;个人的意见和力量也通过网络得以汇聚,从而在社会公正、环境保护和消除贫困等全球性的重大议题上推动改进的步伐。

4.1.2　网络分类

计算机网络的分类方法有好几种,例如,根据网络传输速率的大小,可将网络划分为十兆、百兆和千兆网;根据网络数据的交换方式,可将网络划分为电路交换网、报文交换网与报文包交换网;根据网络的控制方式,可将计算机网络划分为集中式、分散式和分布式网络等。在众多分类标准中,最能反映网络技术本质特征的分类标准是分布距离,即计算机网络覆盖的地理范围。根据该标准,可将计算机网络划分为局域网、城域网和广域网三种类型,这三种网络也可以通过网络互联设备进行互连而组成交互式网络(即因特网)。

(1) 局域网(Local Area Network,LAN)　是指在一个局部范围内,由各种计算机、外围设备等连接组成的计算机网络,其地理覆盖范围通常在 1 千米至几千米,例如在一座办公楼、一所学校范围内。在一般的局域网中,计算机的数量不超过几百台,有的甚至只有几台,通常应用在家庭、学校、机关办公室和网吧等。图 4-4 即为一个局域网的示意图,它由服务器、工作站、集线器和连接线路等组成。

局域网主要用于提供数据共享、打印机共享等,提高网络传输率较容易,升级(如增加连接计算机数量)成本也较低。局域网有严格的网络管理机构,能够有效地管理和维护网络,并能够提供各种服务,如文件共享、接入因特网等。

(2) 城域网(Metropolitan Area Network,MAN)　与局域网相比,城域网的地理覆盖范围要更广阔,通常为几千米至几十千米。在一个大城市里,城域网连接着许多局域网。构成城域网的局域网可以属于某个组织,也可以属于多个不同的组织。光纤的引入,使得在城域网中连接高速的局域网成为可能。

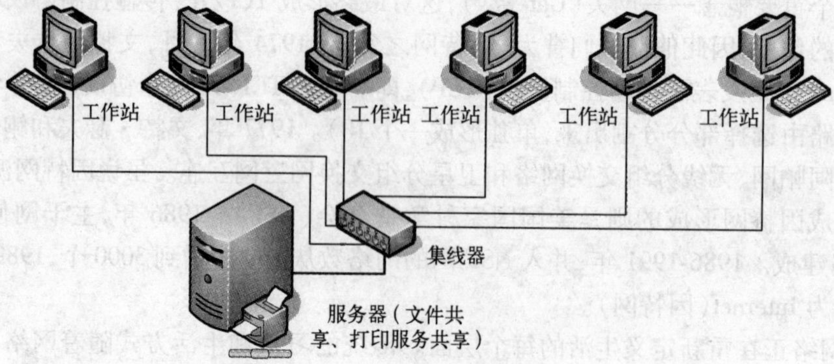

图 4-4　局域网示意图

(3) 广域网(Wide Area Network,WAN)是影响最广泛的复杂网络系统,一般由两个以上的城域网组成,这些城域网之间的距离可以很远,我们所熟知的因特网就是广域网。图 4-5 是一个典型的广域网示意图。

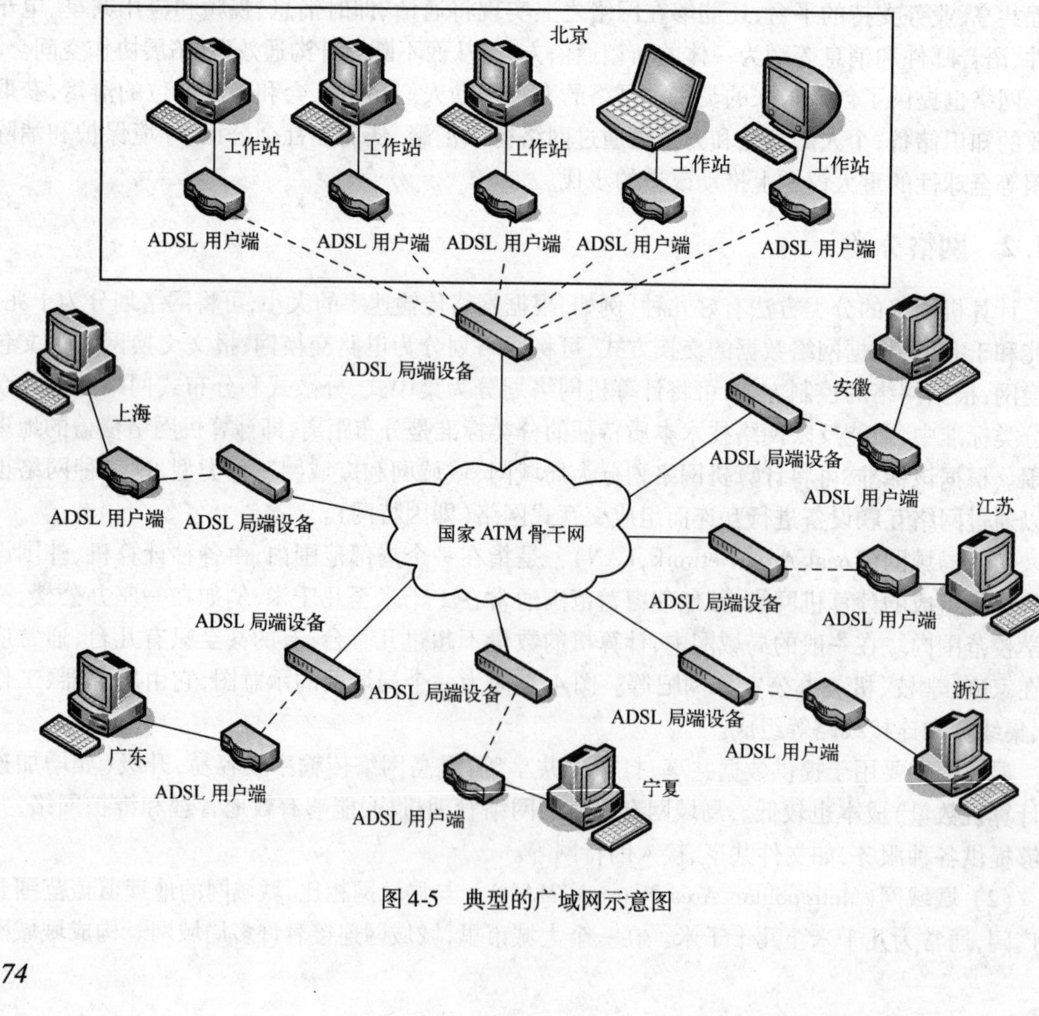

图 4-5　典型的广域网示意图

有时候广域网、城域网和局域网之间的界限并不明显，很难确定广域网在哪里终止，城域网或局域网在何处开始。但是，可以通过四种网络特性——通信介质、协议、拓扑结构和公共网间的边界点来确定网络的类型。通常广域网结束在通信介质改变的地方，如从电缆转变为光纤等，协议、拓扑结构的改变通常也表示一个广域网的结束。

4.2 网络的组成与结构

下面，我们从计算机网络的基本组成、资源子网和通信子网、计算机网络的拓扑结构、计算机网络的传输介质等方面来介绍计算机网络的组成与结构。

4.2.1 计算机网络的基本组成

各种计算机网络在网络规模、网络结构、通信协议和通信系统、计算机硬件及软件配置等方面存在着很大差异。但不论是简单还是复杂网络，根据定义，一个典型的计算机网络都是由计算机系统、数据通信系统、网络软件及协议三部分组成。

(1) 计算机系统。这是网络的基本模块，主要完成数据信息的收集、存储、处理和输出任务，并为网络内的其他计算机提供各种网络共享资源。根据在网络中的用途不同，计算机系统可分为服务器(Server)和工作站(Workstation)。服务器负责数据处理和网络控制，并构成网络中的主要资源；工作站又称为"客户机"，是连接到服务器的计算机，相当于网络上的一个普通用户，它可以使用网络上的共享资源。

(2) 数据通信系统。这是连接网络基本模块的桥梁，提供各种连接技术和信息交换技术；主要由网络适配器(网卡)、传输介质和网络互联设备等组成。网卡是一个可插入到计算机扩展槽中的接口板，负责主机与网络的信息传输控制；传输介质是传输数据信号的物理通道，负责将网络中的多种设备连接起来，常用的传输介质有双绞线、同轴电缆、光纤、微波通信、卫星通信等；网络互联设备用来实现网络中各计算机之间的连接、网络与网络之间的互联及路径的连接，常用的网络互联设备包括中继器(Repeater)、集线器(Hub)、网桥(Bridge)、路由器(Router)和交换机(Switch)等。

(3) 网络软件。这是实现网络通信不可缺少的软环境，是网络的组织者和管理者。在网络协议的支持下，网络软件一方面接受用户对网络资源的访问，帮助用户方便、安全地使用网络；另一方面管理和调度网络资源，提供网络通信和用户所需的各种网络服务。通常网络软件包括：网络协议和协议软件、网络通信软件、网络操作系统和网络管理与网络应用软件等。

4.2.2 资源子网和通信子网

为了简化计算机网络的分析与设计，有利于网络的硬件和软件配置，按照系统功能，一个计算机网络可划分为资源子网和通信子网两部分，如图 4-2 所示。其中，资源子网由网络服务器和工作站组成，包括网络中的各种软硬件资源和数据库等，负责网络的信息处理；通信子网包括通信线路(即传输介质)、网络互联设备、网络通信协议和通信控制软件等，负责网络的数据通信。

将计算机网络划分为资源子网和通信子网，符合网络体系结构的分层思想，便于对网络进行研究和设计。资源子网、通信子网可单独规划、管理，从而使整个网络的设计与运行得以简化。通信子网既可以是专用的,也可以是公用的数据通信网。

4.2.3 网络拓扑结构

所谓拓扑(Topology),是从图论演变而来的,是一种研究与大小形状无关的点、线、面特点的方法。在计算机网络中,抛开网络中的具体设备,把工作站、服务器等网络单元抽象为“点”,把网络中的电缆等通信介质抽象为“线”。这样,计算机网络结构就抽象为点和线组成的几何图形,称之为网络拓扑结构,即用传输介质互联各种设备的物理布局。

网络拓扑结构对整个网络的设计、功能、可靠性和费用等方面有着重要的影响。常用的网络拓扑结构有如下几种。

1. 总线型结构

总线型拓扑结构是局域网主要的拓扑结构之一,如图4-6所示,它由一条总线连接若干个节点组成,采用广播通信方式,即由一个节点发出的信息可被网络上的多个节点所接收,其代表网络是以太网(Ethernet)。在总线型结构的局域网中,所有节点都通过一条被称为共享媒介的线性电缆进行连接,这段电缆上的每个节点都能接收到该电缆上其他工作站向外传输的每一个信息。数据总线的两端都安装了终结器,能够接收任何信号,从而使它们从总线中消失。

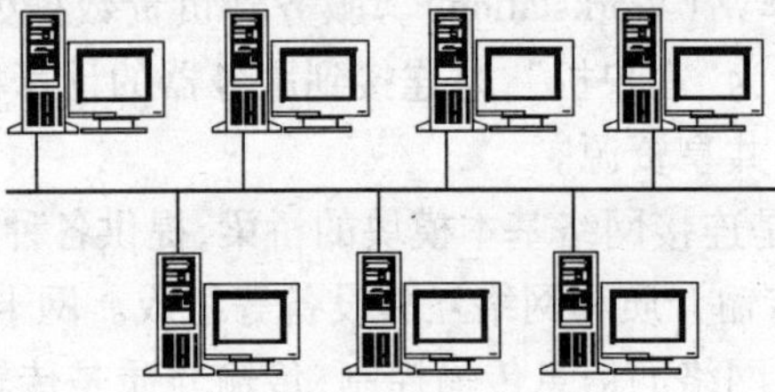

图4-6 总线型拓扑结构

采用总线型拓扑结构的局域网的特点如下。

1）结构简单,可扩充,性能好。

2）网络的可靠性高,节点间响应速度快,共享资源能力强。

3）网络的成本低,设备投入量少,安装使用方便。

4）总线的性能和可靠性对网络有很大影响。

5）总线型结构局域网中的所有节点无主从关系,可能同时会有多个节点发送数据,所以容易产生“冲突”。

2. 星形结构

局域网中应用最广泛的是星形拓扑结构,如图4-7所示,在该结构中,局域网中的节点都被连接到中心节点上,中心节点能够对各外围节点间的通信和信息交换进行集中控制和管理,将其从各个外围节点所接收到的通信,对网络上的全部外围节点进行转播,包括信息发送节点。因此,所有的外围节点都是通过向中心节点传送,或从中心节点接收信息的方式进行相互通信的。星形拓扑结构的中心节点可以是交换机、集线器或转发器等。

采用星形拓扑结构的局域网的特点如下。

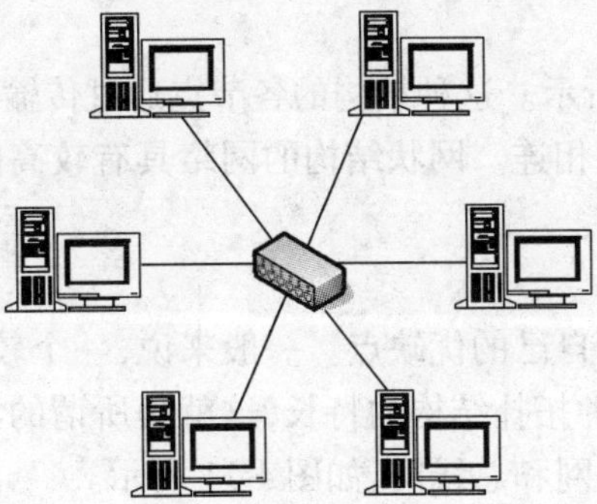

图 4-7　星形拓扑结构

1）建网容易，扩充性好，控制简单。

2）在系统中存在一个中心节点，如果中心节点不出现故障，系统的可靠性较高；如果中心节点出现故障，则将导致整个网络瘫痪。

3）相邻的非中心节点之间不能直接进行数据的交换和传输。

3. 环形结构

在环形拓扑结构的局域网中，通信线路将各节点连接成一个闭合的环，如图 4-8 所示，每个网络节点都与两条导线相连接，如果圆环上有一个节点发生故障，那么整个环形连接就被断开，局域网就不能工作。而在双环形拓扑结构中，有四条导线与每一个节点相连接，因此故障率较低。环形拓扑结构克服了总线型结构易产生“冲突”的缺点。

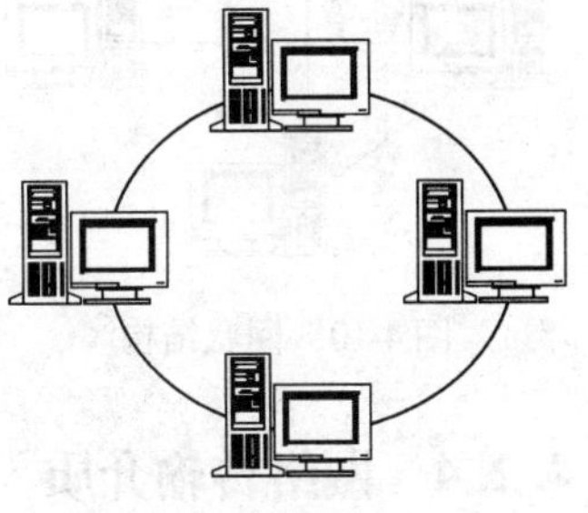

图 4-8　环形拓扑结构

环形拓扑结构通常用作局域网的主干，其特点如下。

1）环形局域网是点对点连接的，闭合的环形网络结构简单，对称性好，环中各节点地位相等，建网容易。

2）数据只能沿着一个固定的方向（顺时针或逆时针）传送。

3）节点是按照其在环中的物理位置来依次传递信息的。

4）环形拓扑结构能实现数据传送的实时控制，但网络的可靠性较差。

4. 树形结构

在树形拓扑结构中，网络各节点呈树状排列，如图 4-9 所示，在网络中有多个中心节点，并且这些中心节点间形成一种分级管理的集中式网络。树形拓扑结构适用于各种管理部门需要进行分级数据传送的场合。其优点是连接容易，管理简单，维护方便；缺点是共享能力差，可靠性低。

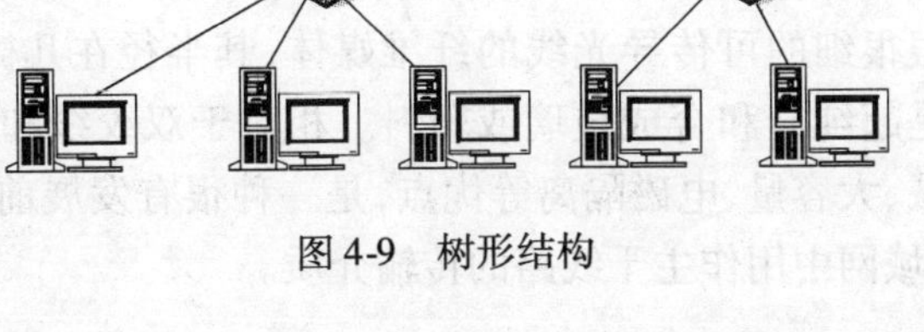

图 4-9　树形结构

5. **网状结构**

网状拓扑结构如图4-10所示。这种结构的各节点通过传输线相互连接起来,并且任何一个节点都至少与其他两个节点相连。网状结构的网络具有较高的可靠性,但其实现起来费用高,结构复杂,不易管理和维护。

6. **混合型结构**

每一种网络拓扑结构都有自己的优缺点。一般来说,一个较大的网络都是由多种拓扑结构混合而成的,以充分发挥各种拓扑结构的特长,这就是所谓的混合型拓扑结构。例如,一个环形的网络中包含若干个树形网和总线网,如图4-11所示。

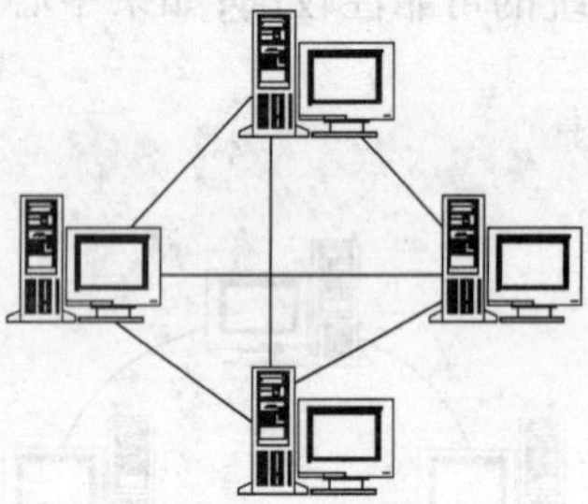

图4-10　网状结构

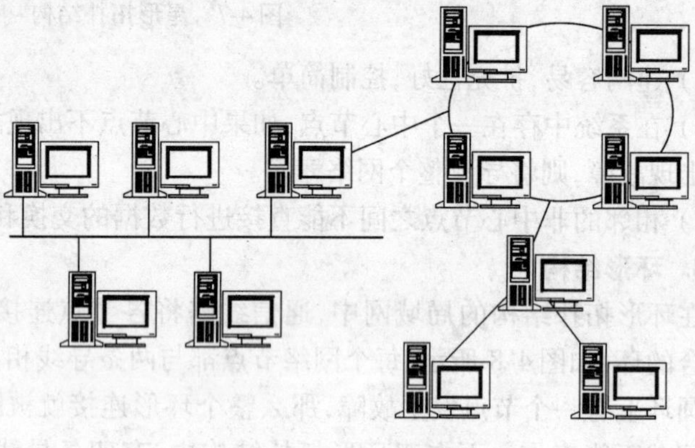

图4-11　混合型结构

4.2.4　网络传输介质

传输介质是指数据传输系统中发送者和接收者之间的物理路径。数据传输的特性和质量取决于传输介质的性质。在计算机网络中使用的传输介质可分为有线和无线两大类。

1. **有线传输介质**

常用的有线传输介质有双绞线、同轴电线和光纤等。

(1) 双绞线　是一种最常用的有线物理传输介质,它由两根绝缘的铜线互绞在一起而得名。将两根导线绞在一起的目的是减少来自导线间的信号干扰,许多电话线就是采用双绞线的。相对于其他有线物理传输介质(如同轴电缆和光纤)来说,双绞线价格便宜,也易于安装,但在传输距离、信道宽度和数据传输速率等方面受到一定的限制。

(2) 同轴电缆　也像双绞线那样由一对导体组成。它的内芯为铜导体,外围是一层绝缘材料,再外层为金属屏蔽线组成的网状导体,最外层为塑料保护绝缘层。由于铜芯与网状外部导体同轴,故称为同轴电缆。同轴电缆的这种结构使它具有高带宽和高抗干扰性,在数据传输速率和传输距离上都优于双绞线。同轴电缆是局域网(如以太网)中使用最普遍的物理传输介质之一,但目前已逐步被高性能的双绞线所替代。

(3) 光纤　是一根很细的可传导光线的纤维媒体,其半径在几微米至一二百微米之间。制造光纤的材料可以是超纯硅和合成玻璃或塑料。相对于双绞线和同轴电缆等金属传输介质,光纤有轻便、低衰减、大容量、电磁隔离等优点,是一种很有发展前途的物理传输介质。目前,光纤主要在大型局域网中用作主干线路的传输介质。

2. 无线传输介质

有时,需要网络随时保持通信状态,而双绞线、同轴电缆、光纤这些有线传输介质都无法满足需要,无线通信是解决问题的唯一方法。无线传输介质主要有卫星、无线电、红外线、激光及微波等。

1）微波通信　利用高频(2~40GHz)范围内的电波来进行通信。它的一个重要特性是沿直线传播,而不是向各个方向扩散。通过抛物状天线可以将能量集中于一小束上,以获得很高的信噪比,并传输很长的距离。微波通信成本较低,但保密性差。

2）卫星通信　可以看成是一种特殊的微波通信,它使用地球同步卫星作为中继站来转发微波信号,并且通信成本与距离无关。卫星通信容量大、传输距离远、可靠性高,但通信延迟时间长,误码率不稳定,易受气候的影响。

3）激光通信　利用在空间传播的激光束将传输数据调制成光脉冲的通信方式。激光通信不受电磁干扰,也不怕窃听,方向性比微波好。激光束的频率比微波高,因此可以获得更高的带宽。但激光在空气中传播衰减很快,特别是雨、雾天,能见度差时更为严重,甚至会导致通信中断。

4.3　网络互联与通信协议

网络互联是计算机网络发展到一定阶段的产物,是网络技术中的一个重要组成部分。为了实现在更大范围内的信息交换和资源共享,需要将不同的计算机网络互相连接起来。在计算机网络这个复杂的系统中,由于计算机型号不一、终端类型各异,并且连接方式、同步方式、通信方式、线路类型等都有可能不一样,要做到各设备之间有条不紊地交换数据,所有设备必须遵守共同的规则,即网络协议,网络协议将明确规定数据交换时的格式和时序。

4.3.1　网络互联

网络互联是指用一定的网络互联设备将多个拓扑结构相同或不同的网络连接起来,构成更大规模的网络。网络互联的目的是使网络上的一个用户可以访问其他网络上的资源,实现网络间的信息交换和资源共享。网络互联允许不同的传输介质、不同的拓扑结构共存于一个大的网络中。

网络互联给网络系统带来的好处包括如下几点。

1）提高系统可靠性　一个有缺陷的节点会严重破坏网络的运行。通过网络互联将一个网络分成若干个独立的子网,可以防止因单个节点异常而破坏整个系统。

2）改进系统性能　一般来说,局域网的性能随着网络中节点的增加而下降。有必要将一个逻辑上独立的局域网分为若干个分离的局域网以调节负载,提高系统性能。

3）加强系统保密性　通过网络互联设备,拦截无需转发的重要信息,防止信息被窃取。

4）建网方便　一个单位在地理上可能分散在相距较远的若干个建筑物中,直接铺设电缆比较困难,较方便的方法是在各个建筑物内分别建立局域网,用网络互联设备将若干个局域网连接起来。

5）增加地理覆盖范围　一个单位可以在不同的地点建立多个网络,并希望这些网络具有单一集成的特点。这种网络覆盖范围的扩展可以用网络互联技术来实现。

根据网络的地理覆盖范围,可将网络互联分为四种类型。

1）局域网之间的互联（LAN-LAN） 这是最常用的一种互联形式。其互联结构有两种：具有相同协议的局域网的互联,即同构网互联;具有不同网络协议的共享介质局域网的互联,即异构网互联。局域网之间的互联通过网桥实现。

2）局域网与广域网之间的互联（LAN-WAN） 局域网与广域网之间的互联应用广泛,可通过路由器或网关实现互联。

3）广域网之间的互联（WAN-WAN） 通过路由器等设备可以实现分布在不同地理位置的广域网之间的互联。

4）通过广域网实现局域网之间的互联（LAN-WAN-LAN） 两个分布在不同地理位置的局域网可以通过广域网实现互联。

无论哪种类型的互联,每个网络都是互联网络的一个子网。子网设备、子网操作系统、子网资源和子网服务将成为一个整体,使互联网络上的所有资源实现共享。

4.3.2 网络互联设备

网络互联设备主要负责网间协议和功能转换,不同的网络互联设备工作在不同的协议层中。常用的网络互联设备主要有中继器、网桥、路由器、网关和交换机等。

(1) 网卡（NlC,“网络接口卡”的缩写）:是一块小的电路板,上面安装了将计算机连接到局域网的主要硬件部件。它把工作站的数据通过网络送出,并且为工作站收集进入的数据。网络上的每个服务器、工作站、打印机及其他设备都必须有网卡。台式机的 NIC 插在计算机主板的一个扩展槽中,笔记本的 NIC 通常是一块 PCMCIA 卡,也有一些台式机将 NIC 集成在主板上。

(2) 中继器:实现物理层的互联,用于延伸同构局域网。中继器的作用是对信号进行放大、整形,以驱动长线电缆。它可延长网段的距离,扩展局域网覆盖的范围。

(3) 交换机:是一种新型的网络互联设备,可以实现数据链路层或网络层的互联。它将传统网络“共享”媒体技术改变为交换式的“独享”媒体技术,提高了网络的带宽。

(4) 网桥:实现数据链路层的互联,用于局域网网段的互联,网间通信从网桥传送,网内通信被网桥隔离。网桥既可以连接同构网,也可以连接异构网(如以太网到以太网、以太网到令牌环网),它要求两个互联网络在数据链路层以上使用相同或兼容的网络协议。网桥的主要功能是隔离网段,以提高网络可靠性及通信效率。

(5) 路由器:实现网络层的互联,是比网桥更复杂、功能更强的网络互联设备。路由器的互联能力强,可以执行复杂的路由选择算法,用来实现不同类型的局域网互联,如以太网、令牌环网、ATM、FDDI 和 AppleTalk 等的互联。路由器也可用来实现局域网与广域网互联。在这种情况下,要求网络层以上的高层协议相同或兼容。路由器除具备网桥的全部功能外,还具有路由选择功能。

(6) 网关:也称网间协议转换器,实现网络高层的互联,工作于 OSI 参考模型的传输层、会话层、表示层和应用层,用于连接网络层之上执行不同协议的子网,从而组成异构的互联网络。网关具有对不兼容的高层协议进行转换的功能,可实现两种不同协议的网络互联。它是比网桥、路由器更加复杂的网络互联设备。

4.3.3 网络协议

并非所有的计算机网络都严格遵守 ISO/OSI 标准,大量同构网、异构网仍然存在,为此,要实现网络间的正常通信,就必须选择合适的通信协议。

网络协议是计算机之间实现网络通信不可缺少的部分,它主要由三个要素组成,即语法、语义和时序。语法是指数据与控制信息的结构和格式;语义表明需要发出何种控制信息,以完成相应的响应;时序是对事件实现顺序的详细说明。

采用分层处理方式的每一个层次实现一种相对独立的功能,所以能把一个复杂的问题分解为几个容易解决的子问题。现代计算机网络就是采用了这种层次的体系结构。在网络分层后,每层都有其对应的协议,整个网络协议就是由各层协议共同组成的。

ISO/OSI 参考模型分层信息表示形式及协议标准如表 4-1 所示。

表 4-1 分层数据单元及协议标准集

层次	名称	数据单元	协议标准
七	应用层	报文	FTP、TELNET
六	表示层	报文	NFS、ODBC、DRDA
五	会话层	报文	NFS、ODBC、DRDA
四	传输层	报文	TCP、SPX
三	网络层	分组	IP、IPX
二	数据链路层	帧	IP、IPX、SDLC、HDLC
一	物理层	比特	Ethernet、ARCnet、RS232C

- NFS:网络文件服务标准协议。
- ODBC:开放式数据库互联协议。
- DRDA:分布式关系数据库结构协议。
- SPX:顺序报文分组交换协议。
- TCP/IP:因特网网络协议簇。
- TCP:传输控制协议。
- IP:网间网协议。
- SDLC:同步数据链路协议。
- HDLC:高级数据链路控制协议。
- Ethernet:以太网协议。
- ARCnet:ARC 网络控制协议。
- RS232C:计算机 RS-232C 接口协议。
- IPX/SPX:Novell 网在网络层和传输层的标准协议。

局域网中一般使用 NetBEUI、IPX/SPX 和 TCP/IP 三种协议,它们是计算机之间进行相互通信的共同语言。只有设置好恰当的通信协议,才能保证联网的成功,使各计算机之间能顺利地交换信息。

(1) NetBEUI 协议(NetBIOS Extended User Interface,即"NetBIOS 扩展用户接口",其中 NetBIOS 是指"网络基本输入输出系统"):支持小型局域网,具有体积小、效率高、速度快、内存占用较少并易于实现等优点。NetBEUI 是微软 Windows 系列产品固有的默认协议。

NetBEUI 专门为由几台到几百台计算机所组成的单网段小型局域网而设计，它不具有跨网段工作的功能，即 NetBEUI 不具备路由功能。如果在一个服务器上安装了多块网卡，或者要采用路由器等设备进行两个局域网的互联时，就不能使用 NetBEUI 协议。

虽然 NetBEUI 存在许多不尽如人意的地方，但是它也具有其他协议所不具备的优点。在三种通信协议中，NetBEUI 占用内存最少，在网络中基本不需要任何配置。通常 NetBEUI 协议用于只有单网段的小型网络中。

（2）IPX/SPX 及其兼容协议（Internetwork Packet Exchange/Sequenced Packet Exchange，即网际包交换/顺序包交换）：是 Novell 公司开发的通信协议集，是 Novell Netware 网络使用的一种协议，使用该协议可与 Netware 服务器连接。IPX/SPX 及其兼容协议不需要任何配置，它可以通过"网络地址"来识别自己的身份。与 NetBEUI 不同的是，IPX/SPX 比较庞大，在复杂环境下具有很强的适应性。IPX/SPX 具有强大的路由功能，适用于大型网络。

（3）TCP/IP（Transmission Control Protocol/Internet Protocol，即传输控制协议/网际协议）：是目前最常用的一种网络协议，是因特网的基础，也是 UNIX 系统互联的一种标准。TCP/IP 支持任意规模的网络，具有很强的灵活性，为连接不同操作系统、不同硬件体系结构的互联网络提供了一种通信手段，其目的是使不同厂家生产的计算机能在各种网络环境下进行通信。它的设置和管理比 IPX/SPX 及其兼容协议和 NetBEUI 协议都要复杂一些。

TCP/IP 主要包括两个协议：传输控制协议（TCP）和网际协议（IP）。通常说 TCP/IP 是指因特网协议簇，而不单单是 TCP 和 IP，它包括上百个各种功能的协议，如远程登录、文件传输和电子邮件（POP3）等协议，而 TCP 和 IP 是保证数据完整传输的两个最基本、最重要的协议。

设置 TCP/IP 需要一个"IP 地址"、一个"子网掩码"，一个"默认网关"和一个"主机名"，因此相对复杂一点。

4.3.4 IP 地址、子网掩码与域名

IP 地址就是给每个连接在因特网上的主机分配的一个 32 位地址。按照 TCP/IP 规定，IP 地址用二进制来表示，每个 IP 地址长 32 位，就是 4 个字节。例如，一个采用二进制形式表示的 IP 地址是"00001010 00001011 0000000 00000001"，这么长的地址，人们难于处理和记忆。为了方便使用，IP 地址经常被写成十进制的形式，中间使用符号"."分开。于是，上面的 IP 地址可以表示为 10.11.0.1。IP 地址的这种表示法称为"点分十进制表示法"，这显然比 32 个 1 和 0 容易记忆。

1. IP 地址

IP 地址由网络标识和主机标识两部分组成，网络标识相同的计算机处于同一个网络之中。IP 地址一般划分为五类：A、B、C、D、E。目前常用的为前三类，这三类 IP 地址的结构都由两部分组成：网络号和主机号。

（1）A 类 IP 地址适用于主机数目较多的大规模网络，共有 126 个子网。每个子网内可以有 1 600 万台主机。该类 IP 地址的第一个八位代表网络号，后三个八位代表主机号。32 位的第 1、2、3 位为 000，十进制的第 1 组为 000 ~ 127。只要看到 000 ~ 126，就知道是 A 类 IP 地址，十进制可写成 001.x.y.z ~ 126.x.y.z。

（2）B 类 IP 地址适用于中等规模的网络，共有 16384 个子网，每个子网内可以有 65534 台主机。该类 IP 地址的前两个八位代表网络号，后两个八位代表主机号。32 位第 1、2、3 位为

100，十进制的第一组为 128 ~ 191，由此值可知为 B 类 IP 地址，十进制写成 128. x. y. z ~ 191. x. y. z。一个 B 类 IP 地址共有 16384 个 C 类 IP 地址，所以只能连 16384 个主机或子网络。

(3) C 类 IP 地址适用于规模较小的网络，共有 200 万个子网，每个子网内最多只能有 254 台主机。该类 IP 地址的 32 位中前三位为 110，十进制第一组为 192 ~ 223，十进制写成 192. x. y. z ~ 223. x. y. z，只要见到 192 ~ 223. x. y. z，便可知为 C 类 IP 地址。

例如：清华大学的 IP 地址是 116. 111. 4. 120，属 A 类地址；北京大学的 IP 地址是 162. 105. 129. 11，属 B 类地址；浙江大学城市学院的 IP 地址是 211. 90. 238. 141，属 C 类地址。

2. 特殊 IP 地址

由于每一个网络都存在两个特殊 IP 地址（全“0”或全“1”），所以实际能够分配的主机数比最大主机数少 2。

对于任何一个 IP 地址，其主机地址为全“0”或全“1”均为特殊 IP 地址，例如：211. 90. 238. 0 和 211. 90. 238. 255 都是特殊的 IP 地址。特殊的 IP 地址有特殊的用途，不分配给任何用户使用。

(1) 网络地址。又称网段地址。网络号不空而主机号全“0”的 IP 地址表示网络地址，即网络本身。例如，地址 211. 90. 238. 0 表示其网络地址为 211. 90. 238。

(2) 直接广播地址。网络号不空而主机号全“1”的表示直接广播地址，代表这一网段下的所有用户。例如，211. 90. 238. 255 就是直接广播地址，表示 211. 90. 238 网段下的所有用户。

(3) 有限广播地址。网络号和主机号都是全“1”的 IP 地址是有限广播地址。在系统启动时，还不知道网络地址的情形下进行广播，就是使用这种地址。

(4) 本机地址。网络号和主机号都为全“0”的 IP 地址表示本机地址。

(5) 回送测试地址。网络号为“127”而主机号任意的 IP 地址为回送测试地址。最常用的回送测试地址为 127. 0. 0. 1。

3. 子网掩码

32 位 IP 地址中的网络地址部分是有限的，要想扩充网络地址可采用划分子网技术。将主机地址部分划分出一定位数作为网络地址，剩余的位数作为主机地址。

整个 IP 地址表示为：网络标识 + 子网标识 + 主机标识。

例如，166. 111. 0. 0 是一个 B 类网络，可将主机标识的第一个字节用于子网标识，则可构成 254(0、255 禁用) 个子网，每个子网有 254 台主机。

要告知本网络是如何划分的，采用子网掩码(Mask)，即凡是 IP 地址中网络与子网标识部分都用二进制 1 表示，而主机标识部分则用二进制 0 表示。

子网掩码中的 0 和 1 可以任意分布，不过一般划分时，都把掩码开始连续的几位设为 1。使用子网掩码后，通常把原来的网络号和新划分的子网号合在一起称为网络号，与掩码为 1 的位相对应：把掩码划分后的新的主机号称为主机号，与掩码为 0 的位相对应。

A 类地址相对应的标准掩码是 255. 0. 0. 0，B 类地址相对应的标准掩码是 255. 255. 0. 0，C 类地址相对应的标准掩码是 255. 255. 255. 0。

例如，IP 地址为 166. 111. 137. 218，如果掩码为 255. 255. 0. 0，表示 166. 111. 0. 0 网络中 0. 0. 137. 218 号的主机；如果掩码为 255. 255. 254. 0，则表示 166. 111. 136. 0 网络中 0. 0. 1. 218 号的主机。

这样，属于同一个物理网段上的 IP 地址的掩码应该是一样的，以保证通过掩码计算后的子网地址是相同的。

4. 域名

由于IP地址是用32位二进制表示的,不便于识别和记忆,即使换成了四段十进制数来表示也仍然如此。为了使IP地址更便于记忆和识别,因特网从1985年开始采用域名管理系统(DNS,Domain Name System)的方法来表示IP地址,域名采用相应的英文或汉语拼音表示。域名一般由四个部分组成,从左到右依次为分机名、主机域、机构性域和地理域,中间用小数点“.”隔开。

机构性域名又称为顶级域名,表示所在单位所属行业或单位的性质,用三个或四个缩写英文字母表示。地理域名又称高级域名,以两个字母的缩写代表一个国家或地区的高级域名。例如,浙江大学城市学院的域名为“zucc.edu.cn”。这里的zucc为主机域名,是浙江大学城市学院的英文缩写,edu为机构性域名,是教育行业的缩写,cn为地理域名,是中国的缩写。

域名和IP地址必须严格对应,换句话说就是,表示一台主机可以用其IP地址,也可以用其域名。例如,IP地址“211.90.238.141”和域名“zucc.edu.cn”都表示浙江大学城市学院网站。

4.3.5 统一资源定位符

Web站点是由包含信息的一系列网页组成的,每个页面被存储为单独的文件,并且可以使用唯一的URL进行访问。与域名类似,URL也是因特网地址。但URL是计算机上文档的地址,而域名对应的是计算机的IP地址。URL的组成部分包括Web协议、Web服务器名、页面所在的文件夹,以及页面的文件名。

网页的URL以http://开头。HTTP是Hypertext Transfer Protocol(超文本传输协议)的缩写,是允许Web浏览器与Web服务器进行通信的协议。许多Web浏览器都假设所有的网站地址是以http://开头的,如果使用这种Web浏览器,就可以从URL里省略http://。

URL的下一部分是Web服务器的名称。Web服务器就是可以使用特殊软件在因特网上传输网页的计算机。许多Web服务器名都以www作为前缀的域名。例如,浙江大学城市学院的Web服务器名是www.zucc.edu.cn。假设告诉Web服务器想访问www.zucc.edu.cn,输入Web服务器的名称,就会进入该站点的主页。主页是网站的标志,也包含了通往其他网站主页的链接。

有些因特网中的计算机是区别大小写的。所以,尽管域名一般总是小写的,但也有一部分URL可能是大写的。当输入URL时,应该确保使用了正确的格式。

4.3.6 IP v6协议

前面介绍的IP地址是32位的。在开发IP v4时,32位的IP地址似乎能够满足因特网的需要。但是,随着因特网的增长,32位IP地址存在着空间严重不足的问题。另外,由于IP v4不能提供网络安全,也不能实施复杂的路由选项,所以应用也受到了限制。同时,IP v4除了提供广播和多点传送编址外,并不具备多个选项来处理多种不同的多媒体应用程序,如视频流或视频会议等。

为适应IP的发展,IETF开始了IPng(下一代互联网络)的初步开发。1996年,IETF公布了一种称为IP v6的新标准,并在RFC1883中得到定义。IP v6是从IP v4扩展而来的,它使应用程序和网络设备可以处理新出现的要求。目前,IP v4 仍应用在全世界的绝大多数网络中,但 IP v6 的应用已经开始。

除了具有 IP v4 的所有功能外,IP v6 增加了一些优秀的功能,主要有如下几点。

1) 128 位编址能力,扩展地址和路由的能力。

2) IP 头中更有效地应用和选项扩展。

3) 简化了分组头格式,删除了一些 IP v4 分组头中字段或设置为可选,以减少分组的开销。

4) 用于服务质量要求的流标志。

5) 不允许有数据报分段。

6) 内嵌式的授权和加密安全。

7) 一个单独的地址对应着多个接口。

8) 地址自动配置和 CIDR(元类型域间路由)编址。

9) 可将新的 IP 扩展的头用于特殊需要,包括用于更多的路由技术和安全选项中。

10) 支持资源预定,并允许路由器将每一个数据报与一个给定的资源分配相联系。

4.4 网络软件

网络软件通常包括一些专用的网络软件和很多也在独立计算机上使用的应用软件。

4.4.1 网络操作系统

现在流行的计算机操作系统,例如 Windows XP、Windows Vista、Windows 7 等版本,都包含了建立与网络服务器之间的通信连接所需要的软件。在安装好网卡和启动计算机时,操作系统会检测出网卡,并指导用户安装驱动程序。完成后,每次计算机启动时都会自动连接到网络。内置于操作系统的网络软件处理客户工作站和网络服务器之间的通信。

网络操作系统(简称 NOS)是管理网络资源、控制数据流、维护安全性,以及跟踪用户账号的软件。网络操作系统包含两部分:网络服务器软件和网络客户机软件。网络服务器软件安装在文件服务器上,控制对服务器硬盘的文件访问,维护打印队列,并监测用户数据,如用户标识及口令。网络客户机软件安装在每个工作站的本地硬盘上,负责收集登录信息、处理驱动器映射,把打印任务重定向到网络打印机等操作。

实际上服务器和客户机软件并不一定要匹配。例如,Windows 的网络客户机软件作为 Windows 系列操作系统的一部分,还允许访问其他运行多种软件服务器,包括 Linux、UNIX 和 Novell NetWare 等。许多桌面操作系统也具有一定的服务器功能。网络服务器和网络工作站的软件都有多种选择,但 Windows 桌面操作系统可以提供与大多数流行网络服务器软件兼容的客户软件。

4.4.2 网络应用程序

大多数为独立计算机设计的应用软件也可以安装在网络服务器上。一般情况下,文字处理软件、电子表格软件、演示文稿软件和图形处理软件等,都可以像在独立的计算机上一样在网络上运行。这是因为有些应用软件具有内置的网络功能,只有当软件安装在网络上时才会出现。比如,当在网络上使用文字处理软件时,该软件会出现一个对话框,允许用户把文件发送给网络上的其他人。

另一方面,在网络服务器上安装了新的程序之后,可能还需要在工作站上完成该软件的安装过程(C/S,即客户机/服务器系统结构)。网络软件的工作站安装通常是把程序文件的一部分拷贝到本地硬盘上,然后更新 Windows 注册表和启动菜单,以便包含新程序的列表。在一些网络中,工作站的安装还可以从远程进行。

4.4.3 网络软件许可证

组织也许希望购买软件包的一份拷贝,然后放在网上供公司所有人使用,因为这样做非常划算。但是,多个用户使用一个单用户许可证违反了软件版权保护的原则。

大多数单用户的软件许可证任意时刻只允许一个用户使用软件。许多软件出版商提供了网络许可证,从而允许多个用户通过网络同时使用。网络许可证实质上是多用户许可证或者场所许可证的另外一种说法。

4.4.4 工作流软件和群件

随着网络应用的普及,公司和机构开始需要能够促进文档的流动和共享的软件,于是,出现了群件和工作流软件。

所谓群件(Groupware)是一种应用软件,它通过管理调度、共享的文档及组内通信来支持协同工作。群件的一个主要特点是文档的版本管理。当多个组员修改同一文档时,应该接受谁的版本为最终的版本呢?群件通常采用的方法是在文档内维护多个版本,而工作组可以接受和拒绝任何一个版本。例如在共享文档中,一个用户的修改用红色显示,另一个用户的修改用蓝色显示。IBM Lotus Notes 是现在最流行的群件软件包之一。

工作流(Workflow)软件也称为“文档路由软件”,指按照特定的顺序和时间自动地把文档从一个用户传送给另外一个用户。工作流软件可以促进一个过程或者一系列步骤。例如,假设用户申请贷款,银行对于贷款规定有特定的程序。为了加速这个过程,工作流软件首先把贷款申请发送到第一个岗位,指定操作必须完成的日期,收集必要的认可,然后再送到第二岗位……,以此类推。

与群件的“信息集中模型”相反,工作流软件采用的是“过程集中模型”,其重点放在一系列步骤上,而群件的重点是文档。

4.5 多功能的 Web 浏览器

Web 浏览器软件主要为因特网用户提供客户服务软件的功能,可以访问很多类型的服务器。通过使用 Web 浏览器和 Web 搜索引擎,可以完成显示网页、在计算机间传输文件、访问商业信息服务、发送电子邮件,以及与其他因特网用户进行交互等操作。

4.5.1 万维网

20 世纪 60 年代中期,Ted Nelson 尝试设计一种可以存储文学档案的计算机系统,依照逻辑关系对它们进行连接,并且允许读者对他们读的文章进行评论和注释。他构思建立文档集合(即“超文本”),相互间使用一组“超文本链接”进行连接,读者可以导航这些“超文本链接”以查看某个主题的相关材料。但是,当时的商业机构对它并不欣赏:由谁来创建所有这些文档?有哪台计算机具有足够的能力来处理它?谁会有兴趣沿着超链接来寻找信息呢?除了学者和科学家,谁又会对在线通信感兴趣呢?因此,Nelson 的方案始终没有成为现实。然而,25年之后,他的想法以万维网(Web)的形式重新出现了。

万维网 1990 年出现于欧洲粒子物理研究所(CERN),一开始也没有引起一般人的关注。然而,数年后,新闻媒体对万维网开始感兴趣,大众也开始对它好奇。因特网是组成通信网络的大量电缆和网络互联设备,而万维网却是存储和提供信息的因特网服务。

对万维网的正式描述是:“一个可以提供全球接入的巨大的超媒体独立信息检索空间。”组成万维网的文档被称为网页,网页包含与特定主题相关的信息。一个网页可能还包含了指向其他网页的一个或多个链接。链接可以使用户很容易就找到一系列相关的信息,即使它们存储在不同国家的计算机里。

万维网的出现加速了因特网的扩展。由于它简单、易用,而且信息来源是图形化的,所以人们都喜欢采用浏览网页的方式来寻找和交流信息。可以使用 Web 浏览器来请求某个 Web 服务器的网页,为此,输入一个 URL 地址或单击网页链接,服务器将网页的数据从因特网上传送到用户的计算机上。这些数据包括两部分:想浏览的网页信息和告诉浏览器怎样显示这些信息的说明。这些说明包括背景色、文本字体大小及图像的位置等。

万维网的内容始终在变化着,比如新的网站上线或旧的网站被关闭等。所以,链接并不总是有效的。有时单击某个链接后可能什么都没有发生,或者得到了错误的信息,这可能是因为 Web 服务器断线进行维修或由于网络异常繁忙等。一般来说,如果某个网页在 15 ~ 20s 后还没有出现,用户就可以停止其显示,过一段时间再尝试访问该网页。

所谓“主页”指的是 Web 站点的主要页面,可以单击浏览器的 Home 按钮来返回主页。大多数浏览器都允许用户选择某个网页作为自己的主页(例如自己最喜欢的搜索引擎等)。当沿着链接查询信息时,菜单和工具栏可以帮助用户导航万维网,并返回到前面的链接。在每次会话过程中,浏览器都会保存用户所访问网页的历史记录。

4.5.2 Web 门户网站

Web 门户网站是提供一组流行 Web 服务的站点,比如搜索引擎、查看电子邮件、聊天室,以及有关商店、新闻、天气和体育消息的链接等。

门户网站中的“门户”,是指在因特网下,把各种应用系统、数据资源和因特网资源统一集成到通用门户之下,根据每个用户使用特点和角色的不同,形成个性化的应用界面,并通过对事件和消息的处理,把用户有机地联系在一起,用户通过它开始自己的搜索、漫游和其他 WWW 活动。当用户启动浏览器时,所选择的门户网站就会自动载入,使熟悉的内容每次都出现在页面的同一位置上。言下之意,门户网站是用户通向因特网世界的大门,迈向网络社会获取信息资源及服务的第一步。门户网站通过集合众多内容,以及提供多样服务,成为网络用户的首选网站。同时,门户网站引导因特网用户前往其他目标网站,及时跟踪用户的使用兴趣爱好和行为,满足用户的需求。

政府门户网站是电子化公共服务的一个重要窗口,它通过高速接入因特网实现资源共享,为公众、企业或下属单位提供信息和服务,并使他们以最简便的操作方式,快速地找到自己所需要的服务和信息。

4.5.3 因特网多媒体

网页可以包含诸如声音、动画、视频之类的多媒体元素，每个媒体元素被作为一个文件保存在 Web 服务器里。媒体元素的链接通常显示在包含本主题的相关网页中，当单击该链接来播放媒体元素时，Web 服务器会把这个媒体文件的拷贝发送到用户的计算机中。根据 Web 服务器设置的不同，传输方式也不同。一种方法是在播放这个媒体元素前，Web 服务器将整个媒体文件都传送到用户的计算机上；如果是一个比较大的视频文件，就有可能要在播放它之前等上一段时间，流媒体技术可以先将媒体文件的一小部分传送到用户的计算机上并开始播放，在前部分播放的时候，Web 服务器将文件的下一部分发送到用户的计算机上，如此连续，直到这个文件结束为止。利用流媒体技术，基本上可以在接收文件的同时就播放它。

当浏览网页的时候，一些多媒体元素会现场播放，或者在单独的窗口中播放。现场播放的技术比较复杂，现场多媒体技术把多媒体元素当做网页中不可或缺的一部分。

多媒体层叠技术是在屏幕上开辟一个新窗口，以此来显示多媒体元素。如果用到了层叠技术，就必须在多媒体片段结束时手动关闭这些窗口。给计算机提供查看或者播放特定类型文件功能的软件模块被称为播放器、插件或者阅读器。有些媒体播放器只能播放某一种类型的媒体文件，用户的计算机必须有与之相对应的媒体播放器。比如，RealAudio 播放器只能播放文件名后缀为 .ra 声音文件。大多数 Web 服务器都提供了下载所需播放器的站点链接。

4.5.4 文件传输

当用户浏览万维网的网页时，网页会被临时性地保存在计算机的 RAM 中，但是不会以文件的形式保存到硬盘上。假设某网页包含一个图形、声音或者视频，用户希望把它保存到硬盘上，便于以后使用，这就需要把文件从远程计算机传送到用户的计算机硬盘驱动器上，这称为“下载”(Download)。大多数 Web 浏览器都允许用户轻松下载网页元素，如图形、声音、动画和视频等。

相对于下载，“上传”是从用户的计算机向远程计算机发送文件拷贝的过程。例如，假如有一位住在杭州的教材作者想将一个 8MB 的含有一部教材电子稿的文件发送给北京某出版社的一位编辑。方法之一是将含有电子稿的文件拷贝到一个 Zip 盘里，通过快递公司发送，不过这最少需要 24 小时以上；方法之二是可以将这个文件作为一个电子邮件的附件进行发送，不过不少电子邮件系统不能接收大的附件；第三种方法就是作者将这个文件上传到一个因特网 FTP 服务器中，然后出版社编辑再从这个服务器上下载文件。

尽管大多数浏览器都允许下载文件，但不是所有浏览器都允许上传的。如果用户的浏览器不具备上传功能，则可以通过使用 FTP 客户软件来完成这个任务。许多 FTP 服务器允许人们以“匿名用户”的身份(用户标识为用户名，电子邮件地址为密码)来登录和下载。然而，为了安全起见，大多数 FTP 服务器只支持那些具有有效用户账号的上传任务。

在万维网上，可以找到许多下载免费软件的站点。大多数可下载的软件文件被“压缩”以减少其保存空间和下载时间。

4.5.5 因特网交互活动

在因特网上与其他人交流所使用的最普遍的方法是电子邮件；另一种方法是加入讨论组，参与者就某个专门的话题互相交流观点。在因特网上有很多讨论组，各有不同主题。讨论组采用异步处理方式，即讨论者可以不是同时在线；此外，还可以加入聊天组（例如 QQ 和 MSN 等），与同时在线的人进行同步交流。

另一种在因特网上进行交流的方式是在线多人游戏。从最简单的文字游戏到庞大的冒险游戏等，内容极为丰富。有些多人游戏是同步的，也有一些是异步的。

4.6 Web 创作和站点管理

借助于相关的软件工具，网页的制作和发布也不困难。可以通过个人网站来发布个人信息，帮助人们从任何地点很容易地获得用户为社会提供的服务或者产品，也可以使用网络问卷调查的方法来收集信息和数据等。

4.6.1 网页制作

单个网页的制作很简单，比如个人简历或者某个小型企业的宣传信息等，包括通过网页提供一些关于某个特殊主题的站点链接等。一系列相互链接的网页实际上已经成为一个小型 Web 站点，唯一例外的是没有自己的域名。例如，程序员也许会创建一系列网页来发布其工作范例；大学老师也许会发布一系列网页，其中包含课程提纲、学习指南以及作业布置等。

完整的 Web 站点应该有自己的域名，并且在因特网上持久存在。企业和组织机构都可以创建自己的 Web 站点，以便于向客户提供信息，以及销售产品等。

只需要很少的工具就可以创作和发布基本的网页，其中包括文本、图形和链接。大多数高级的网页可能包含动画、声音和视频，甚至交互式元素，比如问卷表或者调查表。为了把复杂的特性集成到网页中，Web 服务器也许需要更加高级的发布工具和特殊的服务器软件。

4.6.2 HTML 及其制作工具

所有的网页都被作为 HTML 文档进行存储。HTML 文档包含了一些特殊的命令来告诉浏览器应该如何显示文本、图形及网页的背景等。这些命令加入到文档文本中，被称为 HTML 标记。如果用户在浏览器显示网页之前查看网页的文本，就会看见尖括号中的 HTML 标记。

一般在浏览网页时没有必要关心 HTML 标记，但是了解这些基本的知识却有助于用户理解 Web 浏览器的工作原理。基本的 HTML 文档包含两部分。文档“头”指定了一个标题，当网页被显示的时候它就会在浏览器的标题栏上出现。文档“体”包含了信息文本、图形和链接。

每个 HTML 文档都应该以 <HTML> 标记开始，</HTML> 标记结束。这说明一些 HTML 标记成对使用。没有斜杠（/）的标记是起始标记，有斜杠的就是结束标记。还有一些标记没有与之对应的结束符。比如说，只要用一个
 标记就代表了换行。表 4-2 列出了一些基本的 HTML 标记，使用这些 HTML 标记，就可以创建网页的 HTML 文件。

HTML 标记是最基本的网页开发工具，可以用于创建一些有趣的网页，但它们的应用是有限制的。于是，出现了很多其他的网页开发工具。DHTML（动态 HTML）允许当用户浏览页面时网页的元素产生变化;XML(可扩展标记语言)类似于HTML格式,但允许开发网页的人自定义标记以产生特殊效果;若想获得更大的灵活性,网页开发者还可以使用Java(Web应用的编程语言)或者ActiveX控件(允许网页执行类似于软件的任务,而不是简单地显示数据)。

表4-2 基本的HTML标记

HTML标记	描述和用法
<HTML> </HTML>	<HTML>标记位于文档头部,而</HTML>位于文档尾部
<HEAD> <TITLE>… </TITLE> </HEAD>	位于<HTML>之后,TITLE标记对之间的文本出现在标题栏中
<BODY> </BODY>	网页文档体的所有文本和标记都位于BODY标记对之间
<FONT SIZE = +3>… </FONT>	用于指定字体大小,可以使用正数或者负数来代替+3
 	BR标记创建回行。使用两个BR标记就可以创建一个空白行
<UL> </UL>或者<OL> </OL>	UL创建标号列表;OL创建数字列表。每个列表以<LI>标记开始
<CENTER>… </CENTER>	CENTER标记对之间的文本将被居中
<B>… </B>	B标记对之间的文本将使用粗体显示
<I>… </I>	I标记对之间的文本将使用斜体显示
<A HREF ="">… </A>	为了创建带下画线的链接,可以在双引号之间放置链接的URL,然后在标记之间输入链接名
<IMG SCR ="">	为了显示图形,把图形文件名放在双引号之间
<HR>	HR标记可以插入一条水平线

创作HTML文档的传统方法是使用标准的文本编辑器,如Microsoft Windows的记事本程序等。只需输入网页的HTML标记和文本,然后把该内容保存为带.htm扩展名的文件即可。但记住每个HTML标记的作用,在文件中输入标记,并对它们进行检查是一件很乏味的事。一些Web制作工具软件通过使用类似于文字处理软件的界面、已设计好的模板及向导,从而使制作网页变得简单化。流行的网页制作软件包括Microson FrontPage和Dreamweaver等。

一些文字处理软件、演示文稿软件也具有网页制作功能。可以创作包括文本和图形的标准文档,然后通过自动插入HTML标记的方式将它保存为HTML格式。例如,Word软件的"另存为网页"功能。这些软件工具可以减少制作网页的烦琐,但它们一般不能对最终的网页提供更高层次的控制。

许多网页制作软件包也提供管理整个网站的工具。除了帮助建立个人主页外,这些软件也可以维护页面链接地图,以及自动检测链接到其他站点的网页。网页制作软件也可能包含Web服务器软件,使用户可以在自己的计算机上检验自己的Web站点。网页制作软件可以网页设计更大提供的灵活性,节省测试和维护网页的时间。

4.6.3 网页设计提示

制作一个好的网页,掌握好美观和实用的平衡很重要。为避免一些初学者常犯的错误,请记住下面这些原则。

1）计划好网页,让它符合设计目的　对网页目标和职能的清晰认识可以指导所有的设计决定,网页职能决定网页形式,当网页符合其职能时,设计就会变得更有效率。

2）设计模板来规范网页　设计模板包含网页中所有元素的位置、格式等一系列信息。设计模板的目的是为了让网页具有统一的风格和界面。模板设计可以包含以下一些因素:背景、主题、文本、目录、标题、副标题、视频剪辑、图形、音乐、动画,以及导航按钮等。多看一些和计划设计的网页风格相类似的网页，有助于产生一些设计灵感。

3）遵循网页设计的基本规则　如果显示网页需要花费很多时间或者网页正文非常乏味，浏览者就会失去耐心并且转到其他的网站。为了使网站易于阅读和使用，应该做到以下几点。

- 文本宽度不能太宽。横跨屏幕宽度的文本要比分栏文本难以阅读。
- 确保文档已校正，并纠正拼写错误。
- 文本和背景使用相反的颜色。在白色背景上使用黑色文本阅读起来最容易。
- 避免背景色使用单调的灰色，但是不要让背景色或者图形影响文本。
- 尽量不要使用超过 30KB 的图形文件，原因是文件越大，网页的传输、加载和显示时间就越长。
- 使用具有 . gif 或者 . jpg 扩展名的图形文件。
- 提供大图形的缩略图，并且提供到大图形的链接。

4）标识页面　确保在每个页面上使用 <TITLE> 标记，以使每个页面都有标题。同时，尽量提供自己电子邮件地址的链接，以方便读者联系。在页面底部放置版权声明，常见的格式如 Copyright 2008 Zhou Su。

5）包含日期　在站点主页上包含“最后更新”时间。也可以在论文、评论和其他文档上添加日期，这样有助于读者清楚了解信息。

6）规划页面　如果网站包含多个页面，应该画出层次图表来说明页面之间的链接关系。避免使用蜘蛛网似的交叉链接关系。尽管每个页面具有切换到其他页面的退出链接，但是网站上每个页面尽量只有一个入口链。

7）包含导航元素　合理地设置一些导航按钮或链接可以使人容易按逻辑顺序从一个页面转到另一个页面。导航元素应该一目了然，简单易懂。

8）尊重其他网站的知识产权　如果使用了从其他网站下载的图片和背景图形，应该获得使用许可，并且应该在网页的底部加上附注。

4.6.4　发布网页

创建网页之后还需要测试页面，把它们传输到 Web 服务器上，并测试所有的链接。

1）本地测试每个页面。完成网页初稿后，要使用浏览器或网页制作软件检查一下是否所有的元素都可以在浏览器中正常显示。由于硬盘速度快，所以在本机上浏览网页的速度要比在因特网上浏览快得多。

2）把网页传输到 Web 服务器。无论是发布单个页面、一系列页面，还是整个网站，都必须将网页传送到 Web 服务器上。尽管 Web 服务器软件也可以在用户的计算机上使用，但一般用户可能不想让自己的计算机每时每刻都连接在因特网上。所以，应该找一个在因特网服务器上提供有偿空间服务的网站来放置自己的网页。

3）测试所有链接。当所有网页发送到某 Web 服务器上以后，应该检查页面之间的链接，以及指向其他网站上网页的链接。

4）更新自己的网站以保持最新。应该定期审核网页信息，确保链接仍旧可以连接到已有的正确网页。用户可以很容易地离线更改和测试已经修改的页面，然后在完成后再次发布到 Web 站点。

4.7 阅读与思考：一个网络管理员的心里话

我从事网络管理两年了，不算长，也不算短。在别人眼里，或许可以认为我是个高手，但我自己明白，我什么也算不了。

记得还没毕业时，我学习了局域网管理，过了程序设计语言关，就以为自己是网络高手了，很沾沾自喜，但毕业后去了工作单位才发现，自己对于网络管理这个行当来说仅是一个没入门的newbie。

很幸运的是我遇到了好同事好哥们，教了我很多，又听从他们的建议参加了CCNA㊀的培训，这才真正接触了网络设备、路由器和交换机，又看了一些TCP/IP的内容，以为自己懂很多了。我后到一家小公司，做了一年技术支持，感觉不错。那家公司破产后，我换到一家外企，这里又是一番新天地，发现自己什么也不懂。网络方面在这里才开眼，我先前的那点功底只能算个入门级，这个公司CCIE㊁就有4个，CCNP㊂有一堆。

在接触了一些UNIX之后，我开始着手学习CCNP。

我现在在一家系统集成公司工作，时常也有感觉不明白的东西。网络这东西，需要学的太多，而且不能学会了再用，要一边学，一边用，用完了还要继续学习更新对工作更有用的技术。

以前我和同事在谈话时达成了一些共识，现在的所谓CCNA，好多根本不算网络工程师，网络技术掌握得一塌糊涂。我真的不敢称之为工程师，不要以为会点协议、广域网简单知识，就能称为网络工程师了。

这里要声明：我本人学历不高，只能算是半个本科，也就是比专科高点，比本科差点。但现在的教育好像真的只是"教育"，我曾经参与面试了不少研究生，其水平真的不敢恭维，还不如好多专科生。

我觉得，好多人对不起头上的硕士帽。怪不得在新浪网上看到，现在的硕士生只能相当于10年前的本科生，现在的博士生只能当20年前的硕士生。特别是那些不入流的学校，大部分人就是在混时间。偶然看过几场硕士生毕业答辩，真的是欲哭无泪。

这儿，又让我想起了各种IT认证。我不轻视任何认证，MCSE㊃、OCP㊄这些认证不差吧？但明明是含金量很高的认证，到了中国就成了废纸。就好比木匠认证：一个实际水平有八级的木匠考了六级，而一个什么都不会的人却考了八级。我不知道这是主考人的悲哀还是木匠的悲哀。好多有OCP证书的人连一些基本的Oracle知识都不具备。

㊀ CCNA是Cisco售后工程师认证体系的入门认证，也是Cisco各项认证中级别最低的技术认证。通过CCNA，可证明学员已掌握网络基本知识，并能初步安装、配置和操作Cisco路由器、交换机及简单的LAN和WAN。CCNA培训要求学员具有非专业英语三级以上和一般计算机操作基础；CCNA主要培训对象为网络工程师、网络管理员和网络集成商。

㊁ CCIE是Cisco认证体系中的最高水平认证，在业内也被普遍认可为网络技术领域内的顶级认证。

㊂ CCNP表示通过认证的专业人员具有丰富的网络知识，可以为具有100到500个节点的大型企业开展网络安装、配置和运行LAN、WAN、拨号访问业务。参加CCNP考试的前提是通过CCNA认证。

㊃ MCSE指微软认证系统工程师，MCSE是整个微软认证体系中等级最高的一个认证。

㊄ Oracle公司的OCP考试在数据库领域是最热门的认证。

我本身是一个浮躁的人，但我不希望大家一样浮，弄到最后我们什么也没有，只是人家的劳工。所以，我觉得，做网络管理的，不说要把 CCIE 拿下来，至少也要看过 Cisco Student Guide 十几本书，实际做过一些项目，有认真的工作态度，并且要做过一些比较复杂的工程，对自己的思维、技术进行一些必要的训练。技术是很重要的，而且网络管理这行需要有天赋、有兴趣。没有兴趣什么也做不好，没这方面的素质，我劝你早点改行。

我记得自己从原来的公司离职时，听得最多的是别人的赞赏，不为别的，只为我的认真。不管做什么事情都要对得起自己的良心，对于网络工程师来说，要有职业道德。

我知道自己还算不上一个合格的网络技术人员，但又不得不说上面的话，就像好多硕士不行，但不能认为硕士本身有问题，关键是人。我还在为成为硕士而努力，我希望得到的最好的结果是：人家会认为我具有的素质是一个硕士所应该具有的，那样我会很高兴。

如果大家都能踏实一点，一切都不再是浮躁的！

资料来源：中国思科培训网（http://www.ciscoedu.com/），有删改。

请分析：

阅读以上文章，并根据你的理解和看法，回答以下问题。

(1) 你读懂了这个“网络管理员”的心里话吗？你是否能够接受他的观点？你觉得他讲的最重要的内容是什么？

____

(2) 作为一个未来的年轻同行，你怎么看待“网络管理员”的职业生涯？

____

____

____

(3) 从以上案例，你能得到什么启发？请简述之。

____

____

____

4.8 主要术语

确保自己理解以下术语：

ActiveX 控件	服务器（Server）	网络层
ARPANET（阿帕网）	工作流软件	网络打印机
DHTML	工作站	网络服务器软件
FTP 服务器	工作站安装	网络管理员
FTP 客户软件	共享	网络集线器
HTML（超文本标记语言）	广域网（WAN）	网络客户端软件
HTML 标记	互联网	网络许可证
HTML 文档	环形拓扑结构	网络资源
IP 地址	会话层	网桥
ISO（国际标准化组织）	计算机网络	网页

Java
NIC(网卡)
TCP/IP(传输控制协议/网际协议)
URL(统一资源定位器)
Web 服务器
Web 站点
XML
本地登录
表示层
超文本传输协议(HTTP)
城域网(MAN)
传输层
传输速率
打印队列
电子邮件
电子邮件地址
电子邮件附件
顶级域
独立计算机
多媒体层叠技术
交互式网络
交换机
局域网(LAN)
开放式系统互联(OSI)
客户(Client)
链接
聊天组
流媒体
路由器
上传
数据链路层
双绞线
讨论组
同步
同轴电缆
拓扑
万维网(WWW)
网关
网络操作系统(NOS)
文件传输协议(FTP)
无线网络
物理层
物理地址
下载
协议
星形拓扑结构
以太网
异步
因特网
因特网流量
应用层
用户账号
域名
远程登录
中继器
主机
主页
自解压文件
总线拓扑结构

4.9 练习与实验

本章“练习与实验”的目的如下。

1）熟悉计算机网络基本概念,了解局域网计算机的使用和独立计算机的使用的不同。

2）了解网络环境使用的软件类型,说明网络软件许可证和单独计算机软件许可证的不同。

3）解释 IP 地址、域名、URL 和邮件地址之间的差别。

4）了解使用 Web 浏览器可以获得的因特网服务。解释下载文件、浏览页面和播放 Web 页面多媒体元素之间的差别。

5）解释 HTML 标记的作用,尝试评估 Web 页面设计的效率。

4.9.1 工具与准备工作

在开始本实验之前,请回顾教科书的相关内容。

需要准备一台带有浏览器,能够访问因特网的计算机。

4.9.2 实验内容与步骤

1. 快速测试

下面是一些快速测试题,请通过完成这些测试题目,检查自己是否理解了课程的内容。

填空题

(1) 网络________是连接在网络上的一台计算机,它把文件分配给网络用户。

(2) 把计算机和局域网相连的电路板称为________。

(3) 如果你是一个小组的领导,想让组员通过网络协作完成一个项目。你可能需要的产品是________。

(4) 如果你是一家银行贷款部门的经理,可能会选用________软件自动把贷款申请送到各个部门进行处理和批准。

(5) 如果一个组织机构计划在网络上使用软件,它应该购买一个________许可证,从而允许多个用户合法使用这个软件。

(6) 因特网是指通过两个或两个以上的计算机网络相连所创建的________。

(7) 因特网上的所有计算机都遵循的标准网络通信协议是________。

(8) 创建基本的只包含文本、图形及________的网页,Web 服务器不需要额外的软件。

(9) 电子邮件________是与电子邮件消息一起在电子邮件系统中传播的文件。

(10) ________服务器维护着可以上传和下载的文件。

(11) ________软件专门设计用来创建作为网页显示的 HTML 文档。

(12) 一个基本的 HTML 文件有两部分:文件"头"和________。

(13) 诸如 <CENTER> 之类的________标记告诉 Web 浏览器如何显示网页。

(14) 客户机/服务器体系结构可以利用工作站和服务器的处理功能,对不对?(　　)

(15) 当 HTML 标记成对出现时,起始标记都是以斜杠(/)开头。对不对?(　　)

选择题

(1) (　　)是在网络或交互式网络上用来控制不同设备交互的一套规则。

A. 模型　　B. 协议　　C. 对话　　D. 同步点

(2) OSI 模型有(　　)层。

A. 五　　B. 六　　C. 七　　D. 以上都对

(3) 辛迪甜点天堂是一家位于旧金山的有四个分店的面包店,各分店之间要彼此互相通信,这种网络类型可能是(　　)。

A. LAN　　B. MAN　　C. WAN　　D. 以上都不是

(4) 凯特的爱尔兰土豆公司总部在爱尔兰,但是在波士顿和旧金山有分店,这些分店之间通过(　　)互相通信。

A. LAN　　B. MAN　　C. WAN　　D. 以上都不是

(5) 某顾问公司占用了 Comand 大厦的两个相邻的房间。由四个工作站和一台打印机组成的网络可能是(　　)。

A. LAN　　B. MAN　　C. WAN　　D. 以上都不是

(6) 哪种拓扑结构使用集线器或交换机?

A. 总线　　B. 环形　　C. 星形　　D. 以上都是

(7) 哪种拓扑结构需要电缆终结器?

A. 总线　　B. 环形　　C. 星形　　D. 以上都是

(8) (　　)只是用来再生信号的连接设备。

A. 中继器　　B. 网桥　　C. 路由器　　D. 网关

(9) (　　)是作为协议转换器的连接设备。

A. 中继器　　B. 网桥　　C. 路由器　　D. 网关

(10)(　　)是用来分割信息流的连接设备。

A. 中继器　　B. 网桥　　C. 路由器　　D. 网关

(11)(　　)根据其网络层地址来实现数据包路由的设备。

A. 网桥　　C. 路由器　　C. 中继器　　D. 以上都是

(12)网桥在 OSI 模型中的(　　)层操作。

A. 第一层　　B. 前两层　　C. 前三层　　D. 所有层

(13)网关在 OSI 模型中的(　　)层操作。

A. 第一层　　B. 前两层　　C. 前三层　　D. 所有层

(14)TCP/IP 中的(　　)层等同于 OSI 模型中的应用层、表示层和会话层。

A. 传输　　B. 网络　　C. 应用　　D. 以上都是

(15)IP v4 地址的长度是(　　)位。

A. 4　　B. 8　　C. 32　　D. 以上都是

(16)TCP/IP 的传输层协议称为(　　)。

A. TCP　　B. UDP　　C. IP　　D. a 和 b

(17)(　　)是用来传输文件的协议。

A. FTP　　B. SMTP　　C. TELNET　　D. HTTP

(18)(　　)是用于邮件服务的协议。

A. FTP　　B. SMTP　　C. TELNET　　D. HTTP

(19)(　　)是在万维网上访问和传输文档的协议。

A. FTP　　B. SMTP　　C. TELNET　　D. HTTP

(20)(　　)是有固定内容的文档。

A. 静态　　B. 动态　　C. 活动　　D. 以上都是

2. 概念理解

请利用所学概念回答下列问题,必要时请借助于教科书、网络等寻求资料。注意发挥自己的批判性思考能力、逻辑分析能力及创造力。

(1)请简述网络上文件共享和群件的不同之处。

____

____

(2)模型与协议的区别是什么?分别给出模型和协议的例子。

____

____

(3)说出 OSI 模型各有哪些层,各层的功能分别是什么?

____

____

(4)说出 TCP/IP 协议簇各有哪些层。

____

____

(5)常用的三种网络拓扑结构是什么?哪一个是时下最流行的?

____

____

(6) TCP 和 UDP 的区别是什么?

(7) TCP/IP 的应用层与 OSI 的应用层有何区别?

(8) SMTP 有何作用?

(9) 本地登录和远程登录的不同之处是什么?

(10) 请画出包含如下部件的网络概念图,并将画好的概念图粘贴在此处:

① 三个工作站;② 一个文件服务器;③ 一个网络打印机;④ 一个集线器;⑤ 工作站的NIC、打印机和服务器;⑥ 连接所有网络节点的电缆。

3. 了解网页制作软件

请查阅有关资料,根据你的理解和看法,给出以下网页制作软件的简单介绍(例如主要用途、最新版本号等)。

(1) Microsoft FrontPage:

(2) Macromedia Dreamweaver:

(3) Macromedia Flash:

(4) Macromedia Fireworks:

(5) 你搜索到的其他网页制作软件有:

a)

b)

c) ____________________

4. 网站设计与分析

下面,我们通过对一些成功网站的分析,来了解网站建设需要注意的问题,学习网站建设和网页设计的成功经验。

步骤1:任务分析。为了成功地提供企业整体形象,为访问者和潜在的消费者提供所需的信息,企业在建设网站时要完成的6个任务如下。

(1) 表达企业的整体形象。

(2) 提供对企业信息的方便访问。

(3) 允许访问者以不同方式和不同层次访问网站。

(4) 为消费者提供有意义的双向沟通方式。

(5) 维系消费者的注意力并鼓励重复访问。

(6) 提供对产品和服务及使用方式的方便访问。

请在网上找到你认为能满足其中三个以上任务的网站,并解释这个网站是如何实现这些目标的。

请记录你找到的这三个网站。

(1) 网站名称:____________________

网址:____________________

入选理由:____________________

____

请简述该网站是如何实现这些目标的:

____

____

(2) 网站名称:____________________

网址:____________________

入选理由:____________________

____

请简述该网站是如何实现这些目标的:

____

____

(3) 网站名称:____________________

网址:____________________

入选理由:____________________

____

请简述该网站是如何实现这些目标的:

____

____

步骤2:比较网页设计。网页设计作为一种视觉语言,要讲究色彩、编排和布局。版式设计通过文字图形的空间组合,表达出和谐与美。

请在网上找到三个你认为网页设计较好的网站,并以10分为满分,给这些网站的网页设计打个印象分。

提示：一些成功的网站设计的例子如下。
http://china. alibaba. com/(阿里巴巴·中国)
http://www. ccecn. com/(中国化工电子商务网)
http://www. dell. com. cn(戴尔电脑)
http://www. eBay. cn/(eBay 易趣外贸门户网站)
http://China-Pub. com(互动出版网)
http://www. Ctrip. com(携程旅行网)

请记录你找到的这三个网站。

(1) 网站名称：________________
网址：________________
印象分：________________

(2) 网站名称：________________
网址：________________
印象分：________________

(3) 网站名称：________________
网址：________________
印象分：________________

步骤3：比较搜索引擎。搜索产品及比较价格可利用多种搜索引擎，请尝试利用不同搜索引擎来搜索同一商品信息，比较这几种搜索引擎(建议选择三种)哪个对你而言更有效。

你选用的搜索引擎是：

(1) ________________
(2) ________________
(3) ________________

你搜索比较的商品(关键字)是：

(1) ________________

三个搜索引擎的比较分析：

____
____

(2) ________________

三个搜索引擎的比较分析：

____
____

(3) ________________

三个搜索引擎的比较分析：

____
____

步骤4：比较网站运营质量。进入网上书城(如当当、网易、新浪和互动出版网等)，订购名为《网络营销学》的书，比较其商品数量、价格(折扣)、配送和支付手段等环节的优劣。

请简述你的分析结论：

4.9.3 单元学习评价

（1）你认为本单元最有价值的内容是：

（2）下列问题需要进一步地了解或得到帮助：

（3）为使学习更有效，你对本单元的教学有何建议？

4.9.4 实验总结

4.9.5 实验评价(教师)

第5章　计算机软件与信息标准化

软件是由计算机程序和程序设计的概念发展演化而来的，是程序和程序设计发展到规模化和商品化后逐渐形成的概念，软件也是程序及其实现和维护时所必须的文档的总称。

在我国，对于计算机，尤其是软件领域的标准化问题，人们的认识还很不一致。事实上，对于专业人员来说，掌握专业工程知识是必要的，树立对标准化的正确认识也同样是非常必要的。

5.1　计算机软件的历史

在计算机发展史上，二值逻辑和布尔代数的使用是一项重要的突破。1847 年，英国数学家布尔在《逻辑的数学分析》(The Mathematical Analysis of Logic) 中分析了数学和逻辑之间的关系，并阐述了逻辑归于数学的思想。这在数学发展史上是一个了不起的成就，也是思维的一大进步，并为现代计算机提供了重要的理论准备。但是，布尔的理论直到100 年之后才被用于计算机。在此期间，程序设计随硬件的发展，其形式也不断发展。在基于继电器的计算机器时代，所谓"程序设计"实际上就是设置继电器开关，以及根据要求使用电线把所需的逻辑单元相连，重新设计程序就意味着重新连线。所以通常的情况是："设置程序"花了许多天时间，而计算本身则几分钟就可以完成。此后，随着真空管计算机和晶体管计算机的出现，程序设计的形式有了不同程度的改变，但革命性的变革则是在 1948 年，香农㊀制定了二值演算，二值逻辑代数被引入程序设计过程，程序的表现形式就是存储在不同信息载体上的"0"和"1"的序列，这些载体包括纸带、穿孔卡及后来的磁鼓、磁盘和光盘等。此后，计算机程序设计进入了一个崭新的发展阶段。就程序设计语言来讲，经历了机器语言、汇编语言、高级语言和非过程语言等四个阶段，第五代自然语言的研究也已经成为学术研究的热点。

计算机软件的发展与计算机软件产业化的进程息息相关。在电子计算机诞生之初，计算机程序是作为解决特定问题的工具和信息分析的工具而存在的。计算机软件产业化是在 20 世纪 50 年代，随着计算机在商业应用中的迅猛增长而发生的。这种增长直接导致了社会对程序设计人员需求的增长，于是，一部分具有计算机程序设计经验的人分离出来专门从事程序设计工作，根据用户订单提供相应的程序设计服务。这样就产生了第一批软件公司，如 1955 年由 Elmer Kubie 和 John W. Sheldon 创建的计算机使用公司 (CUC) 和 1959 年创建的应用数据研究 (ADR) 公司等。进入 20 世纪六、七十年代，计算机的应用范围持续快速增长，使计算机软件产业无论是软件公司的数量还是产业的规模都有了更大的发展，与软件业相关的各种制

㊀ 克劳德·香农 (Claude Elwood Shannon，1916—2001)，美国密西根州人，被誉为信息论及数字通信时代的奠基人。香农的大部分时间是在贝尔实验室和麻省理工学院(MIT) 度过的，他是使我们的世界能进行即时通信的少数科学家和思想家之一。他的两大重要贡献：一是信息理论、信息熵的概念；另一是符号逻辑和开关理论。

度也逐步建立。1968 年 Martin Goetz 获得了世界上第一个软件专利；1969 年春，ADR 公司就 IBM 垄断软件产业提出了诉讼，促使 IBM 在 1969 年 6 月 30 日宣布结束一些软件和硬件的捆绑销售，为软件产品单独定价。这一时期成立的软件公司有美国计算机公司（CCA）、Information Builder 公司和 Oracle（甲骨文）公司等。

5.2 计算机软件基础

计算机软件决定了一台计算机能做什么。从某种意义上来说，软件将计算机从一种类型的机器转变为另一种类型的机器——从绘图到排版，从飞行模拟器到计算器，从文件系统到音乐工作室……

5.2.1 计算机程序

计算机程序就是指示计算机如何去解决问题或完成任务的一组详细的、逐步执行的指令（即指令的有序集合）。有些计算机程序只处理简单的任务，而那些更长、更复杂的计算机程序则用于处理复杂度较高的任务。

计算机程序的每一步都是用计算机所能理解和处理的语言编写的。以前的组织和个人必须自行编写出绝大部分他们想要的计算机程序，而现在绝大部分的单位都通过购买商业软件以避免自行开发所需花费的时间和费用。一般人几乎不编写程序，而是从成千上万编写好的作为软件出售的商业程序中选择自己所需要的东西。尽管如此，作为商业领域或政府部门的计算机程序员或是软件发行商，其工作仍然是非常具有挑战性的。

5.2.2 计算机软件

软件是计算机系统的基础部分。早期，流行用“软件”这个词表示计算机的所有非硬件部分，即：软件是指计算机程序，以及为这些程序所用的数据。1980 年，美国版权法案将软件明确定义为“在计算机中被直接或间接用来产生一个确定结果的一组语句或指令”，这意味着计算机软件和计算机程序在本质上是相同的。

实际上，“软件”这个词通常用来描述一个商业产品，该产品可能包含不止一个程序，并且可能还包含数据。

2006 年出版的《中国大百科全书》给软件下的定义是：软件是“计算机系统中的程序和有关的文件。程序是计算任务的处理对象和处理规则的描述；文件是为了便于了解程序所需的资料说明。程序必须装入机器内部才能工作，文件一般是给人看的，不一定装入机器。程序作为一种具有逻辑结构的信息，精确而完整地描述计算任务中的处理对象和处理规则。这一描述还必须通过相应的实体才能体现。”

也就是说，“软件”不仅仅是指程序，在软件研制过程中按一定规格产生的各种文件也是软件不可缺少的组成部分。

5.2.3 享有版权的软件

计算机软件与书籍和电影等作品一样受版权保护。版权是授予一个程序的作者或版权的所有者某种独占权利的合法保护形式，版权的所有者唯一享有拷贝、发布、出售和更改软件等诸多权利。

当购买了享有版权的软件时,用户并没有成为版权的所有者,而仅仅是获得了这个软件的使用权。因此,用户购买软件之后能在自己的计算机上使用,却不能为了分发或出售该软件而另外进行拷贝。非法进行复制、发布或更改软件的人有时候被称为软件盗版者,他们制造的非法拷贝则称为盗版软件。盗版软件不受法律保护,甚至会触犯刑律。

5.2.4 许可软件

除了版权保护,计算机软件通常也受到软件许可证的保护。

软件许可证是一种法律合同,确定用户对一个计算机程序的使用方式。对于微型机软件,用户可以在软件包装盒的外部和软件包装盒内部的一张单独卡片上或是在CD盘的封面上找到该软件的许可证。大型机的软件许可证通常是一份独立的法律文档,该文档由软件发布商与合伙的购买者协商达成。

软件许可证经常扩大版权法给予用户的权利。例如,尽管版权法认为在多台机器上复制使用一个软件是非法的,但是软件许可证允许用户购买软件的一个拷贝而将它安装在家中和办公室内的计算机上,只要用户是这两台机器的主要使用者。许可证用户可以在特定的环境下复制和更改软件。

软件许可一般都很冗长,并以"法律条约"的形式编写,只有当用户同意遵守软件许可的这些条款时,才能继续使用该软件。因此,用户应该知道自己所使用的任何软件的许可情况。

1. 小包裹许可证

每次购买软件时签署和提交一个软件许可证协议很不方便,所以计算机企业使用了小包裹许可证。当购买一个软件时,软件包中的磁盘和CD-ROM/DVD光盘等通常封装在一个包装内,打开包裹就表明同意了该软件许可证的各项条款。

有了小包裹许可证,软件发布商就避免了协商许可条款及获得用户签字的冗长过程,这在本质上是一种"要么接受,要么放弃"的办法。法庭裁定支持小包裹许可证的有效性,它是对计算机软件提供合法保护的常用方法之一。

2. 多用户许可证

若机构有一个网络系统,大多数软件发布商提供了多种许可选择,有些是为单用户设计的,另外的则是为多用户设计的。单用户许可证限制该软件在一段时间内只能为一个用户所用,大多数的商业软件是以单用户许可证的方式发布的。

多用户许可证允许多人使用一个特定的软件包。当多个用户中每人都有他们个人的软件版本时,这种许可方式就非常有用。多用户许可证一般以用户数来计算价钱,但多用户许可中每个用户付出的价钱比单用户许可所付出的价钱要少。

同时,使用许可证允许使用一定数量的拷贝。例如,一家配备了网络系统的公司对某个文字处理软件有五个拷贝同时使用许可证,则在任何时候都可以有最多五个职员使用该软件。

场所许可证一般允许在一个特定地点的任何或所有计算机上使用该软件,例如在一所大学内。

5.2.5 共享软件

共享软件是以"买前尝试"方式存在于市场上的具有版权的软件。共享软件通常包含一个允许试用一段时期的许可证。超过试用期,如果还想继续使用它,就应该交一笔注册费。共享软件许可证一般允许用户制作该软件的多个拷贝,也允许把这些拷贝分发给别人。这是一个节约广告开支的相当有效的市场策略。但是对于共享软件,注册费的支付依靠用户的自觉,所以共享软件的作者往往只得到他们因付出编程努力而应该得到的报酬中的一小部分。

5.2.6 公共域软件

有时候,某个作者会放弃他对软件的所有权利,而把该软件置于公共领域,让该软件没有限制地使用,这种软件称为公共域软件,与其说它属于这个作者,不如说是属于大家。公共域软件可以免费复制、分发,甚至是重新卖出。公共域软件的主要限制是不允许用户对该软件提出版权申请。

公共域软件有时被称为“免费软件”,但是术语“免费软件”有时也应用于共享软件。这种术语使用的模糊性使得用户必须更加注意检查许可协议,以便于决定使用、复制和分发特定软件程序的方式。

5.3 系统软件和应用软件

软件一般被分为系统软件和应用软件,对于许多计算机用户而言,这之间的区别并不明显。

系统软件负责执行使计算机硬件有效工作的关键任务,协助计算机完成基本操作,像在屏幕上显示信息、在磁盘中存入数据、向打印机发送数据、解释用户命令及和外围设备通信等。系统软件的四个子类是:操作系统、实用工具、设备驱动程序和编程语言。

应用软件可以协助人们完成一项任务。即使用户没有计算机也能做某件事情,但为了让这件事情计算机化而使用某个软件时,就可以认为该软件是应用软件。例如,即使用户没有计算机,也能写信或写报告,那么用来制作一个文档的软件就可以算是应用软件。

5.3.1 设备驱动程序

当购买一个新的外围设备(比如扫描仪)时,通常需要安装相应的软件以告诉计算机如何使用这些设备,这种协助计算机控制外围设备的系统软件称为设备驱动程序。

购买新的外围设备时,安装指南通常告诉用户怎么安装这个设备及其必需的驱动程序。“使用”一个设备驱动程序的方法就是根据安装指南安装好设备驱动程序。一旦正确安装设备驱动程序,计算机就会在“幕后”使用它来与设备进行通信。

在 Windows 等操作系统中,系统与硬件生产厂商合作,为设备用户提供了“即插即用”功能,以安装大多数的设备驱动程序。

5.3.2 计算机编程语言

我们知道,计算机程序是计算机用来执行以完成一项工作的指令序列。计算机编程语言使程序员能够使用类似于英语的指令来编写程序。实际上,程序员编写的指令和计算机实际执行的指令有相当大的不同,程序员的指令必须被翻译成电子信号才能被计算机操作和处理,编程语言(相应的编译程序或解释程序)将负责这个翻译过程。

如今,大多数的计算机用户都不需要编写程序,因此,一般计算机,尤其是微型计算机中并没有包括计算机编程语言。如果想编写程序,必须另外购买和安装编程语言软件。现在使用较为广泛的编程语言主要有 Visual Basic、C、C ++ 、C#和 Java 等。

5.3.3 应用软件

应用软件能使计算机成为多用途的机器,以完成许多不同的工作。协助用户使用计算机完成一项特定工作的软件归类于应用软件。比如,应用软件能够帮助用户产生文档、完成计算、管理金融资源、生成图片、创作乐曲、维护文件或信息等。

5.4 操作系统

操作系统(OS)是控制计算机中所有活动的核心系统软件,如果没有操作系统,计算机就不能正常工作。因此,操作系统是各种计算机的关键软件部件。更重要的是,从用户观点来看,操作系统为计算机所运行的所有应用软件设置了标准。目前主流的操作系统包括 Microsoft Windows、Mac OS、UNIX 和 Linux 等,曾经主流的操作系统还有 DOS。这些操作系统具有不同的用户界面,并且只允许计算机运行与之兼容的软件。比如,使用 Windows 操作系统的计算机只运行 Windows 软件,使用 UNIX 操作系统的计算机通常只运行 UNIX 软件。

5.4.1 操作系统的职能

如果把计算机硬件设想成计算机系统的核心,那么操作系统既可协助计算机完成基本硬件操作,又可和更外层的应用软件进行交互,完成诸如打印和存储数据等应用任务。

操作系统执行许多不同的任务,这个过程通常称为“服务”,这些服务可以分为“外部服务”和“内部服务”两种。

操作系统提供外部服务以协助用户启动程序、管理被存储的数据和维护安全。计算机用户负责控制这些外部功能。操作系统提供选择程序的方法,也能帮助查找、重命名与删除文档和其他在存储介质中的数据。在有些计算机上,操作系统在允许用户访问程序和数据之前,通过检查用户 ID 和口令来维护程序和数据的安全。

此外,操作系统提供内部服务来保证计算机系统的有效运行,这些内部服务一般不受用户的控制,而是受操作系统本身的控制。操作系统控制输入/输出、分配系统资源、管理程序和数据的存储空间,以及检测设备是否失效。系统资源是计算机系统中能够被程序所利用的部分,比如磁盘空间、内存量或者处理器时间等,操作系统负责分配系统资源以便程序可以有效地运行。

5.4.2 桌面和服务器操作系统

尽管市面上的操作系统数量繁多,但一般分成两类:服务器操作系统和桌面操作系统。因特网 Web 站点的计算机通常称为“服务器”,它通过分散的计算机向人们提供信息,人们在家中或办公室中使用的计算机通常称为“桌面”或者“客户端”计算机。

服务器操作系统(也称“网络操作系统”或“后台操作系统”)是专门为那些在网络和 Web 站点提供集中化存储机制和通信功能的计算机而设计的,桌面操作系统(也称“客户端操作系统”、“个人操作系统”或“前台操作系统”)是专门为单用户微型机设计的。一般用户通常与桌面操作系统进行交互,而不直接使用服务器操作系统,但是,了解主流的服务器操作系统也是很有必要的。

1. Windows

微软公司的 Windows 操作系统是大多数用户所直接使用的计算机操作系统。下面就来了解一下 Windows 的发展历程。

Windows 操作系统的最初版本 Windows 1.0 和 Windows 2.0 并没有在计算机用户中产生很大的反响。那时,微型计算机的主流操作系统是微软公司的 DOS 操作系统。

1990 年 5 月 22 日,微软发布 Windows 3.0;1992 年发布的 Windows 3.1 真正使 Windows 操作系统成为微型机操作系统的重要选择。

1995 年 8 月 24 日,微软发布 Windows 95;1998 年 6 月 25 日,微软发布 Windows 98;这两个 Windows 版本逐渐巩固了 Windows 操作系统的"霸主"地位。

2000 年 9 月 14 日,微软发布了 Windows 98 的第三版,即 Windows ME(千禧版),这是最后一个 16 位/32 位混合模式的 Windows 9x 系列产品。上述各个版本的 Windows 主要用在个人计算机上,与此同时,Windows 的服务器操作系统版本也在不断成长,称为 Windows NT。

2000 年 2 月 17 日,微软发布 Windows 2000。

2001 年 10 月 25 日,微软发布 Windows XP。XP 系列包含了家用版 Windows XP HomeEdition 和专业版 Windows XP Professional。2003 年 5 月 22 日,微软发布了 XP 时代的服务器版本 Windows Server 2003。

如同任何其他事物一样,Windows 操作系统也有其诞生、成长和发展的过程。从 MS-DOS 到 Windows 9x,操作系统的发展宣告 MS-DOS 命令行界面的终结,迎来了 32 位程序设计和图形界面的崭新时代。随着 PC 实现向 64 位的升级。2007 年 1 月 30 日,微软在全球同步向消费者发售 Windows Vista 和 2007 Office System。2009 年 10 月 23 日,微软正式发布 Windows 7,如图 5-1 所示。

图 5-1 微软发布 Windows 7

以 Vista 版本为例。Windows Vista 和 2007 Office System 的创新设计旨在改进人们利用技术沟通、互联、创造和分享内容及娱乐的方式,Windows Vista 的桌面如图 5-2 所示。面对数字时代的挑战,其卓越的性能提升将消除人员、信息和社区之间沟通的羁绊,为消费者带来更便捷、更安全的 PC 体验、更好的互联性能,以及更好的电脑娱乐体验。

作为下一代操作系统,Windows Vista 传递出 3C 的特性,努力帮助用户实现工作效益的最大化,即如下几点。

- 信心(Confident):使用户在使用时更放心,更有信心。
- 简明(Clear):更简单、方便,让用户不用过多学习,做想做的事情。
- 互联(Connect):实现信息同步,与不同的设备都能实现更好的互联互通。

"Vista"一词源于拉丁文的"Vedere",在包括英语在内的大多数语言中有"远景、展望"之意。微软公司将其下一代具有里程碑意义的操作系统定名为 Vista,除了希望它能展望未来,继续执掌操作系统大旗之外,更是为未来个人计算机乃至其他个人电子设备的技术和创新铺

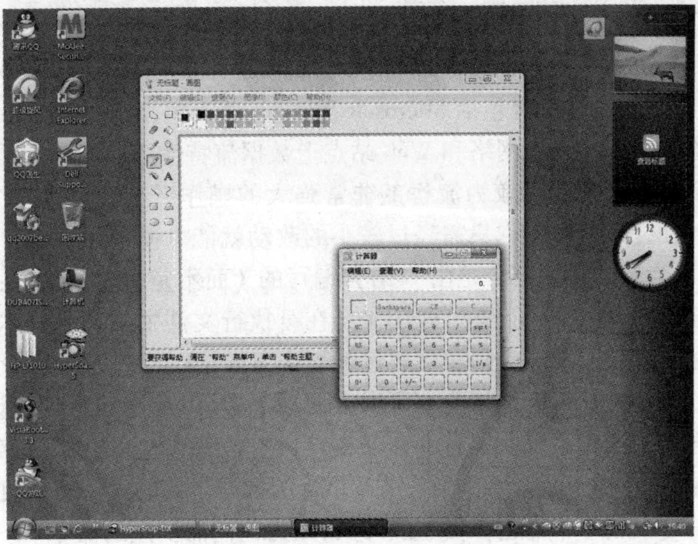

图 5-2　Windows Vista 桌面

路，引领下一代计算体验。

2008 年 2 月 27 日，Windows Server 2008 与 Visual Studio 2008（开发工具）和 SQL Server 2008（数据库）在洛杉矶共同发布。Windows Server 2008 包含了功能强大的 Internet Information Server（IIS）7.0

像其他图形化用户界面一样，Windows 提供了图标、按钮和其他屏幕控制方式，用户可以使用鼠标或者类似设备来进行操作。之所以称为“Windows”，是因为其图形化界面最基本的容器是矩形的工作区域。每个窗口可以显示不同的文档或者程序，用户可以同时操作多个项目，这种服务被称为多任务。Windows 也提供了一些基本的网络功能。

2. Mac OS

1984 年，Apple 计算机公司迈出了开创性的一步，发布了 Apple Lisa 计算机。该计算机提供图形化用户界面，包含可以通过鼠标进行操作的菜单和图标等。Lisa 计算机在商业上并不成功，但 Apple 的下一个产品，即 Macintosh 计算机取得了很大的成绩。图形化用户界面 Mac OS 是其成功的决定性因素。1998 年 Apple 公司发布的 iMac 计算机也包含 Mac OS。像 Windows 一样，Mac OS 经历了多个版本的改进，能提供多任务功能并支持小型网络。

与 Mac OS 兼容的软件被称为 Macintosh 软件，或简称 Mac 软件。尽管 Macintosh 和 iMac 用户可以选择许多 Macintosh 软件，但是其应用软件的数量远小于 Windows 操作系统下可以运行的软件数量。借助于特殊的仿真硬件和软件插件，Macintosh 计算机可以运行某些 Windows 软件，但是运行性能不是最佳的，所以大多数 Mac OS 用户仍然坚持只使用 Macintosh 软件。

3. DOS

在微型计算机发展的早期，只能通过 DOS（Disk Operating System，磁盘操作系统）与计算机进行对话。DOS 是微型机上最早使用的操作系统之一，其复杂的命令行用户界面也给我们留下了难以磨灭的印象。DOS 最初在 IBM 个人计算机上使用，命名为 PC-DOS，微软公司也把这个操作系统销售给其他 PC 兼容机制造商，命名为 MS-DOS。

曾经辉煌的 DOS 如今并没有彻底消失，实际上它被集成到 Windows 中，通常在幕后发挥作用,所以,一般的 Windows 用户没有必要记住和输入这些复杂的命令。

4. Windows Server、NetWare、UNIX 和 Linux

如今流行的服务器操作系统包括 Microsoft Windows Server、Novell NetWare、UNIX 和 Linux 等,这些操作系统提供管理大型网络和 Web 站点上数据流特性的功能。

UNIX 是一个在专业领域中较为流行的非常强大的操作系统。它有三个显著的特点:第一,UNIX 是可移植的操作系统,它只需经过较小的改动就能方便地从一个平台移植到另一个平台。这主要是因为它的主要部分是由 C 语言编写的(而不是机器语言);第二,UINX 拥有一套功能强大的工具(命令),能够组合起来(在可执行文件中被称为脚本)去解决许多问题,而这一工作在其他操作系统中则需要通过编程来完成;第三,它具有设备无关性,因为操作系统本身就包含了驱动程序,这意味着它可以方便地配置,以此来运行任何设备。概括来说,UNIX 具有一个强大的操作系统所拥有的一切特点,包括多道程序、虚拟内存和设计得非常优秀的文件和目录系统。唯一经常听到的有关 UINX 的批评是它的命令短而且对一般用户来说很深奥。事实上,这一点却非常适合程序设计员,因为他们需要短的命令。

Linux 是芬兰的 Linus Torvalds 最初开发的基于 UNIX 的操作系统。事实上,Linux 和 UNIX 非常接近以至于被人称为 UNIX 的复制品。Linux 整个设计是为了让 UNIX 在 Intel 微处理器上更有效地运行。如今 Linux 可以运用到各种平台上,而且在程序员和商业用户中变得越来越流行。

5.4.3 操作系统的演化

操作系统软件肯定是我们所见到的最优秀、最复杂和最庞大的软件之一,所以,真正领会操作系统课程所介绍的概念、原理、方法和技巧等,是有一定困难的。操作系统的设计和实现是所有其他程序设计和实现的基础。程序员如果能理解操作系统的工作原理,就能够编写出更好的中间软件和应用程序。此外,无论是为新设备编写驱动程序、创建新的微内核服务器,还是提供能够高效处理发展需求的新系统等,都需要理解操作系统的基本原理和技术。因此,"操作系统原理"课程是计算机及其相关专业的核心课程之一,学好操作系统原理课程,对于专业学生来说,极富挑战性。

操作系统设计的两个主要目标是有效地使用硬件和容易地使用资源。操作系统已经经历了很长的发展历程。

1)批处理系统 设计于 20 世纪 50 年代,目的是为了控制大型计算机。当时的计算机体积都十分庞大,它们用穿孔卡片输入数据,用行式打印机输出结果,磁带设备作为辅助存储介质。

每个执行的程序称为作业,想要执行作业的用户或程序员通过穿孔卡片把程序和数据输入计算机,并向操作室发出请求。程序员对系统没有控制权,也不能交互。穿孔卡片由操作员处理。如果程序运行成功,将结果传给程序员;如果不成功,则报错。

2)分时系统 为了有效地使用计算机资源,引入了多道程序。做法是:将多个作业装入存储器,并且仅当资源可用时分配给需要它的作业。例如,当某个程序正使用输入/输出设备时,CPU 处于空闲状态,可以供其他程序使用。

多道程序带来了分时的概念:资源可以被不同的作业共享。每个作业可以分到一段时间来使用资源。因为计算机运行速度远远快于人的反应,所以分时系统对于用户是透明的,每个用户都感觉整个系统在为自己服务。利用分时技术的多道程序极大地改进了计算机系统的使用效率。但是,仍需要更加复杂的操作系统,它必须可以调度:给不同的程序分配资源并决定哪一个程序什么时候使用哪一种资源。

这个时期,用户和计算机的关系改变了。用户可以直接使用操作系统而不必通过操作员,产生了一个新的术语:进程。作业是要运行的程序,进程则是在存储器中等待资源的程序。

3) 个人系统　当个人计算机产生后,适合于这类计算机的单用户操作系统,比如 DOS 操作系统产生了。

4) 并行系统　对计算机运行更有效和更快速度的要求引发了并行系统的设计,即在同一计算机中安装了多个 CPU,每个 CPU 可以处理一个程序或者程序的一部分。这意味着很多任务可以并行处理而不再是串行处理。当然,这种操作系统要比单 CPU 的操作系统复杂得多。

5) 分布式系统　网络化和交互式的发展,扩大了操作系统的内涵。以往必须在一台计算机上运行的作业现在可以由远隔千里的多台计算机共同完成。程序可以在一台计算机上运行一部分而在另一台计算机上运行另一部分,只要它们是通过交互式网络(例如因特网)互联。此外,资源可以是分布式的,程序需要的文件可能分布在世界的不同地方。分布式系统结合了以往系统的特点,也发展了新功能,例如安全控制。

5.4.4 操作系统的组成

操作系统原理所涉及的相关主题如图 5-3 所示。现代操作系统至少具有以下四种职能:存储管理、进程管理、设备管理和文件管理。操作系统还有一个部分,称为用户界面(例如 GUI)或命令解释程序(shell),它负责操作系统与外界的联系,如图 5-4 所示。

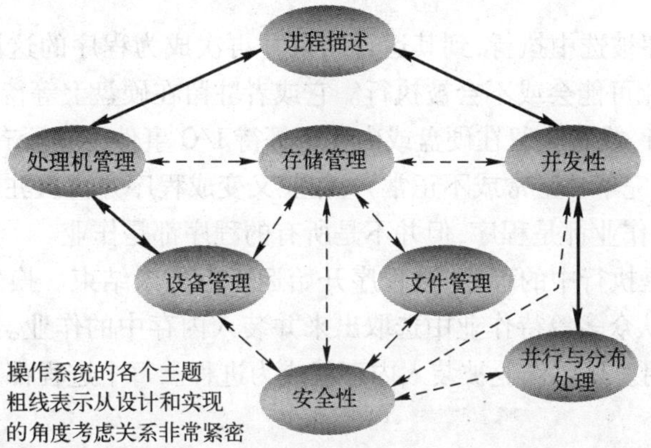

图 5-3　操作系统的相关主题组成

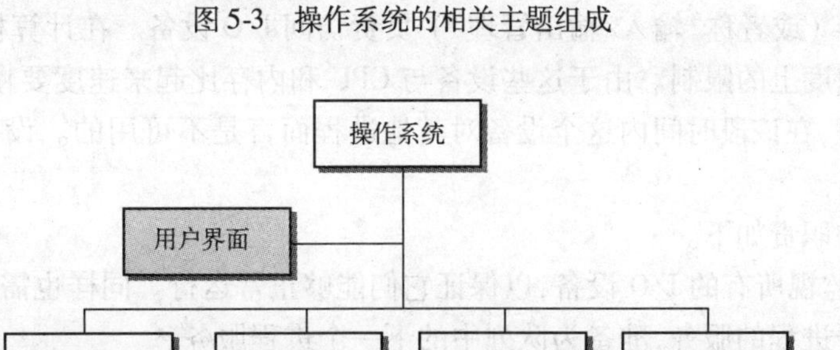

图 5-4　操作系统的基本组成

1. **内存管理**

现代操作系统的一个重要职责是存储管理。计算机中存储容量激增,同样所处理的数据和程序也越来越大。存储分配必须进行管理以避免"内存不足"的错误。按照存储管理,操作系统可以分为两大类:单道程序和多道程序。

1)单道程序　单道程序过去很流行。在单道程序里,大多数内存专用于单一的程序,仅仅一小部分用来装载操作系统。在这种配置下,程序整体装入内存运行(如果内存比程序小,程序将无法运行),运行结束后再由其他程序取代。这里的内存管理简单明了。

但是,当一个程序在运行时,其他程序不能运行。程序在执行过程中经常需要从输入设备得到数据,并且需要把数据发送至输出设备。由于I/O设备的速度远低于CPU,所以CPU常常处于空闲状态,CPU和内存的使用效率很低。

2)多道程序　在多道程序中,同一时刻可以装入多个程序并且能够同时执行这些程序。CPU轮流为它们服务。从20世纪60年代开始,多道程序经过了一系列的改进,有分区调度、分页调度、请求分页调度、请求分段调度和请求分页和分段调度等内存调度技术。

3)虚拟内存　虚拟内存意味着请求分页调度、请求分段调度或两种都有。如今,几乎所有的操作系统都使用了这个技术。

2. **进程管理**

现代操作系统进程管理有三个重要术语:程序、作业和进程。

1)程序　是由程序员编写的一组稳定的指令,存在硬盘(或磁盘)上,它可能会也可能不会成为作业。

2)作业　从程序被选中执行,到其运行结束并再次成为程序的这段过程中,程序称为作业。整个过程中,作业可能会或不会被执行。它或者驻留在硬盘上等待被装入内存,或者在内存中等待被CPU执行,或者驻留在硬盘或内存中等待I/O事件。在所有这些情况下程序才称为作业。当作业执行完毕(正常或不正常),作业又变成程序并再次驻留在硬盘中,操作系统不再管理程序。每个作业都是程序,但并不是所有的程序都是作业。

3)进程　进程是执行中的程序,该程序开始运行但还未结束。换句话说,进程是驻留在内存中的作业,它是从众多等待作业中选取出来并装入内存中的作业。进程可以处于运行状态或者等待CPU调用。只要作业被装入内存就成为进程。每个进程都是作业,而每个作业未必都是进程。

3. **设备管理**

设备管理器(或者称"输入/输出管理")负责访问I/O设备。在计算机系统中,I/O设备存在着数量和速度上的限制。由于这些设备与CPU和内存比起来速度要慢很多,所以当进程访问I/O设备时,在该段时间内这个设备对其他进程而言是不可用的。设备管理器负责有效地使用I/O设备。

设备管理的职责如下。

1)不停地监视所有的I/O设备,以保证它们能够正常运行。同样也需要知道什么时候设备已经完成一个进程的服务,准备为队列中的下一个进程服务。

2)为每一个I/O设备或是类似的I/O设备维护一个队列或多个队列。例如:如果系统中有两个高速打印机,管理器能够分别用一个队列维护一个设备,或是用一个队列维护两个设备。

3）使用不同的方式来访问 I/O 设备。例如,可以用先入先出法来访问一个设备,而用最短长度法优先访问另一个设备。

4. 文件管理

现代操作系统使用文件管理器来控制对文件的访问。文件管理器的职能如下。

1）控制对文件的访问。只有那些获得允许的才能够访问,访问方式也可以不同。例如,进程（用户也称为进程）也许可以读取文件,但却不允许写（改变）文件。另一个进程也许被允许执行文件,但却不允许查看文件的内容。

2）管理文件的创建、删除和修改。

3）可以给文件命名。

4）管理文件的存储:怎样存储,存在哪里等。

5）负责归档和备份。

5.5 信息标准化

在传统工业领域中,实行标准化生产的必要性及其对生产、流通、运行等方面带来的好处人们早已习以为常。然而,在我国,对于计算机软件领域的标准化问题,人们的认识还很不一致。事实上,对软件人员来说,树立对信息标准化的正确认识也同样是非常必要的。因为作为一个产业部门,软件产业已经成长壮大起来了,软件产品已经进入商业化阶段。在这一节中,我们以软件工程为例,介绍一些信息标准化的知识。

5.5.1 标准化的内容

以软件工程为例,标准化涉及的方面包括如下几点。

（1）软件设计的标准化　包括设计方法、设计表达方法、程序结构、程序设计语言、程序设计风格、用户接口设计、数据结构设计和算法设计等。

（2）文件编写的标准化　包括管理文件、项目实施计划、质量保证计划、开发进度月报、分析文件（如可行性分析报告、软件需求说明书等）、设计文件说明书（如概要设计说明书、详细设计说明书等）、用户文件（如用户手册、维护手册、操作手册）和系统实现文件（如源代码、生成信息、测试信息、验收报告、开发总结报告）等。

（3）项目管理标准　包括开发流程、开发作业、计划与进度管理、人员组织、质量管理（如软件验收、开发阶段评审等）、成本管理、维护管理和配置管理等。

可见,标准对软件工程的所有阶段的工作（包括技术性和管理性工作）作出了合理、统一的规定,包括对软件工程的对象、特性、配置、状态、动作、过程、方法、责任、义务和权限等都作出了具体的规定。

5.5.2 信息标准化的意义

一个软件开发项目,由多个层次、不同分工的人员相互配合完成,在开发项目的各个部分及各个阶段之间存在着联系和衔接问题。如何把这些错综复杂的关系协调好,需要有一些统一的约束和规定。在软件开发项目取得阶段成果或是最后完成时,需要进行阶段评审和验收测试。这都需要利用统一的标准进行衡量。此外，如何高效地维护是和软件开发有着密切关系的，软件开发的标准化必然给软件维护带来极大的好处，这主要包括如下几点。

1）提高软件的可靠性、可维护性和可移植性，即标准化可以提高软件产品的质量。

2）提高软件的生产率。

3）提高软件人员的技术水平。

4）改善软件开发人员之间的通信效率，减少差错。

5）有利于软件管理。

6）有利于降低软件成本和缩短软件开发周期。

5.5.3 信息标准的层次

根据制定机构和适用范围的不同，标准可分为五个级别。

1）国际标准　由国际联合机构制定和公布，提供给各国参考的标准。

ISO（International Standards Organization）——国际标准化组织。这个国际机构有着广泛的代表性和权威性，它所公布的标准也有较大影响。20 世纪 60 年代初，该机构建立了“计算机与信息处理技术委员会”，专门负责与计算机有关的标准化工作，其制定的标准通常标有 ISO 字样。

2）国家标准　由政府或国家级机构制定或批准，适用于全国范围的标准。

- GB——中国国家标准，简称“国标”。
- ANSI（American National Standards Institute）——美国国家标准协会。这是美国一些民间标准化组织的领导机构，具有一定的权威性。
- BS（British Standard）——英国国家标准。
- JIS（Japanese Industrial Standard）——日本工业标准。

3）行业标准　由行业机构、学术团体或国防机构制定，并适用于某个业务领域的标准。

- IEEE（Institute of Electrical and Electronics Engineers）——美国电气和电子工程师学会。该学会专门成立了软件标准分技术委员会（SESS），积极开展软件标准化活动，取得了显著成果，受到软件界的关注。IEEE 通过的标准常常要报请 ANSI 审批，使其具有国家标准的性质。因此，我们看到 IEEE 公布的标准常冠有 ANSI 字头。
- GJB——中国国家军用标准。这是由我国国防科学技术工业委员会批准，适合于国防部门和军队使用的标准。

此外，近年来我国许多部门开展了软件标准化工作，制定和公布了一些适应于本部门工作需要的规范。这些规范大都参考了国际标准或国家标准，对各自行业所属企业的软件工程工作起了有力的推动作用。

4）企业规范：一些大型企业或公司，由于软件工程工作的需要，制定适用于本部门的规范，一般仅供企业内部使用。

5）项目规范：由某一科研生产项目组织制定，且为该项任务专用的软件工程规范。

国家质量监督检验检疫总局历年来发布的软件工程国家标准目录及其简介详见计算机行业标准化网网站（网址：http://www.nits.gov.cn/jhb）。

5.6 阅读与思考:数字地球——21世纪认识地球的方式

这是美国前副总统戈尔（Al GORE）于1998年1月31日在美国加利福尼亚科学中心发表的题为“The Digital Earth: Understanding Our Planet in the 21st Century”的中文译文。

一场新的技术革新浪潮正允许我们能够获取、存储、处理并显示有关地球的空前浩瀚的数据,以及广泛而又多样的环境和文化数据信息。大部分的这类数据是“参照于地理坐标的”,即数据的地理位置是参照于地球表面的特定位置。

充分利用这些浩瀚的数据的困难之处在于把这些数据变得有意义——即把原始数据变成可理解的信息。今天,我们经常发现我们拥有很多数据,却不知如何处置。有一个很好的例子可以说明这一点。陆地卫星（LANDSAT）是设计用来帮助我们了解全球环境的,它在两星期内将全球拍摄一遍,并已经这样持续收集图像数据二十多年了。尽管存在着对这些数据的大量需求,但是这些图像的绝大部分并未使任何一个人的任何一个神经细胞兴奋起来——它们仍静静地躺在电子数据仓库里。正如我们过去一个时期的农业政策一样,一方面生产的粮食被堆积在中西部的粮食仓库里霉烂,另一方面却有数百万人被饿死。现在,我们贪婪地渴求知识,而大量的资料却闲置一边,无人问津。

把信息显示出来能部分地解决这个问题。有人曾经指出,如果用计算机术语来描述人脑,人脑似乎有较低的比特率和很高的分辨率。比如,研究人员很早就知道,在短时记忆中,人们很难记住七个以上的事项,这就是比特率低下。如果把大量的数据相互关联地排列成可辨认的图案——如人脸或是星系,我们却能在瞬间理解数十亿比特的信息。

目前人们通用的数据操作的工具,如在Macintosh和Microsoft操作系统上所用的被称为“台式隐喻（desktop metaphor）”的图形工具等,都不能真正适应这一新的挑战。我相信我们需要一个“数字地球”,一种关于地球的可以嵌入海量地理数据的、多分辨率和三维的表示。

比如,可以设想一个小孩来到地方博物馆的一个数字地球陈列室,当她戴上头盔显示器,她将看到就像是出现在空中的地球。使用“数据手套”,她开始放大景物,伴随越来越高的分辨率,她会看到大洲,随之是区域、国家、城市,最后是房屋、树木,以及其他各种自然物体和人造物体。在发现自己特别感兴趣的某地块时,她可以乘上“魔毯”,即通过地面三维图像显示去深入查看。当然,地块信息只是她可以了解的多种信息中的一种。使用数字地球系统的声音识别装置,小孩还可以询问有关土地覆盖、植物和动物种类的分布、实时的气候、道路、行政区线,以及人口等方面的文本信息。在这里,她还可以看到自己及世界各地的学生们为“全球项目”收集的环境信息。这些信息可以无缝地融入数字地图或地面数据里。用数据手套继续向超链接部分敲击,她还可以获得更多的有关她所见物体的信息。比如,为了准备全家去国家黄石公园度假,她策划一个完美的步行旅游,去观看刚从书中读到的喷泉、北美野牛和巨角岩羊。甚至在离开她家乡的地方博物馆之前,她就可以把要去步行旅游的地方从头到尾地浏览一遍。

她不仅可以跨越不同的空间,也可以在时间线上奔驰。为了去参观卢浮尔宫,她先在巴黎作了一番虚拟旅游之后,又通过细读重叠在数字地球表面上的数字化地图、时事摘要、传说、报纸及其他第一手材料，便回到了过去，了解法国历史。她会把其中一些信息转送到自己的E-mail库里，等着以后研读。这条时间线可延伸很远，从数日、数年、数世纪甚至到地质纪元，去了解恐龙的情况。

显然，这不是一个政府机构，一个产业或一个研究单位能担负起的事业。就像万维网(WWW)一样，它需要有成千上万的个人、公司、大学研究人员及政府机构参加的群众性努力。虽然数字地球的部分数据将是公益性的，但是也有可能成为数字化市场，一些公司可将大批的商业图像出售，并开展附加值信息服务。它也可能形成一个"合作实验室"——一个没有墙的实验室，让科学家们去弄清人与环境间错综复杂的奥妙。

数字地球所需要的技术

虽然这一方案听起来就像科幻小说一样，然而建设数字地球的大部分技术和能力或是已经具备或是正在研制。当然，数字地球本身的能力也将随着时间的推进而不断增强，2005年时的数字地球与2020年的相比较，前者就会显得初级多了。下面是几项所需要的技术。

计算科学：在发明计算机之前，以实验和理论研究的方法来创新知识都很受局限。许多实验科学家想研究的现象却很难观察到——它们不是太小就是太大，不是太快就是太慢，有的一秒钟之内就发生了十亿次，而有的十亿多年才发生一次。另一方面，纯理论又不能预报复杂的自然现象所产生的结果，如雷雨或是飞机上空的气流。有了高速的计算机这个新的工具，我们就可以模拟从前不可能观察到的现象，同时能更准确地理解观察到的数据。这样，计算科学使我们能超越了实验与理论科学各自的局限。建模与模拟给了我们一个深入理解正在收集的有关地球的各种数据的新天地。

海量存储：数字地球要求存储海量的数据。今年年末，美国宇航局(NASA)实施的地球行星项目每天都将得到大量的数据。所幸的是，在这方面我们正进行着奇迹般的改进。

卫星图像：美国政府部门已经批准从1998年年初开始提供分辨率为1米的卫星图像的商业卫星系统。这达到了制作精确详图的水准，而在过去这只能由飞机摄影才能办到。这种首先在美国情报界研制出来的卫星图像技术非常精确。正像一家公司所比喻的，"它像一台能从伦敦拍巴黎的照相机，照片中像汽车前灯间距离大小的每种物体"都能看清。

宽带网络：整个数字化地球所需的数据将被保存在千万个不同的机构里，而不是放在一个单独的数据库里。这就意味着参与数字地球的各种服务器需由高速的种种计算机网络联接起来。在因特网通信量爆炸性增加的驱使下，电信营运部门已经试用了每秒可以传送一万兆比特的数据网络。下一代因特网的技术目标之一就是每秒传送一百万兆比特的数据。要使具有如此能力的宽带网络把大多数家庭都接通，这还需要时间，这就是为什么有必要把连通数字地球的站点放在像儿童博物馆和科学博物馆这样的公共场所。

互操作：因特网和万维网能有今天的成功，离不开当时出现的几项简明并受到广泛赞同的协议，如因特网协议(Internet Protocols)。数字地球同样需要某种水准的互操作，以至由一种应用软件制作出的地理信息能够被其他软件通用，地理信息系统产业界正在通过"开放地理信息系统集团(Open GIS Consortium)"来寻求解决这方面问题的答案。

元数据：元数据是指"有关数据的数据"。为了便于卫星图像或是地理信息发挥作用，有必要知道有关的名称、位置、作者或来源、时间、数据格式和分辨率等。联邦地理数据委员会(FGDC)正同工业界及地方政府合作，为元数据制定自发的标准。

当然，要充分实现数字地球的潜在力还有待技术的进一步改进，特别是这些领域：卫星图像的自动解译，多源数据的融合和智能代理，这种智能代理能在网上找出地球上的特定点并能将有关它的信息链接起来的。所幸的是，现在已有的条件足够保证我们去实施这一令人激动的创想。

潜在的应用

广泛而又方便地获得全球地理信息使得数字地球可能的应用广阔无比，并远远超出我们的想象力。如果我们看看现今主要由工业界和其他一些公共领导机构驱动的地理信息系统和传感器数据的应用，就可以从中对数字地球应用的种种可能性有一个概貌。

指导仿真外交：为了支持波斯尼亚地区的和平谈判，美国国防部开发出了一个对于有争议边界地区的仿真景观，它能让谈判双方对此地区上空作模拟飞行。一次，塞尔维亚主席在查看到萨拉热窝与哥端得地区的穆斯林领地之间的通道由于山峦阻挡变得狭窄时，便同意放宽该通道。

打击犯罪：加里福尼亚州的萨里拉斯城市，运用地理信息系统来监视犯罪方式和集团犯罪活动情况，从而减少了青年手枪暴行。根据收集到的犯罪活动的分布和频率，该城还可以迅速对警察进行重新部署。

保护生态多样性：加里福尼亚地区的庞得隆野营地计划局预计，该地区的人口将从1990年的一百一十万增到2010年的一百六十万。该区有200多种动植物被联邦或州署列为受到危险、威胁或是濒于灭绝的动植物。科学家们依据收集到的有关土地、土壤类型、年降雨量、植被、土地利用及物主等方面的信息，模拟出不同的地区发展计划对生态多样性的影响。

预报气候变化：在模拟气候变化上的一个重要未知量是全球的森林退化率。美国新罕布什尔州大学的研究人员与巴西的同事们合作，通过对卫星图像的分析，监测亚马逊地区土地覆盖的变化，从而得出该地区的森林退化率及相应位置。这一技术现在正向世界上其他森林地区推广。

提高农业生产率：农民们已经开始采用卫星图像和全球定位系统对病虫害进行较早的监测，以便确定出田地里那些更需要农药、肥料和水的部分。这被人们称为准确耕种或"精细农业"。

今后的路

我们有一个空前的机遇，来把有关我们社会和地球的大量原始数据转变为可理解的信息。这些数据除了高分辨率的卫星图像、数字化地图，也包括经济、社会和人口方面的信息。如果我们做得成功，将带来广阔的社会和商业效益，特别是在教育、可持续发展的决策支持、土地利用规划、农业及危机管理等方面。数字地球计划将给予我们机会去对付人为的或是自然界的种种灾害，或者说能帮助我们在人类面临的长期的环境挑战面前通力合作。

数字地球提供一种机制，引导用户寻找地理信息，也可供生产者出版。它的整个结构包括以下几个方面：一个供浏览的用户界面，一个不同分辨率的三维地球，一个可以迅速充实的联网的地理数据库，以及多种可以融合并显示多源数据的机制。

把数字地球同万维网进行比较是有建设性意义的（事实上它可能依据万维网和因特网的几个关键标准来建立）。数字地球也会像万维网一样，随着技术的进步及可提供信息的增加而不断改进。它不是由一个单独的机构来掌握，而是由公共信息查询、商业产品和成千上万不同机构提供的服务组成。就像万维网的关键是互操作一样，对于数字地球，至关重要的能力是找出并显示不同格式下的各种数据。

我相信,要使数字地球轰轰烈烈地发展起来的最初方式在于建立一个由政府、工业界和研究单位都参与的实验站。该站的目标应集中在以下较少的若干方面的应用上:教育、环境、互操作,以及私有化等方面的有关政策问题。当相应的原型完成后,这就可能通过高速网络在全国多个地方试用,并在因特网上以有限程度方式对公众开放。

十分清楚的是,数字地球不会在一夜之间发生。

第一阶段,我们应集中精力把我们已有的不同渠道的数据融合起来,应该把儿童博物馆和科学博物馆接上如同前面说的“下一代因特网”一样的高速网络,让孩子们能在这里探索我们的星球;应该鼓励大学同地方学校及博物馆合作来加强数字地球项目的研究——目前可能应集中在当地的地理信息上。

下一步,我们应该致力于研制一米分辨率的数字化世界地图。

从长远看,我们应当努力寻求使有关我们星球和历史的各个领域的数据。

在以后的数月里,我将提议政府机构、工业界、研究单位及非盈利机构里的专家们行动起来,为实现这一美好前景制订战略方案,大家一起努力,就能解决大部分社会上所面临的最紧要的问题,激励我们的孩子更多地了解他们周围的世界,并且加速数十亿美元的工业的增长。

资料来源:翻译:刘戈平,校对:杨崇俊,转自:http://www.digitalearth.net.cn/readingroom/c_gore.htm

请分析:

(1) 你是怎么理解戈尔首先提出的“信息高速公路”和“数字地球”概念的?

____

(2) 从戈尔身上,你怎么看待政治家与科学家的结合?

____

(3) 虚拟现实技术把人类的空间感、行走等感觉和行为功能纳入到人机交互之中,使得人与信息的交流变得更加自然和没有阻碍。你能从中得到什么启发?请简述之。

____

5.7 主要术语

确保自己理解以下术语:

DOS 操作系统	多道程序	软件许可证
Linux 操作系统	多任务	商业软件
Mac OS	多用户许可证	设备管理

UNIX 操作系统	分布式系统	设备驱动程序
Windows 操作系统	分时	实用工具
安装程序	服务器操作系统	数字地球
安装过程	公共域软件	外部服务
版权	共享软件	网络操作系统
标准化	计算机编程语言	文件管理
并行系统	计算机程序	系统软件
操作系统（OS）	进程	系统资源
操作系统演化	进程管理	小包裹许可证
操作系统组成	内部服务	应用软件
场所许可证	内存管理	用户界面
程序	批处理操作系统	指令
单道程序	软件	桌面操作系统
单用户操作系统	软件盗版	作业
单用户许可证	软件发布商	
盗版软件	软件工程	

5.8 练习与实验

本章“练习与实验”的目的如下。

1）根据版权法和许可协议来决定软件使用的合法限制。

2）描述计算机操作系统的作用，了解操作系统的演化，了解操作系统原理的基本内容。

3）认识主流的操作系统，比如 DOS、Windows、Mac OS、UNIX 和 Linux。

4）按照系统软件或者应用软件对软件进行分类。

5.8.1 工具与准备工作

在开始本实验之前，请回顾教科书的相关内容。

需要准备一台带有浏览器，能够访问因特网的计算机。

5.8.2 实验内容与步骤

1. 快速测试

下面是一些快速测试题，请通过完成这些测试题目，检查自己是否理解了课程的内容。

填空题

(1) 如果使用计算机写出了一个报告，那么该报告是软件。对不对？( )

(2) 为了有效地使用计算机，用户需要成为一名程序员。对不对？( )

(3) ________使用户能够使用类似于英语的指令编写计算机程序。

(4) 软件的非法拷贝有时被称为________软件。

(5) 告诉计算机怎么将英寸转换成厘米的指令序列是一个计算机________。

(6) 在每个网络用户都需要软件的个人化版本时，将需要________许可证。

(7) ________许可证通常允许在特定位置的任何和所有计算机上使用该软件。

(8)“买前尝试”方针是指________许可证。

(9) 如果购买一个软件________,将会同时得到多个应用软件。

(10) ________软件协助计算机完成最基本的操作任务,而________软件则协助用户完成他们的工作。

(11) UNIX 和 Linux 是服务器操作系统,而 Windows XP Home Edition 是________操作系统。

(12) DOS、Windows 和 Mac OS 操作系统通常用于________计算机系统。

(13) 如果想同时运行多个程序,应该使用一个具有________功能的操作系统。

(14) 名为________的免费操作系统获得了网络和 Web 站点管理员的青睐。

(15) ________软件协助计算机完成一些像准备保存数据的磁盘、提供磁盘上的文件信息、把数据从一个磁盘复制到另一个磁盘等工作。

(16) 用户安装了一个________以告诉计算机怎么使用一个新的外围设备。

选择题

(1)( )是能够便于其他程序执行的程序,并监控计算机系统中各个部件的活动。

A. 操作系统　B. 硬件　C. 队列　D. 并行

(2) 最早的操作系统被称为( )操作系统,该操作系统只能确保资源从一个作业传递到下一个。

A. 批处理　B. 分时　C. 个人　D. 分布式

(3)( )操作系统使远程连接的计算机能够共享作业。

A. 批处理　B. 分时　C. 并行　D. 分布式

(4) 多道程序需要( )操作系统。

A. 批处理　B. 分时　C. 并行　D. 分布式

(5) DOS 被认为是一种( )操作系统。

A. 批处理　B. 分时　C. 并行　D. 个人

(6) 拥有多个 CPU 的系统需要( )操作系统。

A. 批处理　B. 分时　C. 并行　D. 分布式

(7) 每一个进程都是( )。

A. 作业　B. 程序　C. 分区　D. a 和 b

(8)( )管理器是用来归档和备份的。

A. 内存　B. 进程　C. 设备　D. 文件

(9)( )管理器是负责对 I/O 设备的访问。

A. 内存　B. 进程　C. 设备　D. 文件

(10)( )管理器管理着作业调度器和进程调度器。

A. 内存　B. 进程　C. 设备　D. 文件

2. 概念理解

请利用所学概念回答下列问题,必要时请借助于教科书、网络等寻求资料。注意发挥自己的批判性思考能力、逻辑分析能力及创造力。

(1) 单道程序和多道程序之间有何区别?

(2) 操作系统由哪些基本部分组成？

(3) 虚拟内存和物理内存之间有何联系？

(4) 程序驻留在哪里？作业驻留在哪里？进程驻留在哪里？

(5) 设备管理器的功能是什么？

(6) 文件管理器的功能是什么？

3. 操作与分析

请利用所学概念回答下列问题。

(1) 请解释“向下兼容”概念的含义，并给出一个使用特定操作系统版本和应用软件的范例。

(2) 在指导老师或者信息技术人员的帮助下，找出在学校实验室或者其他机构中使用的几种操作系统。请列举其版本、支持厂商和服务器的功能，填入表5-1中。

表5-1 实验记录

操作系统名称和版本	支持厂商	服务器作用

描述你所调查的范围及其基本情况：

在你的调查范围中拥有计算机的基本情况：

(3) 通过有关教科书和对Web网站的搜索了解，列举出你找到的Linux发行版本及其支持厂商和网站，填入表5-2中。

表 5-2 实验记录

Linux 版本	支持厂商	支持网站

4. 网络搜索与浏览

了解从事国家标准咨询服务的专业网站，了解信息技术国家标准的基本情况，并在表 5-3 中记录搜索结果。

> 提示：一些国家标准咨询服务网站的例子如下。
>
> http://www.Chinagb.org（中国国家标准咨询服务网）
>
> http://www.nits.gov.cn（全国信息技术标准化技术委员会）
>
> http://www.Standard.com.cn（标准化信息网）
>
> http://www.UCST.CN（中国技术监督情报协会 WTO 信息咨询中心）

你习惯使用的网络搜索引擎是：________________

你在本次搜索中使用的关键词主要是：________________

表 5-3 实验记录

标准化专业网址	网站名称	内容描述

请记录：

（1）你认为比较重要的两个标准化专业网站。

1）网站名称：________________

2）网站名称：________________

（2）查阅有关资料（例如教材和专业网站等），结合自己的理解回答以下问题。

1）标准一般分哪五个层次，请简单解释。

① ________________

② ________________

③ ________________

④ ________________

⑤ ________________

2）请简单解释下列符号的含义。

GB：______

GJB：______

ISO：______

ANSI：______

IEEE：______

5.8.3 单元学习评价

（1）你认为本单元最有价值的内容是：

______

______

（2）下列问题需要进一步地了解或得到帮助：

______

______

（3）为使学习更有效，你对本单元的教学有何建议？

______

______

5.8.4 实验总结

______

______

______

______

______

5.8.5 实验评价（教师）

______

______

______

第 6 章　文字处理、电子表格和演示文稿

对于微型机用户来说，1979 年和 1980 年的新闻是激动人心的：三个超级软件包上市并迅速形成了微型机软件的热潮。计算机用户很快克服了旧的字处理（又称文字处理）软件 WordStar 复杂界面所带来的困难，开始制作专业风格的文档；电子表格软件 VisiCalc 则以其创新的思想使用户可以在报表中进行复杂的计算；个人数据库 dBASE 可以帮助计算机用户通过创建和维护数据库来组织自己的信息。文字处理、电子表格和数据库软件在当时被称为个人计算机软件的“三巨头”。

1989 年，中文字处理软件 WPS（Word Processing System）诞生，并以 WPS 为核心软件推出了金山汉卡，由此带出了当时盛行的整个汉卡产业。

在这一章中，我们来学习文字处理、电子表格和演示文稿软件，这类软件的优秀版本之一今天被统称为“Office”。Office 软件是软件生产厂商专为一般用户的计算机普及性应用而设计的，软件的用户界面友好，操作直观，功能强大，使用方便。Office 软件的操作性学习教材、使用手册等种类丰富，但本书不想在这些操作细节上展开教学，而是针对专业学生，把学习重点放在软件的操作特性和功能理解上，至于操作细节，在实验环节请学生自己探索和尝试，以促进专业学生对于应用性软件的自学能力。

6.1　文字处理

文字处理在我们的日常学习、生活和工作中占有重要的地位。从历史上看，文明程度反映出读写的重要性与社会、经济发展相对应。随着世界文明的进步，文字处理和文档生成工具也在进步，计算机文字处理软件取代了笔、橡皮和打字机，成为文档制作的主力工具，如图 6-1 所示。

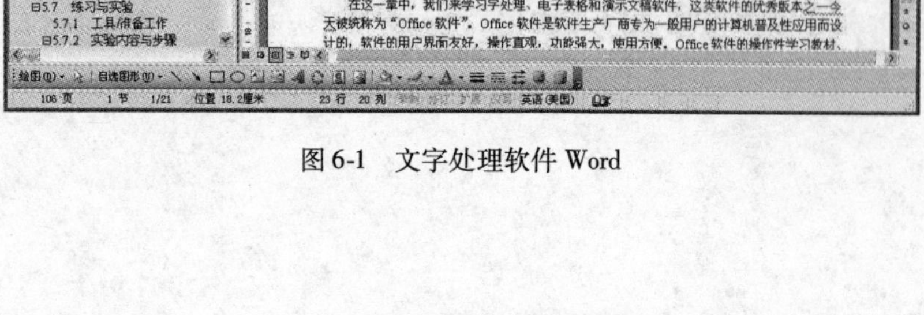

图 6-1　文字处理软件 Word

6.1.1 打字和键盘输入

打字曾经是一项专业技能，一般由秘书角色的女性来做。但现在打字已经是一个人的基本技能，这个变化与使用计算机文字处理软件制作文档有很大的关系。

使用计算机制作文档，就必须熟悉键盘输入。尽管熟练的键盘输入会给文档写作带来便利，但是也没有必要人人都成为打字员。文字处理软件中有很多功能可以帮助用户避免文字错误，也有打字训练软件可以帮助用户提高打字速度和准确性。实际上，每天都接触计算机，打字水平也能很快得到提高。

6.1.2 写作过程

虽然用计算机进行写作也会有不同方法，但通常会先使用文字处理软件来输入文档草稿，然后对内容和风格进行编辑，以得到满意的效果。最后，再用文字处理软件进行文档的排版和打印。有时候，还会使用专业的桌面排版软件（例如方正飞腾创意排版软件、Adobe Framemaker 桌面排版软件等）来进行格式处理和打印。

一般来说，在输入文档内容时不必关心文档的外观，所要注意的就是如何正确有效地表达用户的思想。在对文章内容感到满意的时候，再将注意力集中到对文档外观的处理上。文字处理软件可以很容易地修改文档的措辞。

有些作者在写完第一页草稿后，会反复调整每个句子，希望在完全满意后再继续。而写作老师的建议是：如果能够让自己的思路不间断，则会更快更好地写出文档。当遇到不满意之处时，用问号或者星号标出来即可，然后继续按照自己的思路往下写。在完成整个文档后再返回来进行修正。

使用文字处理软件会使写作过程更流畅、效果更好。例如，使用文字处理软件时不必担心把字打在纸的外面。在文字处理软件中，有一个称为字回卷（Word Wrap）的功能，它能将到达文档边界的文字自动移到下一行实现文本换行。在输完整个文档之后，再改变页边界设置，调整左、右、上、下边界是非常简单的。

6.1.3 改进写作质量

当能够熟练使用计算机的时候，文字处理软件有助于提高写作质量。使用文字处理软件可以很容易地创建文档的草稿，重新确定它的结构，仔细地修改语句结构和词语的用法。可以很方便地插入文字、删除文字、移动段落甚至整页来改进结构和文章的逻辑流程。

在文档生成过程中，文档的一部分称为“块”，删除或移动块称为块操作。尽管文字处理软件简化了块操作，但首先还是必须决定如何组织文档以清楚地表达思想。

文字处理软件的大纲模式能够通过使用层次化的标题和子标题来清楚地显示文档的内容（注意图 6-1 中的左窗格）。当创建层次化文档时，要给每个标题做上标记，说明这是章、节或小节的开始。为了看到完整的文档，可以让软件只显示章标题；如果要显示更详细的结构，可以显示章标题和节标题等。

当在大纲视图中移动一个标题时，大纲模式会自动移动该标题下的所有子标题和段落。此外，还可以使用软件的剪切（cut）和粘贴（paste）命令来生成新结构的文档。

修改完整个文档的结构后，就可以注意文章的细节了，例如词语的用法、拼写和语法等。

有些作者知道自己在文章中过度使用了某词或某词的用法不正确。如果已经知道了问题所在,就可以使用"查找"功能来获取该词的所有引用位置。针对每次引用来选择决定"保留"还是"修改";另一个功能就是"查找和替换",为在整篇文章中替换某个词提供了方便。

很多文档生成工具(包括最新的电子邮件编辑器)中都有拼写检查工具如图 6-2 所示。联机拼写检查功能在打字时通过增加波浪线实时显示错误(例如用红色波浪线指出英文拼写错误,绿色波浪线指出汉字词组错误等)。用户可以手工消除和纠正错误,也可以单击拼错的单词,然后从正确单词的列表中选择更正。但是,拼写检查不能完全替代人工校对。

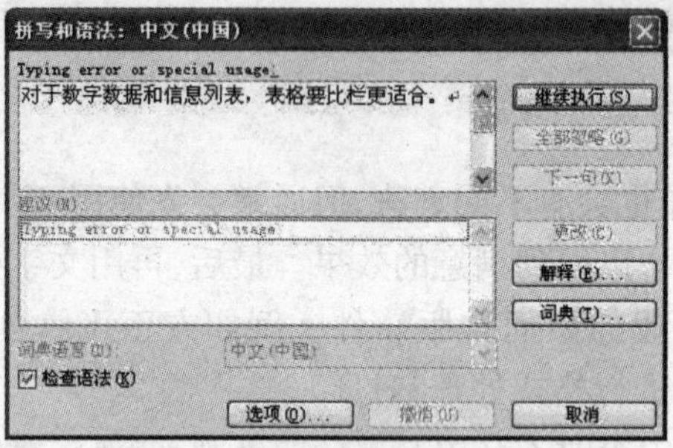

图 6-2　Word 的"拼写检查"工具

6.1.4　格式化文档

在印刷时代之前,所有文档都是手写的。中世纪时,艺术家和僧侣们挤在称为"写字间"的大房间里辛勤地抄写宗教经典,这些手抄本被称为"神圣手稿"。手稿中有插图、精美的字体和花边,它是传播信息的手段,还是艺术的结晶,价值很高,如图 6-3 所示。

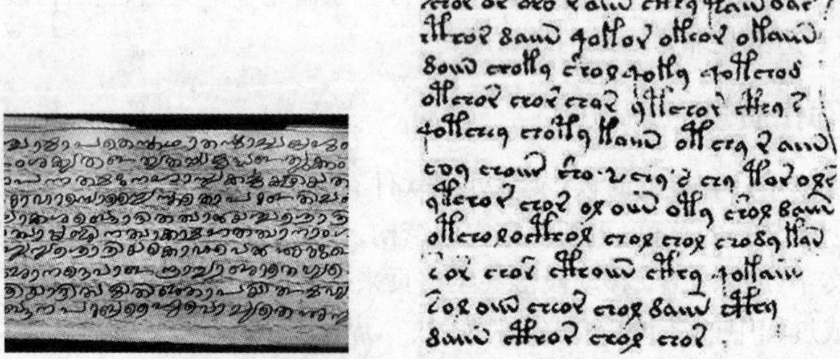

a)　　　　　　　　　　b)

图 6-3
a) 700 多年前古印度梵文哲学手稿　b) 神秘的伏尼契手稿

如今,漂亮的文档不再是一种财富。现代的电子排版技术和印刷技术可以大批量低价格地生产出很多漂亮的文档。此外,文字处理软件提供了一些工具,例如文档模板、向导、字体、风格、边界和剪贴画等,可以帮助人们制作出专业化、个性化的优秀文档。

(1) 文档模板是一个预先设定格式的文档,可以向其中输入正文。绝大多数字处理软件都建议在输入正文之前选择一个合适的模板。如果没有选择模板,软件会自动替你选择一个适用于信件和报告的通用模板。在模板中,页边界、行距、页眉、字体和页面大小等格式都已经设置好了。图 6-4 显示了 Word 通常提供的典型文档模板。

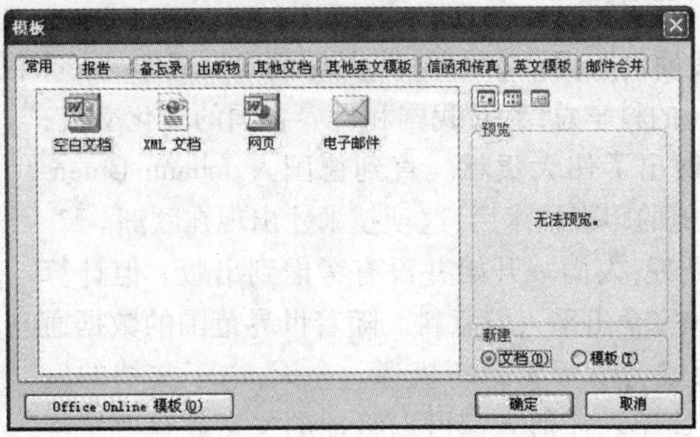

图 6-4　Word 提供的文档模板

(2) 有些软件使用文档向导来提供更多功能。文档向导不仅提供了文档格式,它还会提供分步骤的指南,来指导用户输入不同类型的文档。在创建自己的格式之前,应该先浏览一下软件所提供的模板和向导。

(3) 在文档中使用的字体极大地影响着文档的外观。“字体”是一种特殊的样式设计,文字处理软件通常会提供很多种字体。如果觉得不够,还可以购买和安装其他字体包。甚至可以使用模拟手写体,使文档看起来就像是写出来的一样。也可以将手写体和那些传统的印刷体混合使用。

(4) 还可以通过调整行距、页边距、缩进、制表、边界和图文框来修正文档的外观。边距留大一些,增加字间空白,使文档不太紧密,可方便阅读。

“对齐”定义了每行字符和词语之间的间距。排版字体文档通常是充分对齐,因此正文的左右边距排列很整齐。

“分栏”(图 6-5) 增加了可读性,表格使数据整齐。在文档制作中,“栏”通常意味着报纸风格的段落设计。表格将数据按照行列排列。对于数字数据和信息列表,表格要比栏更适合。

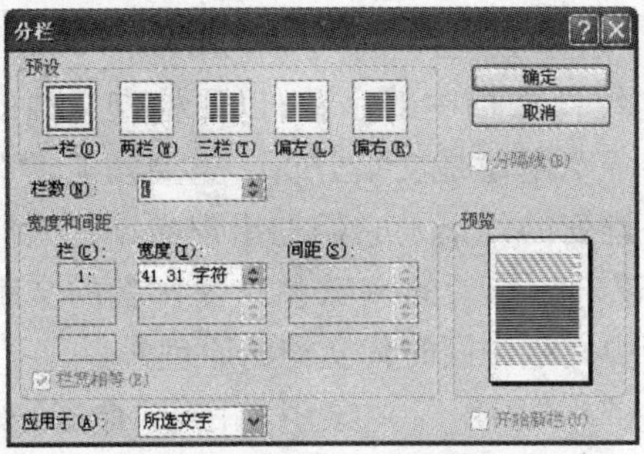

图 6-5　Word 的“分栏”功能

要使文档更加突出,可以使用边框和图片。边框就是环绕在文字或图片(通常是标题、表格)上的方框,图形即图片和图表。在文字处理软件 Word 中,“剪贴画”集合中包含有上百幅可以用在文档中的图形,还可以在因特网上找到更多的剪贴画。

绝大多数的文字处理软件都使用图文框来放置图形。图文框是一个可见的方框，可以放在页面的任何位置上，可以将文字环绕在图文框周围。

6.1.5 纸版印刷和电子出版

毕升[⊖]（图6-6）发明的胶泥活字印刷术，是印刷术发展中的一个根本性的改革，是对我国劳动人民长期实践经验的科学总结，对我国和世界各国的文化交流，推动世界文明的发展做出了伟大贡献。直到德国人 Johann Gutenberg 在1448年演示了他的印刷技术后，这项技术才出现在欧洲。

图6-6 活字印刷术的发明人北宋毕升

对于计算机文字处理，人们一开始并没有考虑到出版。但计算机文档产生的巨大影响完全出乎人们意料。随着世界范围的数据通信网的发展，电子出版成为出版界的新机遇。今天，电子文档的发送、存储和操作都非常简单。任何人都可以将他的文章放在万维网上、发送电子邮件或参加各种在线讨论组。印刷文字的力量被电子出版的力量所取代。对于发布信息而言，因特网以低成本方式提供了强大的通信渠道。

6.1.6 文档自动生成

计算机在执行如记数、编号、搜索和复制等重复性任务时功能非常强大。文字处理软件充分利用计算机在这些方面的能力，来自动完成一些重复性的工作。

（1）页面编号。编辑文档时，大段文字的增加或删除，或者文档间距的改变等，都将影响到页码。由软件实现的页码自动编号又称为“分页”，就是当编辑和格式化处理文档时计算机自动在文档的每一页打上页码。

（2）页眉和页脚。通常应当告诉软件将页码放在页眉还是页脚。页眉是自动出现在文档每一页最上方的文字，页脚是自动出现在文档每一页最下面的文字。简单的页眉或页脚通常包含当前页的页码，也可能将文档作者和标题放在页眉或页脚中，以便打印时不会与其他文档相混淆。页眉和页脚有助于文档的识别，使文档看起来像出版物那样。出版的图书一般每一页或者有页眉、页脚，或者两者都有。借助于文档生成软件，可以很容易地在文档中加入页眉和页脚。

（3）字数统计（“工具”→“字数统计”命令），如图6-7所示。文字处理软件可以很容易地统计文档中的字数，以便检查文档的长度。计算机字数统计的另一个用途是文字分析。重要词汇索引就是指文章中按照字母顺序排列的词语及它们的出现频率。人们使用重要词汇索引，通过比较未知作者的文献和已知作者的文献中词语的使用频率来断定历史文献和同时代文档的原创作者。

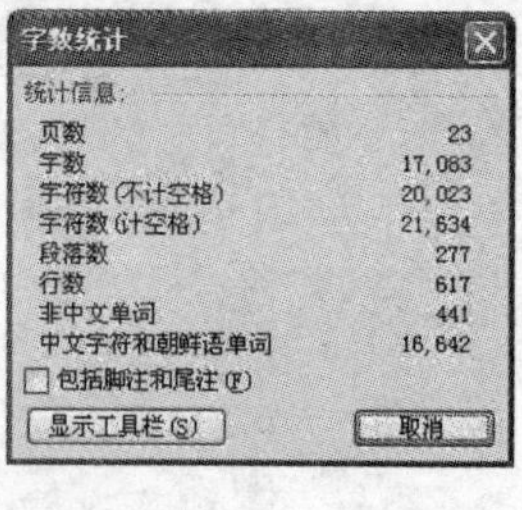

图6-7 Word 字数统计

（4）索引和目录（“插入”→“引用”→“索引和目录”命令）如

⊖ 毕升（？—1051），北宋布衣，淮南路蕲州蕲水县直河乡，即今湖北省英山县草盘地镇五桂墩村人。毕升初为印刷铺工人，专事手工印刷，他在印刷实践中，深知雕版印刷的艰难，在认真总结前人经验的基础上，发明了活字印刷术，这是我国古代的四大发明之一。对此，沈括在《梦溪笔谈》中有具体记载。

图 6-8 所示 。较长的文档还需要目录和索引。由于文档制作技术的发展,人们希望不仅仅是专业出版的书,而是所有的长文档都拥有目录和内容索引。绝大多数文字处理软件都提供了自动生成索引和目录的功能。当文档内容修改后,还能够自动更新目录和索引。

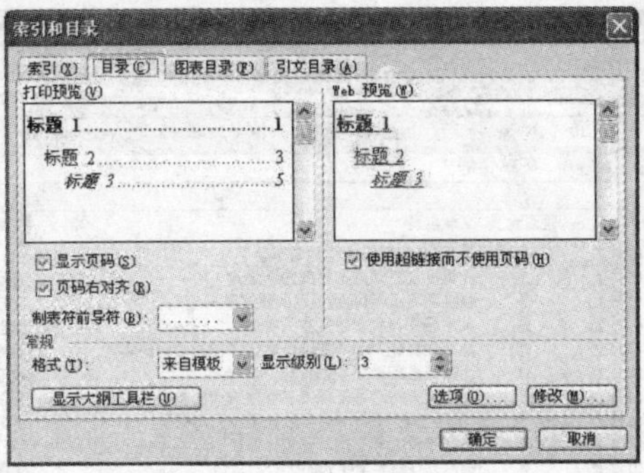

图 6-8　Word“索引和目录”功能

(5) 邮件合并(“工具”→“信函与邮件”→“邮件合并”命令)。邮件合并是指通过使用套用信函来合并邮件列表中的信息,以创建个性化信件的过程。大多数文字处理软件提供了邮件合并功能。邮件合并需要两个文档:其中一个文档包含邮件列表,另外一个文档包含套用信函。邮件列表只是在单列中输入名称和地址。套用信函是一个文档,其中包含来自于邮件列表的名称、地址或者其他信息的特殊标识的容器。根据文字处理软件的不同,创建这些容器的方法也不同,所以要仔细参考软件文档的说明。一旦创建了包含邮件列表和套用信函的文档,就可以开始合并,它会逐次输入每封信的名称和地址,然后打印。

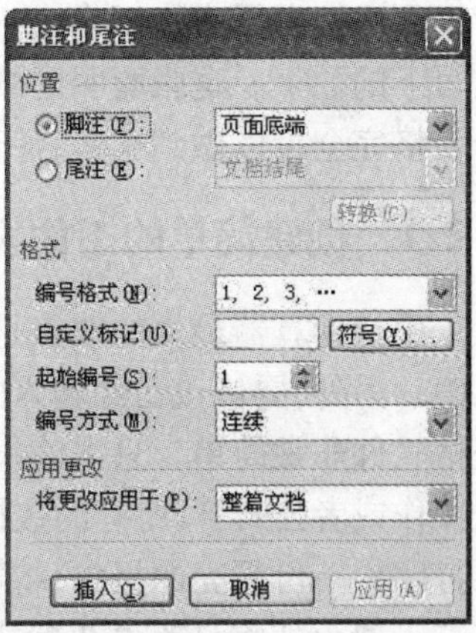

图 6-9　Word 脚注与尾注

(6) 脚注(“插入”→“引用”→“脚注和尾注”命令),如图 6-9 所示 。学术文章通常要求有脚注。脚注包含了正文中提到的引用出处。当修改文档的时候,脚注必须与它们在正文中的引用点相对应,因此需要按照顺序编号。一般的文字处理软件都有脚注功能,在正文移动后,仍然可以保持与脚注之间的位置和顺序关系。如果使用尾注,通常软件会在文章的末尾搜集文章的引用信息,并按照它们在文章中出现的顺序或字母顺序进行打印。有些文字处理软件还提供了向导,帮助用户根据引用资料的类型(是书本还是杂志)选择正确的格式输入信息。

6.2　电子表格

1978 年,哈佛商学院学生 Dan Bricklin 发明了电子表格软件 VisiCalc。专家认为这个软件加速了数字时代的来临。在此之前,消费者甚至都没有想过个人计算机会有那么多的用途。

VisiCalc 给人们提供了一个方便的工具,不需要统计或财务知识就可以进行复杂的计算。它包含了今天电子表格软件的所有基本元素——基于屏幕的行和列的网格、预定义的函数、自动计算、格式化功能,以及基本的复制公式的“智能”。

“电子表格”通常是指人们使用电子表格软件在计算机上创建和存储数据的数字模型，如图 6-10 所示，它能帮助人们减轻计算负担。专家称电子表格是“直观的、自然的，可以用于金融分析、商业和数学模型、决策支持、模拟和解决问题的有力工具”。

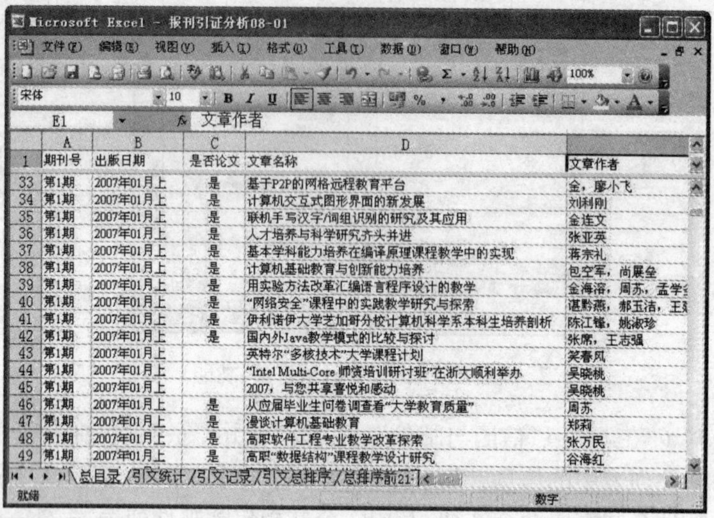

图 6-10　电子表格软件 Excel

可以把电子表格想像成一张（或一叠）“聪明”的纸，它能够自动累加（或处理）在“纸”上写下的数字。这张聪明的纸也可以基于写下的简单公式进行计算。事实上，计算机化的电子表格完全可以做到这些，甚至功能更多。

6.2.1　创建简单的工作表

手持计算器最大的缺点是输入的数据虽然被存储起来，但是却看不到，不能校验它们是否准确。另外，要修改已经输入的数据也很困难，通常需要重新开始计算。与此相反，使用电子表格软件非常简单。只需输入要计算的数据，并告诉计算机如何操作这些数据就可以了（通过操作或者公式），所有的数据都可以在屏幕上看到，也很容易对它们进行修改。还可以将结果打印成一份漂亮的报告，将数据转换成图形显示，或者将其保存起来供以后修改。用户也可以毫不费力地将计算结果输入到其他电子文档中，例如做成 Web 页面发布，或用电子邮件发送给同事们等。

使用电子表格软件在屏幕上建立的表格称为工作表（Sheet）。工作表是由行和列组成的网格，列使用字母表示，行使用数字表示，行和列的交点称为单元格。每个单元格都有一个唯一的单元格地址，用它的行号和列号表示。例如，工作表中左上方第一个单元格的地址是 A1，因为它处在第 A 列第一行。

单元格内可以包含数字、文本或公式。数字就是要在计算中使用的数值，文本可用于工作表的标题和对数字的说明，公式可用于指示计算机如何在计算中使用单元格的内容。可以使用公式来进行数字的加减乘除，甚至更复杂的运算。

在创建新的工作表之前，要仔细地思考和设计，这样才能够组织好工作表，得到准确的结果。不妨参考以下几点。

（1）要清楚工作表的目的。列出需要进行的计算，同时尝试规划在行和列中如何放置数据。考虑工作表顶部和左下方使用什么标签。

(2) 在单元格中输入数字和栏目名称,然后输入公式。输入数字时,要在临近的单元格中提供描述性标签,通常标签位置位于数据的左边。最好在工作表的顶部提供标题。

(3) 格式化工作表。为了增强可读性,可以加大标题的字体,以及使用粗体来输入关键标签。可以使用不同的颜色来标识数字和结果,创建数据的图形表示方式和添加图形。

(4) 测试工作表。注意测试工作表数据的正确性。如果在工作表中的结果看起来并不是所希望的那样,那么有可能是在输入的时候出现了错误。仔细检查输入的数字和公式并进行修正,直到工作表的运算结果正确为止。

(5) 存储和打印工作表。

6.2.2 公式计算与模板

事实上,电子表格软件的价值就在于它在工作表中处理数字和公式的方法。不妨把工作表想象成两层——一层是可以看到的,另外一层是隐含的。隐含层保存公式,公式的结果放在可见层。一旦增加或修改了单元格中的数值,电子表格就会重新计算所有的公式,也就是说,工作表上显示的,总是当前单元格中最新数据的运算结果。

公式通常以等号开始,并包含着对其他单元格的引用。“引用”使更改数据和重新计算结果变得很容易。如果有一个公式是“从单元格 B4 中减去单元格 B5 中的数值”,那么该公式并不关心单元格 B4 和 B5 中的具体数字,可以创建像“ = B4-B5”这样的通用公式,。即使以后修改了这两个单元格的数值,结果也总是准确的。

构造工作表时,除了可以输入公式执行计算外,还可以选择预定义好的公式,这些公式称为函数。比如说在一个研究任务中需要计算一个学校考试分数的标准方差。这时,根本不需要去找统计学书本,电子表格软件中有内置的可以进行标准方差计算的函数。只需在一些单元格中输入考试分数,并告诉计算机使用标准方差函数进行计算,就可以得到正确的结果了。绝大多数的电子表格软件中都包含有上百个函数,可以进行数学、财务、日期和统计等运算。

用户还可以使用预先定义好的模板。工作表模板是由电子表格专家制作的工作表,里面已经包含了格式和公文。需要时,只需选择该模板,用自己的数据进行填充就可以了 ,如图6-11 所示。

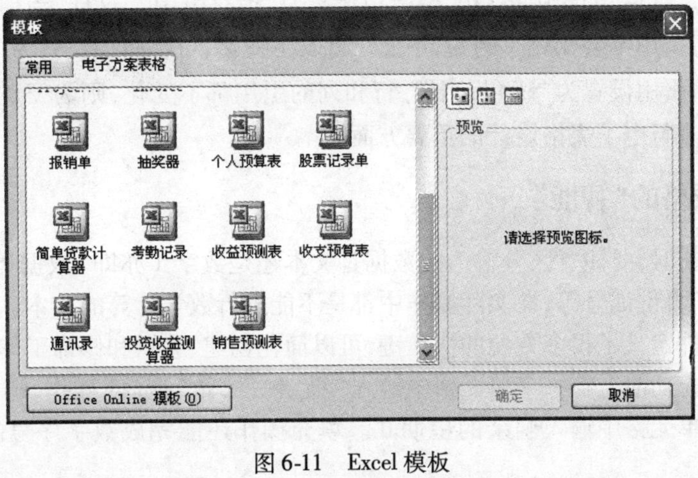

图 6-11　Excel 模板

6.2.3 测试和修改工作表

在商业活动中,工作表中一个公式的错误就有可能给公司带来巨大的损失。因此,在创建工作表之后,应当尽可能地对数据和公式的准确性进行彻底测试。工作表设计和应用的原则之一,就是"在测试完成之前,不要相信你的工作表"。测试,行话又称为审核,是非常重要的。

对工作表进行测试时,要通过输入一些已经知道结果的数据来进行验证;另一种测试方法就是输入一些简单的数据,它们的结果可以用心算得到。

复杂的工作表需要进行复杂的测试。很多电子表格软件提供了审核功能,如图 6-12 所示,来帮助查找对空单元格的引用、未被引用单元格,以及导致无法终结循环计算的引用自身的公式。

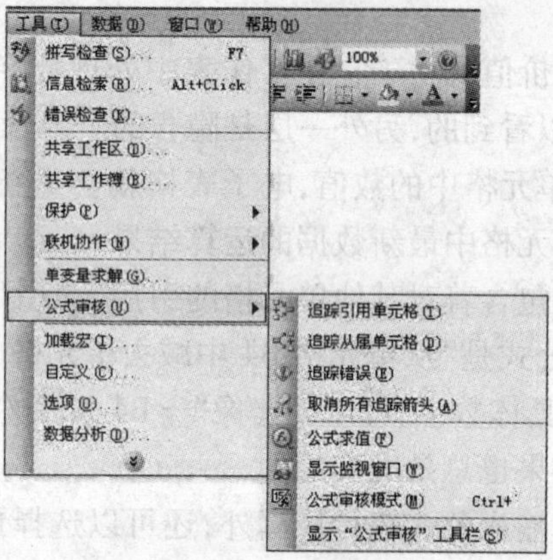

图 6-12 Excel 公式审核

修改工作表中的文本、数字和公式也很简单。用户可以通过插入、删除行和列,或移动单元格中的内容来修改工作表的结构,并且此后电子表格软件会自动调整公式,以确保公式中的单元格引用保持正确。

如果不进行特殊说明,单元格引用就是"相对引用"。也就是说,引用是相对的,可以变化。比如 B 列中数据上移一行,则公式中的单元格引用也将由 B4 变成 B3。如果不想让单元格引用发生变化,可以在公式中把单元格引用定义为"绝对引用",这样,当插入行,或者复制、移动公式时,绝对引用不会变化(例如,不想让行发生变化,可将引用设置为"B$4",不想让列发生变化,可以将引用设置为"$B4",当然,行和列的引用都不变化,则为"B4"),掌握何时使用绝对引用是进行电子表格设计的重要方面。

6.2.4 电子表格的"智能"

使用电子表格时,要注意区分输入的数据是文本还是数字(亦即"数据类型"),如图 6-13 所示。例如学号、身份证号等,在实际操作中都是不能进行数学计算的文本。

电子表格软件定义了很多方便的快捷键,可以简化创建、编辑和修饰工作表的过程。例如单元格有自动填充功能。在一个单元格中输入"星期一",做"拖放"操作,那么填充功能就可以自动在后面的单元格中输入剩余的星期几。填充操作还能完成数字序号的编制,如"1,3,5,7,…"等。

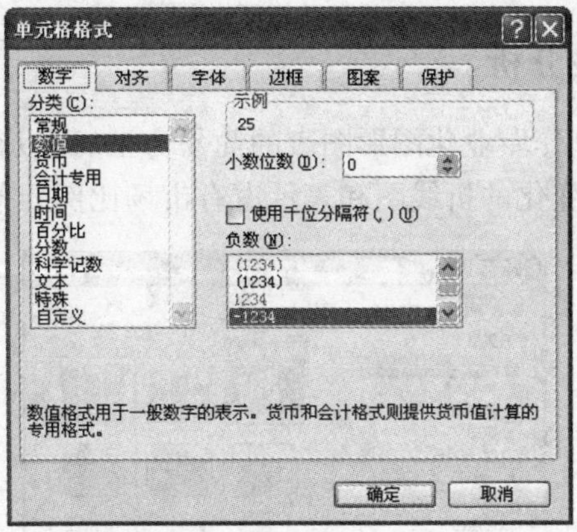

图 6-13 Excel 单元格格式

电子表格软件提供了许多格式化选项,以美化工作表的外观,如图 6-14 所示 。电子表格使用的格式依赖于所希望的输出形式,例如是屏幕显示还是打印输出等。显示输出的工作表通常与打印输出的工作表的格式不同。

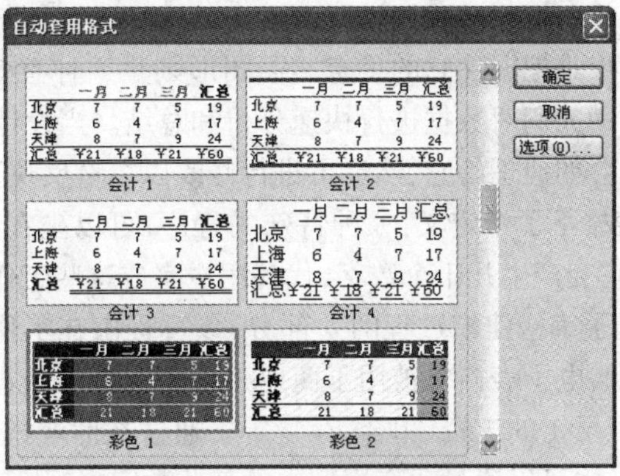

图 6-14 Excel 自动套用格式

显示输出的工作表应尽量将所有的标签、数字和公式放在一屏上显示,有时候需要将列距变窄,以排放更多列。如果工作表只是自己使用,可能就没有必要花费大量时间来修饰它。

如果要打印工作表,应该花一些时间使它更吸引人。例如,标题的字体大一些,重要的数字和标签加粗或变斜,去掉表格之间的格线看起来会更加优雅等。但是,在电子表格中不要隔行,否则数据不连续在某些处理过程中会有麻烦。

用于演示的电子表格在显示的时候必须易于阅读。不妨使用更大的字体——让坐在房间后面的人也能够看到工作表的内容。在演示中,滚动屏幕会让人不舒服,因此,工作表要尽量能够在一屏中显示。如果需要演示多个图表和图形,可以创建包含多个工作表的工作簿(Book) 。

色彩会使演示更加生动有趣,有助于表达工作表中的重要数据。如果要使用黑白两色打印工作表,则要仔细选择色彩。因为在黑白输出中,打印的彩色部分都是灰度的。有些色彩会变成黑灰色,使得标签和数字难于阅读。

6.2.5 设计建议与假设分析

电子表格软件提供了制作专业化图形图表的简易方法,可以很容易地生成说明民意测验结果的漂亮饼图、生成债务变化的折线图和表示占有市场比例的条形图等,如图6-15所示 。

图6-15 Excel图表向导

当表格比较复杂时,很难把握住它的重点。而图形则是一种有效的演示工具,它直观、形象并且易于理解,可以帮助人们对数据进行快速分析和总结。当设计图形的时候,必须要依据真实的数据,想到一般人会如何理解它,然后再进行修改以尽量反映真实情况。

Dave Barry给电子表格下了个定义:一种特殊的程序,可以坐在办公桌前,向该程序询问各种"What if?"的问题,它会产生几千个数字,代替用户完成这些工作。

"What if?"问题是电子表格建模过程的一部分,该过程由在工作表中设置数字来描述现实情况的过程组成。比如,电子表格常被用于商业建模。工作表数据代表或者描述商业中的财务活动,如销售的商品、员工的工资、租金、存货等。通过在商业模型中查看这些数字,就可以知道当前的利润情况。也可以通过改变模型中的某些数字来观察商业活动的变化是如何影响利润的。建立模型和使用不同数字进行试验的过程通常称为假设分析。

What if分析是个很有用的工具。人们常会问这样的问题:"如果我在后面的两门经济学考试中得到A会怎么样呢?如果是B又会怎样呢?";"如果每月存100元作为退休金会怎么样呢?如果每月200元会怎样呢?";"如果销售率增长10%怎么样呢?如果是5%又怎么样呢?";"是利息为8.5%的30年抵押好,还是利息为7.75%的15年抵押好呢?"。而使用电子表格回答这些问题都很容易。

电子表格软件的应用范围很广。教育工作者用它记录成绩和分析考试分数;农民用它记录谷物产量、计算购买的种子数量、预测投资资本和来年的收入;在家庭中应用可以帮助结算收支账目、监控节余和投资、记录家庭支出,以及计算税金等。

6.3 演示文稿

为组织一场演讲,文字处理软件可以帮助制作印刷品讲义,电子表格软件可以在文章中加入图形来支持论点。此外,还可以使用演示文稿软件来创建演示用的幻灯片,如图6-16

所示。

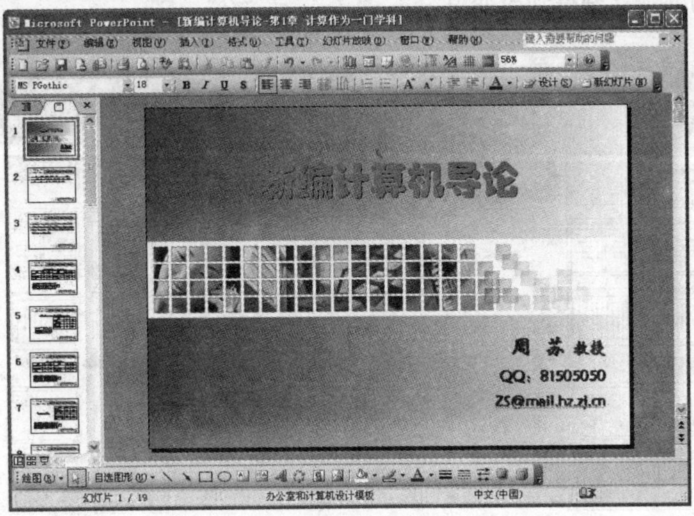

图 6-16　演示文稿软件 PowerPoint

Microsoft PowerPoint 作为专业的演示文稿软件,是一个很重要的多媒体演讲和教学辅助工具,演讲者可以用它来制作多媒体“幻灯片”,完成更为容易和质量更高的信息传递,以及实现完美的演示环境。

用 PowerPoint 制作的演示文稿,既可以在计算机上显示,也可以输出到电子灯箱、35 mm 幻灯片或纸张上,还可以制作成发给听众的讲义或供演讲者参考的材料等;通过设置超级链接和动作按钮,可以实现 PowerPoint 演示文稿的交互功能;用户也可以专门为因特网设计和在 Web 上广播演示文稿。不同版本的 PowerPoint 虽然操作界面有所不同,但操作方式还是基本一致的。

6.3.1　建立演示文稿

用户可以有多种方法来创建新的演示文稿。例如,可以在“开始工作”对话框中选择“新建演示文稿”,并进一步选择“空演示文稿”、“根据设计模板”和“根据内容提示向导”等,或者单击“根据现有演示文稿”进行操作。

“内容提示向导”提供了系统建议的内容和设计方案;也可以利用已存在的演示文稿来创建新的演示文稿;此外,还可以使用从其他应用程序（例如 Word）导入的大纲来创建演示文稿,或者从不含建议内容和设计方案的空演示文稿从头制作自己的演示文稿。

为进行简单的演示文稿制作,以后再来修饰和优化,我们选择“新建演示文稿”→“空演示文稿”命令,屏幕右边进一步显示“幻灯片版式”对话框,如图 6-17 所示。

考虑到所建立的一组幻灯片中第一张幻灯片的“封面”作用,首先可选择左上角“文字版式”中的“标题幻灯片”,此后可单击该对话框右上方的【关闭】按钮调整屏幕显示。根据屏幕提示输入各种不同的信息,即可将幻灯片组织成为效果卓然的演示文稿格式。

一张幻灯片完成后,为增加新的幻灯片,应该单击“常用”工具栏上的【新幻灯片】按钮。

添加信息之后,就可以来确定幻灯片的外观。为此,在“格式”工具栏中单击【设计】按钮,屏幕右边显示如图 6-18 所示。在 PowerPoint 提供的设计方案中进行选择,选中后单击即可选定,这时幻灯片的外观立刻得到改变。

图 6-17　选择幻灯片的版式类型

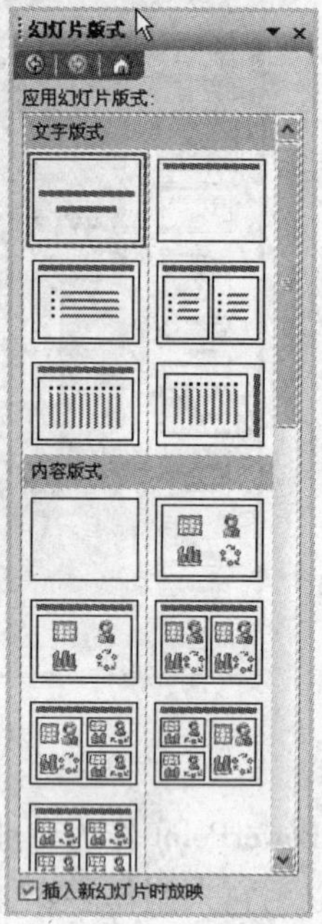

图 6-18　PowerPoint 设计模板

单击“绘图”工具栏上的【插入剪贴画】按钮,可方便地浏览和选择剪贴画,也可通过“插入”菜单中的“图片”→“来自文件”命令从其他程序中导入图形。

单击 PowerPoint 窗口左下方的【从当前幻灯片开始幻灯片放映】按钮,可以在屏幕上播放演示文稿。放映过程中,单击鼠标左键或使用键盘上的方向键,可以在所放映的各幻灯片中进行切换;要打印幻灯片、观众讲义或演示文稿大纲等,可在“文件”菜单中选择“打印”命令,但如果使用“常用”工具栏中的【打印】按钮则只能打印出幻灯片。

为方便用户制作演示文稿,PowerPoint 提供了多种视图界面,如普通、幻灯片浏览、幻灯片放映和备注页等,每种视图都以不同的方式来显示工作效果,帮助用户创建演示文稿。单击位于 PowerPoint 窗口左下方的相应按钮,即可在各种视图之间轻松切换。

在幻灯片浏览视图中可以同时看到以缩略图形式显示的演示文稿中的所有幻灯片。这样,用户可以很容易地在各幻灯片之间添加、删除、移动,以及选择动画切换,还可以预览多张幻灯片上的动画。

用户可以很方便地保存那些新建的和修改过的演示文稿,也可以用其他名称或路径来保存该文件的副本(另存为)。可以将任何演示文稿以 Web 页格式保存,以便在因特网上使用和浏览。另外,还可以在保存演示文稿时进行设置,使之被打开时总是自动开始幻灯片放映。

选择“文件”→“关闭”命令,可关闭演示文稿。如果是第一次保存演示文稿,则系统会提示命名演示文稿。必要时,还可以使用密码来保护自己的演示文稿,使得只有输入预先设置的密码才能打开或更改该演示文稿(“工具”→“选项”→“安全性”命令),如图 6-19 所示。

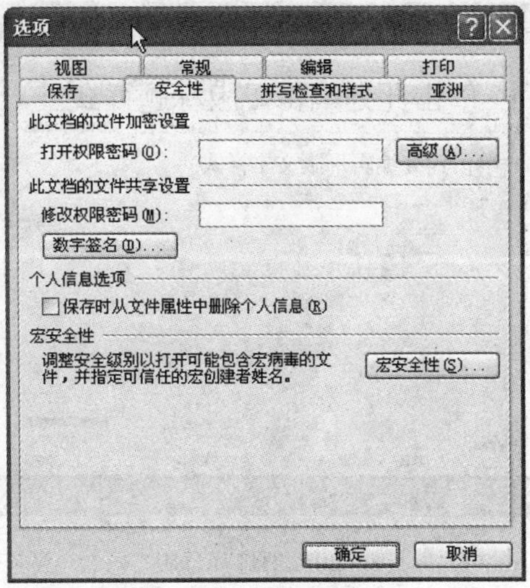

图6-19 “安全性”选项

若要创建长密码（最长255个字符），应在“安全性”选项卡上切换到“高级”选项卡，再选择加密类型，然后在“选择密钥长度”框中，使用箭头选择长密码要使用的字符个数。也可以选择“文件”→“另存为”命令，再在“另存为”对话框中单击【工具】按钮，选择“安全选项”，来设置演示文稿的操作密码。

6.3.2 设计外观统一的演示文稿

利用PowerPoint提供的功能可以使演示文稿的所有幻灯片具有一致的外观。控制幻灯片外观的方法有四种：设计模板、母版、配色方案和幻灯片版式。

1. 设计模板

设计模板包含了配色方案、具有自定义格式的幻灯片、标题母版，以及字体样式等，它们都可用来创建特殊的外观。当演示文稿应用设计模板时，新模板的幻灯片母版、标题母版和配色方案等将取代原演示文稿的幻灯片母版、标题母版和配色方案。应用设计模板之后，添加的每张新幻灯片都会拥有相同的自定义外观。PowerPoint提供了许多专业设计模板，用户也可以创建自己的模板。

2. 母版

PowerPoint母版包括幻灯片母版和标题母版两类。幻灯片母版控制幻灯片上所输入的标题和文本的格式与类型，如图6-20所示；标题母版控制标题幻灯片的格式，它还能控制指定为标题幻灯片的幻灯片。母版还包含背景项目，例如置于每张幻灯片上的图形等。幻灯片母版上的修改会反映在每张幻灯片上。如果要使个别幻灯片的外观与母版不同，则应直接修改该幻灯片而不是修改母版。

（1）幻灯片母版。PowerPoint幻灯片母版控制了某些文本特征（如字体、字号和颜色等），称之为“母版文本”。另外，它还控制了背景色和某些特殊效果（如阴影和项目符号样式等）。

幻灯片母版包含文本占位符和页脚（如日期、时间和幻灯片编号等）占位符。如果要修改多张幻灯片的外观，不必对每张幻灯片进行修改，而只需在幻灯片母版上进行一次修改即可。PowerPoint将自动更新已有的幻灯片，并对以后新添加的幻灯片同样应用这些更改。

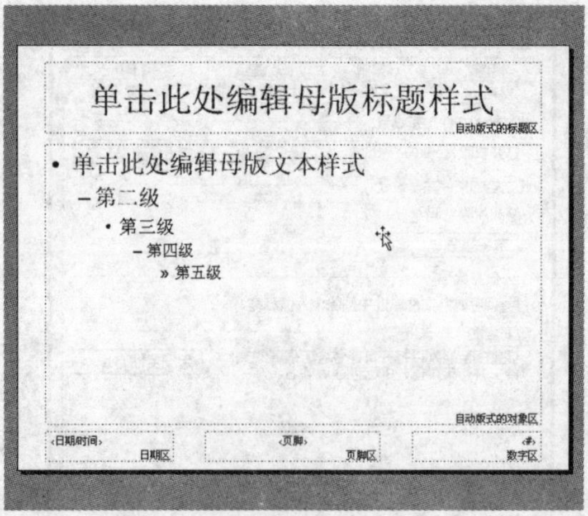

图 6-20 幻灯片母版

> **占位符**：指创建新幻灯片时出现的虚线方框。这些方框作为一些对象（幻灯片标题、文本、图表、表格、组织结构图和剪贴画等）的占位符。单击占位符可以添加文字，双击可以添加指定的对象。

可以用幻灯片母版添加图片、改变背景、调整占位符大小，以及改变字体、字号和颜色等。幻灯片母版上的对象将出现在每张幻灯片的相同位置上。如果要在每张幻灯片上添加相同的文本，可把该文本添加在幻灯片母版上。

（2）标题母版。由于对幻灯片母版上文本格式的改动会影响标题母版，所以，应该在改变标题母版之前先完成对幻灯片母版的设置。

如果希望标题幻灯片与演示文稿中其他幻灯片的外观不同，可以改变标题母版。标题母版仅影响使用“标题幻灯片”版式的幻灯片。例如，要强调演示文稿中每节的起始幻灯片，可将标题母版设置为不同的格式，再对每节的起始幻灯片使用“标题幻灯片”版式。

（3）设计模板与母版。每个设计模板均有它自己的幻灯片母版，幻灯片母版上的元素控制了模板的设计。许多模板还带有单独的标题母版。对演示文稿应用了设计模板后，PowerPoint 会自动更新幻灯片母版上的文本样式和图形，并按新设计模板的配色方案改变颜色。应用新的设计模板时不会删除已添加到幻灯片母版上的任何对象（如文本框或图片）。

3. 配色方案

配色方案（在“幻灯片设计”对话框中选择“配色方案”命令）是指可以应用到所有幻灯片、个别幻灯片、备注页或幻灯片讲义的八种均衡颜色，如图 6-21 所示。配色方案由背景颜色、线条和文本的颜色，以及其他六种颜色组成，主要作用于演示文稿的文本、背景、填充、强调文字等部分，也可用于图表和表格或对添加至幻灯片的图片重新着色。

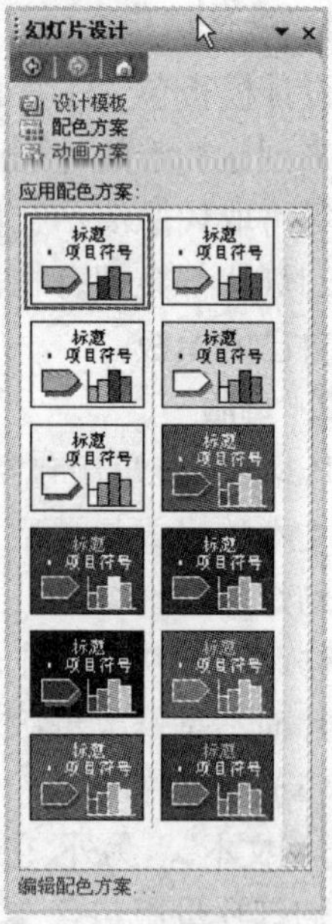

图 6-21 幻灯片配色方案

每个设计模板均带有一套配色方案。良好的颜色设计有助于提高幻灯片的可读性。方案中的每种颜色都会自动作用于幻灯片上的不同组件,也可以挑选一种配色方案用于个别幻灯片或整个演示文稿中。在演示文稿中应用设计模板时,可以从一组为每个设计模板预定义的配色方案中选择,这样可以很容易地更改幻灯片或整个演示文稿的配色方案,并确保新的配色方案和演示文稿中的其他幻灯片相互调和。

应用了一种配色方案后,其颜色对演示文稿中的所有对象都是有效的。用户所创建的所有对象的颜色均自动与演示文稿的其余部分相协调。如果要改变某种配色方案中的颜色,可选择“幻灯片设计”对话框下方的“编辑配色方案”命令。

不在配色方案中的颜色实际上也是可以使用的。无论何时,只要使用了这些颜色,它们就会自动添加到所有的颜色菜单中。所添加的颜色会出现在属于配色方案的八种颜色下方。如果添加的颜色超过八种,则最新添加的颜色将出现在调色板的第一位,而最早添加的颜色将被去掉。

4. 幻灯片版式

创建新幻灯片时,用户可以在预先设计好的幻灯片版式中进行选择。例如,有一个版式包含标题、文本和图表占位符,而另一个版式包含标题和剪贴画占位符。标题和文本占位符依照演示文稿中幻灯片母版的格式。可以移动或重置其大小和格式,使之与幻灯片母版不同,也可以在创建幻灯片之后修改其版式。应用一个新的版式时,所有的文本和对象都保留在幻灯片中,但是可能需要重新排列它们以适应新版式。

6.3.3 插入并处理对象

为丰富幻灯片的表现,用户可以在幻灯片中插入剪贴画或者图片等丰富的外部对象。

1. 添加文本

通常,将文本添加到幻灯片最简易的方式是直接将文本输入到幻灯片的任何占位符中。在 PowerPoint 提供的幻灯片自动版式中,许多版式都包含标题、正文和项目符号列表的文本占位符。单击占位符并输入文本即可将文本添至文本占位符。可以在任何时候改变文本占位符的大小和位置,或对已有幻灯片应用不同的自动版式,而不会丢失幻灯片的任何内容。

如果有若干行文本超出了占位符的范围,PowerPoint 会自动地尽量将文本安排于占位符内。如果文本超出了幻灯片的底部,则应该插入一张新幻灯片并将多出来的文本移至新插入的幻灯片中,否则无法正确显示。并且,唯有添加至占位符的文本可出现在大纲窗格中并可导出至 Word。

要在占位符或形状以外（即幻灯片的任何地方）添加文字,可单击“绘图”工具栏上的【文本框】按钮。

用户还可以向“自选图形”中添加文本以获得特殊的文本效果,这时,单击该图形并输入文本即可。文本与图形相关联,并随着图形一起移动或旋转。用户可向除线条、连接符和任意多边形以外的所有自选图形中添加文本。

用户也可以通过单击“绘图”工具栏上的【插入艺术字】按钮来添加文本。这种方法可创建阴影、扭曲、旋转、拉伸,以及形状各异的特殊文本效果。但艺术字是一种图形对象,不能作为一般文本对待。

2. 添加或更改自选图形

PowerPoint 提供了一组可用于演示文稿中的形状,这些形状除了可以调整大小、旋转、翻滚、着色之外,还可以和其他形状合并以形成更复杂多样的形状。许多形状都具有调整柄,可以通过它来更改形状的一些重要特性,例如箭头的大小等。“绘图”工具栏上的“自选图形”菜单包含了几种不同的形状。

“其他自选图形”类型则显示了位于剪辑库中的自选图形,用户可以将所需的自选图形从剪辑库中拖动到幻灯片中。

3. 剪辑库与插入图片

Office“剪辑库”所包含的大量图片、相片、声音和视频剪辑等都能插入到 PowerPoint 演示文稿中使用。如果要在幻灯片中添加剪贴画,可单击“绘图”工具栏上的【插入剪贴画】按钮,进入剪辑库进行选择操作,如图 6-22 所示。

图 6-22 插入剪贴画举例

“剪辑库”包含搜索功能,可协助用户找到适合演示文稿的剪辑图形。要使用搜索功能,可在“搜索”框中输入一个或多个描述所需剪辑类型的单词。

用户可以将许多格式(例如 WMF、BMP、GIF 和 JPG 等)的图片添加到剪辑库中。

除“剪辑库”外,通过“插入”菜单,用户还可以插入从其他程序和位置导入的图片或者扫描的相片,此外,“插入”菜单也可以用来在 PowerPoint 幻灯片中通过插入对象来使用公式、表格和图表等功能。

4. 对齐和排列对象

对象对齐的方法有很多种。用户可以单击“绘图”工具栏上的【绘图】按钮,利用“对齐或分布”菜单来对齐对象的侧边、中间、顶端或底端;相对于整张幻灯片的位置对齐(例如幻灯片的顶端或左边缘);使用辅助线通过目视对齐对象;或者在绘制或移动对象时,使用网格将对象与网格上的边角对齐等。

6.3.4 演示文稿放映

用户可以通过 PowerPoint 的各项特殊效果和功能,例如幻灯片切换、计时、影片、声音、动画和超级链接等,使演示文稿更加精彩和完备。

向演示文稿中添加特殊效果的关键是适度。所使用的效果(如动画和切换效果等)应该是既能帮助突出重点,但又不会分散观众的注意力。

1. 动画和切换效果

切换是指用于在幻灯片放映中引导幻灯片进入的一些特殊效果,可以通过改变切换以达到强调某张幻灯片的效果。用户可以选择各种不同的切换方式并调整其播放速度。

动画是可以添加到文本或其他对象(如图表或图片等)上的特殊视听效果。这种变换能吸引观众的注意力,加强重点,并提高演示文稿的趣味性。可以设置动画的顺序和时间,也可以将它们设置为自动出现。可以选择“幻灯片放映”→“自定义动画”命令,在屏幕右侧出现的“自定义动画”框进行设置选择。

2. 音乐、声音和视频

可以在幻灯片上插入音乐、声音或视频剪辑,以便在幻灯片放映时播放。在幻灯片放映过程中,可选择在移动到幻灯片时,自动播放声音或视频;也可以选择仅在单击其图标时,才播放声音或视频。如果要更改激活剪辑的方式,或在剪辑上添加超级链接,可在“幻灯片放映”菜单中选择“动作设置”命令。也可以利用“自定义动画”命令,设置声音或影片按动画次序自动播放。

声音、音乐和视频是作为 PowerPoint 对象插入的。如果 PowerPoint 不支持特定的媒体类型或功能,可用“媒体播放器”播放该文件,为此,可在“插入”菜单中选择“对象”命令,在随之打开的“插入对象”对话框中选择“媒体剪辑”。此方法将使用 Windows 的“媒体播放器”播放声音或影片。“媒体播放器”可以播放多媒体文件,并控制 CD 唱盘和视盘机等播放设备。

3. 创建交互式演示文稿

PowerPoint 的交互功能主要是通过设置超级链接和动作按钮而实现的。用户可以在演示文稿中通过任何对象(包括文本、形状、表格、图形和图片等)创建超级链接。为此,可在“常用”工具栏中单击【插入超链接】按钮,屏幕显示对话框如图 6-23 所示,然后通过该超级链接跳转到不同的位置,例如自定义放映、演示文稿中的某张幻灯片、其他演示文稿、Word 文档、Excel 电子表格、因特网、公司内部网或电子邮件地址等。

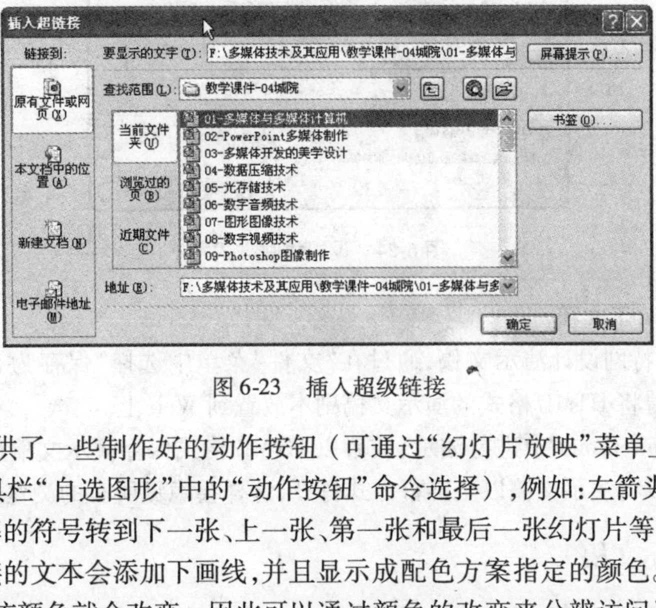

图 6-23 插入超级链接

PowerPoint 提供了一些制作好的动作按钮(可通过“幻灯片放映”菜单上的“动作按钮”命令或者“绘图”工具栏“自选图形”中的“动作按钮”命令选择),例如:左箭头和右箭头等,可以使用这些易于理解的符号转到下一张、上一张、第一张和最后一张幻灯片等。

代表超级链接的文本会添加下画线,并且显示成配色方案指定的颜色。单击超级链接跳转到其他位置后,该颜色就会改变。因此可以通过颜色的改变来分辨访问过的超级链接。超级链接是在运行幻灯片放映时被激活的。如果图形中包含文本,那么可以为图形和文本分别设置超级链接。

> **提示:**如果创建超级链接到某张幻灯片上,则在该幻灯片中也应添加一个超级链接,以便返回原幻灯片。

可以创建与任何类型的已有文件之间的超级链接,例如 Word 文档、PowerPoint 演示文稿、Excel 工作簿、Access 数据库或 Web 页等;另外,还可创建与新文件的超级链接,这时,在指定新文件的名称后,可选择立即打开并编辑该文件,或者以后再对该新文件进行处理。

4. 自动运行的演示文稿

自动运行的演示文稿是不需要专人播放就可以沟通信息的最好方式。例如,用户可能需要在展览会场的某个摊位或展台上设置可自动运行的演示文稿,这时,可以使大多数控制功能都失效,以使用户不能随意改动演示文稿。当自动运行的演示文稿放映结束后,或者某张手动操作的幻灯片闲置时间超过五分钟,它都会重新开始。

在设计自动运行的演示文稿时,需要考虑播放演示文稿的环境。例如,摊位或展台是否位于无人监视的公开场所等,这可以帮助使用者决定应该将哪些组件添加到演示文稿中、为用户提供多少控制手段等。

为设置自动演示,可打开演示文稿,在"幻灯片放映"菜单中选择"设置放映方式"命令,如图6-24所示,并在"放映类型"栏中选择"在展台浏览(全屏幕)"选项。选定后,"循环放映,按Esc键终止"命令会被自动选上。

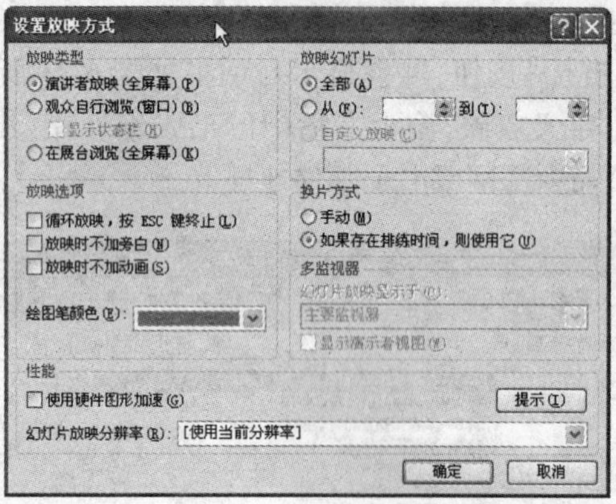

图6-24 设置放映方式

5. Web 上的演示文稿

可以专门为因特网设计演示文稿,通过在"文件"菜单中选择"保存为Web页"命令将其发布出去,这意味着将HTML格式的演示文稿副本放置到Web上。

可以选择在PowerPoint中进行演示,或者以HTML格式保存演示文稿后以浏览器作为演示工具,甚至还可以将演示文稿以全屏幕方式打开,这样会隐藏所有的浏览器窗口元素。

6.3.5 打印演示文稿

为进一步阐述演示文稿,或以特定的方式使用演示文稿幻灯片,可以用彩色、灰度或黑白打印特定的或者整个演示文稿的幻灯片、大纲、备注、讲义或大纲页。PowerPoint讲义就是在一页纸上打印两张、三张或六张幻灯片,还可以为观众打印幻灯片备注等,如图6-25所示。

通过将幻灯片打印为黑白或彩色透明胶片,可以创建使用投影仪透明胶片的演示文稿,并且,还可以将幻灯片设计为横向或纵向等不同方式。

在打印讲义时,可选择不同的版式(每页包含不同数目的幻灯片、水平版式或垂直版式等)。还可在"文件"菜单中选择"发送"→"Microsoft Word"命令,再利用Word打印其他版式。如果用户使用"会议记录"来记录备注或演示文稿中的操作项,那么可将其发送至Word并将会议细节和操作项作为Word文档进行打印。

图 6-25 设置打印操作

为打印幻灯片、备注或讲义，可在“打印内容”框中单击要打印的项目。如果选定了“讲义”，就可以进一步选择每页的幻灯片数目，以及横向或纵向的顺序。

6.4 阅读与思考：狂热的革新者——Word 之父西蒙尼

图 6-26 西蒙尼

几乎所有人都能在短时间内掌握微软的 Word 和 Excel，这两种工具软件的迅速普及正得益于“简单易用”的构想，但这种构想在 1981 年最初提出时几乎让微软所有的程序员都无从下手，直到“所见即所得”(WYSIWYG)的发明人查尔斯·西蒙尼（Charles Simonyi，见图 6-11）找到入手的方向。

西蒙尼用他的这两项发明成功地引爆了图形操作时代，他的发明每年为微软创造了数十亿美元的财富，也使自己挤身于《福布斯》杂志的富豪榜。比尔·盖茨说：“查尔斯是有史以来最伟大的程序员之一。”这位微软前任“首席建筑师”的成就除了那些软件外，还有“只有方便用户使用的软件才能普及”和“程序员生产力”等一系列超前理论。正如《福布斯》的评价：“正是西蒙尼所有的这些零零总总推动着整个软件产业的高速前行，构建了现代软件业的框架。”

不同于大多数计算机科学家和程序员，西蒙尼性格外向并且善于思考和表达。这主要是因为童年时父亲的影响，他的父亲是一名电子工程学教授，西蒙尼回忆到：“他总是提出一些古怪的问题让我回答，有时还给出答案让我逆向求解。”这也就不难理解，为什么他总有着异于常人的想法，甚至有“预见”未来的能力。

1972 年，取得了斯坦福大学博士学位的西蒙尼受施乐公司的邀请加入 PARC（帕洛阿尔托研究中心），在 Alto 个人电脑项目中负责文本编辑器的研发工作。PARC 在当时可以说是世界上最好的研究中心，无数的技术天才都汇集在此，这种环境带给了西蒙尼前所未有的创造热情，也让他灵感倍发。

在开发程序的过程中，他发现，文本信息的微小改动会导致整个程序的混乱，要对文本信息进行格式化且保留原有程序在当时相当困难。为了解决这个难题，他在 Alto 个人电脑上开发了第一个文本编辑程序 Bravo,也就是常说的“所见既所得”文字处理软件。在一次演示中,他用 Bravo 在计算机屏幕上输入了不同字体的文字,并通过以太网传输到打印机上,打印出来的效果与屏幕上显示的一模一样。一位银行界高官看完演示后惊讶地说:“这就是所见既所得,我在屏幕上看到什么就可以打印出什么。”之后,Bravo 软件开始在一些小型机上广泛使用,渐渐成为了业界的标准。

意外的是,西蒙尼首次发表的论文并不是关于“所见既所得”的技术,而是研究如何提高程序员的生产力。在论文中他将软件开发设置为一个完整的项目,由一个“程序经理”统一管理。通过这套管理体系可以节省开发软件所需的时间,“程序经理”只负责制定整个程序的框架,并不参与具体的编程工作,这种管理模式至今仍被证明是最有效的。1981 年他加入微软后,顺理成章地将这套理论完美地融入到软件开发中,一举将微软建成世界一流的“软件工厂”。

西蒙尼一再表示:“加入微软是我人生的重大转折点”。事实也证明,无论是在程序开发、社会地位和个人财富上,辞去 PARC 的工作而投奔盖茨在当时来说是明智之举。来到微软后,他开始在 Bravo 的基础上开发最具前景的“图形操作界面”,不到两年,由他开发的 Word 文字系统就诞生了。1983 年 1 月 1 日,微软正式发布 Word 1.0 版本。这款在技术上远远领先同期各类产品的软件的出现让整个产业为之一震,当西蒙尼另一个惊世之作 Excel 问世并与 Windows 3.0 搭售成为全球最畅销的软件之后,他已站在软件产业的金字塔尖上。

1991 年微软已经基本统治了 PC 操作系统软件的天下。此后西蒙尼不再介入图形操作系统的开发,而专注于研究新一代程序设计“Intentional Programming”(目的编程),一种让普通人都可以编写程序的软件。2002 年,他离开微软,创办了自己的 Intentional Software 软件公司。他相信“目的编程”将引爆下一场软件革命,就像当初他相信图形操作系统一定成功一样。他现在的研究项目同样得到了微软的支持,盖茨表示:“我知道西蒙尼的研究一定会成功,问题只是时间而已。”他从前的同事,微软的资深软件工程师 Chuck Thacker 说:“顶尖程序员与其他无数普通程序员的一个重要区别就是,他有能力在第一时间构想出那些复杂程序的最终结果及可能出现的一切变化。西蒙尼恰恰就是这个人。”

2007 年 4 月,西蒙尼抵达地球上方 350 千米的国际空间站上度过了两周太空生活并成功返回地球。当他在国际空间站身体倒浮在空中时,法安塔尼说:“查尔斯为我们展现了观察地球的新视角。”而其他机组人员身体则是保持直立,如图 6-27 所示。

资料来源:文/魏杰,新浪科技(http://www.sina.com.cn),有删改。

请分析:

请阅读以上文章,并根据你的理解和看法,回答以下问题。

(1)西蒙尼的什么精神最能打动你?

(2) 作为一个年轻的同行,你怎么看待西蒙尼的职业生涯?

(3) 从以上案例,你能得到什么启发?请简述之。

6.5 主要术语

确保自己理解以下术语:

查找和替换	工作表	文档模板
大纲视图	工作表模板	文档向导
单元格	工作簿	文字处理软件
单元格引用	公式	相对引用
导出数据	关键字搜索引擎	演示文稿软件
导入数据	函数	页眉/页脚
电子表格	剪贴画	邮件合并
电子表格建模	脚注/尾注	语法检查器
电子表格软件	绝对引用	字典
电子出版	拼写检查器	字体
对齐	文本	自动换行
格式化	文本块	

6.6 练习与实验

本章“练习与实验”的目的如下。

(1) 熟练掌握文字处理软件 Word 的主要操作,改进文字处理能力,提高写作质量。

(2) 熟悉电子表格的基本概念和工作方式,了解创建、格式化和审核工作表的操作方法。

(3) 掌握操作计算机化文档、工作表和演示文稿的技巧,熟悉集成应用文字处理、电子表格和演示文稿软件,增强职业技能。

6.6.1 工具与准备工作

在开始本实验之前,请回顾教科书的相关内容。

需要准备一台安装有 Microsoft Office Word 2003 软件的计算机。

6.6.2 实验内容与步骤

1. 快速测试

下面是一些快速测试题,请通过完成这些测试题目,检查自己是否理解了课程的内容。

填空题

(1) ________为文档提供了预定格式,而________可以指导你一步步地完成将文本输入到文档的过程。

(2) 在万维网上发布的文档必须是________格式。

(3) 在电子表格中,每个________是字符编号的,每个________是数字编号的。

(4) 大多数电子表格软件提供了很多用于数学、财政和统计运算的预定义公式,它们称为________。

(5) 建立模型和使用不同数字进行试验的过程通常称为________分析。

(6) 创建演示文稿的方法有四种,它们是:________、________、________和________。

(7) 幻灯片上使用的标题、文字、图片、图表和表格等,PowerPoint 将它们通称为________,可以对它们进行移动、复制和删除等操作。

(8) 对幻灯片打包的主要目的是________。

(9) 在输入文档的时候,最好不要关心文档最后看起来像什么,应当注意如何更好地表达你的思想。对不对?(　　)

(10) 对于相对引用而言,如果它们引用的数据在工作表中的位置发生变化,则相对引用也会变化。相对地,绝对引用不会变化。对不对?(　　)

(11) 在屏幕上观看工作表和使用黑白两色打印工作表所需要的格式不同。对不对?(　　)

选择题

(1) PowerPoint 的功能是(　　)。

A. 创建演示文稿　　B. 播放演示文稿

C. 创建并播放演示文稿　　D. 创建并播放电子表格

(2) PowerPoint 提供的幻灯片版式设计主要是为幻灯片设置(　　)。

A. 背景图案　　B. 对象的种类和其间相互位置

C. 对象的颜色　　　　　　　　D. 动画效果

(3) PowerPoint 的超链接可以使幻灯片播放时自由跳转到(　　)。

A. 某个 Web 页面　　　　　　B. 演示文稿中某一指定的幻灯片

C. 某个 Office 文档或文件　　D. 以上都可以

(4) 关于幻灯片母版,下列说法正确的是(　　)。

A. 幻灯片母版不能进行编辑

B. 只能编辑文本的字形、字号,不能插入其他对象(如图片、图表等)

C. 演示文稿中所有幻灯片的设计必须是基于母版的设计,不能有其他版式和模板

D. 演示文稿中所有幻灯片的设计可以是基于母版的设计

2. Word 编辑

有人在某大学针对教师、研究生和高年级学生进行计算机教育需求的调查[⊖],调查表明,在最常使用的软件中,前五位是 Word(92.3%)、PowerPoint(79.5%)、IE 浏览器(79.5%)、Adobe PDF 文件阅读器(61.5%)和 Excel(53.8%)。可见,用计算机的人中绝大多数都在使用 Word 软件。

请熟练完成以下操作(必要时,请借助于其他参考书或者 Word 自带的"帮助"功能来协助完成操作):

(1) Word 启动和退出。

(2) 熟悉 Word 操作界面的组成。主要包括:标题栏、菜单栏、工具栏、标尺、状态栏、文档编辑窗口。

请记录: Word 文档编辑的五种显示方式。

① ________________、② ________________、③ ________________、④ ________________、⑤ ________________,其中最主要的是:________________。

(3) 熟练掌握 Word 文档的建立、打开、保存和保护操作,了解 Word 文档模板。主要操作内容是:新建 Word 文档、正文文字输入(包括插入特殊符号、插入日期和时间)、保存和保护文档、打开文档等。

(4) 熟练进行文档编辑操作。主要内容是:选定文本、编辑文档(包括查找与替换、拼写和语法检查)等。

请记录: 上述各项操作能够顺利完成吗? 如果不能,请说明为什么。

____

3. Word 排版

Word 的排版功能很强,主要包括样式、字符排版、段落排版、页面排版、使用文本框、使用艺术字、绘制和编辑简单图形、使用公式编辑器和图文混排等。

请熟悉以下操作。

(1) 样式的使用。"格式"工具栏的第一项选择就是"样式"列表框,它将一些重复的样式设置保存起来,可以创建新样式或者更改样式,应用其中的"标题"样式(必要时可以修改),结合使用"插入"→"引用"→"索引和目录"命令,可以为文档建立良好的目录结构。

⊖ 张铭等,从调查入手,了解对计算机教育的新需求,北京:《计算机教育》杂志,2005 年第 11 期,p. 13

(2) 字符排版。主要功能是:字符格式化(如“格式”→“字体”命令)、中文版式(如简体和繁体转换)等。

(3) 段落排版。主要功能是:段落对齐和缩进,“格式”菜单下的“段落”、“项目符号和编号”、“边框和底纹”等命令。

(4) 页面排版。主要功能有:“文件”菜单下的“页面设置”命令,“视图”菜单下的“页眉和页脚”命令,“格式”菜单下的“分栏”、“首字下沉”和“文字方向”等命令。

(5) 使用文本框。选择“插入”→“文本框”命令,可在其中插入文字和图形,实现特殊的排版效果。

(6) 绘制与编辑简单图形。选择“视图”→“工具栏”→“绘图”命令,可以打开绘图工具栏,使用直线、箭头和方框等工具绘制各种图形;也可以单击其【自选图形】按钮,打开“基本形状”库,绘制简单图形;选择“插入”→“图片”命令,可以选择插入图形文件或者插入剪贴画。

可以使用“图片”工具栏中的按钮,根据需要对该图片的颜色、对比度、亮度、线型、版式和图片格式等进行设置,也可以进行裁剪、旋转和压缩等操作。通过调整文档中图片的版式,还可以实现图片与文字的混合排版。

(7) 使用公式编辑器。Word 的“公式编辑器“功能很强大。选择“插入”→“对象”命令,在对话框中选择“Microsoft 公式 3.0”,在“公式”工具栏中,利用各种按钮,可以输入和编辑各种数学公式。

(8) 表格绘制。利用 Word 的“表格”菜单,可以完成表格的建立和编辑等操作。

请记录:上述各项操作能够顺利完成吗?如果不能,请说明为什么。

---

4. Word 小报排版

图 6-27 ~ 6-29 给出了一组用 Word 编辑排版的班级小报,请选择其中之一作为样板,设计完成一份小报。请注意正确应用 Word 的排版功能,尽可能地体现设计中的技术含量。

浙江大学城市学院
计算机科学与工程学系
20004 班班级简报
(创刊号)
2000 年 09 月 24 日 (星期日)

88018446　本期印数:120
Zs@mail.hz.zj.cn

月是故乡明　人是同学亲

【简讯】　2000 年 9 月 12 日中秋节是 2000 级新生进校后遇到的第一个传统佳节。每逢佳节倍思亲,计算机系 2003 和 2004 班的全体同学与班主任老师济济一堂,共渡以“赞美家乡,思念亲人”为主题的中秋晚会。晚会上,两个班级的新“领导们”表现出了很好的组织才能,大多数同学都参加了节目的表演,小品“现代灰姑娘”的出色表演赢得了满场喝彩,由全体同学参加的集体舞更是将晚会推向了高潮。

20004 班的班主任周老师认为:热爱家乡、思念亲人是中华民族的传统美德,全体同学共渡佳节,能使来自全省各地的新同学增进了解,促进团结,为圆满完成大学学业打下良好的基础。

[通讯员　文才]

爱杭州　爱城院　爱学习　爱专业

——计算机 2004 班参观下沙开发区和吴山景区

【简讯】　2000 年 9 月 13 日下午,在学院有关部门的大力支持下,计算机 2004 班班委会和团支部组织全班同学参观了下沙经济技术开发区和吴山广场、城隍阁风景区,进行了一次爱杭州、爱专业的生动教育。

下沙开发区是杭州经济和科学技术发展的主战场之一,这里聚集着来自世界各国的高科技企业,如摩托罗拉、西门子、可口可乐、眼力健、娃哈哈等等。同学们了解到,以计算机应用为代表的信息技术,是这些企业先进管理水平的重要支柱。祖国的发展和现代化建设,需要高素质、高水平的应用型创新计算机人才。只有热爱专业、刻苦学习,才能肩负起历史赋予我们的重任。在离开开发区的时候,不少同学都像韩炜同学那样,在心里默默地对自己说:“努力吧,伙计!”

告别下沙开发区,同学们来到了吴越文化的标志性景点——吴山广场。“上有天堂,下有苏杭”,这是世人对苏、杭二州的赞誉,来自全省各地的同学们对杭州神往已久。广场的工作人员破例为同学们开启了音乐喷泉,喷出的水柱和涌出的井水如诗一般地令大家陶醉。

登上城隍阁,“八百里湖山知是何年图画,十万家灯火尽归此处楼台。”,明珠西湖和母亲河钱塘江一目了然。何等壮丽,何等气魄。今天的杭州,正由以西湖为中心发展的时代大踏步地向着以钱塘江两岸发展的时代前进着,同学们深深地感到了时代的召唤,感到了美丽的杭州在向我们召唤。正如沈姣娜同学说的那样:“未来的杭州,未来的浙江要靠我们来建设,能为之而献上一砖一瓦,我将感到无比自豪!”

离开家乡,离开父母,同学们聚集在迅速发展的城市学院中,面对紧张的学习生活,此时此刻,同学们最想说的话是:请爸爸妈妈和亲朋好友们放心,也请城院的领导和老师们放心,我们是一群优秀的学子,我们是一个优秀的集体,我们一定不负重望!　[通讯员　孟乐　姣娜　炜炜]

图 6-27　班级小报排版样式 1

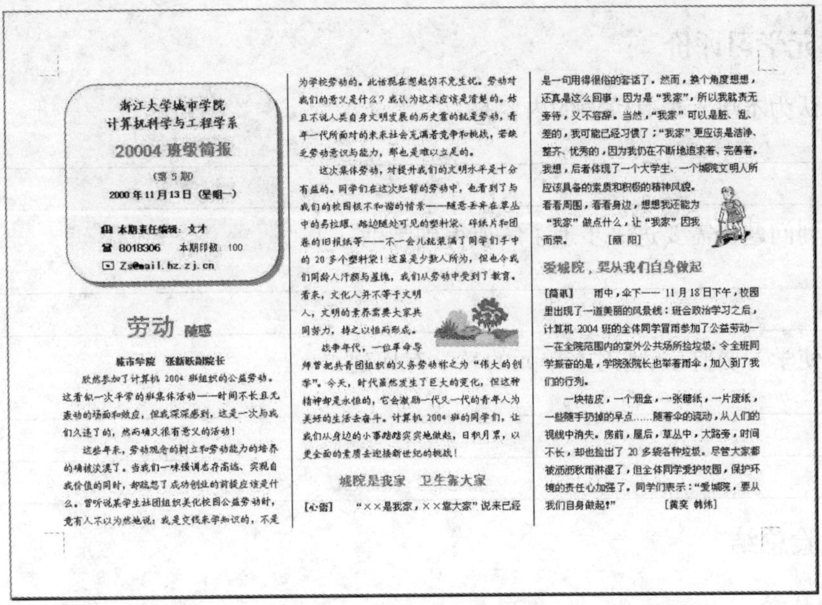

浙江大学城市学院
计算机科学与工程学系
20004 班级简报
(第 5 期)
2000 年 11 月 13 日 (星期一)

本期责任编辑：文才
8018306 本期印数：100
Zs@mail.hz.zj.cn

劳动 随感

城市学院 张新跃副院长

欣然参加了计算机 2004 班组织的公益劳动。这看似一次平常的班集体活动——时间不长且无轰动的场面和效应，但我深深感到，这是一次与我们久违了的，然而确又很有意义的活动！

这些年来，劳动观念的树立和劳动能力的培养的确被淡漠了。当我们一味强调志存高远、实现自我价值的同时，却疏忽了成功创业的前提应该是什么。曾听说某学生社团组织美化校园公益劳动时，竟有人不以为然地说：我是交钱来学知识的，不是为学校劳动的。此话现在想起仍不免生忧。劳动对我们的意义是什么？我认为这本应该是清楚的。姑且不说人类自身文明发展的历史靠的就是劳动，青年一代所面对的未来社会充满着竞争和挑战，若缺乏劳动意识与能力，那也是难以立足的。

这次集体劳动，对提升我们的文明水平是十分有益的。同学们在这次短暂的劳动中，也看到了与我们的校园极不和谐的情景——随意丢弃在草丛中的易拉罐、路边随处可见的塑料袋、碎纸片和团卷的旧报纸等——不一会儿就装满了同学们手中的 20 多个塑料袋！这虽是少数人所为，但也令我们同龄人汗颜与羞愧，我们从劳动中受到了教育。看来，文化人并不等于文明人，文明的素养需要大家共同努力，持之以恒而形成。

战争年代，一位革命导师曾把共青团组织的义务劳动称之为“伟大的创举”。今天，时代虽然发生了巨大的变化，但这种精神却是永恒的，它会激励一代又一代的青年人为美好的生活去奋斗。计算机 2004 班的同学们，让我们从身边的小事踏踏实实地做起，日积月累，以更全面的素质去迎接新世纪的挑战！

城院是我家 卫生靠大家

【心語】 “××是我家，××靠大家”说来已经是一句用得很俗的套话了。然而，换个角度想想，还真是这么回事，因为是“我家”，所以我就责无旁待，义不容辞。当然，“我家”可以是脏、乱、差的，我可能已经习惯了；“我家”更应该是洁净、整齐、优秀的，因为我仍在不断地追求着、完善着。我想，后者体现了一个大学生、一个城院文明人所应该具备的素质和积极的精神风貌。看看周围，看看身边，想想我还能为“我家”做点什么，让“我家”因我而荣。 [丽 阳]

爱城院，要从我们自身做起

【简讯】 雨中，伞下—— 11 月 18 日下午，校园里出现了一道美丽的风景线：班会政治学习之后，计算机 2004 班的全体同学冒雨参加了公益劳动——在全院范围内的室外公共场所捡垃圾。令全班同学振奋的是，学院张院长也举着雨伞，加入到了我们的行列。

一块桔皮，一个烟盒，一张糖纸，一片废纸，一些随手扔掉的早点……随着伞的流动，从人们的视线中消失。房前，屋后，草丛中，大路旁，时间不长，却也捡出了 20 多袋各种垃圾。尽管大家都被沥沥秋雨淋湿了，但全体同学爱护校园，保护环境的责任心加强了。同学们表示：“爱城院，要从我们自身做起！” [黄奕 韩炜]

图 6-28　班级小报排版样式 2

请你在校，常两个问题反复自己问问。第一，到浙大来做什么？第二，将来毕业后要做什么样的人？

竺可桢

院长来我家

【简讯】 12 月 4 日中午，城市学院院长鲁世杰教授走访了男生 7 楼计算机 2004 班的 4 个学生寝室。院长详细了解了学生们的学习情况和寝室管理情况，他鼓励学习有困难的同学要动脑筋，端正学习态度，找出学习方法存在的问题，积极缩小与同学们之间的差距。院长还仔细察看了学生们的书架，与同学们交流课外书的阅读情况，他特别提到：要牢记浙大老校长竺可桢先生的教导，经常问一问，自己到城市学院是来干什么的？寝室和班级都要重视以学风建设为核心的校园文化建设。院长的到访令全班同学感到十分高兴。[文才]

岂能无情

【消息】 您可能已经注意到了，校园里新近出现了好几块“爱护草木”的告示牌；您可能早已注意到了，在城院校园内，好几处绿色草坪已经被“前人”们“走”成了“路”，或许，那条“路”上也有您的脚印。近日，计算机 2004 班的全体团员和同学以实际行动庆贺城市学院首届团代会的召开，在拣拾垃圾，清洁校园的同时，在许多地方树起了这样的牌子：

- 草木也有生命
  世人岂能无情
- 小草正在睡觉，请勿打扰。
- 用绿色装扮城院
  让草木美化生活
- 只需多走几步，
  您可能拯救了无数生命！
- 团员青年要做爱护集体财产的模范！
- 您好，请走正路！ [丽 阳]

“学以致用”观

【读报】 美国斯坦福大学的创办者利兰·斯坦福认为，很多大学生虽然毕业于名牌大学，但当他们走上工作岗位若不先加以培训，则根本无法适应。因此，在他自己创办大学时，立下了“赋予学生以直接有助于社会实际应用和个人事业成功的教育”的办学宗旨。结果，经过短短的几十年，斯坦福大学迅速脱颖而出，而斯坦福工业园区也为美国高科技产业的发展立下了不朽功勋。 [丽阳]

秋 游

【消息】 12 月 1 日到 3 日，计算机 2004 班组织到苏州秋游。同学们听寒山钟声，游虎丘名山，看西园罗汉，赏留园美景，上盘门城楼，态拙政园林，登北寺宝塔，玩狮子山洞，叹荷包空空，漫步在观前街，流连于网师园，实地感受姑苏天堂名不虚传。所到之处，浙江大学学子的良好精神面貌也赢得了苏州乡亲的赞誉！ [老苏州]

浙江大学城市学院
计算机科学与工程学系
20004 班级简报
(第 6 期)
2000 年 12 月 10 日 (星期一)

本期责任编辑：文才
8018306 本期印数：100
Zs@mail.hz.zj.cn

图 6-29　班级小报排版样式 3

请用 WinRAR 等压缩软件对完成的相关文件压缩打包，并对压缩文件命名，例如：

<班级>_<姓名>_Word 小报排版.rar

请将该压缩文件在要求的日期内，以电子邮件、QQ 文件传送或者按实验指导老师指定的其他方式交付。

请记录：该项实践作业能够顺利完成吗？

6.6.3 单元学习评价

（1）你认为本单元最有价值的内容是：

（2）下列问题仍需要进一步地了解或得到帮助：

（3）为使学习更有效,你对本单元的教学有何建议？

6.6.4 实验总结

6.6.5 实验评价（教师）

第7章 数据组织与数据存储

在这一章中，我们来学习使用计算机管理数据的基础知识，例如：数据存储，创建合法文件名，使用资源管理器工具组织磁盘文件等。

7.1 数据、信息和文件

作为专业术语，“数据”、“信息”和“文件”都有着专门的定义，理解这些定义，将有助于进行专业性的交流，理解诸如“数据输入”、“信息输出”等的内涵。

7.1.1 基本概念

虽然人们在日常交谈中经常混用术语“数据”和“信息”，但它们是有明确区分的。所谓“数据”就是描述人、事件、事物和思想的词语、数字和图形等。当使用数据作为行动或决策的依据时，数据就成为信息。“信息”是作为人们行动和决策依据的词语、数字和图形等。

例如：CA 4199 Beijing 9:59 Hangzhou 11:09。这些字母、数字和符号描述了一个事件——航班时刻表，这是计算机系统中常用的数据存储形式。如果你决定从北京（Beijing）到杭州（Hangzhou）进行一次旅行，在旅行社的计算机屏幕上会看到如下信息：

航班	航班号	出发地	起飞时间	目的地	抵达时间
CA	4199	Beijing	9:59	Hangzhou	11:09

这里，屏幕上的字母、数字和符号被认为是信息，因为旅行社用它们来制定你的旅行日志。

由于“CA 4199 Beijing 9:59 Hangzhou 11:09”既是数据又是信息，所以有时数据和信息的区别非常小。通常来说，如果字母、数字和符号存储在计算机中，称它们为数据；如果字母、数字和符号被某人用来完成某个动作或进行决策，那么就称它们为信息。数据是计算机使用的，而信息是人使用的。

计算机文件通常简称为文件，是存放在存储介质（例如硬盘、光盘或U盘）中的数据的有名字的集合。文件可以包含程序或者数据，比如文档、图形、数字视频或者数字化声音等。

7.1.2 文件命名规范

文件名是字母和数字的唯一性集合，用于标识一个文件，并且通常描述了文件的内容。例如，Microsoft 画图软件的文件名是 Pbrush。

文件名后面一般还有文件扩展名（简称“扩展名”），它进一步描述了文件内容。在文件名 Pbrush. exe 中，Pbrush 是文件名，. exe 是扩展名。扩展名与文件名之间用“.”隔开。

当创建文件时，必须按照特定规范来设置该文件的有效文件名，该规范被称为文件命名规范。每个操作系统都有自己的命名规范集，参见表7-1。

表 7-1　文件命名规范

	Windows	Mac OS	UNIX/Linux
文件名的最大长度	255 个字符	31 个字符	14 ~256 个字符（不同版本），包括任意长度的扩展名
是否允许空格	是	是	否
不允许包含的字符	\ ? : " < > | *	无	! @ # $ % ^ & * ( ) { } [ ] " \ ' ; < >
不允许设置的文件名（保留字）	Aux、Com1、Com2、Com3、Com4、Con、Lpt1、Lpt2、Lpt3、Prn、Nul	无	根据版本不同
是否区分大小写	否	是	是（小写）

通常，文件扩展名说明文件所属的类别。计算机文件基于其包含的数据、创建该文件的软件，以及使用该文件的方式进行分类。了解文件分类的特征可以提高访问文件的效率。

7.1.3　通配符

文件有唯一的名称，但有时候可能要用到多个文件。例如，假设想列出磁盘上所有扩展名为 .exe 的文件，这时可以用 *.exe（读作"星点 exe"）来指定。星号是一个通配符，在文件名或扩展名中用于替代一组字符。*.exe 表示所有扩展名为 .exe 的文件。"?"号是另一个文件名通配符，在文件名或扩展名中用于替代一个字符。可以使用通配符字符来定位或者删除磁盘上的文件组。

当操作磁盘、CD 或者 DVD 上的成百上千文件并且不需要逐个浏览时，使用通配符是很方便的。例如，假设某磁盘包含如下九个文件：

Word. exe	Word. cfg	Sam. bmp
Spell. exe	Recruits. doc	Silver. exe
Report. doc	Mail. dat	Middle. bat

Word.* 的含义是文件名必须是 Word，但扩展名随意。在本例中，有两个文件符合这一模式：Word.exe 和 Word.cfg。*.doc 意味着具有 .doc 扩展名的任意文件。在本例中，有两个文件符合这一模式：Recruits.doc 和 Report.doc。S* 意味着任何以字母"S"开头的文件名。在本例中，Spell.exe、Sam.bmp 和 Silver.exe 都符合这一模式。*.*（读成"星点星"）意味着所有文件。

大多数操作系统都允许使用通配符来方便操作文件集合。甚至可以在图形化用户界面下使用通配符。

7.1.4　可执行文件

可执行文件包含了告诉计算机执行特定任务的程序指令。例如，控制计算机显示和打印存储在磁盘上的文本的文字处理程序就是可执行文件（例如 Word.exe），其他可执行文件还有操作系统程序、工具软件和应用软件程序等。一般可以根据扩展名来识别出可执行文件，大多数可执行文件的扩展名都是 .exe，有的也使用 .com 扩展名。可以通过执行操作来使用可执行文件。

7.1.5 数据文件

数据文件含有可以查看、编辑、存储、发送和打印的文本、数字和图片等。可以把数据文件想象成是被动的——数据不会要求计算机做事情，而可执行文件是主动的——存储在文件中的指令会要求计算机完成某些动作。

通常在使用应用软件时可以创建数据文件。例如，当要存储一份使用文字处理软件写的文档或使用图形处理软件绘制的图形时，就会创建一个数据文件。当存储电子表格、图片、声音剪辑或视频时，也会创建数据文件。

数据文件都是与应用软件一起使用的，应用软件处理文件中的数据。通常，可以使用创建该文件的软件来查看、修改和打印数据文件中的信息。例如，可以使用 Microsoft Word 软件来编辑使用由 Word 创建的（.doc）数据文件。

为了查看或者编辑某个数据文件，需要将它“打开”。打开数据文件的标准方法是先启动应用程序，然后使用应用程序提供的“打开”命令，该方法在各种操作系统中都类似。通常，使用文字处理软件打开文档，使用电子表格软件打开工作表，使用画图软件打开图形。通过查看文件扩展名可以了解数据文件的内容，以及用于打开该文件的软件。

一般来说，没有必要记住特定的数据文件的扩展名。当创建数据文件时，所使用的软件会在文件名后面自动加上正确的文件扩展名，如表 7-2 所示 。比如，当使用 Microsoft Word 创建文档时，只需输入主文件名，比如“Report”，Word 软件会自动追加 .doc 扩展名，组成完整的文件名，即 Report.doc。

表 7-2 通用文件扩展名

文件类型	文件扩展名
文本文件	.tet，.dat，.rtf
声音文件	.wav，.mid，.mp3
图形文件	.bmp，.pcx，.tif，.wmf，.jpg，.gif
动画/视频	.flc，.fli，.avi，.mpg，.mov
Web 文档	.html，.htm

7.1.6 配置文件、程序模块和其他文件

除了可执行文件和数据文件之外，计算机通常还包含对硬件或者软件操作很必要的其他文件。这些文件具有诸如 .bat、.sys、.cfg、.dll、.ocx、.ini、.mif、.hlp，以及 .tmp 等扩展名。这些文件——甚至所谓的“临时”文件——对于计算机系统的正确操作是很关键的，因此不要随意删除它们。表 7-3 列举了一些文件类别的其他信息。

表 7-3 配置文件和程序模块的文件扩展名

文件类型	描述	文件扩展名
批处理文件	当计算机启动时自动执行的操作系统命令系列	.bat
配置文件	有关程序的信息，计算机使用该信息为程序运行分配必要的资源	.cfg，.sys，.mif，.ini
帮助文件	在线帮助显示的信息内容	.hlp
临时文件	当程序运行时生成的数据文件，在程序正常终止时会被删除	.tmp
程序支持模块	程序的主 .exe 文件一起运行的程序指令	.ocx，.vbx，.dll

7.2 资源管理器

在用户计算机系统的磁盘和其他存储设备中存储着成千上万的文件。为了跟踪这些文件,计算机操作系统提供了“资源管理器”(其前身即“文件管理器”)操作功能,它们有助于定位、重命名、移动、复制和删除文件。操作系统不同,则资源管理器也可能有所不同,但是所有的资源管理器都基于相似的概念。

7.2.1 设备驱动器号

大多数计算机都拥有多个存储设备,比如软盘驱动器、硬盘驱动器,以及 CD-ROM、DVD-ROM 驱动器等。一般情况下,知道文件位于哪个存储设备中,则查找起来就要容易得多。存储设备通常是由设备驱动器号来标识的,设备驱动器号提供了保存或者打开文件时引用特定存储设备的简捷方式。

软盘驱动器通常被分配设备驱动器号为 A,主要的硬盘驱动器通常被称为驱动器 C。其他存储设备可以分配 D ~ Z 之间的驱动器号。设备驱动器号有时后跟一个冒号,例如“C:”,指的是计算机硬盘驱动器。

7.2.2 目录和文件夹

操作系统为每个磁盘、CD-ROM 或者 DVD-ROM 维护着一个文件列表,称为目录。查找文件的一种方式是搜索目录列表。目录中包含了存储设备上每个文件的有关信息,包括文件名、文件扩展名、文件被创建的日期和时间,以及文件大小等。可以使用操作系统的资源管理器操作来查看计算机存储设备的目录,如图 7-1 所示。

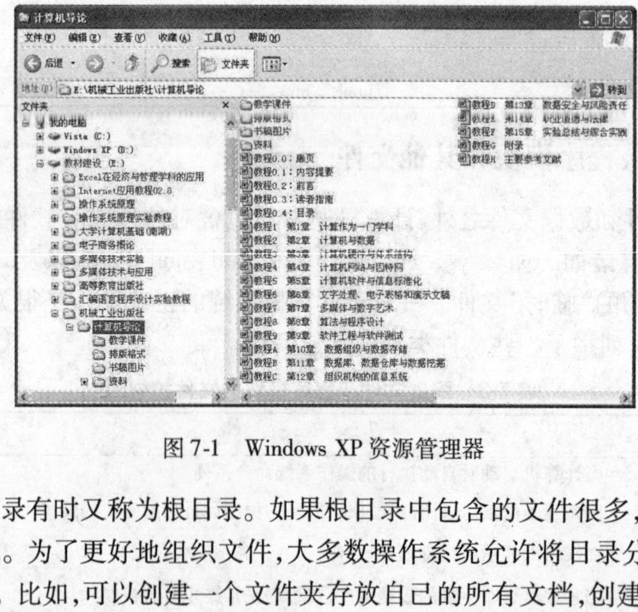

图 7-1 Windows XP 资源管理器

磁盘上的主目录有时又称为根目录。如果根目录中包含的文件很多,在其中查找所需文件将会是很困难的。为了更好地组织文件,大多数操作系统允许将目录分成“子目录”或“文件夹”的更小列表。比如,可以创建一个文件夹存放自己的所有文档,创建另外一个文件夹存放图形文件。文件夹可以进一步细分为其他文件夹,有时被称为“子文件夹”。

文件夹名因为有一个特殊的符号,所以不同于设备驱动器号和文件名。在 DOS 和 Windows 操作系统中,该符号是反斜线符号“\”。比如,驱动器 C 的根目录包含一个名为 Graphics 的文件夹,则该文件夹的名称为“C:\Graphics”。

文件路径包括设备驱动器号、文件夹、文件名,以及标识文件的扩展名。例如:“E:\机械工业出版社\新编计算机导论\第 7 章 数据组织与数据存储. doc”。

7.2.3 存储模型

操作系统的资源管理器提供了计算机存储文件的符号和比喻视图。目录结构的比喻视图有时被称为逻辑模型,其原因是它们表示目录结构的逻辑设想(而非实际物理存储)。资源管理器实用工具经常使用多种文件存储比喻法,包括“文件夹”和“树结构”等。

在“树结构”比喻中,一棵树用来代表一个存储设备。树干是根目录,树的分支代表文件夹,这些分支可以细分为更小的分支或者子文件夹,分支顶端的叶子代表单个文件。借助于树结构比喻,可以清楚地理解文件夹和文件的组织方式。但作为用户界面,可以设想把树图表扩展显示为更加实际的包含成百上千文件的文件夹集合。

7.2.4 资源管理器操作

资源管理器的目的是帮助用户查找、重命名、复制、移动,以及删除文件或者文件夹,实现有效的文件管理。其主要文件操作如下。

(1) 查找。在可以打开或者操纵文件或者文件夹之前,有必要了解该文件或者文件夹位于何处。资源管理器实用工具可以帮助查看存储设备的目录结构来定位文件夹,然后通过浏览文件夹来查找特定的文件。

(2) 重命名。重命名文件时,通常应该保证文件扩展名不变,以便必要时可以使用正确的应用软件来打开。

(3) 复制。可以把文件或者文件夹复制到软盘或 U 盘中。复制操作可以建立文档的副本,以保证文件的安全或者方便文件的转移等。

(4) 移动。可以将文件从一个文件夹移到另一个文件夹,或从一个存储设备移到另一个存储设备。当移动操作时,文件将脱离原始位置,因此,要确保记住它的新位置;也可以将文件夹从一个存储设备移到另一个存储设备,或者将它移到另一个文件夹中。

(5) 删除。当不再需要某个文件时,可以删除它,也可以删除文件夹。删除文件夹时一定要小心,因为大多数资源管理器也会同时删除该文件夹所包含的所有文件和子文件夹。

7.3 存储文件数据

用户在资源管理器中看到的文件夹和文件的概念模型与计算机在磁盘上数据的实际存储之间没有多大关联。计算机通常并不会为每个文件夹单独标识出特定的磁盘区域,也不会把文件存储为一个单元。事实上,一个文件的数据很可能会散布在某个磁盘的任何地方。

7.3.1 存储的概念

计算机在磁盘上实际存储数据的方式被称为“物理存储”。相对而言,文件和文件夹的概念模型被称为“逻辑存储”。通常,一般用户没有必要理解与物理存储相关的所有细节。

数据存储系统包含两个主要部分:存储介质和存储设备。存储介质是磁盘、磁带、CD-ROM、DVD-ROM、纸张,或者包含数据的其他物质;而存储设备是对存储介质进行数据记录和检索操作的机械设备。存储设备包括软盘驱动器、硬盘驱动器、CD驱动器、DVD驱动器、磁带驱动器以及U盘等。所谓"存储技术"指的是存储设备和它所使用的介质。

存储数据的过程通常称为"写数据"或者"保存文件",检索数据的过程通常称为"读数据"、"加载数据"或者"打开文件"。读和写数据通常与主机应用有关,而保存和打开则是标准的Windows术语。

7.3.2 磁技术和光技术

可以把计算机内存中所保存的文档看做是1和0的长序列,这些位被发送到存储设备中,存储设备把数据写到存储介质中。显然数据不会被存储为1和0,相反,1和0必须被转换为存储介质表面的变化,具体实现这种转换取决于存储技术。比如,软盘与CD-ROM存储数据的方式不同。微型机存储设备通常既使用磁存储技术,也使用光存储技术。

硬盘、软盘和磁带存储都是磁存储技术,磁存储通过磁化磁盘或者磁带表面上细小的粒子来存储数据。在数据没有变化时,粒子方向不会变化,这使得磁盘和磁带成为长期的,但是可以更改的存储介质。磁盘驱动器中的读写头设备可以读取和写入表示数据的磁化粒子。

磁化方式存储的数据可以很容易地被改变或者删除,这只需要改变磁盘表面粒子的方向即可。磁存储的这种特性使我们可以灵活地编辑数据,以及复用存储介质中的各个区域。

另一方面,在磁场环境下,存储在磁介质上的数据容易受磁场、灰尘、潮湿、烟尘、高温,以及存储设备机械问题的影响而改变。磁介质的磁性也会随着时间的流逝而慢慢降低,最终导致数据丢失。一般认为存储在磁介质上的数据可靠的生命期是三年,所以建议每隔两年就应该重新备份数据。

CD和DVD都采用光存储技术。光存储技术采用光学方法读写数据,一般情况下使用激光作为光源,所以也称为激光存储。光盘是集光、机、电三者为一体的信息存储技术,它利用光学方法在记录介质上进行信息读写。光盘的特点是容量大、寿命长、价格低、携带方便,是永久存储多媒体信息的理想媒体。

光存储技术的基本物理原理是:改变一个存储单元的某种性质,使其性质的变化反映被存储的数据,识别这种存储单元性质的变化,就可以读出存储的数据。光存储单元的性质(如反射率、反射光极化方向等)可以改变,它们对应于存储二进制数据0、1,光电检测器检测出光强和光极性的变化,从而读出存储在光盘上的数据。

为了识别数据,光盘上定义激光刻出的小坑(转折处)代表二进制的"1",而平坦处代表二进制的"0"。DVD-ROM盘的记录凹坑比CD-ROM更小,最小凹坑长度仅为0.4μm,而且非常紧密,其螺旋存储凹坑之间的距离也更小,每个坑点间的距离只是CD-ROM的50%,并且轨距只有0.74μm。由于高能量的激光束可以聚焦成约1μm的光斑,因此它比其他存储技术存储容量更高。

7.3.3 磁道、扇区和簇

计算机在存储介质上存储数据之前,会创建等价的电子存储"柜子",称为磁道。光技术在盘片上从里到外螺旋式的磁道中存储数据。在计算机磁带上,磁道与磁带的边界平行。在磁盘上，磁道按照同心圆安排，同心圆进一步被细分为楔形磁道和扇区，并被编号以便于提供数据存储的访问地址，编号方案取决于存储设备和操作系统。比如，在 Windows 环境下，软盘的每一面都有 80 个磁道和 18 个扇区。

磁道和扇区可以分别或者成组处理。为了提高读写数据过程的速度，磁盘驱动器通常处理扇区组，也称为簇。根据磁盘容量和磁盘驱动器的技术规范不同，组成簇的扇区数也不同。

7.3.4 闪存技术

闪存技术是近年来新兴的半导体存储技术，采用闪存存储介质（Flash Memory）。闪存可反复读写。与传统电磁存储技术相比，闪存有许多优点。

（1）在存储过程中没有机械运动，因此运行非常稳定，从而提高了抗震性能，使它成为所有存储设备中最不怕震动的设备。

（2）由于闪存不存在类似软盘、硬盘和光盘等高速旋转的盘片，所以它的体积往往可以做得很小。现在的 MP3 播放器可以做得很小的原因就是因为采用了这种存储技术。

7.3.5 文件分配表

操作系统通过创建类似于每个存储介质上内容表的文件来确定所存储文件的位置。介质类型不同，内容表的结构也不同。比如，CD-ROM 的内容表与软盘或者硬盘的内容表稍有区别。

当计算机在磁盘上存储文件时，操作系统在文件分配表（FAT）中记录存放该文件的起始簇号码。FAT 是非常重要的操作系统文件，记录了磁盘上的文件和它们在硬盘上的物理位置。如果 FAT 被磁头故障或其他故障破坏了，就不能对存储在磁盘上的数据进行存取。这也是要备份硬盘数据的原因之一。

当存储文件时，操作系统首先在 FAT 表中寻找空簇。找到后，操作系统就将数据放在空簇中，并在 FAT 表中记录下该簇的编号。新文件的名称和包含该文件数据的首簇编号记录在目录中。如果一簇放不下一个文件，就将该文件分割，存放在相邻的空簇中。如果相邻的簇有数据，操作系统就会将该文件存放在不连续的簇中，并建立指针用来连接。指针指向了文件的每一片。

如果想读文件，操作系统通过目录找到文件名和包含文件数据的首簇编号。FAT 表给出了哪些簇包含该文件的数据。操作系统将读写头移动到文件首簇的位置，读出数据。如果文件存储在多个簇中，读写头还要移动到其他簇上读出多个文件段。如果文件存放在不连续的簇中，读取文件花费的时间要比读取存放在连续簇中的文件花费时间多，这是因为磁盘和读写头要移动多次才能找到文件后续部分的缘故。

当删除一个文件时，操作系统会改变 FAT 表中相应簇的状态。例如，如果文件存储在簇 5、7、9 和 11 中，当删除它的时候，操作系统把这四个簇的状态改变为“空”。这些簇的数据并没有在物理上移动或清除。相反，这些数据仍然保存在簇中，直到有新的数据将它覆盖。这种方式就使得我们在错误删除了一个文件后，仍然能够通过回收站的还原特性来恢复。当然，这只有在没有写入新的数据时才可以恢复。因此，一旦发现误删除文件，就要立刻恢复。

很多文件通常会被存放在许多不连续的簇中。当驱动器定位含有部分文件数据的簇比较困难的时候，驱动器的性能也就变得很差。要重新获得驱动器的峰值性能，可以使用“磁盘碎片整理”工具来重新组织磁盘上的文件，使它们存放在连续的簇中，如图 7-2 所示。

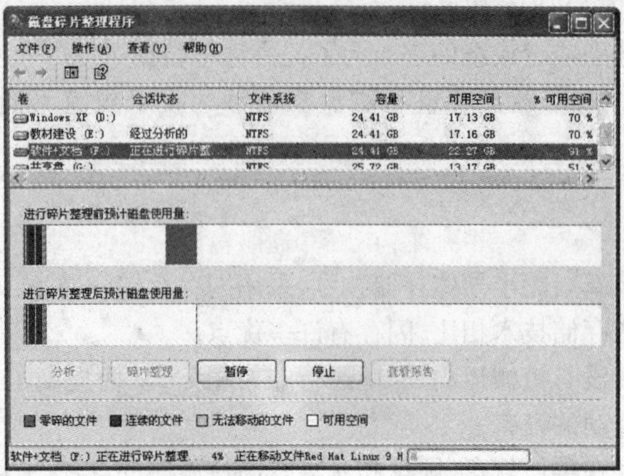

图 7-2　Windows XP 磁盘碎片整理程序

7.4　存储设备

现在的计算机可以使用多种类型的存储设备，每种存储设备都有其独特的优缺点。当需要从众多的存储设备中进行选择时，理解这些设备的特性是很有帮助的。

7.4.1　存储设备的评价标准

微型机的存储技术主要包括软盘、硬盘、磁带、CD、DVD 和 U 盘等六种。我们使用四个标准，即多功能性、持久性、容量和速度，来比较存储设备。

（1）多功能性。有些存储设备可以访问多种类型介质上的数据（例如 DVD）。

（2）持久性。大多数存储技术容易受到错误存放或者其他坏境因素（比如热和潮湿）的破坏，有些技术则不容易受影响。持久性强的，就是不容易出现数据丢失等破坏的技术。

（3）容量。人们通常更喜欢选择容量大的存储设备。存储容量是该存储设备上可以存储数据的最大数量，通常使用千字节（KB，kilobyte）、兆字节（MB，megabyte）、吉字节（GB，gigabyte）和太字节（TB，terabyte）等来衡量。1KB 就是 1024 个字节，但是通常省略后面的零头。

（4）速度。快速访问数据是很重要的，所以人们喜欢速度快的存储设备。存储设备的速度是由访问时间和数据传输速率决定的。

访问时间是计算机定位存储介质上的数据并读取它的平均时间。微机上存储设备（如磁盘驱动器）的访问时间一般使用毫秒来衡量。随机访问（也称“直接访问”）设备的访问时间是最好的。随机访问是指设备直接“跳到”包含所请求数据的磁道或者扇区的能力，软盘、硬盘、CD 和 DVD 驱动器都是随机访问设备。另外，磁带驱动器必须使用速度较低的顺序访问，每次访问数据时都要从磁带的开始处定位数据。

数据传输速率是存储设备在每秒时间内从存储介质传输到计算机的数据量。数字越大说明数据传输速率越快。

7.4.2 U盘存储

U 盘是 USB 盘的简称,又称“优盘”,它是采用闪存技术来存储数据信息的可移动存储盘,因此也叫闪盘。U 盘小巧便携而存储容量大、价格便宜,是目前常用的移动存储设备之一。U 盘的容量已经有了很大的提高,如:4G、16G 的 U 盘等。

U 盘有 USB 接口,如果操作系统是 Windows 或是苹果系统的话,将 U 盘直接插到机箱的 USB 接口上,系统就会自动识别,并命名为“可移动磁盘”。可以像平时操作文件一样,在 U 盘上进行保存和删除文件等操作。但要注意,使用完毕后应关闭 U 盘窗口,选择“安全删除硬件”操作以保护 U 盘数据。

7.4.3 硬盘存储

硬盘存储器是目前计算机最常用的存储设备,这主要是因为它的访问速度快。硬盘盘片一般是用铝或玻璃制作的,平滑和坚硬的盘片,上面覆盖着磁性氧化物。硬盘由读写磁头和一个或多个盘片组成,如图 7-3 所示。

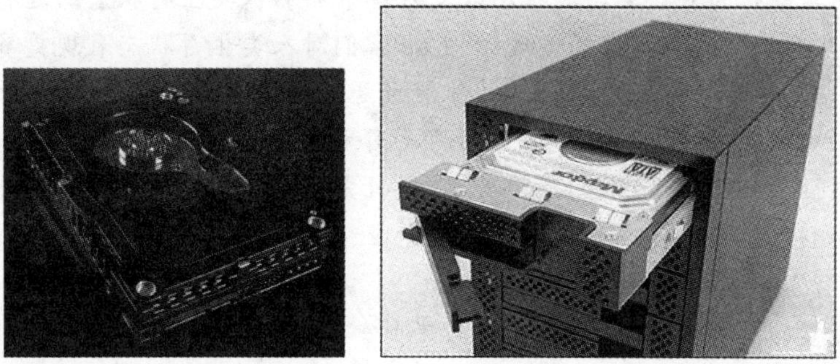

a)　　　　b)

图 7-3

a) 150GB 硬盘　b) 2000GB 外置硬盘及机箱

微机的硬盘盘片直径通常是 3.5in,与软盘盘片的直径相同。但是硬盘表面粒子密度和数据存储容量远远超过了软盘。与软盘不同的是,硬盘的盘片是不断旋转的,而软盘盘片则是在请求数据的时候才旋转,所以硬盘不需要盘片加速时间,访问速度要比软盘快得多。

硬盘的读写头悬浮在离磁盘表面非常小的高度上。如果读写头遇到灰尘或其他污染物,就会引起磁头故障。磁头故障会破坏磁盘上的数据。为了避免因为磁盘污染而引起的磁头故障,硬盘被密封在保护壳中。在使用磁盘时猛烈的震动也会引起磁头故障。因此尽管硬盘已经得到了很大改进,还是要小心使用。

有些硬盘是可以移动的。可移动硬盘或盒式硬盘也是由盘片和读写头组成,但是它可以像软盘那样插拔和移动。可移动硬盘增加了计算机系统的潜在存储容量,还提高了数据的安全性,可以很方便地在使用后将硬盘从计算机上取走,然后单独保存到安全的地方。

7.5 阅读与思考:数字化生存与人性化思考

生存与思考,是人类的永恒主题,也是科学家和艺术家使命之所在。

法国南部拉斯科洞穴岩画至今已有一万五千年历史,欧洲先民在岩画上留下的巨大的彩色野牛攻敌图依然使人惊心动魄;非洲东南部加坎斯伯洞穴岩画经过了约九千年的风霜,非洲先民描绘的集体使用弓箭的狩猎场面和白衣妇人的舞蹈姿态仍在召唤后人的加入。

自公元前3500年苏美尔人在泥板上书写象形文字以来,生存与思考成了有文字记载的人类文明史的主线。从西方的泥板书、羊皮纸到东方的甲骨文、青铜器,生存状态的改变、科学技术的进步与人类记录思想、保存思想的不懈追求始终联系在一起。埃及金字塔是科学也是艺术,悉尼歌剧院是艺术又是科学。苹果砸出的牛顿地心引力是由生存状态引发的科学思考,罗丹的雕塑精品《思想者》是对科学思考的艺术提炼。

科学家与艺术家是人类文明的代表,他们都关注人类的生存状态。在使命感、责任感的强烈驱动下,科学家和艺术家们所表现的共同点是他们的创新意识。所不同的是:科学家们更多地是通过自己的实践行为直接参与和推动改变外部世界和人类生存状态的过程——研究生命起源、探索外层空间就是这种追求的体现;而艺术家们对人类生存状态表现更多地是强烈的爱憎感情和深刻的哲学思考,他们内心情感的积淀和爆发通常是各种艺术创作源泉之所在——对现实的批判和对理想的追求是大师们作品的共同主题。

科学的参与性、实践性与艺术的思想性、情感性是人所共见的事实。然而,艺术家们对科学实践的探求和科学家们对社会人生的思考是在科学和艺术的创造中更值得我们关注的现象。

深处音乐殿堂的交响乐出现于18世纪后半叶。交响乐以其内容深刻、结构完美,能够表现复杂而变化多样的思想感情,被认为代表了人类音乐思维的最高成就。而由铜管乐器组、木管乐器组、弦乐器组和打击乐器组构成的,能够演奏交响乐的管弦乐队则是18世纪声学和乐器制造技术水平的最高体现。

摄影艺术和电影艺术均诞生于19世纪,是基于科学家对光学原理的深刻理解。在20世纪发展过程中,有声电影、彩色电影、立体电影、宽银幕电影、球幕电影等形式的不断出现,更是把艺术创作与科学进步融为一体。当然,艺术家们不仅仅是接受科学成果,他们的艺术创作也在某种程度上推动着科学技术的进步和发展。法国电影大师梅里爱1902年在电影《月球旅行记》中,利用现代蒙太奇手法和特技手段讲述了一个科学家登月探险的故事。虽然银幕上的科学家显得那样幼稚,类似炮弹的登月工具显得那样拙劣,但这毕竟是第一次把人类登月的愿望付诸行动的尝试,尽管这种尝试是在银幕上。我们很难说1969年美国宇航员阿姆斯特朗等人登上月球的行动不是这种努力的延续。

1905年爱因斯坦提出的相对论,揭示了空间、时间、物质和运动之间的内在联系。他的相对时空观不仅为科学认识世界提供了思想武器,也为艺术家对现实世界的思考和反馈提供了理论依据。作为科学家的爱因斯坦从小学习小提琴,并经常与身为出色钢琴家的母亲一起演二重奏。爱因斯坦的传记作者巴内什·霍夫曼写道:爱因斯坦的深刻本质藏在他的质朴个性之中;而他的科学本质藏在他的艺术性之中——他对美的非凡感觉。毕加索的分析立体主义油画作品，把对象分解后重新装配组合，在一个平面上同时表现人物的正面、侧面和斜侧面，在一定程度上是从艺术创作的角度印证了爱因斯坦科学理论中的相对空间概念。

从某种意义上说，艺术家和科学家的共通点是人性的流露。毕加索的大型油画《战争》与《和平》用的是分析立体主义手法，表现的却是人类最直白的呼声；爱因斯坦是最早认识到原子分裂可能释放出可怕的毁灭性力量的科学家之一，他又是战后积极呼吁废除所有核武器的和平斗士。正是有了这样一个共通的基点，人类才得以生存，社会才得以发展。

今天，人类已经走到了21世纪。20世纪末，美国麻省理工学院媒体实验室主任尼格拉庞地的《数字化生存》一书给人类的生存与思考打上了新的时代烙印。当人们用计算机、多媒体、互联网等数字化元素重新构建我们的生存环境时，数字化生存与人性化思考就成了当代科学家与艺术家们所必须关照的共同主题。

计算机出现于20世纪40年代。计算机是科学技术进步的产物，然而，一般人可能不太注意，从计算机诞生的第一天起，科学家们就思考着在计算机的数字化内核中融入人性化元素。从纯数字化的汇编语言到以英语为基本指令的高级编程语言的发展，是计算机与人对话的成功尝试；从占据一栋楼的大型主机到可放在办公桌面上的个人计算机的出现，是计算机与普通人交往的开始。

个人计算机的早期操作系统需要用户记忆DOS指令，苹果公司发明的图形界面使没有学过操作系统的用户也能使用计算机。键盘曾经是计算机输入的唯一途径，道格拉斯·恩格尔巴特发明的鼠标却用一个按键动作完成了人机交互的复杂过程。计算机表现的纯文本信息过于单调，立体声和动态视频在计算机信息处理中的应用使人的感官得到了充分的满足。语音识别、远程登录、动态交互、人工智能等，这些与计算机技术相关的科学进步实际上反映的是科学家们在数字化生存中最直接的人性化思考。

富有感情的艺术家们是人性化的代表。在20世纪的艺术殿堂中我们却常常看到艺术家们的数字化生存方式。

电子音乐是现代电子技术和音乐艺术的结合。以电子振荡为发声原理的电子琴和电子合成器具有以物理发声为基础的传统乐器不可比拟的长处。电子合成器不但能模拟传统乐器和自然界音响，而且能合成自然界不存在的音响。电子计算机音乐的出现使音乐家的创作空间更为拓展，他们可以将音乐的速度、力度、节奏、和声风格、曲式结构按自己的愿望编成计算机程序输入计算机，实现创作和演奏。截至2001年4月，在网上设有自己主页、有姓名可考的电脑音乐人有1105人之多。目前在世界范围内专业化电子音乐、社会化电子音乐和家庭化电子音乐已经成为音乐艺术创作中不可或缺的有机组成部分。

电脑美术是从计算机界面设计中逐渐分离出来的一个独立艺术门类。早期的电脑美术作者多为从事计算机图像处理或略有色彩和造型基础的计算机软件人员。他们与计算机的天然缘分和工作需求使早期的电脑美术作品带有明显的实用目的。计算机界面、书籍装帧、设计效果图是最常见的样例。随着专业美术人员计算机水平的提高和介入，电脑美术才真正出现了以艺术创作为目的的作品。近年来，世界各地每年都有国际性的计算机美术作品展示和学术研讨会举行。网上的电脑艺术虚拟展览会更是电脑美术领域的专利。从展示的大量作品中，用户除了看到表现计算机长处的线条、色彩、拼接和变形处理的创作手法外，艺术家们将计算机表现能力与传统油画甚至中国画技法结合的作品，已可达到乱真的程度。

计算机交互媒体艺术的出现是艺术家们数字化生存的高级阶段。从二维平面到三维动画，从视觉艺术到视听交互，从虚拟现实空间到可以由用户选取交互点的虚实结合的交互媒体——计算机技术的每一步发展，都为艺术家们提供了更为广阔的创作空间。交互媒体艺术的集中表现是在电子游戏领域。2001 年 3 月，第 16 届世界游戏开发者大会在美国硅谷附近的圣何塞举行，会议的主题是关于“电子游戏中的人工智能生命”。所有在计算机行业工作的人都知道一个奇怪的事实：最新的计算机软硬件技术一定是在游戏领域最先应用。在电子游戏的创作和开发过程中，计算机科学的最新发展与艺术家的无边想象力得到了完美的结合。声音、光影、色彩与无数个三维模型一起构成了许多令儿童和成人都为之疯狂的生动场景。人们在虚拟世界中赛车、探险、打斗，身不由己地扮演一个有着数字生命的角色去与他人交往，去构建新的社区，甚至去创你自己的帝国。

可以想象，随着计算机在日常生活中的普及与在艺术领域的广泛应用，艺术家的数字化生存与科学家的人性化思考将是未来社会的突出主题。

20 世纪 70 年代中期，当个人计算机刚刚从实验室走向公众的时候，美国电影《未来世界》就给我们展现了缺乏人性化的数字化发展将给人类社会带来怎样的灾难。1984 年，从没使用过电脑的加拿大小说家威廉·吉普森在作品《神经漫游者》中，第一次提出了当时科学家们还未能描述的网络虚拟空间的概念。在作品中，作家担心的不是网络空间是否能够形成，而是在融合现实世界和虚拟空间的网络社会中人性的挑战和争斗。

生存与思考是人生的基本状态，数字化生存与人性化思考则揭示了人生基本状态中现实的矛盾与对立。我们相信，艺术家的数字化生存与科学家的人性化思考将为消除生存矛盾、推动社会发展起到不可替代的决定作用。

资料来源：本文作者为熊澄宇。

请分析：从以上的阅读中，你能得到什么启发？请简述之。

____

____

____

____

7.6 主要术语

确保自己理解以下术语：

CD-ROM	可移动硬盘	通用文件扩展名
DVD	可执行文件	文件
U 盘	目录	文件分配表（FAT）
磁存储	配置文件	文件管理器
磁道	评价标准	文件夹
磁技术	千字节（KB）	文件路径
磁头故障	软盘	文件名
簇	闪存技术	文件名扩展
存储技术	闪盘	文件命名规范
存储介质	扇区	文件碎片

存储模型	设备驱动器号	信息
存储容量	数据	硬盘
存储设备	数据传输速率	硬盘盘片
读写头	数据文件	兆字节（MB）
访问时间	顺序访问	只读
根目录	随机访问	柱面
光存储	碎片整理工具	资源管理器
光技术	太字节（TB）	字节
吉字节（GB）	通配符	

7.7 练习与实验

本章“练习与实验”的目的如下。

(1) 正确认识和理解术语“数据”和“信息”。

(2) 在 Windows 操作系统下创建合法的文件名，理解通配符和文件扩展名如何简化文件访问并能正确操作。

(3) 熟悉可执行文件和数据文件等不同文件类型。熟悉逻辑文件存储和物理文件存储之间的区别，熟悉描述文件目录结构。

(4) 基于容量和访问速度等特性来选择存储设备。能熟练完成保存、检索、修订、删除和复制文件等资源管理器操作。

(5) 熟悉电子表格的工作方式，掌握创建、格式化和审核工作表的操作方法，学会创建准确的工作表和图表。

7.7.1 工具与准备工作

在开始本实验之前，请回顾教科书的相关内容。

需要准备一台安装有 Microsoft Office Excel 2003 软件的计算机。

7.7.2 实验内容与步骤

1. 快速测试

下面是一些快速测试题，请通过完成这些测试题目，检查自己是否理解了课程的内容。

(1) 根据经验，________被计算机使用，________被人使用。

(2) 星号（*）是________字符，被用来表示文件名或者扩展名中的字符组。

(3) 大多数可执行文件具有________扩展名。

(4) 按照计算机术语的说法，你________一个数据文件，并“运行”程序。

(5) 诸如 .bmp 和 .txt 之类的文件扩展名是________文件扩展名，这意味着可以使用一个或者多个软件包打开它们。

(6) 扩展名为 .bat、.sys 和 .cfg 的文件可以删除，因为它们是临时的、不必要的文件。对不对？（　　）

(7) 计算机的软盘驱动器通常被称为驱动器 A，硬盘驱动器是驱动器 B。对不

对？(　　)

(8) 磁盘的主目录被称为________目录。

(9) 文件夹也被称为________。

(10) 在路径 A:\Research\Primates\Jan5. dat 中,文件扩展名是________。

(11) 目录结构的比喻法有时被称为________模型。

(12) 短语"Now on Sale"需要 11 位的存储空间。对不对？(　　)

(13) 通过________磁盘表面的细小粒子,计算机可以在软盘上存储数据。

(14) 在硬盘和软盘上,数据被存储在同心圆的________中,它可以进一步细分为扇区。

(15) 一个名为________的特殊文件会记录软盘或者硬盘上数据的物理位置。

(16) 随着磁盘上的文件变成________,磁盘驱动器的性能会下降。

(17) 存储容量用________衡量,访问时间用________衡量。

(18) 在________访问设备中,计算机可以直接移动到任何文件,但是在________访问设备中,必须从头开始读取所有数据。

(19) 你可以使用任何图形软件来打开 Art. bmp。对不对？(　　)

(20) 创建有效文件名的规则被称为文件命名________。

(21) 当保存数据文件时,你的应用程序会被添加________,例如 . doc 或者 . xls 等。

(22) 磁盘被分为扇区,但是多个扇区可以被分组成________,以加速数据存储。

(23) 当删除文件时,它会被物理地从磁盘上移走。对不对？(　　)

(24) ________磁盘包含存储于非连续性簇中的文件。

(25) ________驱动器可以读取大多数 CD-ROM、DVD-ROM 和 DVD-RAM 盘片。

2. 概念分析

请利用所学概念回答下列问题,必要时请借助于教科书、网络等寻求资料。注意发挥自己的批判性思考能力、逻辑分析能力,以及创造力。

(1) 请解释如下术语对之间的区别。

数据和信息:____

____

逻辑存储和物理存储:____

____

可执行文件和数据文件:____

____

读数据和写数据:____

____

磁存储和光存储:____

____

随机访问和顺序访问:____

____

(2) 借助于 *. doc,你可以指定所有具有 . doc 扩展名的文件。请问如何指定如下文件？

具有 . txt 扩展名的所有文件:____

包含"minutes"的所有文件:____

以“Ship”开头的所有文件：________________

以字母“R”开头的所有文件：________________

磁盘上的所有文件：________________

（3）假定你要从 Sarah 的计算机上打开一个文件，她告诉你文件存储为 D:\Data\Payables. xls。请问：

文件名是什么？________________

文件扩展名是什么？________________

文件存储在哪个驱动器上？________________

是否需要特定的软件程序来打开和查看文件？________________

该文件可能是什么类型？________________

文件存放在哪个目录下？________________

3. Excel 工作表的建立、编辑和格式化

Excel 是一个电子表格软件，也是微软公司 Office 系列办公软件中的一个组件，它可以用来制作电子表格、完成许多复杂的数据运算，进行数据的分析和预测，并且具有强大的制作图表的功能。

请熟练完成以下操作（必要时，请借助于其他参考书或者 Excel 自带的“帮助”功能来协助完成操作）：

（1）Excel 的基本操作。Excel 操作界面包括的主要元素有：标题栏、菜单栏（Excel 的大部分功能都可以通过使用菜单来完成）、工具栏、公式栏（位于工具栏下方，用于显示当前单元格的公式或者常数）、单元格的行号和列标、工作表区、工作表标签、状态栏等。

（2）工作表的编辑和格式化。双击指定单元格，将光标移至单元格内的相应位置，就可以对该单元格的内容进行修改。可通过“插入”菜单选择插入一行、一列单元格或者一个新的工作表。选定工作表区域，单击鼠标右键，在右键快捷菜单中选择“设置单元格格式”命令，可以对单元格中的“数字”、“字体”、“对齐”、“边框”、“图案”及“保护”等多个选项根据需要进行相应的设置。

设置页面格式。选择“文件”→“页面设置”命令，可以设置页面格式，根据需要调整页面缩放比例、页眉及页脚等格式；选择“文件”→“打印”命令，可设置打印要求，输出工作表内容。

（3）在工作表中应用公式和函数。这是 Excel 非常重要的特色之一。单击要创建公式的单元格，输入“=”号，再输入相应的公式组成，完成公式设置。

选择“插入”→“函数”命令，可在对话框中选择所需的函数，输入运算参数，完成函数运算。Excel 函数分 11 类，包括：数据库函数、日期与时间函数、外部函数、工程函数、财务函数、信息函数、逻辑运算符、查找和引用函数、数学和三角函数、统计函数、文本和数据函数，一共有 300 多个，构成了 Excel 强大的数据处理功能。

（4）工作表操作。可以灵活地在多个工作表间切换，甚至可以方便地在多个工作簿之间进行数据的整和与处理。

（5）操作练习。请在 Excel 中完成表 7-4 的各项操作，使用函数计算出总分、最高分和平均分，使用 IF 函数对总分大于等于 270 的学生在“总评”栏中给予“优秀”评价。

请记录：上述各项操作能够顺利完成吗？如果不能，请说明为什么。

____

表 7-4 Excel 学生成绩表

学生成绩表					
姓名	数学	外语	计算机	总分	总评
钱婷婷	88	77	88	253	
李叶华	88	89	99	276	优秀
郑湾湾	67	76	86	229	
王瑜	66	77	76	219	
朱林燕	77	56	77	210	
李莎莎	80	92	100	272	优秀
李辉辉	43	76	67	186	
高丹华	57	77	75	209	
最高分	88	92	100	276	
平均分	70.8	77.5	83.5	231.8	

4. Excel 数据的管理和图表化

请熟练完成以下操作。

(1) 数据管理。在 Excel 工作表中,可以通过排序、筛选和分类汇总等工具对表中的数据进行管理,请熟悉 Excel“数据”菜单的各项命令。

(2) 数据图表化。在 Excel 中,可以利用“图表向导”方便地创建图表。

(3) 操作练习。请在 Excel 中完成下列操作。

- 在表 7-4“姓名”栏的右边增加“性别”栏,并在学生记录中增加相应的性别内容。
- 对表 7-4 中的数据按数学成绩从大到小(降序)排序,数学成绩相同的则按英语成绩降序排序,数学和英语成绩都相同的,再按总分降序排列。
- 在表 7-4 中筛选出总分小于 210 或大于 270 的女生记录。
- 按性别分别求出男生和女生的各科平均成绩(包括总分)。提示:分类字段为“性别”,汇总项为三门课程及总分,汇总的方式为求平均值。
- 针对三门课程的平均成绩建立直方图图表。

请记录:上述各项操作能够顺利完成吗?如果不能,请说明为什么。

---

5. Excel 精美制作

图 7-4 是 Excel 精美制作的例子,表现了一个功能强大的日历(万年历),透过这个例子,可以体会 Excel 的强大运算和制作功能。请模仿该例子,设计一个属于自己的 Excel 多功能日历作品,在制作过程中学习和体会 Excel 的丰富知识内涵。

制作完成后,请将该 Excel 作品命名为:

<班级>_<学号>_<姓名>_Excel 万年历.xls

请将该作品文件在要求的日期内,以电子邮件、QQ 文件传送或者按实验指导老师要求的方式交付。

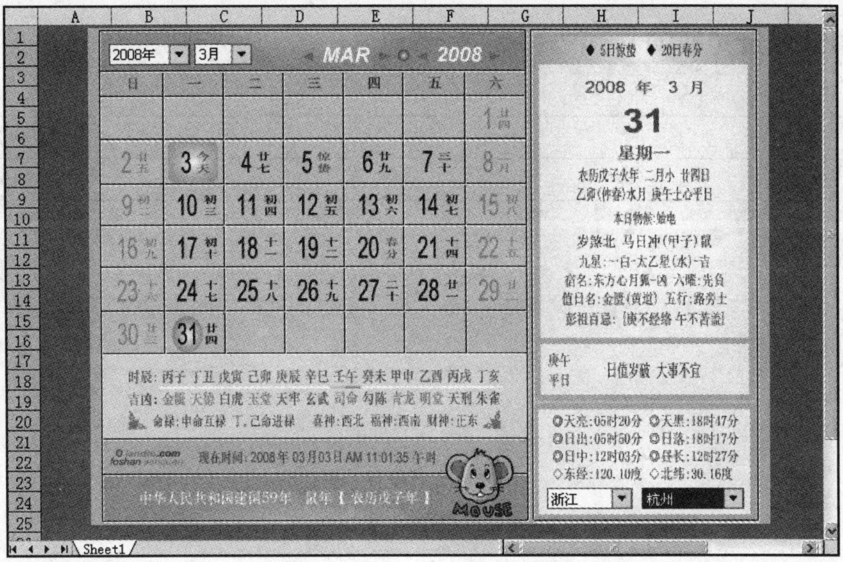

图 7-4　Excel 万年历制作示例

请记录：

(1) 上述实验任务能够顺利完成吗？________________

(2) 请简单描述操作过程中遇到的问题（如果有的话）。：

____

7.7.3　单元学习评价

(1) 你认为本单元最有价值的内容是：

____

____

(2) 下列问题仍需要进一步地了解或得到帮助：

____

____

(3) 为使学习更有效，你对本单元的教学有何建议？

____

____

____

7.7.4　实验总结

____

____

____

____

7.7.5 实验评价（教师）

第8章 多媒体与数字艺术

计算机是迄今为止最成功和用途最广的机器之一,同一台计算机能产生专业化的排版文档,产生音乐,调控机械装置,预定飞机票及处理其他种种事务。在多媒体领域,计算机的多功能性尤其明显。现在,视频、照片、幻灯片、动画和音乐等内容,不再需要各自单独的设备,都可以合成起来,在单个机器——计算机上播放。更进一步讲,计算机的诞生,特别是微型计算机及其视觉艺术设计应用软件的普及和大量使用,逐步诞生、发展和形成了数字艺术设计新兴学科,其展示世界、再现实物的能力,为科学与艺术的结合架起了桥梁。

多媒体和数字艺术设计的能力,应该是每一个从事科学技术工作人员的基本素质之一。

8.1 多媒体技术

在人类社会中,一切知识的获取都来自媒体对我们感官(例如听觉、视觉、触觉、嗅觉和味觉等)的刺激。如果能利用更多、更直观、更有效、更活泼的媒体刺激,我们所得到的印象就会更深刻,所学知识保留得就越久,效果当然也就越好。

多媒体技术就是这样一项正在迅速发展的综合性电子信息技术,它改善人类信息的交流,缩短了人类传递信息的路径,使传统的计算机系统、音频和视频设备等产生了根本性的变革,对大众传媒产生着深远的影响,也给人们的学习、工作、生活和娱乐带来了深刻的变革。多媒体计算机的出现,也加速了计算机进入家庭和社会各个方面的进程,多媒体正以其美妙的声音、多彩的图像、动感无穷的画面吸引着我们每一个人。

8.1.1 多媒体的定义

"多媒体"一词译自英文"Multimedia",而该词又是由"multiple"和"media"复合而成的。所谓"媒体"在计算机领域有两个含义:一是指存储信息的实体,如磁盘、光盘、磁带和半导体存储器等;二是指传递信息的载体,如数字、文字、声音、图形和图像等。而多媒体技术中的"媒体"则指的是后者。人类在信息交流中要使用各种信息载体,多媒体就是指多种信息载体的表现形式和传递方式。

人们普遍认为,所谓"多媒体",是指能够同时获取、处理、编辑、存储和展示两个以上不同类型信息媒体(如文字、声音、图形、图像、动画和视频等)的技术。从这里可以看出,我们常说的"多媒体"最终被归结为一种"技术"。事实上,也正是由于计算机技术和数字信息处理技术的实质性进展,才使我们今天拥有了处理多媒体信息的能力,也使得"多媒体"成为一种现实。所以,我们现在所说的"多媒体",常常不是指多种媒体本身,更主要的,是指处理和应用它的一整套技术。因此,"多媒体"实际上常常被当做"多媒体技术"的同义语。此外,还应该注意到,多媒体技术往往与计算机联系在一起,这是由于计算机的数字化及交互式处理能力极大地推动了多媒体技术的发展。通常可以把多媒体看作是先进的计算机技术与视频、音频和通信等技术融为一体而形成的新技术或新产品。人们利用多媒体计算机综合处理多种媒体信息，使多种信息建立逻辑连接，集成为一个系统并具有交互性，即多媒体计算机综合处理声、文、图信息并具有集成性和交互性。

通信技术及计算机技术的发展，使我们能够比以往更加和谐地把现有的多种形式的信息媒体组合起来。综合来说，多媒体技术的特性可分为下列几点。

(1) 集成性。不仅指多媒体系统的设备集成，而且也包括多媒体的信息集成和表现集成。

多媒体技术是在数字化处理的基础上，结合多种媒体的一种应用。与传统文件不同，它是一个利用计算机技术的应用来整合各种媒体的系统。媒体依其属性的不同可分成文字、音频和视频等。其中，文字又可分为文字及数字，音频（audio）可分为音乐及语音，视频（video）可分为静止图像、动画及影片等。

另外，多媒体技术基本上包含了当今计算机领域内的各种最新技术，如硬件技术、软件技术、人工智能技术、模式识别技术，通信技术、图像技术、数字信号处理技术、音频技术、视频技术、超文本技术、光存储技术及影像绘图技术等，并将不同性质的设备和信息媒体集成为一体，以计算机为中心进行综合处理。计算机多媒体的应用领域也比传统媒体更加广阔。

(2) 交互性。这是多媒体技术的特色之一，就是可以与使用者进行交互性沟通，这也正是它和传统媒体最大的不同。这种改变，除了使应用者可以按照自己的意愿来解决问题外，更可以借助于这种交互沟通来帮助学习、思考，进行系统地查询或统计，以达到增进知识及解决问题的目的。

多媒体处理过程的交互性使得人们更加注意和理解信息，更加具有主动性，增加了有效控制和使用信息的手段，与计算机的交流也更加亲切友好。

(3) 非循序性。一般而言，使用者对非循序性的信息存取需求要比对循序性存取大得多。过去在查询信息时，要把大部分的时间花在寻找资料及接收重复信息上。借助“超文本”概念，多媒体系统克服了这个缺点，使得以往人们依照章、节、页阶梯式的结构，循序渐进地获取知识的方式得以改善。所谓“超文本”，简单来说就是非循序性文字，它可以简化使用者查询资料的过程，这也是多媒体强调的功能之一。

(4) 非纸张输出形式。多媒体系统应用有别于传统出版模式。传统模式以纸张为主要输出载体，通过记录在纸张上的文字及图形来传递和保存知识，但此种方式受限于纸张，无法将有关的影像及声音记录下来，所以读者往往需要再去翻阅其他方面的资料才能得到一系列完整的内容。多媒体系统的出版模式中强调的是无纸输出形式，以光盘（CD-ROM 或 DVD-ROM 等）为主要输出载体。这不但使存储容量大增，而且提高了保存的方便性。

(5) 实时性。多媒体技术中的声音及活动的视频图像是和时间密切相关的，这就决定了多媒体技术必须要支持实时处理，如播放时声音和图像都不能出现停顿现象等。

(6) 数字化。早期的媒体技术在处理音像信息时，采用模拟方式进行媒体信息的存储和演播。但由于衰减和噪声干扰较大，且传播中存在着逐步积累的误差等，模拟信号的质量较差。而多媒体技术以数字化方式加工和处理多媒体信息，精确度高，播放效果好。

正因为“多媒体技术”具有以上所说的一些特性，所以，目前的家用电视系统就不能称为是多媒体系统。因为虽然电视也是具有“声、图、文”并茂的多种信息媒体，但是在电视机面前，我们除了可以选择不同的频道外，只能被动地接收电视台播放的节目，所以这个过程是单向的，而不是双向的，即不具有交互性。

8.1.2 多媒体设备

一般的多媒体系统主要由四个部分的内容组成。

（1）多媒体操作系统：具有实时任务调度、多媒体数据转换和同步、控制对多媒体设备的驱动和控制，以及图形用户界面管理等。目前主流的操作系统都是多媒体系统。

（2）多媒体硬件系统：包括计算机硬件、声音/视频处理设备、多种媒体输入/输出设备及信号转换装置、通信传输设备及接口装置等。其中，最重要的是根据多媒体技术标准而研制生成的多媒体信息处理芯片、光盘驱动器等。

（3）媒体处理系统工具：也称为多媒体系统开发工具软件，这是多媒体系统的重要组成部分。

（4）用户应用软件：根据多媒体系统终端用户要求而定制的应用软件或面向某一领域的用户应用软件系统，它是面向大规模用户的系统产品。

今天，多媒体设备已经是计算机的普通标准配置。然而，一般来说，计算机的价格越贵，其多媒体设备的处理速度越快，可以产生更好的输出质量。

声卡可以向计算机提供记录和播放声音文件，以及播放视频声音的能力。声卡位于系统单元内部，并且提供外部接口，可以把扬声器、耳机和麦克风等插到该接口上。昂贵的声卡包含能够产生特殊声音效果（比如 3-D 声音）的电路。计算机的扬声器和麦克风的质量也影响到声音的质量。使用计算机，可以在多媒体作品中集成图片、声音、音乐、动画和视频。比如，借助于麦克风和 Windows 操作系统中提供的软件，可以很容易地实现录音的数字化。

借助于 CD-ROM 驱动器，计算机可以访问 CD 音频和 CD-ROM/DVD-ROM 光盘。多媒体元素，尤其是视频，一般都需要大量的存储空间。我们可以把多媒体数据存储在 CD-ROM 和 DVD-ROM 上，而一般不存储在硬盘中，这样只有在需要访问多媒体元素时，才插入光盘。

计算机的图形卡从处理器获取信号，然后使用这些信号在屏幕上绘制图像。图形卡一般安装在计算机的系统单元中，并且提供到监视器数据电缆的连接。计算机的图形卡必须进行大量的处理工作，而且处理速度必须快。比如，为了显示视频，它会每秒 15 次地刷新屏幕上的每个像素。借助于更加昂贵的图形加速卡，可以改进显示处理的速度。

高性能的处理器能够快速处理用来存储和产生多媒体的大量数字数据。处理器的速度越快，它每秒处理的数据就越多。处理器速度较快的计算机能够输出更加流畅的视频流，并且保证声音与动作同步。多媒体的流行使得芯片制造商在计算机处理器芯片中提供能够加速多媒体处理（比如声音和视频）的特殊多媒体功能。

8.1.3 数字扫描

图片和其他固定图形经常被称为“静态图形”，以区分于视频和动画。扫描仪可以把静态图形从印刷体转换为数字格式的位图图形，其方法是把印刷体图形分割为细粒度的单元格，并给每个单元格的颜色分配一个数字值。然后，计算机存储这些数字值，这样就可以使用图形软件对其进行操作，添加到文档中，并集成到多媒体项目中。

8.1.4 数字摄影

数码相机是数字化静态图形的方式之一。扫描仪可以数字化印刷体图形，而数码相机可以直接数字化真实对象，并把数字照片转存到计算机中。

当使用数码相机拍摄照片时,进入照相机光圈的图形被细分为细粒度的单元格。高质量、价格昂贵的数码相机使用更细的单元格,这样可以保证产生更加平滑的图形。和扫描仪一样,每个单元格的颜色值被保存到照相机的存储设备中。不同照相机使用不同类型的存储设备,例如快闪内存卡等。

把数字图形数据从照相机转移到计算机中的方式取决于照相机的存储机制。对于使用软盘存储的照相机而言,只需从照相机中抽取该软盘,然后插入计算机的软盘驱动器,把图形从软盘转移到硬盘中,这样就可以使用照片编辑程序对它进行编辑,把它集成到对象中。

对于使用快闪内存模块的照相机而言,通常借助于照相机和计算机之间的电缆转移图形数据。这个电缆只有在进行转移时才需要,拍摄照片时不必始终连着它。通常,图形数据直接从照相机转移到计算机的硬盘,然后就可以使用照片编辑程序对它进行浏览、操作,把它粘贴到多媒体对象中。

8.1.5 数字动画和视频

数字动画和视频涉及到很多技术,包括产生专业级质量的特殊效果、DVD 电影及桌面视频等。视频和动画的区别,主要考虑其来源。数字动画通常是艺术家在计算机的帮助下“全新”制作的,而数字视频则是基于真实对象的电影胶片。数字动画和视频的技术质量依赖于用来进行创建和播放的设备。

计算机产生的特殊效果是借助于功能强大的计算机,每次一帧地完成制作,这些帧(例如每秒 30 帧)顺序化地转变成电影。

桌面视频的电影镜头通常是通过数字视频照相机捕捉的,或者从视频磁带转换为数字格式。但桌面视频通常只有每秒 15 帧,一般只能显示在屏幕上的一个小窗口中,而不能达到全屏幕。

8.2 数据压缩技术

多媒体技术的核心是计算机实时地综合处理声音、文字、图形和图像等信息,而为了使计算机能够处理这些信息,就必须对它们进行数字化,即把那些在时间和幅度上连续变化的声音、图形和图像信号,转换成计算机能够处理的、在时间和幅度上均为离散量的数字信号。这个过程就称为多媒体数据编码。

20 世纪 90 年代以来,由于移动通信等的无线接入和多媒体技术的大量引入,同时又受到频带的限制,迫使人们采用压缩编码,新的编码思想和编码标准不断出现,并且,数据压缩技术的应用已经有了一些封装性很好的软件工具和方法。

常用的压缩编码可以分为两大类,即无损压缩法和有损压缩法。无损压缩法去掉或减少了数据中的冗余,但这些冗余值可以重新插入到数据中,因此,无损压缩是可逆的过程。无损压缩法由于不会产生失真,在多媒体技术中一般用于文本数据的压缩,它能保证完全地恢复原始数据,但这种方法压缩比较低。有损压缩法会减少信息量,但损失了的信息不能再恢复,因此,这种压缩法是不可逆的。由于有损压缩法允许一定程度的失真,适用于重构信号不一定非要和原始信号完全相同的场合,可用于对图像、声音、动态视频等数据的压缩。

文件压缩软件的压缩率一般在 10% 以上,大大方便了文件的传输与保存。

8.3 虚拟现实技术

所谓虚拟现实（Virtual Reality，VR），就是采用计算机技术建立一个逼真的视觉、听觉、触觉及味觉等的感观世界。这里包含三层含义：首先，虚拟现实是用计算机生成的一个逼真的实体，逼真就是要达到三维视觉、听觉和触觉等效果；其次，用户可以通过人的自然技能（五官与四肢）与这个环境进行交互；最后，虚拟现实往往要借助一些三维传感技术为用户提供一个逼真的操作环境。由此可见，虚拟现实是多媒体发展的更高境界，具有更高层次的集成性和交互性，成为多媒体技术研究中十分活跃的一个领域。

作为一项与多媒体技术密切相关的边缘技术，虚拟现实通过综合应用计算机图像、模拟与仿真、传感器、显示系统等技术和设备，以模拟仿真的方式，给用户提供了一个真实反映操作对象变化与相互作用的三维图像环境所构成的虚拟世界，并通过特殊设备提供给用户一个与该虚拟世界相互作用的三维交互式用户界面。虚拟现实系统的硬件主要有数据手套、头盔、轨迹追踪装置、语音识别装置及摄像机等，如图 8-1 和图 8-2 所示，软件一般涉及以下功能：数据输入和准备、仿真和显示、交互媒体的设备及控制等。

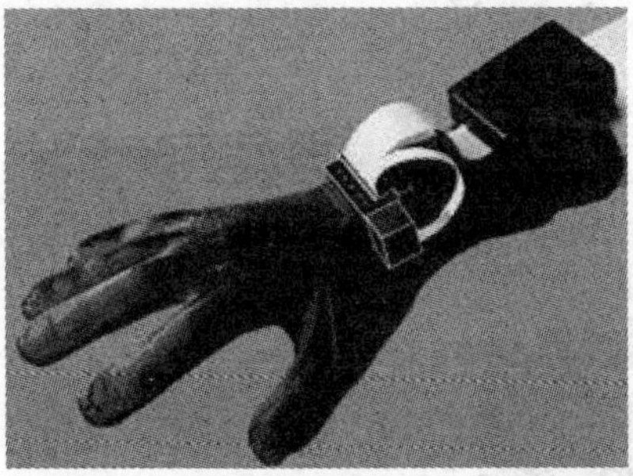

图 8-1　数据手套

图 8-2　虚拟环境系统示意

虚拟现实的定义分为狭义和广义两种。狭义定义只把它当做是一种人机界面，从而认为它的主要技术瓶颈就是“能对人类感知和肌肉活动进行交互作用的基于计算机系统的接口系统”；广义定义是对虚拟想象（三维及可视化）或真实三维世界的模拟。其主要部分是内部模拟，并采用虚拟现实的界面。

对某个特定环境真实再现后，用户通过接受和响应模拟环境的各种感官刺激，与其中虚拟的人及事物进行行为和思想等的交流，使用户有身临其境的感觉。值得注意的是，其中那些虚拟的人可能是由其他真实的人控制的，是他们的代表。注意这个真实再现指的是三维图形世界。如果不限定真实三维世界（视觉、听觉等都是三维的），甚至可以说，那些没有三维图形的世界是模拟了真实世界的某些特征的，如网络上的聊天室等，都可以称为虚拟世界或虚拟现实。为了便于区分，那些非三维的世界只称为是“虚拟世界”，但不称为“虚拟现实”。

8.4 动漫设计技术

通俗地讲,“动漫”就是动画和漫画,是动画和漫画相互影响的一种载体。漫画是平面设计,可以由一个人来完成创作,体现绘画者个人的风格;动画通常是二维设计,强调团队作业。通常情况下,漫画体裁可以转化为动画。

作为造型艺术的一门分支,动漫深受人们的喜爱。我们熟悉的《米老鼠与唐老鸭》、《狮子王》、《大闹天宫》等都是生动活泼、个性鲜明的动漫形象。抽象来讲,动漫就是用各种手段更完美、更具体地表达我们所感觉的东西。动漫作品是超现实的,它是对生活更完美的表达。近年来,随着大众文艺娱乐日趋多元化及数码特效技术的不断创新,动漫文化得以繁荣与飞跃,出现了 Flash 动画、三维动画和全息动画等崭新的动漫形式。

从广义上说,动漫设计师要在一部动画产品或者漫画产品的设计过程中,凭借丰富的想象力,坚实的美术功底,并且懂得应用各种设计软件,对所要开发的产品市场能够有一个了解,进而设计出比较符合观众口味的高质量的产品。动漫设计本身包含了不同角色的工种,比如前期策划、导演、编剧、设计和制作等。

按计算机软件在动画制作中的作用分类,计算机动画有计算机辅助动画和造型动画两种。计算机辅助动画属于二维动画,其主要用途是辅助动画师制作传统动画,而造型动画则属于三维动画,如图 8-3 所示。二维计算机动画制作同样要经过传统动画制作的四个步骤。但使用计算机大大简化了工作程序,方便快捷,提高了效率。

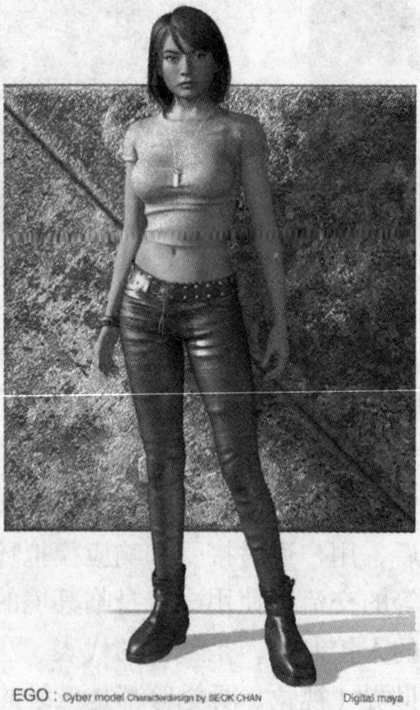

图 8-3 动漫设计作品欣赏(Maya)[⊖]

⊖ 作品选自“中国艺术设计联盟”(http://www.arting365.com/)

8.5　技术对艺术的影响

数字艺术设计是科学与艺术,以及计算机与艺术设计相结合的边缘学科。

艺术与科学的结合曾经是许多科学家和艺术家的夙愿。在人类社会的早期,科学与艺术同时产生并统一为一体,许多艺术家同时也是科学家。这种统一在文艺复兴时期达到了顶峰。此后,随着科学和艺术的日趋复杂化,导致艺术与科学逐渐分化。

20 世纪以来,随着科学的迅速发展,在科学理论中积累了许多有关美的问题,而在艺术中也积累了许多科学的问题,同时,科学的视觉化和艺术的科学化也日趋重要,于是,许多科学家呼吁科学与艺术的重新综合。然而,艺术与科学结合的一个主要困难,就是表现手段的问题。以视觉艺术为例,绘画表现能力难倒了科学家,而艺术家又很难理解科学和科学家大脑之中的科学形象,无法使之视觉化。

科学技术对于社会进步和发展的影响在艺术领域也是如此。在近代历史上,技术对艺术的冲击已经发生过多次,每一次都产生了一些新的艺术门类。

8.5.1　摄影技术的诞生

第一次是摄影技术的诞生,特别是彩色摄影技术对于写实绘画艺术实践产生了重要的冲击,使得以再现现实和虚拟现实见长的绘画艺术相形见绌。以往需要画家画上几个月、甚至几年的作品(参见图 8-4),瞬间被照相机所取代。于是画家们开始探索绘画自身的本质,进而催生了新的现代绘画艺术及流派,诞生了抽象绘画艺术,以及以抽象形态为造型基础的构成教学体系和现代艺术设计专业。

图 8-4　英王亨利八世 [德国] 霍尔拜因

小汉斯·霍尔拜因(1497—1543),是德国艺术家的代表,他是德国卓越的水粉画、肖像画和写生画家,被赞誉为“奇才的画家”。他的主要作品有:《巴塞尔市长迈耶耳像》、《伊拉斯谟》、《英王亨利八世》、《外交家莫列特》等。在人物画中,他以出色的技巧、流畅的线条,重点刻画人物的个性和神态。如他对伊拉斯谟写作时聚精会神姿态的刻画栩栩如生而且完美。《伊拉斯谟》誉满欧洲,是当时写实主义绘画的高峰。他的作品不仅写实,而且触及了欧洲的平民阶层。

8.5.2　电子媒体的诞生

第二次是电子媒体的诞生。电视影像、微波通信、特别是卫星通信技术的诞生,对电影艺术冲击并导致了电影业的萧条,同时也对现代绘画艺术产生了重要的影响。

电子媒体的主要代表形式为广播、电影和电视,这些技术和媒体的诞生产生了动态的视觉形式,丰富了人们的视觉感受,进而催生了广播剧、电视剧、电子音乐,以及影视广告、MTV 等许多新的视觉艺术形式。

8.5.3 电子计算机的诞生

第三次是电子计算机的诞生。以往的各种工具发明,都是人类各种器官能力的扩大与延长,而计算机则是人类大脑智能的扩展和延伸,它使人类更聪明,更富于智慧。计算机技术对艺术、艺术设计和艺术设计教育的冲击和影响已经初见端倪。

从20世纪80年代初期开始,计算机图形艺术设计等数字艺术设计形式作为最尖端的视觉表现手段,大量地出现在电视、电影、平面设计、广告艺术、工业设计、展示艺术设计、建筑环境艺术设计和服装设计等大众传播媒介和视觉艺术设计领域中,其设计对象也与信息化技术息息相关,例如数字化消费产品、智能化家居、网页与网络广告、计算机（软件与硬件）界面、数字化展示、多媒体和数字影视等。数字艺术设计展示了一个新颖的视觉和艺术天地,以往人们用手工很难实现的视觉和艺术效果被计算机轻而易举地完成,甚至比预想的还好。

计算机的诞生还催生了因特网媒体,进而又催生了一批新的艺术设计形式,如:网页设计、多媒体艺术设计、视频艺术设计、二维和三维电脑动画艺术设计、MIDI音乐创作、计算机与网络游戏等各种数字艺术作品。

8.6 数字艺术设计

所谓“数字艺术”是“数字化”的意思,也就是英文Digital的意译,是指以计算机为平台的,以0和1的数字集合、将计算机应用软件与相应的艺术相结合而形成的艺术形式。“数字艺术”是一个大的概念,凡是“数字化”的艺术应用都可以称为“数字艺术”,包括美术、戏剧、音乐、影视、作曲和演奏等,这就囊括了几乎所有艺术形式,而不仅仅局限于美术领域。所以,“数字艺术”包括但并不局限于美术界和艺术设计界中以计算机为平台的视觉艺术和视觉艺术设计的单一概念。

传统的四个艺术设计专业（即装潢艺术设计、环境艺术设计、服装设计、工业设计等）是数字艺术设计的姐妹专业和基础。随着计算机硬件和软件水平的提高,如今,在艺术设计领域中,大多数人都已经改用计算机进行设计,计算机技术在艺术设计领域中的应用程度和范围越来越大。在以计算机为基本平台的数字艺术设计中,其最终结果——作品或者产品、商品,不仅仅是一个平面设计、一个工业设计或者环境设计、服装设计,而是它们的综合——科学与艺术的综合、艺术设计与计算机技术的综合,以计算机为平台的图形、图像技术和艺术的结合将成为21世纪视觉艺术的主流。

可见,“数字艺术设计”是一个宽口径的,以技术为主,艺术为辅,技术与艺术相结合的新学科方向,学生需要掌握信息领域的基础理论与方法,具备数字艺术设计、制作、传输与处理的专业知识和技能,并具有一定的艺术修养,能综合运用所学知识与技能去分析和解决实际问题。

虽然不可避免地要涉及技术问题，但数字艺术设计始终以艺术作为自己的出发点。这是因为：数字艺术设计虽然以计算机为依托，但在题材、技巧和观念等方面却脱胎于传统艺术。与此相应，有关数字艺术设计的理论深受传统艺术影响，不少术语和范畴就借鉴于传统艺术学。

8.7 阅读与思考:鼠标之父、人机交互大师恩格尔巴特

电脑奇才道格·恩格尔巴特(Doug Engelbart)是"人机交互"领域的大师。20 世纪 60 年代初以来,他在人机交互方面做出了许多开创性的贡献。他一生研究计算机,憧憬着建造一套可以为人类增加智慧的计算机。他出版著作 30 余本,并获得 20 多项专利,其中大多数是今天计算机技术和计算机网络技术的基本功能。虽然他发明的视窗、文字处理系统、在线呼叫集成系统、共享屏幕的远程会议、超媒体、新的电脑交互输入设备及群件等已经遍地开花,但却很少有人提及他。人们提起他,却仅仅是因为他创造发明的一个边角料:鼠标。如今数亿只鼠标遍布全球,而这位鼠标之父却仍然默默无名。

被忽略的天才

1968 年,旧金山秋季联合计算机会议(FJCC),恩格尔巴特的演示震惊了同行。他利用远在 25 英里之外的一台仅仅是 192KB 的原始大型机,就将上述发明集成在一起。当时,"鼠标"被很雅致地称为"显示系统的 X-Y 位置指示器"。

恩格尔巴特的发明太超前了。直到 1984 年,苹果 Mac 操作系统的推出才让鼠标流行起来。Windows 95 取得巨大成功后,证明了恩格尔巴特原始视窗的概念是多么英明。1996 年 6 月,比尔·盖茨对恩格尔巴特开拓性的研究大加赞扬。著名的《Byte》杂志将其列入对个人计算机发展最具影响的 20 人之列,并评价说:"将他比作爱迪生并不牵强","无法想象没有恩格尔巴特,计算机技术将会怎么样"。

寻梦之路

恩格尔巴特 1925 年 1 月 30 日生于俄勒冈州的波特兰市。1942 年,考上俄勒冈州立大学,次年应征入伍,进入海军,从事雷达工作。

1945 年夏末,日本刚刚投降。20 岁的恩格尔巴特是美国海军雷达技术员。一个闷热的日子,他踱进红十字会图书馆。里面安静、凉爽,在那里他邂逅了 Vannevar Bush 的文章。这是有关信息处理技术用于扩大人类记忆和思想的论文。从此,一个梦想植入他的大脑。

战争结束后,他续完学业。1948 年,获俄勒冈州立大学的电机工程学学士学位,毕业后去旧金山的阿梅斯实验室(美国国家宇航局 NASA 的前身)当了三年电气工程师。没有很大收获,却认识了一个人,并成了他的妻子。就在订婚的那个星期一,恩格尔巴特突然意识到他的三个目标:一个学位、一份工作、一个妻子,全部都实现了。他成了一个没有目标的人。他在路上认真思考:这一生还剩下 550 万分钟的工作时间,有什么事值得他投资呢?

1951 年,他着手设计基于计算机的问题解决系统,试图通过机器增加人类的智慧。这一工程一拉开,他就沉迷于其中,至今仍未停息。

开始造梦

1951 年,恩格尔巴特辞去工作,进入加州伯克利大学的研究生院。这里正在建造最早的冯·诺依曼架构的计算机。这时他开始注意到,人们不但不懂他所谈论的东西,而且一些科学家对他极度不友好。但这位年轻人仍表示质疑:"我们造出了计算机,但我能用他教导别人吗?我能给它挂上键盘让人和计算机相互交流吗?或者让它教人打字?"这些问题如果讲给学心理学的人听,或许不错,但工程人员却认为莫名其妙。

1955 年拿到博士头衔后,恩格尔巴特又在斯坦福研究所工作,他还想继续实施他的梦想,但系里没有人愿意听他谈论远大计划。年轻的恩格尔巴特不得不重新踏入社会,去寻找新的机会,使他能够制作成可以增加人类智慧的电子系统。他带着自己奇妙的想法去推销自己。HP 创始人威廉·休利特、戴维·帕卡德和公司研发负责人 Barney Oliver 对恩格尔巴特的计划非常热心。协议达成了。恩格尔巴特兴高采烈地驾车回家。走到半路,恩格尔巴特典型的风格又发作了。他停车找到电话亭,给 Oliver 打电话,说下午谈论的建议只是向数字电子的一个过渡,他认为像 HP 这样的电子仪器公司,最好的发展方向是全面迈向数字技术和计算机。Oliver 说 HP 还没有制作计算机的计划。恩格尔巴特就说:"很抱歉,我得去寻找数字的道路。"满怀鸿鹄之志的他就这样取消了刚刚与 HP 达成的协约,继续寻找他的理想之地。

1957 年 10 月,正值苏联人造卫星上天。让美国人大为吃惊,对前瞻性的科研也突然重视起来。一天,恩格尔巴特忽然得到一个机构的邀请。这就是斯坦福研究学院(SRI),他们对计算机在科学、军事和商业应用方面的长远研究深感兴趣。

恩格尔巴特对面试的人谈论了能与人相互交流的计算机构想。

"这些内容你跟多少人谈过?"那人问。

"还没有,你是我告诉的第一个人。"他回答。

"好,现在你不要再告诉别人。这个设想听起来很离奇,会引起别人的反对。"

于是,恩格尔巴特闭上了嘴。这样工作了一年半,他又蠢蠢欲动,想把他的设想付诸书面。他向主管谈了他的打算,虽遇到点阻力,但最后居然同意了。美国空军的科研部给他提供了一小笔经费。恩格尔巴特终于可以着手他的研究了。但是他孤军作战,没有人可以交换想法。1962 年,他终于写成了文章,并于 1963 年发表,这篇论文的题目是"增加人类智慧的概念性架构"。

自然,人们对恩格尔巴特的构想和工作了十年的概念性框架毫无反应。但还是吸引了几个人的注意。一代伯乐——NASA 掌管部分研究经费的鲍伯·泰勒(Bob Taylor)是其中之一,他没有被恩格尔巴特超前的设想所吓倒,并为他的项目提供了最早的资金资助。还有另外一个人也能理解他的设想,这就是刚刚进入 ARPA 的 Licklider。他们都对恩格尔巴特被主流计算机界所忽视的设想十分感兴趣。

1964 年,鲍伯·泰勒告诉恩格尔巴特和 SRI,信息处理技术处(IPTO)准备投入 100 万美元的启动资金开发新的分时计算机系统,其中每年有50 万美元用来支持恩格尔巴特的"智慧增加"项目的研究。对恩格尔巴特来说,可谓恰逢其时。此时他的概念性框架已经完成,所需的技术也已具备,下一步就是组建班子,建造第一台样机。恩格尔巴特的"增智研究中心"(ARC)立马红火起来。十年中,有几十位天才般的人物为恩格尔巴特的梦想工作后,成了其他大学和研究机构的项目领导人。

鼠标之父

鼠标最早于 1963 年开始研究,早期的鼠标只是一个其貌不扬的纯机械结构的小木盒,如图 8-5 所示 ,精度低、反应迟钝,且功能极其有限。1967 年 6 月 21 日,恩格尔巴特为他的显示系统用"X-Y 定位器"申请了专利,为了这种装置,他已冥思苦想、辛勤工作了十几年。发明的目的不是赚钱或制造产品,相反,是恩格尔巴特希望"找到更好的方式,让人们共同使世界变得更美好"。Netscape 通信公司的创始人之一马克·安德森(Marc Andreessen)这样谈及恩格尔巴特及其同事:“恩格尔巴特那样的发明家最大的与众不同之处在于,他们心目中最注重的是对人类的影响,这是一种今天不复存在的社会理想主义。”

图8-5　木头鼠标

2007年,鼠标将度过它的39岁生日。随着Windows操作系统的不断普及和升级,鼠标作为计算机的一个最不起眼的输入设备身价陡升,在某些场合它的重要程度甚至超过了键盘。鼠标从发明之初的一个木盒子向着实用和多功能的方向不断发展。经过几十年的发展,鼠标科技得到了长足的进步,出现了光学式、光机式鼠标,轨迹球、特大轨迹球,以及衍生到笔记本电脑上的指点杆和手指感应式鼠标,还有红外线鼠标等,鼠标家族可谓人丁兴旺,并且向着多功能、多媒体、符合人体工程学的方向继续发展。

恩格尔巴特的功绩终于得到公众的承认,他受之无愧。1997年,恩格尔巴特荣获麻省理工学院颁发的50万美元(Lemelson-MIT Prize),这是为美国人的发明和革新技术颁发的现金数额最大的奖金。

2007年,恩格尔巴特已经82岁了。当年过于超前的恩格尔巴特,如今却又显得陈旧、落伍。当他还在埋头扩大计算机多用户的性能时,外面的世界却是崇尚一人一台自己的计算机。无论是过去、现在,还是他不多的将来,恩格尔巴特都置身于主流之外,留给历史一个独特而孤独的背影。不过,生活也不乏乐趣,他有4个孩子与9个孙子(女)。锻炼、旅行、野营、航行、阅读、民间舞蹈、骑自行车,还养鸭,养蚯蚓和蜜蜂,给孩子们讲科幻故事。当然最大的快乐还是家人团聚。生命无非就是如此,无论曾经成就过什么。

资料来源:方兴东等、新浪科技(http://tech.sina.com.cn),有删改

请分析:

请阅读以上文章,并根据你的理解和看法,回答以下问题。

(1)恩格尔巴特的什么精神最能打动你?

____

____

(2)作为一个年轻的同行,你怎么看待恩格尔巴特的职业生涯?

____

____

____

(3)从以上案例,你能得到什么启发?请简述之。

8.8 主要术语

确保自己理解以下术语：

DIY	漫画	数字音频
动画	人机界面设计	数字艺术
动漫	摄影技术	数字艺术设计
动漫设计	声卡	图形卡
动漫设计师	视觉化	图形软件
多媒体	数字动画	网页广告
多媒体技术	数字化展示设计	网页设计
多媒体设备	数字扫描	显卡
画图软件	数字视频	虚拟现实技术
录音软件	数字压缩技术	照片编辑软件

8.9 练习与实验

本章"练习与实验"的目的如下。

(1) 熟悉多媒体技术的基本概念与主要内容，熟悉多媒体计算机与设备的基本组成。

(2) 熟悉数字艺术的基本概念、基本内容与数字艺术设计的基本应用。

(3) 熟悉演示文稿的操作和应用技巧，掌握多媒体制作工具软件的基本应用能力。

8.9.1 工具与准备工作

在开始本实验之前，请回顾课文的相关内容。

需要准备一台安装有 Microsoft Office PowerPoint 2003 软件的计算机。

8.9.2 实验内容与步骤

1. 快速测试

下面是一些快速测试题，请完成这些测试题目，检查自己是否理解了课程的内容。

(1) 具备多媒体功能的计算机应该包含________，通过它可以连接扬声器、耳机和麦克风等设备。

(2) 由于个人计算机存在着存储容量和处理速度的限制，________视频通常出现在小窗口中，而不是填充整个屏幕。

(3) 多媒体是许多技术诸如文本、照片图片、语音、音乐、动画序列和视频的混合物。对不对？(　　)

(4) DVD 驱动器能够像使用 DVD一样使用 CD-ROM。对不对？(　　)

2. 阅读分析

艺术学生与科学学生

下面,我们从艺术学生和科学学生的角度来进行分析。

学习艺术的学生具有较强的个性和创造能力,这同艺术和艺术设计这个专业的特点和教学方法有着密切的关系。因为艺术和艺术设计强调的是个性、创新和与众不同,它既不能重复他人又不能重复自己。然而,不重复他人也许还比较容易做到,要想做到不重复自己却很难。于是,艺术设计的教学就要求学生不断地创新,每一个单元的课程、每一个作业都要创新。这是一个十分困难的教学过程,也是学习艺术的困难所在。在这样的教学方式下培养出来的学生创新能力较强,具有以创新为荣,以重复和模仿为耻的精神。

有人曾经作过一个比较形象的比喻:"理工科的学生考入大学的时候,学生是千姿百态的,而从学校毕业时却是整齐划一的(缺乏独创精神);而艺术院校的学生考入院校的时候是整齐划一的(必须经过同一模式的统一考试),而毕业时却是千姿百态的(创造精神较强)。"这句话比较形象地概括了这两类学校学生的基本特点和状况。然而,艺术院校学生的优点有时却正是他们的缺点,即艺术院校的学生个性太强,使得他们比较难于融入一个集体,团体意识和承受批评的能力较差,许多毕业生最后都变成"个体户"。这是艺术院校学生培养的一个误区,也是今后艺术和艺术设计院校在学生培养环节中应该加以调整的地方。

而理工科学生由于其专业的特点、要求是严密的、准确的,1+2既不能等于6,也不能等于2,只能等于3,也许就是这样的理性导致学生严密和机械有余,而创新和想象力不足,这是工科学生应该加以解决的问题。所以,在学科方面应该找到一个科学和艺术的契合点,在教育方面也应该为理工科学生和艺术学生之间找到一个交叉点,那么数字艺术设计也许就是这样一个十分合适的点。

如今,在数字艺术设计领域工作的人员中,学习艺术设计的仅占很小一部分,而大量的是学习计算机的理工科学生,特别是在一些新兴的领域,例如网页设计、二维动画、三维动画、视频艺术和界面设计等。这一现实出现了两种现象:其一,这些新兴艺术领域的艺术效果欠佳;其二,尽管效果欠佳,但实践证明,学习理工科的人同样可以介入视觉艺术设计领域。

其实,每个人在幼年时都具有绘画的素质。每个人在童年都有个"涂鸦期"。原因是婴幼儿时段,大脑发育的速度特别快,其通过视觉接受信息的量已经远远大于其用语言表达的能力,这时的孩子们为了表述自己的感受,只好通过绘画来实现。所以,每个孩童都是画家。此后的时间,有的孩子继续喜欢绘画,家长又没有阻拦且培养其绘画兴趣,后来成为艺术工作者;而更多一部分人,过了这个阶段以后就不再继续绘画了,或者家长从中阻拦而无法继续画下去,因而走上了其他学科和专业的路程。但是如同爱美之心人皆有之一样,创造美的潜在能力可谓人人具备。

未来教育将从人的思维方式和认知结构方面,致力于培养学生综合的、系统的、整体的思维方式和能力。分析和综合不仅是科学研究的一种具体方法,而且是具有历史时代性的思维方式。近代以来,生产分工的发达、社会组织的科学化和知识内容的学科分化,表明人类的认识和思维进入了以分析方法为主的时代。与此相呼应的是,教育与教学建立了学科课程和分科教学制度,教学中重视分析方法的传授,分析思维的训练和分析能力的培养,亦即现代教育开始具有分析思维的特征。

应当承认，分析性思维及方法对于人类的进步与发展具有重大的历史意义，因为正是这种思维及方法的成熟和发达，使自然科学知识从古代哲学中分化出来，同时也使教育走出古代历史，进入现代发展阶段。但是必须看到，知识越来越被分割成毫无意义的、互不关联的单元，我们的教育体系深受其害，教育所培养出的人往往具有极大的局限性和片面性，甚至造成人的畸形发展。展望未来，教育必将走向综合的时代，教育必将以整体的观点、综合的方法和系统的课程去培养全面而完整的人才。数字艺术设计课程正是基于这样一个出发点而建立的。

资料来源：林华，计算机图形艺术设计学，清华大学出版社，2005，有删改。

请分析：

(1) 在培养特点上，艺术学生和科学学生的主要差别是什么？这个差别是怎么产生的？这样的差别是否需要弥合？如果需要，则应该如何弥合？

____

____

____

(2) 从以上的阅读分析中，你还能得到什么启发？请简述之。

____

____

____

3. PowerPoint 作品欣赏与分析

PowerPoint 多媒体作品《万园之园——圆明园》如图 8-6 所示，篇幅不大（18 页 PPT 幻灯片），但内容丰富，表现生动，从圆明园简介、圆明园精华、圆明园被毁和正义的雨果等方面来介绍圆明园文化。

图 8-6 PPT 作品：万园之园——圆明园（封面）

下面，我们从内容组织、链接处理等方面来学习和欣赏 PPT 作品“万园之园——圆明园”。

(1) 内容组织

如图 8-7 所示，该作品的全部 18 页幻灯片[㊀]分成以下各部分。

1) 封面：第 1 页，也是主菜单。

㊀ PPT 作品《万园之园——圆明园》中的部分图片取自大型史诗数字电影《圆明园》。

2）圆明园简介：第 2～3 页。介绍圆明园的基本情况，展示圆明园全景示意图。

3）圆明园精华：第 4～7 页。介绍作为“一切造园艺术的典范”和“万园之园”的圆明园的精华所在。其中，采用了多幅应用 3D 技术再现的圆明园景观图，此处还可以插入 3D 视频片段，内容将更为丰富和生动。

4）圆明园被毁：第 8～11 页。介绍了圆明园所遭遇的多次劫难，展示了圆明园遗址公园的一些主要图片。

5）正义的雨果：第 12～17 页。介绍 19 世纪前期法国积极浪漫主义文学运动的领袖，法国文学史上卓越的资产阶级民主作家雨果，以及当年雨果致巴雷特上尉的一封信，雨果在信中愤怒声讨了糟蹋和毁灭圆明园的强盗。

(1)

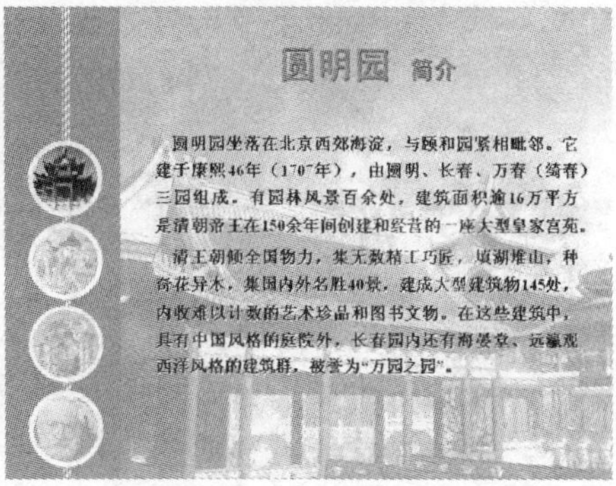

(2)

(3)

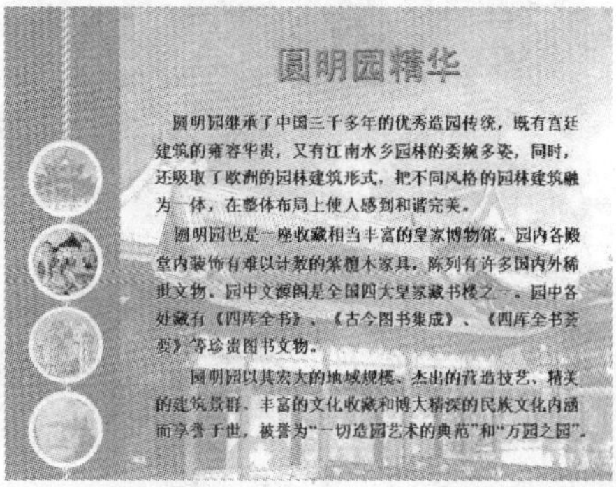

(4)

(5)

(6)

图 8-7　PPT 作品：万园之园——圆明园 2

(7)

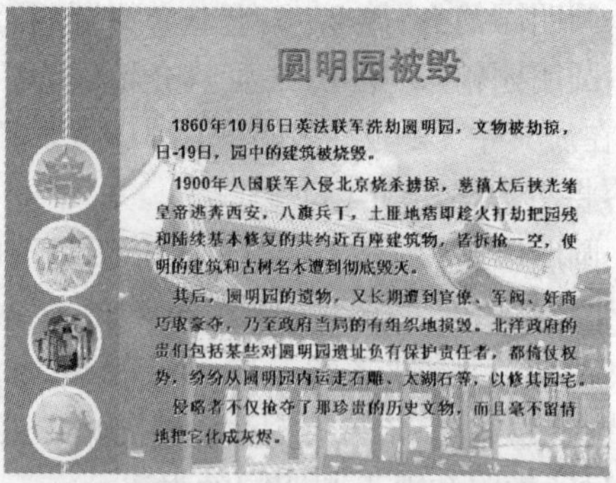

(8)

(9)

(10)

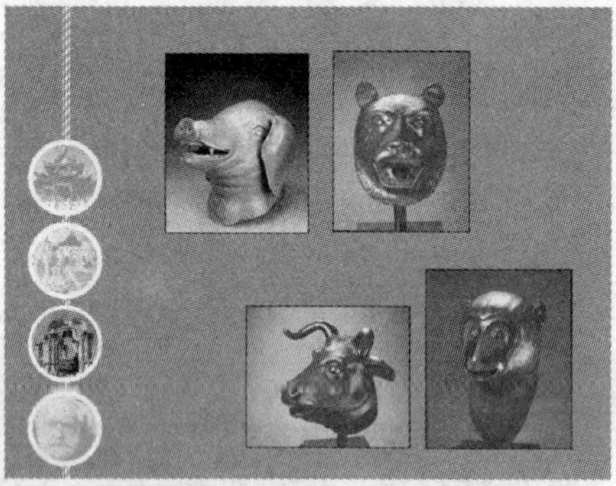

(11)

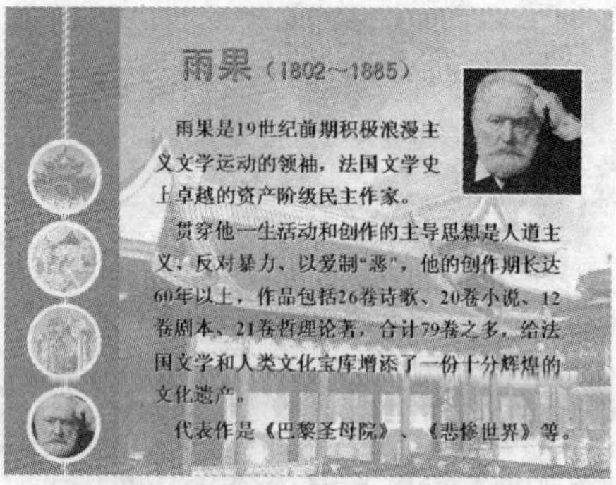

(12)

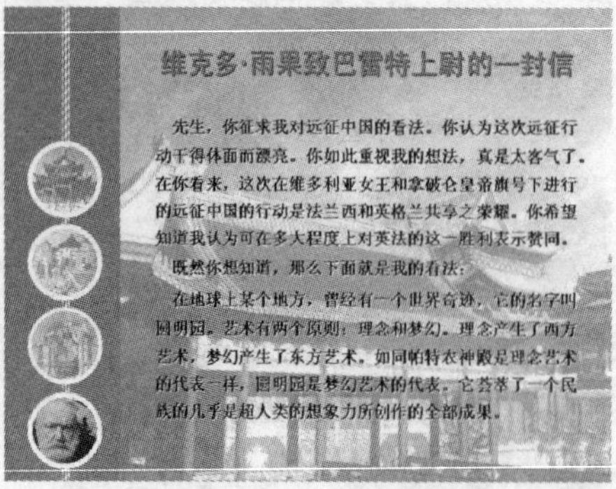

(13)

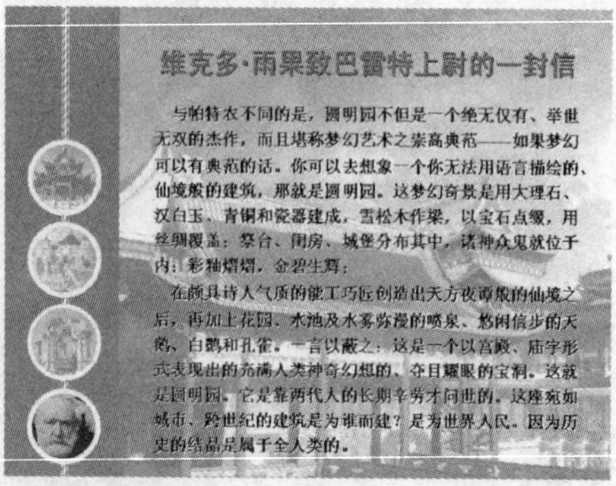

(14)

图 8-7　PPT 作品：万园之园——圆明园 2(续)

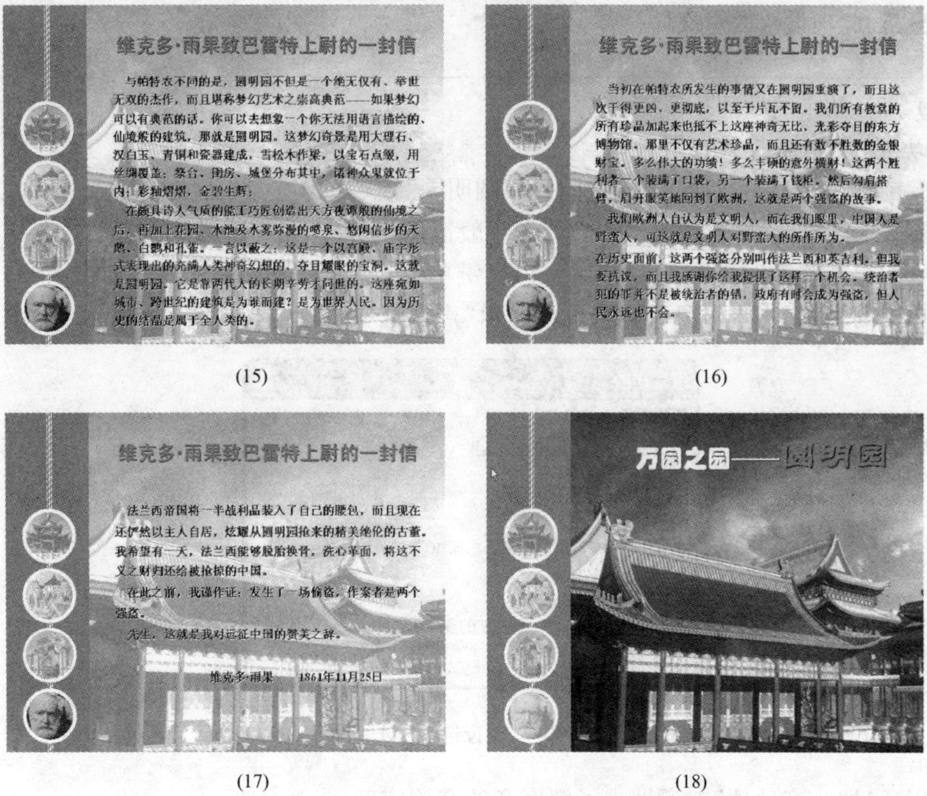

图 8-7　PPT 作品：万园之园——圆明园 2(续)

6）结束页：第 18 页。

(2) 内容链接

启动 PowerPoint 软件，显示该作品第 1 页，这一页既是作品封面，又是主菜单。

幻灯片标题下方的 4 个图标分别链接到作品对应的各个部分。除了第一张封面幻灯片外，其余各张幻灯片均有此内容。

请分析：

① 除第 1 页幻灯片以外，其他各页左侧的圆形图标是用来实现链接还是仅用于提示？

② 如何实现图标上蒙罩的虚化功能（对象的半透明）？

③ 如何设置超链接功能？

3）请在 PowerPoint 的"幻灯片浏览"视图中观看和分析幻灯片 1、3、7、11。

步骤 1：打开幻灯片文件"万园之园——圆明园"。

步骤 2：单击 PowerPoint 屏幕左下角的"幻灯片浏览视图"按钮，在排列的幻灯片中单击上述幻灯片之一，再在"幻灯片浏览"工具栏中单击"切换"按钮。

步骤 3：在屏幕右侧出现的"幻灯片切换"窗格中，你会发现"换片方式"栏的"单击鼠标时"项没有被选中。

请分析:此项设置的意义何在?

(3) 声音效果的处理

可以在幻灯片中加入音乐对象。

步骤1:打开幻灯片文件"万园之园——圆明园"。

步骤2:以"插入"方式加入声音文件(一般适用于 MP3 和 MID 文件),注意需要保持该文件所处的存储位置。音乐文件插入后,以右键单击幻灯片中的声音对象(喇叭图标),单击快捷菜单中的"编辑声音对象"命令,屏幕显示"声音选项"对话框,如图8-8所示。

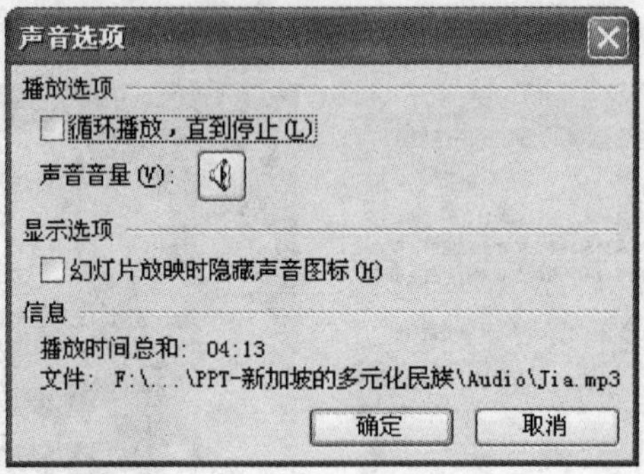

图8-8 "声音选项"对话框

可以通过"声音选项"对话框来了解声音的有关信息。

步骤3:返回幻灯片,如果在编辑状态双击该声音图标后不能正常播放,则通常是因为文件查找路径有问题,可以重新查找和插入该声音文件。

(4) 其他特点

通过对作品"万园之园——圆明园"的实验观察分析,你还有哪些感兴趣的功能?

你感觉该作品存在哪些问题?

4. 自选项目 PowerPoint 多媒体制作

自选内容主题,用 PowerPoint 作为多媒体开发工具,制作一个 PowerPoint 多媒体作品。制作过程中请注意以下要求。

(1) 为该作品建立一文件夹,保存与之相关的所有素材和文件等。作品以源文件(PPT)形式保存,并为作品正确命名。

作品的名称是:________________

(2) 加入作品的视频文件应保存在作品文件夹中。如果 PPT 文件中的音乐对象是利用 PowerPoint 的"插入"功能加入的,则该音乐素材文件也应该保存在作品文件夹中。

(3) 设计中注意作品的科学性(不出现逻辑错误)、教育性(有利于理解)、艺术性(画面美观,声音清晰)和技术性(操作简便、合理应用超链接等功能)。

(4) 编写一说明文件(PPT _ Readme),保存为. TXT 或者. DOC。在 Readme 文件中简单

说明作品的制作思路、所用软件工具的版本信息、使用中的操作须知（如果有的话）、制作人的专业、班级、学号和姓名等信息，以及作品制作中的收获和体会。

(5) 用 WinRAR 等压缩文件对作品文件夹进行压缩处理，并将压缩文件命名为：

<班级>_<学号>_<姓名>_<作品名称>. rar

请将作品压缩文件在要求的日期内，以电子邮件、QQ 文件传送或者按实验指导老师要求的方式交付。

请记录：

(1) 上述实验任务能够顺利完成吗？______。

(2) 请简单描述你在操作过程中所遇到的问题（如果有的话）：

______

______

8.9.3 单元学习评价

(1) 你认为本单元最有价值的内容是：

______

______

(2) 下列问题仍需要进一步地了解或得到帮助：

______

______

(3) 为使学习更有效，你对本单元的教学有何建议？

______

______

______

8.9.4 实验总结

______

______

______

______

______

8.9.5 实验评价（教师）

______

______

______

第 9 章　算法、程序设计与数据结构

即使对于一个并不打算成为程序员的人来说,学习计算机程序设计和软件开发的一般知识也是很有意义的。首先,你在工作中可能会使用许多程序,你会发现,一个文字处理软件就可能包含了几十万条程序指令,因此,其中存在一些错误是在所难免的。同样,还会发现,一个人很难编写一个文字处理软件,这通常是由专业的编程小组共同完成的。虽然现在一般用户已经不需要去专门编写自己想用的程序了,但仍然有可能会通过修改一些程序来满足某个特殊的要求,这时,你对计算机编程的了解将有助于拟订建设性的计划。

计算机程序就是告诉计算机如何解决问题的一系列指令的有序集合。但是,写程序比写信要难得多,计算机编程非常强调结构性和严谨,丝毫不能马虎。计算机程序设计首先从问题的描述开始,它是算法的基础,而算法则是程序的基础。计算机编程的基本概念包括:问题描述、算法设计、编码、控制结构、测试和建立文档等。

9.1　算法

算法,也就是分步解决问题的过程,其非正式的定义是:算法是一种逐步解决问题或完成任务的方法。按照这种定义,算法完全独立于计算机系统,并且接收一组输入数据,和产生一组输出数据。

9.1.1　问题描述

提出问题才能解决问题,问题描述就是要说明一些能用来解决问题的要素。一个表达清晰的问题描述应该具备以下三个特征。

(1) 能说明描述问题范畴的任何假设。

(2) 罗列出已知的所有条件。

(3) 具体说明需要解决什么问题。

在一个问题描述中,"假设"就是为了方便设计而假定地认为是正确的陈述。问题描述中的已知信息就是要计算机帮助解决问题时提供给它的信息。已知信息在问题描述中经常用"已知"来给出。在说明已知条件后,应该说明问题解决后该如何决定,也就是想让程序输出什么信息。

9.1.2　算法的概念

我们先来分析一个算法的简单例子。假设要开发一个从一组正整数中找到其中最大整数的算法。这个算法应该能从一组任意的整数中(例如 5、1 000、10 000、1 000 000 等)找出其中的最大值,并且,这个算法必须具有通用性并独立于整数的个数。

要完成从许多整数中找到最大值的任务不可能(由一个人或一台计算机)只用一步完成,算法必须一个个地去测试每一个数。为此,可以用一种直接的方法,例如先对一组少量的

数（如五个）进行分析，然后把解决方法扩大到任意多的整数。可以假设，即使是五个数的例子，算法也必须一个接一个地处理那些数。看到第一个整数时，它并不知道剩下的其他整数的值。等处理完第一个数，算法才开始处理第二个数，照此进行。图 9-1 表示了解决这个问题的一种方法。

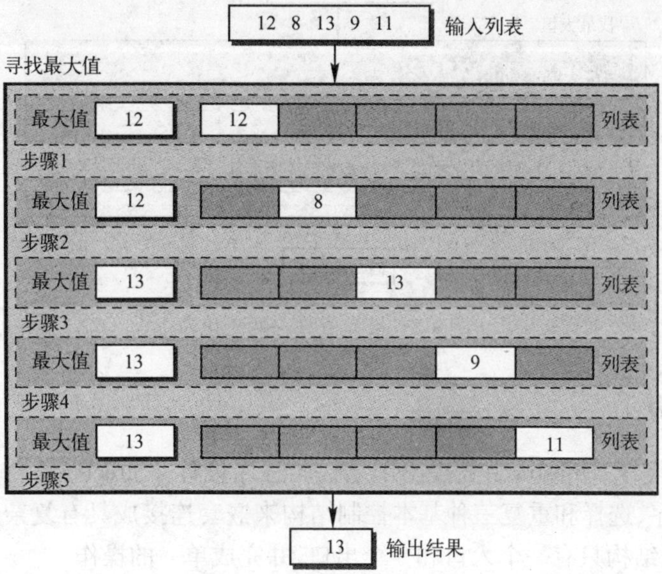

图 9-1　在五个整数中找出最大值

我们称这个算法为取最大值（Find Largest），每个算法都有自己的名称。这个算法接收一组五个数（作为输入），然后输出其中的最大值。

这个算法中，为找到最大值采取了下面五个步骤。

第一步：算法检查第一个整数（12）。因为还没有检查其他整数，所以当前的最大值就是第一个数。算法中定义了一个称为 Largest 的变量，并把第一个数的值（12）赋给它。

第二步：算法把上一步得到的最大值 Largest（即 12）和第二个数（8）进行比较，发现目前的最大值大于第二个数，Largest 中的数还是最大值，不需要改变。

第三步：新的数（13）大于 Largest，最大值应该由第三个数（13）代替。算法把 13 赋给 Largest。

第四步：当前 Largest 比第四个数（9）大，该步中最大值未改变。

第五步：当前 Largest 比第五个数（11）大，该步中最大值未改变。

最后，因为已经没有其他数需要处理，所以算法输出 Largest 的值（13）。

现在有两个问题：首先，第一步中的动作与其他步骤中的不一样。其次，第二步到第五步的程序功能一样，但程序描述语言不一样。

第一步不同于其他步是因为那时最大值 Largest 还没有初始化。如果一开始就把最大值 Largest 赋成 0（没有正整数比 0 小），那么第一步就可写成和其他步一样了。于是，增加一个新的步骤（称为第 0 步，表明它要在处理任何其他数之前完成），。再把其余程序段都写成“如果当前的数大于最大值 Largest，那么它就成为最大值”。

这个算法可以泛化吗？假使要从 N 个正整数中找到最大值，N 的值可能是 1000 或

1000000,或者更多。当然,可以重复每一步。但是如果为程序改变算法,就必须编写 N 步动作。有一种更好的方法可以改进它。只要让计算机重复这个步骤 N 次。现在,在算法图形表示中就包括了这个特性,如图 9-2 所示。

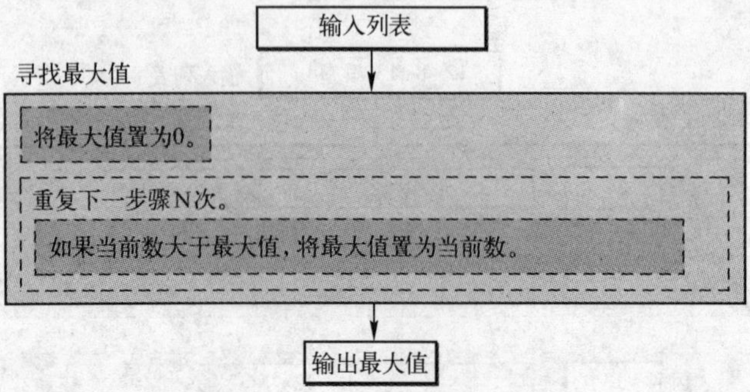

图 9-2　最大值算法的泛化

9.1.3　三种结构

20 世纪 70 年代,E. Dijkstra 首先提出了结构化程序设计(Structured Programming,SP)的方法,主张只用顺序、选择和重复三种基本控制结构来嵌套连接成具有复杂层次的"结构化程序",每种基本控制结构只有一个入口和一个出口,并完成单一的操作。

在顺序结构中,算法(最终是程序)都是指令的序列,指令可以是简单指令或是其他两种结构之一。

有些问题只用顺序结构是不能够解决的,需要检测条件是否满足。假如测试的结果为真,即条件满足,则可以继续顺序执行指令;假如结果为假,即条件不满足,程序将从另外一个指令序列继续执行。这就是所谓的选择(判断)结构。

在有些问题中,相同的一系列顺序指令需要重复,那么就可以用循环结构来解决这个问题。从指定的数据集中找出最大数的算法就是这种结构的例子。

已经证实其他结构都是不必要的,仅仅使用这三种结构就可以使程序或算法容易理解、调试或修改,如图 9-3 所示。

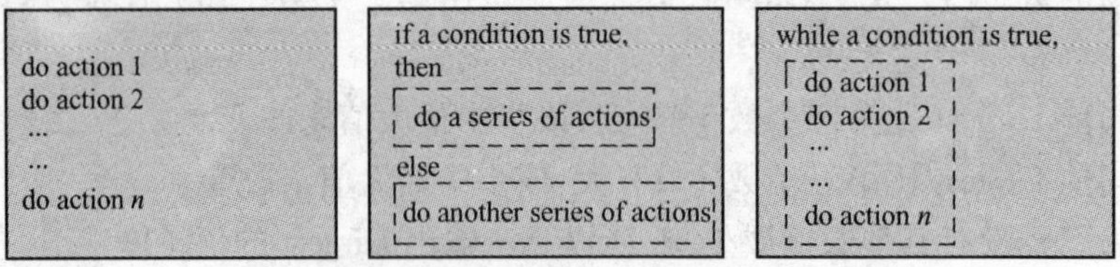

图 9-3　顺序、判断、循环结构

9.1.4　算法的框图表示

框图(又称"流程图")是算法的图形表示方法之一,它使用图的形式掩盖了算法的细节,只显示算法从开始到结束的整个流程。三种结构的框图表示如图 9-4 所示。

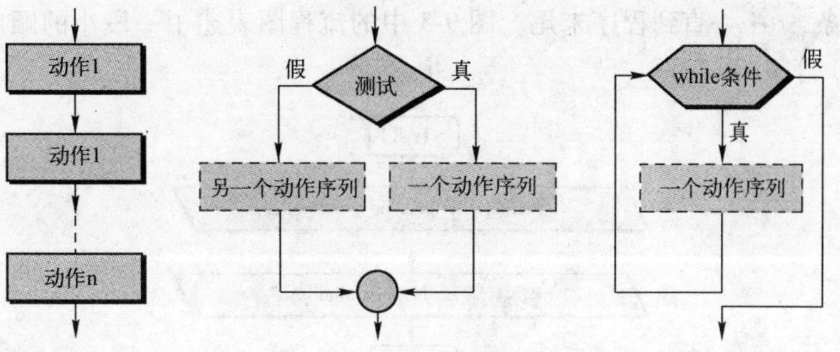

图 9-4　三种结构的框图表示

9.1.5　算法的定义

下面,我们给出算法的正式定义:算法是一组明确步骤的有序集合,它产生结果并在有限的时间内终止。

解释如下。

(1) 有序集合。算法必须是一组定义完好且排列有序的指令集合。

(2) 明确步骤。算法的每一步都必须有清晰明白的定义。如某一步是将两个数相加,那么必须定义相加的两个数和加法运算,同一符号不能在某处用作加法符号,而在其他地方用作乘法符号。

(3) 产生结果。算法必须产生结果,否则该算法就没有意义。结果集可以是被调用的算法返回的数据或其他效果(例如打印)。

(4) 在有限的时间内终止。算法必须能够终止。如果不能(例如,无限循环),说明不是算法。可解问题的解决方法为可终止的算法。

采用三种基本结构可以为任何可解的问题创建算法。结构化编程的原则要求把算法分成几个单元,我们称之为子算法(又称子程序、子例程、过程、函数、方法和模块等)。每个子算法又分为更小的子算法。这个过程持续到子算法变为最本质的(可被立即理解)。

有一些算法在计算机科学中的应用非常普遍,称之为基本算法。例如,一些最常用的算法包括:求和、乘积、最大和最小、排序(选择排序、冒泡排序、插入排序等)和查找(顺序查找和折半查找等)。

9.2　编写计算机程序

问题描述和算法通常写在程序说明书(例如软件开发文件中的《详细设计说明书》)中,它们是程序设计必不可少的蓝图。完成程序说明书后,就可以编写程序了。编写程序就是用某种程序设计语言把算法程序化,编写程序的人称为程序员。对于大部分程序设计语言来说,编程就是输入命令;有些程序设计语言只需要选择对象和属性或编写对象的脚本即可。

9.2.1　程序顺序

所谓顺序执行,就是计算机按照程序员指定的顺序执行每一条指令。第一条语句先执行,接下来是第二条，……一直到程序末尾。图 9-5 中的流程图表述了一段小的顺序指令：① 开始；② 打印；③ 打印；④ 结束。

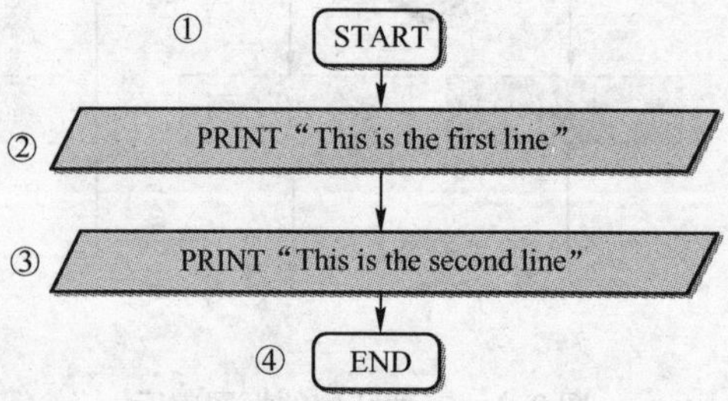

图 9-5　顺序程序执行

一些算法给出的执行顺序和程序中写的不同，例如在某些情况下跳过一些指令或重复执行某些指令等。这里，控制结构控制着程序执行的顺序。一般有三种控制结构，即顺序控制、选择控制和循环控制。

9.2.2　顺序结构

顺序控制结构能改变计算机执行的顺序，使在执行一条指令之后转而执行其他的指令。

下面这段 QBASIC 程序中，使用 GOTO 语句告诉计算机直接跳往标号为"Widget"的语句执行。这样，语句"PRINT 'This is the second line.'"将永远不会被执行。

```
PRINT "This is the first line."
GOTO Widget
PRINT "This is the second line."
Widget:PRINT "All Done!"
END
```

图 9-6 表示的流程图说明了计算机先按标号顺序执行，然后在 GOTO 语句的作用下跳往其他语句。虽然 GOTO 结构很简单，但过多的使用会使程序的可读性和可维护性很差，所以熟练的程序员忌讳使用它。有经验的程序员喜欢用除 GOTO 语句以外的顺序控制结构，把程序改写成一个个的子程序、过程、模块或函数，这些都是程序的一段代码，但不包含在主程序的顺序路径内。

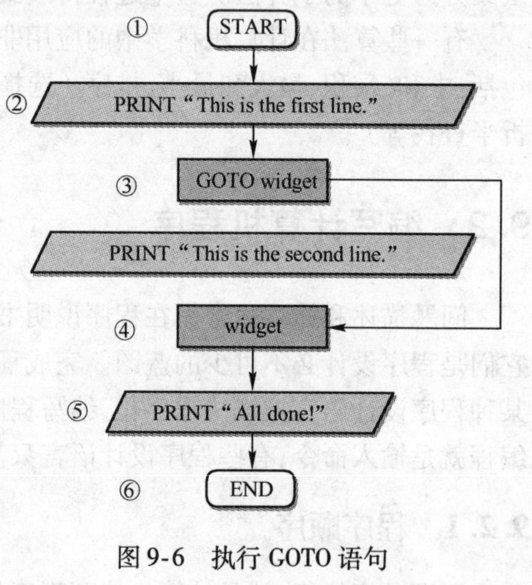

图 9-6　执行 GOTO 语句

9.2.3　选择结构

选择控制结构也称为分支，用来告诉计算机根据所列条件的正确与否选择执行路径。比较简单的选择结构是 IF…THEN…ELSE 语句。下面这段程序使用 IF… THEN… ELSE 结构来判断输入的数字是否大于10。若大于10，打印"That number is greater than 10."，否则，打印信息"That number is greater than 10."。

```
INPUT "Enter a number from 1 to 10:", Number
IF Number > 10 THEN PRINT "That number is greater than 10!"
ELSE PRINT "That number is 10 or less."
END
```

图 9-7 用流程图描述了计算机根据菱形框中的判断结果来选择执行路径。

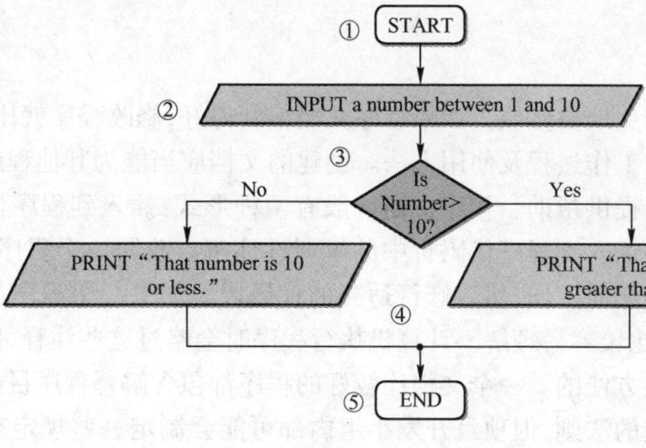

图 9-7　选择结构示例

9.2.4　重复结构

重复控制结构又称为循环结构，可以重复执行一条或多条指令直到满足退出条件为止。

在许多程序设计语言中，最常用的循环结构是 FOR…NEXT 和 WHILE…WEND 结构。下面的例子用 FOR…NEXT 结构打印一条信息三次。

```
FOR N =1 TO 3
PRINT "There's no place like home."
NEXT N
END
```

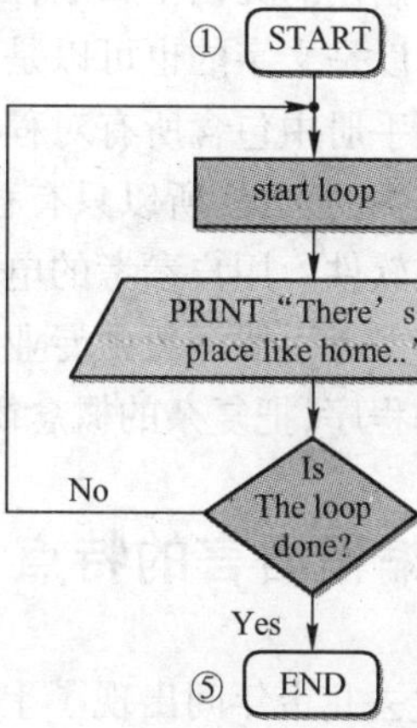

图 9-8　循环结构示例

图 9-8 的流程图描述了计算机如何执行循环结构。

9.3　测试和文档

在编制程序的同时应当编写文档，以记录和解释程序的工作过程。编程完成后，必须测试代码的每一段来确定其可以正确地工作。

9.3.1　测试程序

一个计算机程序必须对其进行测试以保证程序能正确工作。测试通常是输入测试数据来看看程序是否能够产生正确结果。如果没有产生正确结果,程序员必须查找程序中的错误,修改错误,再测试程序。这个过程可能需要相当长的时间,但是,测试是程序设计中的关键步骤。

在程序中发现的错误可能是语法错误,也可能是运行时的错误。语法错误是由于指令没有按照程序设计语言的语法规则编写所致;运行时错误是指程序运行时产生的错误,这类错误可以是由类型错误造成,语法正确但不能产生所需的结果。其他运行时错误归类为逻辑错误。逻辑错误是一种程序设计或逻辑中的错误。逻辑错误可能是由于流程图或伪代码中问题说明不足或解法不完整或不正确造成。逻辑错误比起语法错误来通常更难检测,也更费时间。

9.3.2 程序文档

一个计算机程序不可避免地要修改。如果程序文档编制得好,修改程序就比较容易。

程序文档解释了程序的工作过程及使用方法。创建的文档应当能为其他程序员用来修改程序或者为其他人使用程序提供帮助。程序文档一般有两种形式:插入到程序代码中的注释和专门制作的文档。注释是插入到程序代码行中的解释性注解。改写一个程序时,程序员需要阅读原来程序以理解程序如何工作,然后修订适当的代码段。如果一个程序员在原先的程序中加了注释,那么程序就比较容易理解。计算机执行程序时会略过这些注释,但注释对需要修改程序的程序员来说是很方便的。一个文档比较好的程序都包含解释程序目的的注释。什么地方该加注释并没有固定的法则,但项目开发小组内部可能会制定一些规定来保证在程序中使用一致的注释。

专门制作的文档不属于程序,它包含的是一些对程序员和用户都有用的关于程序的信息。文档既可以是文字的也可以是电子格式的。文档包含两类,即程序手册和用户参考手册。

程序手册中包含所有对程序员有用的信息,包括问题描述和算法。因为程序手册是软件开发和维护的工具,所以只有程序员才用。用户参考或称参考手册中的信息可以帮助用户学会使用该软件。用户参考的电子版本通常能给用户提供在线式帮助。

用户参考手册一般由专业的科技作家(例如"文档工程师")编写。科技作家专门解释科技概念和程序,把复杂的概念简化供非技术人员阅读。一些大学为此开设了科技写作课程。

9.4 编程语言的特点

在过去几十年间出现了上百种编程语言。一些程序设计语言的开发是为了提高编程效率,降低出错率。而另一些则是为专门的编程目的提供高效的指令集。这些语言在描述如何工作和如何给合适的任务类型提供信息时各具特色。例如,Pascal 语言就是一种可编译的过程性高级语言。需要选择程序设计语言时,了解这些语言的特色和它们的优缺点将很有帮助。

9.4.1 过程性语言

用过程性语言编写的程序包含一系列语句,告诉计算机如何执行这些过程来完成特定的工作。带有过程性特征的语言称为过程性语言。

过程性的编程语言适合于那些顺序执行算法。用过程性语言编写的程序有一个起点和一个终点。程序从起点到终点执行的流程是线型的,即计算机从起点开始执行写好的指令序列,直到终点,如图 9-9 所示。

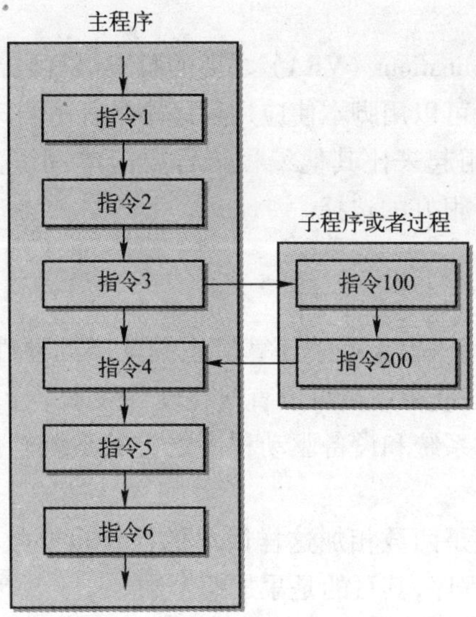

图 9-9　顺序执行过程性语言

9.4.2　说明性语言

说明性语言只需程序员具体说明问题的规则并定义一些条件即可。语言本身内置了方法,把这些规则解释为一些解决问题的步骤,这样就把编程的重心转移到描述问题及其规则上,而不再是数学公式。因此,说明性的语言更适合于思想概念清晰但数学概念复杂的编程工作。

不同于过程性的程序,用说明性语言编写程序只需告诉计算机要做什么,而不用告诉它如何去做。如图 9-10 所示,这是一段 Prolog 程序,问题是在所列的几个人中找出谁有姐妹。

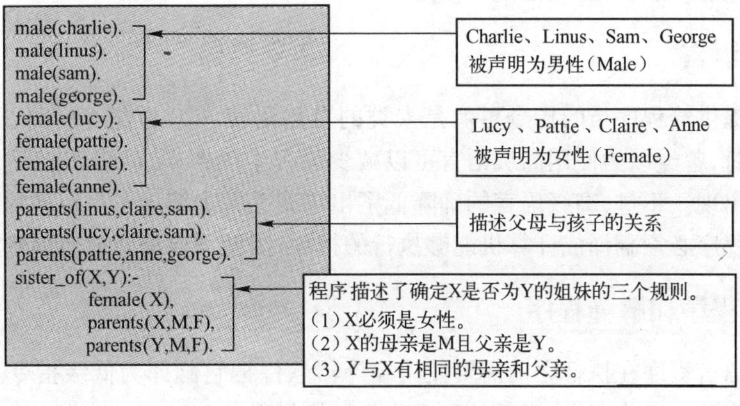

图 9-10　说明性语言(Prolog)示例

9.4.3　脚本语言

HTML 一般归为脚本语言。脚本语言以脚本的形式定义一项任务,脚本不能单独运行,其运行需要依附一个主机应用系统。例如用 HTML 标签为显示网页编写一个脚本,这个脚本由浏览器软件解释。

诸如 Visual Basic for Applications（VBA）之类的脚本语言包含在许多应用程序中，像文字处理软件和电子表格软件等，可以用脚本使应用程序中的任务自动化，这些自动化例程即通常所说的宏指令。脚本语言使用起来比其他编程语言要简单，但它提供的控制选项很少。HTML 对不擅长编程的人是一个很好的选择。

9.4.4 低级语言

程序员需要使用低级编程语言为处于计算机系统低层的硬件（像处理器、寄存器和内存地址等）编写指令。低级语言使程序员可以直接在硬件级水平上操作机器。程序员通常使用低级语言编写像编译器、操作系统和设备驱动程序之类的系统软件。低级语言中的指令一般和处理器的指令相对应。

使用低级语言编程，即使是两数相加这样简单的操作也要数条指令才能实现。表 9-1 就是使用低级语言编写的一段程序，其目的是累加两个数。

表 9-1 低级汇编语言指令示例

汇编语言指令	指令含义
LDA 5	将 5 放入累加器中
STA Num1	将 5 放在地址 Num1 的内存位置
LDA 4	将 4 放入累加器中
ADD Num1	把内存 Num1 中的数据与累加器中的数据相加
STA Total	将累加并存入地址为 Total 的内存位置
END	程序结束

机器语言是二进制形式的计算机能直接执行的低级语言。机器语言对人来说既难理解又难掌握，只在早期高级语言还没出现时使用过。

9.4.5 高级语言

高级语言提供给程序员的指令更像是人类的自然语言。20 世纪 50 年代，科学家刚开始构思高级语言时，曾经以为使用高级语言可以减少编程中的错误，但事实相反，语法错误和逻辑错误却更易出现。不过，高级语言的确降低了出错率并大大缩短了写程序的时间。

高级语言程序必须翻译成计算机能够执行的指令，因此需要编译或者解释。

9.4.6 编译程序和解释程序

多数高级语言程序在执行之前需要使用编译器软件把它翻译为低级指令。这时，用高级语言编写的程序称为源代码，编译后的程序称为目标代码。

编译程序最终把程序编译成可执行的代码。因此，调试源程序需要三步：写程序、编译程序和运行程序。一旦发现程序有错，必须修改源程序并重新编译，然后才能再测试。对于编译完成后没有错误的程序，再运行时就不用编译了。

解释程序是用解释器软件而不是用编译器来生成可执行代码。运行一个解释性程序设计语言编写的程序时，语言解释器读取一条指令，然后把它转化成可执行的机器语言指令，执行完这条指令后解释器再读入下一条指令并解释成机器语言，如此继续。解释语言编写的程序执行速度慢，尤其是循环语句多的程序效率就更低，因为计算机必须解释每一条语句，循环语句就要重复解释多次。但调试解释性语言程序时不用编译，因此调试所花费的时间似乎要少一些。

9.4.7 面向对象语言

面向对象程序设计语言是建立在用对象编程的方法基础之上的。对象就是程序中使用的实体或"事物"，例如屏幕上的按钮图标就是一个对象，我们已经习惯于用鼠标单击一个按钮。程序员可以使用面向对象的语言来定义按钮对象，在程序运行时把它显示出来。

对象属于一个具有一定特性的类或组。"窗口"类是比较常见的类，所有的窗口对象，包括应用程序窗口，都属于"窗口"类，它们具有相同的属性，如都有一个标题栏和一个"关闭"按钮等。程序员创建一个窗口对象时，他就获得或者说继承了窗口类的面向对象的属性和操作，但一个特定的窗口实例可以具有自己特定的属性，如标题、大小和屏幕程序设计上的位置等均可以不同。

同一对象可用在不同的程序中，这就扩大了程序员的生产率。例如，许多应用软件都给用户文件提供了"打开"、"保存"、"另存为"和"打印"等操作，如果编写这样的应用程序，定义一个对象来完成这些操作会很方便，只要程序中用到这些操作，随时都可以调用这些对象。

9.4.8 事件驱动语言

程序事件是指程序必须做出响应的动作或表现，比如按键和单击鼠标。程序员用事件驱动语言编程可以使程序随时检测并响应事件。使用图形界面的程序大部分都是事件驱动的，它们在屏幕上显示诸如菜单这样的控件，并在用户作用于控件时采取某一动作。事件驱动的程序中，代码段要和图形化的对象相关联，比如命令按钮和图标。用户操作某一对象时产生一个事件，比如单击"继续"按钮，该事件就触发与此对象关联的指令执行。

9.4.9 构件（组件）

实际中，面向对象程序中的对象是由程序设计者生成的。但程序员可以购买一些称为"构件"（也称"组件"）或"库"的对象。构件是事先写好的对象，程序员可以应用到自己的程序中。对于目前流行的编程语言，构件可以买到。使用构件编程就称为构件程序设计。

程序员可以选择各种各样的构件来增强功能，比如电子表格、数据库管理、专家系统、报表生成、在线帮助、数据查询、文字编辑和3D图形等。

9.5 选择编程语言

跟人类的自然语言一样，程序设计语言也在不断地改变和进化。在新的语法和表达式不断充实已有语言的同时，那些旧的和过时的东西也因为不用而逐渐消退。计算机语言的变化是逐步的和有结构的，它往往是随着该语言发行厂商的修改或标准化组织对其进行标准化而发生变化。

通常情况下，一项任务可以用不同的编程语言来实现。在一项工程选择编程语言时，应该考虑以下问题。

- 这种编程语言是否适合于手中的任务?
- 这种语言在其他的应用程序中是否也经常使用?
- 项目小组中的人是否都精通这门语言?

如果这些问题的回答都是肯定的,那么这门语言对这项工程是一个很好的选择。了解一些流行语言的特性对回答第一个问题会有帮助。

BASIC 是为初级编程者设计的,自从 1964 年问世以来,已经出现了几种流行的版本。由于 BASIC 容易使用并适合于各种计算机系统,成为最流行和最广泛使用的语言之一。BASIC 是一种过程性的高级语言,它的大多数版本都是解释执行的,但也有一些是编译执行的。

BASIC 的一些新版本,像微软的 Visual Basic（VB）就是综合性且功能强大的编程语言,适合于专业编程项目,尤其适合于带有图形界面的事件驱动程序设计。

COBOL 语言创立于 1959 年,曾在 1968 年进行过一次标准化,并于 1974 年重新发行。从那时起,它就基本上没有再变化。COBOL 语言适合于大型计算机系统上的事务处理,是编译执行的过程性高级语言,主要被一些专业程序员用来开发和维护大型商业集团的复杂程序。COBOL 程序往往很长但容易读懂（就英语而言）、调试和维护。这种特性对于大型商业组织机构尤其重要,因为许多重要的程序必须由不同的程序员维护和修改。

FORTRAN 出现于 1954 年,虽经几次更新,但却是目前仍在使用的最早的高级语言。FORTRAN 一般被科学家用来写大型机和小型机上的科学计算程序和工程程序。FORTRAN 语言在 1966 年进行标准化以后,分别于 1977 年和 1990 年两次重新发行过。

Pascal 开发于 1971 年,是编译执行的过程性高级语言,它开了结构化程序设计的先河。但 Pascal 很少用于专业编程和商用软件的开发,主要用于帮助学生学习计算机编程。

C 是编译执行的过程性高级语言并带有低级语言的接口,这种特性给程序员带来了很大的灵活性,利用这种灵活性,有经验的程序员可以使他们的程序速度快、效率高,但也使 C 程序难于理解、难于调试和维护。

C ++ 是支持面向对象的 C 语言。许多人认为 C ++ 的面向对象特性可以提高程序员的效率,但面向对象程序设计的思维方式与过程性设计迥然不同,因此,刚刚使用 C ++ 编程的程序员往往困难重重。

LISP 和 Prolog 是说明性高级语言,一般用于开发专家系统。它们分别开发于 1960 年和 1971 年,相对于过程性的语言并没有很流行,这或许是因为早期的计算机应用程序一般是处理一些需要简单重复运算的任务,这正是过程性语言所擅长的。那些需要对字符数据进行复杂逻辑处理的任务则适于用说明性语言来实现。

SQL 是为数据库的定义和操作而开发的一种标准语言。SQL 是说明性的高级语言,只需程序员和用户对数据库中数据元素之间的关系和欲读取信息的类型予以描述。虽然数据库也可用 COBOL 等过程性的语言操作,但 SQL 语句由于更适应数据库操作而效率更高。

Java 和 J ++ 是以 C ++ 为基础的,但更适于网络应用的面向对象的高级语言。Java 和 J ++ 尤其适合于生成网页上栩栩如生的图画和称为 applet 的 Java 应用程序,其中包含用户定制的按钮、复选框和文字输入框之类的网页控件。当浏览器和附有 Java 和 J ++ 程序的网页连接时,计算机就会下载这段程序并执行。由于程序是在用户计算机上而非网络服务器上运行,在输入和接受响应时就避免了传输时间。Java 和 J ++ 有一个很大的不同之处:Java 是一种独立于平台的语言,这意味着 Java 程序不但能在微机上运行而且可运行在 Macintosh 和 UNIX 机上。J++提供给程序员的工具要求 Windows 的支持。使用这些工具可以编出更快、更高效的应用程序,但它只能运行在 Windows 操作系统的机器上。

注意不要把 JavaScript 和 Java 混淆起来,JavaScript 属于脚本语言,只是 Java 的一个子集。JavaScript 就像 HTML 标签一样是嵌入网页的。网络浏览器接收到一个网页时便解释 JavaScript,其主要用途是交互,生成网页。

8086 汇编语言是一种低级语言,由一些容易记忆的短语组成,计算机易于将它们转化成其他语言。8086 汇编语言指令集只适用于 Intel 8086 微处理器,用它编写的程序只能运行在装有 x86 系列微处理器的计算机上,现在 8086 汇编语言主要用在那些程序尽可能短的或速度要求很高的场合。专业的程序员把 8086 汇编语言嵌入应用程序使其执行速度快,而编写系统软件是为了控制计算机硬件。

因为计算机语言多年才修订一次,所以,程序员们完全可以把在大学里学习的程序设计方法在工作中用很多年,通过熟练掌握一门计算机语言,并逐步积累丰富的经验,为以后的工作提供便利。

9.6 数据结构

尽管使用变量来存储单个实体（单变量）的方法在程序设计语言中被大量使用,但它们不能有效地解决复杂问题。数据结构使用了相关变量的集合,而这些变量能够单独或作为一个整体被访问。换句话说,数据结构代表了有特殊关系的数据集合。

数据结构的学习内容非常丰富,我们仅简单介绍其中的三种:数组、记录和链表。大多数编程语言都隐式地实现了前两种,而第三种,则通过指针和记录来模拟。

9.6.1 数组

假设有一个问题需要对 20 个数进行处理,需要读入这些数,处理它们并打印。同时还要求将这 20 个数在处理过程中保留在内存中。这时,可以定义 20 个变量,每个都有不同的名字,如图 9-11 所示。

但是,定义 20 个不同的变量名带来了另外一个问题:为了从键盘上读入 20 个数,需要 20 个引用,每个引用对应一个变量。另外,为了打印这些数,需要另外再定义 20 个引用,也就是说,需要如图 9-12 所示的流程图去读取、处理和打印这 20 个数。

对于 20 个数,采用上述方法也许我们还能接受,但对于 200、2000 或 20000 个数甚至更多的数,显然无法接受。为了处理大量的数据,需要功能强大的数据结构,例如数组。数组是有固定大小的,相同数据类型的元素的顺序集合。既然数组是顺序集合,可以称数组中的元素为第一个元素、第二个元素、……直到最后。如果将 20 个数放进数组,则可以指定第一个元素为 number[0],称第二个数为 number[1],第三个数为 number[2],依此类推,最后一个数为 number[19],这些下标表示这些元素在数组中的顺序数。

从它们的下标可以看到,这些数组中的元素被独立给出了地址。这个数组整体上有个名称 number,但每个数可以利用其下标单独访问。循环程序结构可以使数组的处理变得容易。循环使我们可以读写数组中的元素或者加、减、乘、除数组中的元素,甚至还可以用循环进行更复杂的数据处理,例如计算平均值。现在,我们可以很轻松地去处理 2 个、20 个、200 个、2000 个甚至更多的元素。

编写一个指令,能在这一次访问数组的第一个元素,而在下一次则访问另一个元素,这只需借用下标的概念。图 9-13 中给出了使用数组和循环处理 20 个数的流程图。

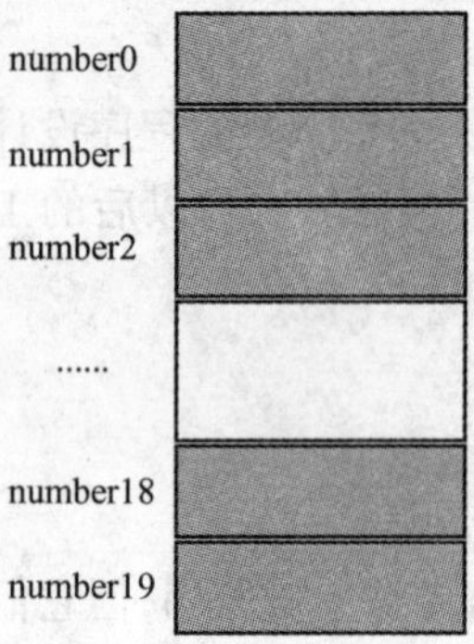

图 9-11　20 个独立变量

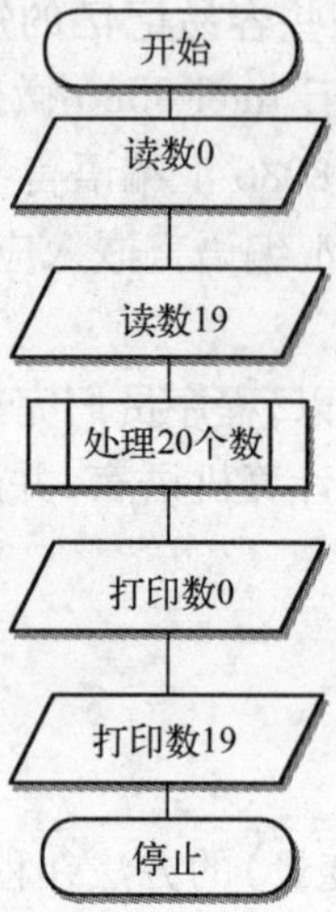

图 9-12　处理独立变量

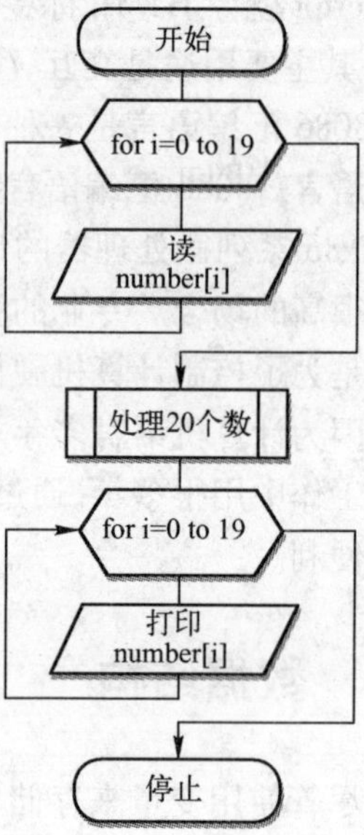

图 9-13　数组的处理

数据只是线性地组织在一个方向上的,称为一维数组。许多应用要求其数据存储在多维数组中,例如表格就是包括行和列的数组,通常称为二维数组。数组也可以有三维、四维或多维,称为多维数组。

9.6.2　记录

记录是一组相关元素的集合,它们可能是不同的类型,但整个记录有一个名称。记录中的每个元素称为域,域是具有含义的命名数据的最小元素,它有类型且存在于内存中。域能被赋值,随之也能够被选择和操纵。域不同于变量的地方主要在于它是记录的一部分。

数组和记录之间的区别在于:数组中的所有元素必须是同一类型,而记录中的元素可以是相同或不同的类型。设计上需要注意的是,记录中的数据都必须与一个对象关联。

9.6.3　链表

链表是一个有序数据的集合,其中每个元素包含下个元素的地址。也就是,每个元素包含两部分:数据和链。数据部分包含可用的信息,即被处理的数据。链则将数据连在一起。它包含一个指明列表中下一个元素的指针（地址）。另外,指针变量标识列表中的第一个元素。列表的名称就是该指针变量的名称。简单链表称为单链表,因为它仅有一个指向它的后继节点的链。链表是一个派生数据结构的例子,链表数据结构在具体的语言中并不存在但可以由其他结构来模拟。

图 9-14 是一个链表 pList（链表的头指针）,它包含四个元素。除最后一个元素外,其他

每个元素的链指向它的后继节点。链表中最后一个元素包含一个空指针，表示链表的结束。我们把头指针为空的链表定义为空链表。

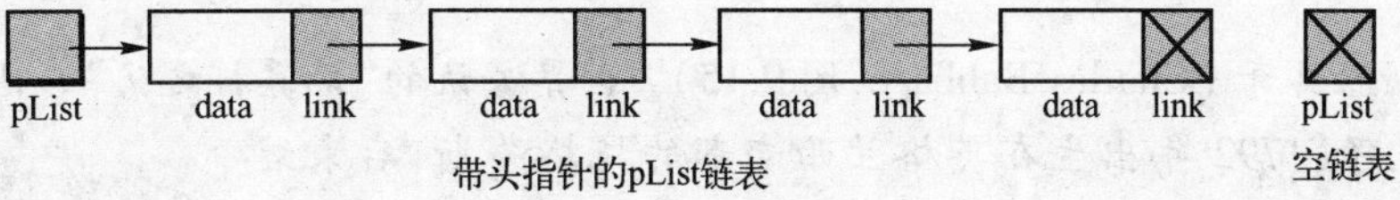

图 9-14 链表

链表中的元素习惯上称为结点，链表中的结点是至少包括两个域的记录：一个包含数据，另一个包含链表中下一个结点的地址。

链表中的结点称为自引用记录。在自引用记录中，每个记录的实例包含一个指向另外一个具有相同结构的实例。

链表必须有一个头指针，根据链表的使用方法，还可以有其他一些指针。例如，如果搜索链表，则需要一个指向查找到的数据所在位置的指针（pLoc）。在许多记录中，如果有一个头指针及指向最后一个结点的尾指针，将会使编程更加有效率。尾指针通常称为 pLast（最后元素的指针）或 pRear（尾部指针）。

为链表定义五种操作，就足够解决一切关于有序列表的问题。操作如下。

（1）插入结点。包括三个步骤：为新结点分配内存并写数据，使新结点指向它的后继结点，使前指针指向新结点。

（2）删除结点。首先必须定位结点，一旦定位了要删除的结点，只需将其前结点的链接域指向被删除结点的后继结点。但要考虑到列表中只有一个结点的情况，因为删除后的结果将是空表。

（3）查找列表。用于在列表中定位数据。例如，要插入数据，首先需要知道新结点的逻辑前结点；要删除数据，则需要找到所要删除的结点，并指明它的逻辑前结点；要想从列表中检索数据，需要查找列表并找到数据。另外，许多用户应用程序需要通过列表的查找来定位数据。

要通过关键字来查找列表，需要关键字域。对于单链表，关键字和数据可以是相同的域。对于更复杂的记录则需要一个单独的关键字域。

给定了目标关键字，有序列表搜索会尝试在链表中定位所要查找的结点。如果在列表中有一个结点与目标值相匹配，该搜索返回结果为真；如果没有相符的，该搜索返回结果为假。

（4）检索结点。为检索结点，首先查找列表定位数据。如果找到数据，将它们移动到调用模块的输出区域；如果没有找到，意味着什么也没检索到。

（5）遍历列表。从第一个结点开始，依次检查每个结点直到最后一个结点被处理。遍历逻辑被很多算法使用，例如，改变每个结点的值，打印列表，计算列表中某个域的和，或者计算域的平均值。任何需要处理整个列表的应用程序都要用到遍历。

遍历列表需要一个移动的指针。该指针从一个结点移动到另一个结点，从而使得每个元素都能够被处理。移动指针开始是指向列表的首结点。然后使用循环直到所有的结点都被处理。每一步循环都要调用处理模块并将数据传递给它，然后将移动指针移到下一个结点。当最后一个结点处理完后，移动指针成为空指针且循环终止。

9.7 阅读与思考:19世纪的传奇合作——巴贝奇与阿达

查尔斯·巴贝奇(Charles Babbage,图9-15),世界公认的“计算机之父”。他是一位富有的银行家的儿子,1792年出生在英格兰西南部的托格茅斯,后来继承了相当丰厚的遗产,但他把金钱都用于科学研究。童年时代的巴贝奇显示出极高的数学天赋,考入剑桥大学后,他发现自己掌握的代数知识甚至超过了教师。1817年获硕士学位,1828年受聘担任剑桥大学“卢卡辛讲座”的数学教授,这是只有牛顿等科学大师才能获得的殊荣。

图9-15 巴贝奇

1820年巴贝奇创建剑桥大学分析学会;1827年出版了从1到108000的对数表;1831年,他领导建立英国科学进步协会;1832年出版《机械制造经济学》;1834年创立伦敦统计学会;1864年出版《一个哲学家的生命历程》。巴贝奇发明了差分机和分析机。巴贝奇一生还有许多发明,如:铁路排障器,功率计,统一邮资规范,格林威治时间信号,日光摄影光学望远镜等。

1871年,在他离开人世的时候,有人把他的大脑用酒精保存起来,想经过若干年后,用更先进技术来研究他大脑保存的精神。在靠近月球的北极,有一个陨石坑被命名为“巴贝奇坑”,科学界将永远缅怀他的功绩。1977年,为了研究信息革命的历史,美国建立了巴贝奇研究所(简称CBI)。

1842年,英国政府宣布断绝对巴贝奇的一切资助,科学界的同行则讥笑他是“愚笨的巴贝奇”,公然称差分机“毫无任何价值”。然而,巴贝奇没有灰心丧气,他为自己确定了一项更大胆的计划——研制一台通用计算机。这种新机器被命名为“分析机”,巴贝奇希望它能自动解算有100个变量的复杂算题,每个数达25位,速度达到每秒钟运算一次。

巴贝奇设计的分析机不仅包括齿轮式“存储仓库”(Store)和“运算室”,即“作坊”(Mill),而且还有他未给出名称的“控制器”装置,以及在“存储仓库”和“作坊”之间运输数据的输入输出部件。巴贝奇以他天才的思想,划时代地提出了类似于现代电脑五大部件的逻辑结构。

阿达·奥古斯塔(Ada Augusta,图9-16),1815年生于伦敦,她是19世纪英国著名诗人拜伦(L. Byron)的女儿,数学家,穿孔机程序创始人。因父母婚姻破裂,出生五个星期后就一直跟随母亲生活。母亲安娜·密尔班克(A. Millbanke)是位业余数学爱好者,阿达没有继承父亲诗一般的浪漫热情,却继承了母亲的数学才能。

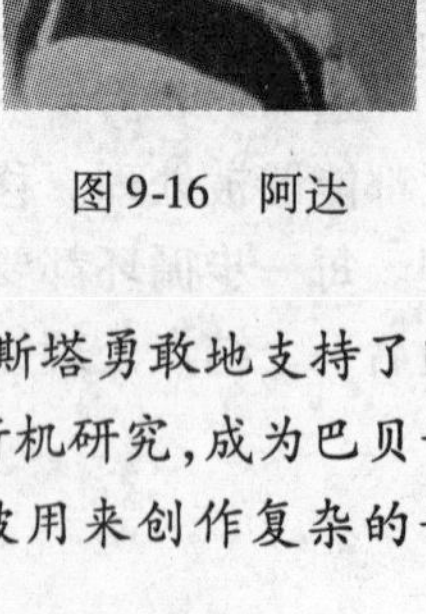

图9-16 阿达

阿达19岁嫁给了威廉·洛甫雷斯伯爵,因此,史书也称她为洛甫雷斯伯爵夫人(Lady Lovelace)。由于巴贝奇晚年因喉疾几乎不能说话,介绍分析机的文字主要由阿达替他完成。阿达的生命是短暂的,她对计算机的预见超前了整整一个世纪。阿达早逝,年仅36岁,与她父亲拜伦相似。根据她的遗愿,她被葬于诺丁汉郡其父亲身边。

顶着艰难的条件和舆论压力,只有27岁的英国女数学家阿达·奥古斯塔勇敢地支持了巴贝奇的计划。阿达甚至不顾自己已是三个孩子的母亲,坚定地投身于分析机研究,成为巴贝奇的合作伙伴。在1843年发表的一篇论文里,阿达认为机器今后有可能被用来创作复杂的音乐、制图和在科学研究中运用,这在当时确是十分大胆的预见。

在笔记里,阿达还为分析机设计提出了大量有用的建议。她准确地评价说:“分析机‘编织’的代数模式同杰卡德织布机编织的花叶完全一样”。于是,为分析机编制程序的重担,落到了这位数学才女的肩头。她写信告诉巴贝奇,她已经为如何计算“伯努利数”写了一份规划。以现在的观点看,阿达首先为计算拟定了“算法”,然后写作了一份“程序设计流程图”。这份珍贵的规划,被人们视为“第一件计算机程序”。

阿达设计了巴贝奇分析机上解伯努利方程的一个程序,并证明当时的19世纪计算机狂人巴贝奇的分析器可以用于许多问题的求解,她甚至还建立了循环和子程序的概念。由于她在程序设计上的开创性工作,Ada Lovelace被称为世界上第一位程序员。

由于得不到任何资助,巴贝奇和阿达耗尽了自己的全部财产,一贫如洗。1852年,因疾病缠身,阿达英年早逝,巴贝奇又独自坚持了近20年。晚年的他甚至不能有条理地表达自己的意思,但是仍然百折不挠地坚持工作。1871年,为计算机事业贡献毕生精力的这位先驱者孤独地离开了人世。分析机终于没能制造出来,未完成的一部分被保留在英国皇家博物馆里。

巴贝奇逝世后,他的儿子亨利·巴贝奇(Henry Babbage)少将制造了若干个“运算室”部件的复制品,送往世界各地保存。亨利坚定地相信,总有一天,他父亲的这种机器一定会被后人制造出来。

美国国防部据说花了10年的时间,把所需软件的全部功能混合在一种计算机语言中,希望它能成为军方数千种电脑的标准。1981年,这种语言被正式命名为ADA(阿达)语言。

资料来源:软件研发名人堂(http://www.sawin.cn/)

请分析:从以上的阅读中,你能得到什么启发?请简述之。

____

____

____

____

9.8 主要术语

确保自己理解以下术语:

BASIC	高级语言	顺序查找
C	构件	顺序结构
C ++	过程	顺序控制结构
COBOL	过程性语言	顺序执行
FORTRAN	函数	说明性语言
J ++	汇编语言	算法
Java	机器语言	文档
LISP	计算机编程	文档工程师
Pascal	计算机程序员	下标
Prolog	记录(record)	选择结构
SQL	脚本语言	选择控制结构

Visual BASIC
编程语言
编码
编译器
编译性语言
编译语言
变量
插入排序
查找
查找列表
程序规范
程序事件
程序手册
程序文档
存储器
单链表
低级语言
调试
多维数组
二维数组
结点
解释器
解释性语言
解释语言
科技作家
空指针
控制结构
框图
链表
流程图
逻辑错误
冒泡排序
面向对象语言
模块
内存
排序
求和
事件驱动语言
数据结构
数组
选择排序
循环
循环结构
循环控制结构
一维数组
语法错误
域（fleld）
源代码
运行时错误
折半查找法
指针
重复结构
重复控制结构
注释
子程序
子例程
子算法
自引用记录
组件

9.9 练习与实验

本章“练习与实验”的目的如下。

（1）了解程序设计中算法的概念和表达算法的主要方法。

（2）熟悉计算机程序设计的基本概念，熟悉程序设计中的三种基本控制结构。

（3）能理解和描述程序中语法错误和逻辑错误的区别。

（4）能解释程序正文、注释和用户参考手册的用途。

（5）了解目前最流行的计算机编程语言，列出并区分各种编程语言的主要特征。

（6）了解数据结构的基本概念，掌握数组、记录和链表的基础知识。

9.9.1 工具与准备工作

在开始本实验之前，请回顾教科书的相关内容。

需要准备一台带有浏览器，能够访问因特网的计算机。

9.9.2 实验内容与步骤

1. 快速测试

下面是一些快速测试题，请通过完成这些测试题目，检查自己是否理解了课程的内容。

填空题

(1) 写一个计算机程序之前,必须写________来定义一些运行中要用到的元素。

(2) ________是完成任务或解决问题的步骤的有机集合。

(3) ________是描述计算机一步一步解决问题的图形表示方法。

(4) ________是用计算机语言描述一个算法的过程。

(5) ________控制能把执行顺序从这条语句转到另一条语句。

(6) ________结构使计算机按照所给条件的正确与否选择执行路径。

(7) ________结构能重复执行一段程序直到某一条件为真。

(8) 输入已知数据来验证程序是否输出正确结果是________过程的一部分。

(9) 忽略了编程语言的规则和语法,就可能会犯________错误。

(10) ________错误识别起来最困难而且费时。

(11) ________解释程序如何工作及如何使用它。

(12) 为了解释程序如何工作,而且使其他修改程序的程序员容易读懂,程序员往往在程序中插入________。

(13) ________是为程序员编写的文档,而________是为用户使用软件设计的文档。

(14) 用________语言写的程序由一系列语句组成,它告诉计算机完成特殊任务所执行的步骤。

(15) ________语言由定义解决问题的条件及其一系列规则组成。

(16) ________语言需要程序员在最低水平上写指令,这里特指硬件元素,如处理器、内存和寄存器等。

(17) 在编译语言中,________代码被编译、翻译成可执行的目标代码。

(18) 一些编程语言用________在程序执行时一次将每一条语句转换为可执行的机器指令。

(19) 在________编程中,代码和对象相联系,对象有动作时程序才被执行。

(20) ________是事先写好的对象被设计为专用并可添加到程序中。

(21) ________是程序必须响应的动作,如按键和单击鼠标。

(22) 顺序控制结构通常把程序执行权交付给________、过程、模块或者函数。

(23) 重复控制结构通常也被称为________。

(24) 如果程序中某命令字拼写错误,则出现________错误。

(25) 在程序执行之前,________把整个程序翻译成对象代码。

(26) 在编程环境下,鼠标单击被视为一个程序________。

(27) ________是预先写好的对象,可以被集成到计算机程序中。

(28) LISP、Prolog 和 Pascal 是说明性语言。对或错? (　　)

选择题

(1) 数据结构可以是(　　)。

A. 数组　　B. 记录　　C. 链表　　D. 以上全部都是

(2) ________由固定大小,并由同种数据类型的元素序列组成。

A. 数组　　B. 记录　　C. 链表　　D. 变量

(3) 包括行和列的数组可能是(　　)数组。

A. 一维　　B. 二维　　C. 三维　　D. 多维

(4) ______是一组相关元素的集合（这些元素可能是不同的类型）且有一个名称。

A. 数组　B. 记录　C. 链表　D. 以上均是

(5) 记录中的每个元素称为（　）。

A. 变量　B. 下标　C. 域　D. 节点

(6) 数组中的所有元素必须是（　）。

A. 同类型　B. 不同类型　C. 整型　D. 字符型

(7) 记录中的所有成员必须是（　）。

A. 同类型　B. 相关类型　C. 整型　D. 字符型

(8)（　）是一个有序的数据集合，每个元素包含下一个元素的位置。

A. 数组　B. 记录　C. 链表　D. 节点

(9) 给定一个称为 children 的链表，指针变量 children 标识了该链表的（　）元素。

A. 第 1 个　B. 第 2 个　C. 最后一个　D. 任何一个

(10) 空链表由（　）组成。

A. 变量　B. 两个结点　C. 数据和链　D. 空的头指针

(11) 遍历表，需要一个（　）指针。

A. 空　B. 移动　C. 起始　D. 插入

2. 概念分析

请利用所学概念回答下列问题，必要时请借助于教科书、网络等寻求资料。

(1) 算法和计算机程序之间有区别吗？为什么？

____

(2) 请解释语法错误和逻辑错误的区别。

____

(3) 请解释程序注释和文档的区别。

____

(4) 请填充表 9-2（打"✓"），总结一下目前流行的程序设计语言的特点，注意：很多种语言都有不止一个特点。

表 9-2

语言	过程性	说明性	低级	高级	编译	解释	面向对象	组件（构件）	事件驱动	脚本
BASIC										
Visual Basic										
COBOL										
FORTRAN										
Pascal										
C										

（续）

语言	过程性	说明性	低　级	高　级	编　译	解　释	面向对象	组件（构件）	事件驱动	脚　本
C ++										
C#										
Prolog/Lisp										
SQL										
Java										
J ++										
HTML										

（5）为什么需要数据结构？请简述之。

（6）请给出数据结构的三种类型。

（7）什么是数组？数组元素和记录元素如何不同？数组元素和链表元素如何不同？

（8）数组元素在存储器中如何存储？

（9）链表中指针的功能是什么？什么叫做单链表？

（10）链表中最后一个节点的指针指向什么？

（11）在绝大多数编程语言中，数组是一个静态的数据结构，当定义数组后，其大小就被确定，这样的限制将产生什么问题？

（12）链表是动态数据结构，链表的大小可以动态改变（在程序执行中），这种特点对程序员来说有何好处？

3. **算法练习**

为了理解一个问题,你必须理解建立一个问题所必需的那些假设和所有能用来解决问题的信息,并验证这些假设和已知信息。算法对于编写高效的计算机程序是非常关键的。理解了算法和解决问题或完成任务的步骤以后,就可以把这个算法翻译成可以工作的计算机程序了。

问题:两个旅行者计划到一个城市去旅行。从他们的旅馆开始,他们想去参观的地方有书店、科技馆、一个泰国风味的餐馆和一个超级市场。通过一个城市的地图可以查到这些地点的位置。根据地图的比例尺,我们知道地图上的半英寸代表实际上的一英里的路程。这两个旅行者想知道他们的旅行总路程是多长。(提示:可以利用一张地图、一个计算器和一把尺子。)

请思考:采取什么步骤来解决这个问题,练习以自然语言(伪代码)表达该算法并粘贴如下:

4. **思考:程序设计在计算学科中的地位**

《计算作为一门学科》报告对程序设计的作用进行了以下深入的分析:计算学科所包括的范围要远比程序设计大得多。例如:硬件设计、系统结构、操作系统结构、应用系统的数据库结构设计及模型的验证等内容覆盖了计算学科的整个范围,但是这些内容并不是程序设计。

计算机界长期以来一直认为程序设计语言是进入计算学科其他领域的优秀工具,甚至还有人认为计算科学的导论课程就是程序设计等。显然,某些认识过分强调了程序设计的重要性。

同时,《计算作为一门学科》报告也肯定了程序设计在计算学科的正确地位:程序设计是计算学科课程中固定练习的一部分,是每一个计算学科专业的学生应具备的能力,是计算学科核心科目的一部分。并且,程序设计语言还是获得计算机重要特性的有力工具。

你是否同意上述观点?请谈谈你对程序设计的认识。

9.9.3 单元学习评价

(1) 你认为本单元最有价值的内容是:

(2) 下列问题仍需要进一步地了解或得到帮助:

(3) 为使学习更有效,你对本单元的教学有何建议?

9.9.4 实验总结

9.9.5 实验评价（教师）

第 10 章　数据库、数据仓库与数据挖掘

根据工作环境的不同，"数据文件"可能有不同的含义。例如，可以把数据文件当作是包含任何类型数据的文件，例如文本、数字、图形、声音，甚至是软件模块等；同样，也可以把数据文件当做任何不可执行或者不是程序的文件，这些定义都是有效的。当然，数据文件也可能指的是某个结构化文件或者数据库，比如电子邮件地址簿，其中包含了按照固定格式组织的信息。

由于数据文件有多种定义，因此，当阅读计算机专业杂志或者文档时，也许应该根据文本的上下文来决定该术语的具体含义是什么。例如，在这一章中，"数据文件"指的是以统一格式组织信息的文件，这种数据文件可以保存简单地址簿、库存列表、学生花名册和航班时刻表等信息。与维护和访问数据文件中数据相关的任务称为数据管理。

10.1　数据库基础

数据库（DB，Data Base）是依照某种数据模型组织并存储的数据集合。这种数据集合具有如下特点：尽可能不重复，以最优方式为某个特定组织的多种应用服务，其数据结构独立于使用它的应用程序，对数据的增、删、改和检索由统一的软件进行管理和控制等。

从发展历史看，数据管理技术大致经历了三个阶段。

（1）自由管理阶段：用户以文件形式将数据组织起来，并附属在各自的应用程序下。

（2）文件管理阶段：操作系统中的文件系统给出了统一的文件结构和共同存取的方法，用户可以把数据和信息作为文件长期地保存在计算机系统中，并可以方便地进行查询和处理。

（3）数据库管理阶段：为了适应大量数据的集中存储，并提供给多个用户共享的要求，使数据与程序完全独立，最大限度地减少数据的冗余度，出现了数据库管理系统（DBMS，Database Management System）。

10.1.1　数据库的基本结构

在数据文件中，字段是有意义数据的最小单元，称为数据文件的基本组成模块。字段有字段名，用来描述字段中的内容。例如，字段 Name 可能描述了一组职工姓名数据。字段可以设置为可变长度或者固定长度。

输入在字段中的数据依赖于字段的数据类型。从技术上讲，数据类型定义了数据在磁盘和内存中表示的方式；从用户的角度来说，数据类型决定了操作数据的方式。文件中的每个字段都分配有数据类型，最常用的数据类型是字符和数字。数值类型的字段可以进行数学运算；字符类型的字段包含了那些不需要进行数学操作的数据，例如名称、描述、城市、缩写、电话号码和学号等。还有一些其他数据类型，如日期、逻辑和备注类型等。

实体是人、地方、物品或事件等用来存储数据的对象，而记录包括了描述实体的字段。

记录长度表示记录可以存储的最大字节数，计算文件的记录长度是很重要的，因为它有助

于确定存储需求。一般情况下,创建数据文件中文件结构的人定义了它所应该包含的字段,这类似于设计手工记录系统或卡片文件的空白格式。记录中字段的个数和字段名依赖于记录所包含的数据,不同的数据需要不同的记录类型,商业或组织机构通常需要许多不同的记录类型来存储数据。

数据库的基本结构分三个层次,反映了观察数据库的三种不同角度(视图)。

(1) 物理数据层。是数据库的最内层,是物理存储设备上实际存储的数据集合。这些数据是原始数据,是用户加工的对象,由内部模式描述的指令操作处理的位串、字符和字组成。

(2) 概念数据层。是数据库的中间层,是数据库的整体逻辑表示。指出了每个数据的逻辑定义及数据间的逻辑联系,是存储记录的集合。它所涉及的是数据库所有对象的逻辑关系,而非物理情况,是数据库管理员(DBA)概念下的数据库。

(3) 逻辑数据层。它是用户所看到和使用的数据库,表示了一个或一些特定用户使用的数据集合,即逻辑记录的集合。

10.1.2 数据库的特点

数据库不同层次之间的联系是通过映射进行转换的。数据库具有以下主要特点。

(1) 实现数据共享。数据共享包含所有用户可同时存取数据库中的数据,也包括用户可以用各种方式通过接口使用数据库,并提供数据共享。

(2) 减少数据的冗余度。由于数据库实现了数据共享,从而避免了用户各自建立应用文件,减少了大量重复数据,减少了数据冗余,维护了数据的一致性。

(3) 数据的独立性。包括数据库中数据的逻辑结构和应用程序相互独立,也包括数据物理结构的变化不影响数据的逻辑结构。

(4) 数据实现集中控制。利用数据库可以对数据进行集中控制和管理,并通过数据模型表示各种数据的组织以及数据间的联系。

(5) 数据的一致性和可维护性,以确保数据的安全性和可靠性。主要包括如下几点。

- 安全性控制:以防止数据丢失、错误更新和越权使用;
- 完整性控制:保证数据的正确性、有效性和相容性;
- 并发控制:使在同一时间周期内,允许对数据实现多路存取,又能防止用户之间的不正常交互作用;
- 故障的发现和恢复:由 DBMS 提供一套方法,可及时发现和修复故障,从而防止数据被破坏。

10.1.3 数据模型

数据模型用来描述数据库中数据存储的方式。当使用有效的数据模型创建数据库时,就可以按照能够为公司或者组织机构提供有用信息的方式来输入、定位和操作数据。设计数据库结构时,数据模型可以帮助理解实体之间的关系,创建最有效的结构来存储数据。

1. 实体关系

记录代表着一个实体,并且由一系列字段组成,关系是实体之间的联系关系。数据模型用来描述实体之间的关系,并且在创建数据库结构时把这些定义作为记录类型之间的关系。

数据库设计者使用如实体关系表等技术来图形化表示数据模型。例如,图 10-1 中的图表表示了职工和考勤卡之间的关系。

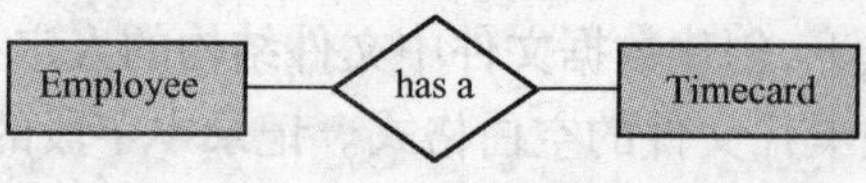

图 10-1　实体—关系图表示

数据图表可用来显示基数,即两个记录类型之间存在的对应关系。有三种可能的基数:一对一、一对多和多对多,如图 10-2 所示。

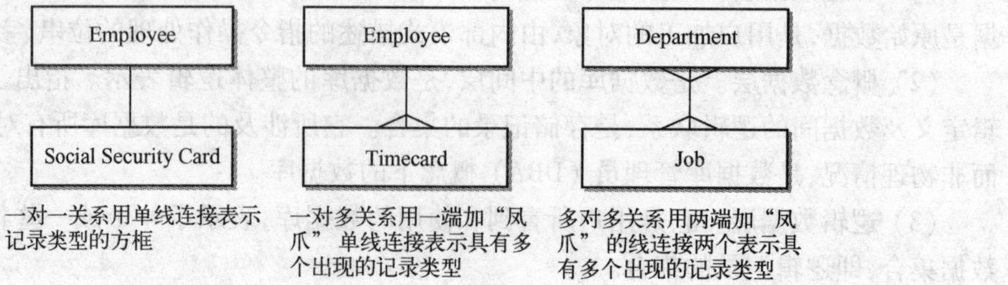

图 10-2　表示基数

一对多关系意味着一个特定记录类型中的一个记录可以和另外一个记录类型中的多个记录相关联。例如,一个职工可以有多个考勤卡,一个工作需要多个员工等。多对多关系意味着一个特定记录类型中的多个记录可以和另外一个记录类型中的多个记录相关联,反之亦然。例如,一个部门可以提供许多不同的工作,如护士、技术人员等,但同时,某个特定的工作也可能出现在多个部门中,例如,急救中心和门诊都需要护士。

数据模型可以帮助数据库设计者为数据库创建最高效的结构,并且可以决定哪一种数据模型能提供最高效的数据库环境。有四种主要的数据库模型,即层次、网状、关系和面向对象的数据库模型,它们采用不同的方式来表示实体之间的关系。对于理解所有的模型来说,记录类型、字段和关系等概念都是很重要的。

2. 关系数据库模型

过去,大型机数据库通常使用层次或网状数据库。20 世纪 80 年代中,关系数据库逐渐流行,在微机上使用的数据库大多是关系模型,并且,面向对象的模型也越来越流行。

对于关系数据库的用户来说,关系数据库就像一个表的集合,它大致上等价于记录类型集合。表的一行被称为一个元组(记录),表的列被称为属性(字段)。

在关系模型中,记录是通过字段之间的关系而关联的。关系数据库模型的价值在于表实际上看起来是独立的,但是却可以多种灵活的方式相关联。而且,因为表只是一个概念性的东西,用户不需要处理数据的物理存储方案。

3. 面向对象数据库模型

面向对象数据库(OODB)可以替代层次、网状和关系模型。面向对象数据库模型把实体看成根据属性定义的对象,其中属性等价于数据字段。对象可以用方法进行操作,具有类似属性的对象可以分组为类。可以使用类比来解释类、对象、属性和方法的含义。

假设有一个类称为"固定某物的装置"(或称为扣件、紧固件)的东西,包括螺钉和钉子等对象。每个对象都有属性,钉子有一个尖尖的点,并且有一个平平的头;螺钉也有一个尖尖的点,还有一个有凹槽的头,并且有螺纹。有什么方法可以应用到钉子上呢?可以用锤子敲打。又有什么方法可以应用到螺钉上呢?可以用螺丝刀拧。

面向对象数据库提供了定义复杂数据关系的结构能力，同时它也提供了灵活创建单个数据类型的变种能力。

10.1.4 数据库的发展

数据库技术是计算机科学中发展最快的领域之一。

1. 分布式数据库系统

随着20世纪70年代后期分布计算机系统的发展，相应地研究成功了分布式数据库系统。分布式数据库系统结构复杂，是一个在逻辑上完整，而物理上分散在若干台互相连接的结点机上的数据库系统，它既具有分布性又具有数据库的综合性，是数据库系统发展的一个重要方向。

2. 数据库机器

所谓“数据库机器”是一种新的计算机系统的体系结构，它把由中央处理器包办的数据库操作分散给一些局部的部件来执行，或转移到一个与主计算机相连的专用计算机去执行，以提高并行性。数据库机器的发展，包括了智能控制器和存储器，专用处理机和数据库计算机。

3. 数据库语义模型

一般数据库的数据模型基本上属于语法模型，语义体现很不完备，不能明显地含有现实世界的意义。因此，用户只能按照DBMS所提供的数据操纵语言访问数据库。而语义数据模型能准确描述现实世界中某个部门的信息集合及其意义，使用户能基于对现实世界的认识或用类似于自然语言的形式来访问数据库。这方面的研究已发展为数据语义学。

4. 数据库智能检索

数据库技术和人工智能相结合，根据数据库中的事实和知识进行推理，演绎出正确答案，这就是数据库的智能检索。这涉及到自然语言用户接口、逻辑演绎功能和数据库语义模型等问题，例如20世纪70年代末开始的知识库管理系统和演绎数据库的研究等。

5. 办公室自动化系统中的数据库

研究在办公室自动化系统中数据库技术的应用，其中主要研究对各种非格式化数据(如图像、声音和正文)的处理，以及面向端点用户的高级语言接口等。

10.2 数据库管理系统

数据库管理系统（DBMS）是一种操纵和管理数据库的大型软件，用于建立、使用和维护数据库，以适应信息化社会对数据管理技术的需求，是十多年来迅速发展起来的一门学科。DBMS对数据库进行统一的管理和控制，以保证数据库的安全性和完整性。用户通过DBMS访问数据库中的数据，数据库管理员也通过DBMS进行数据库的维护工作。DBMS提供了多种功能，可使多个应用程序和用户用不同的方法在同时或不同时刻去建立、修改和询问数据库。

10.2.1 数据库管理系统功能

数据库管理系统是从图书馆的管理方法改进而来的。人们将越来越多的资料存入计算机中，并通过一些编制好的计算机程序对这些资料进行管理，这些程序后来就被称为“数据库管理系统”，它可以帮助管理输入到计算机中的大量数据，就像图书馆的管理员。

按功能划分，DBMS大致分为六个部分。

(1) 模式翻译。提供数据定义语言(DDL)。用它书写的数据库模式被翻译为内部表示。数据库的逻辑结构、完整性约束和物理存储结构保存在内部的数据字典中。数据库的各种数据操作(如查找、修改、插入和删除等)和数据库的维护管理都是以数据库模式为依据的。

(2) 应用程序的编译。把包含着访问数据库语句的应用程序,编译成在 DBMS 支持下可运行的目标程序。

(3) 交互式查询。提供易使用的交互式查询语言,例如 SQL。DBMS 负责执行查询命令,并将查询结果显示在屏幕上。

(4) 数据的组织与存取。提供数据在外围存储设备上的物理组织与存取方法。

(5) 事务运行管理。提供事务运行管理及运行日志,事务运行的安全性监控和数据完整性检查,事务的并发控制及系统恢复等功能。

(6) 数据库的维护。为 DBA 提供软件支持,包括数据安全控制、完整性保障、数据库备份、数据库重组及性能监控等维护工具。

基于关系模型的数据库管理系统已日臻完善,并已作为商品化软件广泛应用于各行各业。它在客户/服务器结构的分布式多用户环境中的应用,使数据库系统的应用进一步扩展。随着新型数据模型及数据管理的实现技术的推进,可以预期 DBMS 软件的性能还将更新和完善,应用领域也将被进一步拓宽。

10.2.2 面向对象数据库

文件管理系统和数据库管理系统是对被动数据集进行操作的,在这个集合中,数据只是简单地等待程序来处理它。然而,面向对象数据库通常包含在数据上执行动作的方法。要创建一个面向对象的数据库,需要使用面向对象管理系统(OODBMS),或者可以用定义操作对象和定义方法的编程语言,如 Small-talk 等。

在面向对象数据库的情况下,从外部操作数据库的程序只有那些用于定义数据库对象、方法和类的程序。尽管这些程序并不是数据库的一部分,但是它们通常包含在面向对象数据库软件中。图 10-3 演示了面向对象的方法。

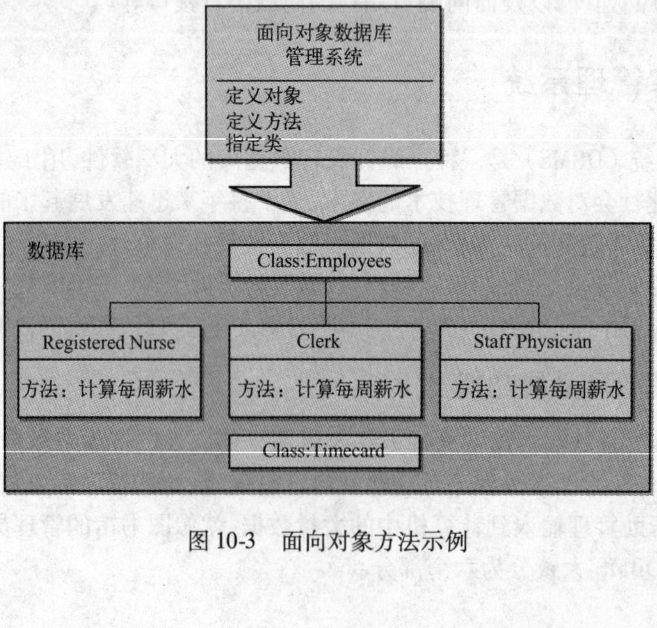

图 10-3　面向对象方法示例

10.2.3 基于 Web 的数据库工具

基于 Web 的数据库允许通过因特网用标准的 Web 浏览器来访问数据库。要和基于 Web 的数据库交互,必须将请求从浏览器送到数据库,然后将结果送回浏览器。CGI（网关接口）程序能满足这个要求。这些程序可以用编程语言如 Perl、C、Vlsual Basic 等来编写,和 CGI 功能相似且性能较高的有专用接口 ISAPI（Internet Server Application Programming Interface,因特网服务器应用编程接口）和 NSAPI（Netscape Server Application Programming Interface,网景服务器应用编程接口）等。高速度,但是非专用的工具是活动服务器页面（ASP,Active Server Page）,该页面包含与数据库进行交互的编程代码。Web 数据库开发工具都包括在许多流行的数据库包中,例如 Microsoft Access。

10.2.4 主流的数据库管理系统

目前有许多数据库产品,如 IBM DB2、Oracle、Sybase、Microsoft SQL Server、Microsoft Access 和 MySQL 等,各以自己特有的功能在数据库市场上占有一席之地。

1. Oracle

Oracle 是一个最早商品化的关系型 DBMS,应用广泛,功能强大。作为一个通用的数据库管理系统,Oracle 不仅具有完整的数据管理功能,还是一个分布式数据库系统,支持各种分布式功能,支持因特网应用。作为一个应用开发环境,Oracle 提供了一套界面友好、功能齐全的数据库开发工具。Oracle 使用 PL/SQL 语言执行各种操作,具有可开放性、可移植性、可伸缩性等功能。特别是在 Oracle 8i 中,支持面向对象的功能,如支持类、方法和属性等,使得 Oracle 产品成为一种对象/关系型数据库管理系统。

2. Microsoft SQL Server

Microsoft SQL Server 是一种典型的关系型 DBMS,它使用 Transact-SQL 语言完成数据操作。由于 Microsoft SQL Server 是开放式的系统,其他系统可以与它进行完好的交互操作,具有可靠性、可伸缩性、可用性和可管理性等特点,为用户提供完整的数据库解决方案。

3. Microsoft Office Access

作为 Microsoft Office 组件之一的 Microsoft Access 是在 Windows 环境下非常流行的桌面型数据库管理系统。使用 Access 无须编写任何代码,只需通过直观的可视化操作就可以完成大部分数据管理任务。在 Access 数据库中包括许多组成数据库的基本要素,如存储信息的表、显示人机交互界面的窗体、有效检索数据的查询、信息输出载体的报表、提高应用效率的宏、功能强大的模块工具等。它不仅可以通过 ODBC 与其他数据库相连,实现数据交换和共享,还可以与 Word、Excel 等办公软件进行数据交换和共享,并且通过对象链接与嵌入技术（OLE）在数据库中嵌入和链接声音、图像等多媒体数据。

10.3 数据库检索

从广义上讲,数据库就是存储在一台或多台计算机上信息的集合。在实际应用中,使用数据库 95% 都是为了查找信息,而不是创建和增加信息。

10.3.1 结构化和非结构化数据库

有许多数据库技术应用的例子,例如图书卡分类、包含账号信息的银行账户、光盘百科全书、公司计算机的文件系统,以及电子邮件地址簿等。在通过因特网访问股市、人才市场或旅游网站时,本质上也是在访问一个巨大的数据库。

数据库可以分成两种:结构化数据库和非结构化数据库。结构化数据库（又称为结构化数据文件）是使用统一格式的记录和域来组织信息的文件,如图 10-4 所示,存储的数据通常描述的是相似实体的集合。比如,医疗数据库存储的数据一般是病人的信息,库存数据库的数据则是存储在仓库的货物和货架信息。

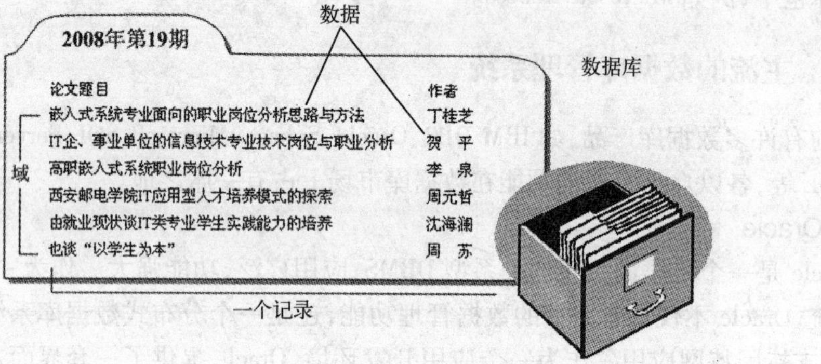

图 10-4 结构化数据库示意

非结构化数据库是信息的松散结构化组合,一般是按照文档而不是记录来存储的。比如,可以把文字处理软件生成的文档看成是一个个人作品的非结构化数据库。万维网,在世界范围中存储了数以百万计的各式各样的文档,它也是一种非结构化数据库。无论存储在硬盘、光盘,还是因特网上,非结构化数据库能够为人们存储各种各样的信息。

10.3.2 信息检索

当在数据库中检索信息（而不是创建和维护数据库）的时候,通常不需要知道目前访问的数据库是结构化的,还是非结构化的,相关的数据访问软件会隐含这些信息。数据访问软件提供了在数据库中检索信息的界面,只需要告诉它所需要的信息,它就去进行检索。数据访问软件了解数据库的结构,因此用户不需要考虑技术细节。

不同的数据库通常使用不同的访问软件。因此,要在信息时代有效地获取信息,就必须掌握不同数据访问软件的检索过程。根据所使用的访问软件,可能使用菜单、超文本索引、关键字搜索引擎、实例查询、查询语言或自然语言进行检索。

10.3.3 菜单和超文本索引

在银行自动账户信息系统中,系统会有"查询信息请按 1,获得帮助请按 2"等提示。这个系统就是用户与银行数据库的界面。由于许多人要使用这个系统,因此访问过程必须简单。银行客户系统的大多数数据访问软件都是基于菜单的。

数据库菜单类似于大多数其他软件中的菜单。访问数据库信息的菜单可以是基于屏幕的，或基于语音提示的。菜单通常是层次化排列的，选择了第一级菜单，第二级菜单才会出来。

使用语音菜单时，要时刻准备着按下自己希望的选项，当听到所需要的选项就立刻按下按钮，这样就不需要记住该选项的号码了。当语音完成菜单选项的解释后，无须回忆这个希望按下的号码。

相比之下，基于屏幕的菜单更容易使用，因为所有的选项都可以一目了然。因此，它们可能更加复杂，使用多级菜单显示更多选项。如果经常使用同一个基于菜单的数据访问软件，就会非常熟练地从菜单中找到需要的选项。

基于屏幕的菜单在因特网上成为访问信息的流行格式。许多流行的提供因特网信息检索的网点使用的是称为超文本索引的方法，如图 10-5 所示。将信息按照教育、娱乐和商业等分类，方便信息检索。使用这样的超文本索引，首先要选择所需信息所在的分类，系统会给出关于这部分的主题列表，从表中选择后将会显示另外一个选择列表。这样，当浏览完这个列表后，就会找到包含所需信息的文档了。

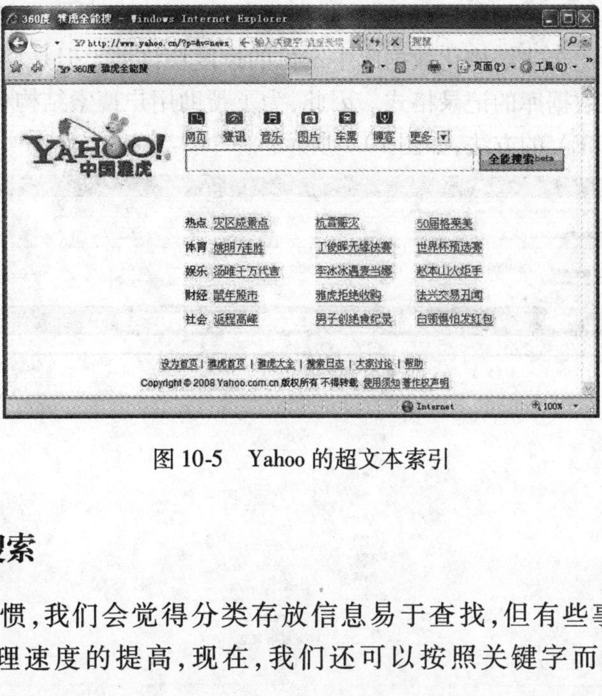

图 10-5　Yahoo 的超文本索引

10.3.4　关键字搜索

传统上，由于习惯，我们会觉得分类存放信息易于查找，但有些事物不好分类，再加上计算机功能和处理速度的提高，现在，我们还可以按照关键字而不是分类主题进行搜索。

关键字搜索引擎使我们避免了检索数据时在主题分类菜单中浪费时间。关键字搜索引擎在类似于万维网这样的非结构化数据库中得到了广泛应用。使用关键字搜索引擎检索数据，只需要输入像“数据挖掘”这样的词，搜索引擎就会定位相关信息。通常，它会显示出包含该关键字的文档摘要，可以从中选择认为最有用的文档。关键字搜索引擎的用户界面通常非常简单，如图 10-6 所示。搜索引擎还允许使用更加详细的搜索条件来生成“高级”搜索。

图 10-6　百度搜索引擎

10.3.5　实例查询

如果要迅速访问数据库中的信息,最好是把信息存储在结构化数据库中。由于结构规整,计算机的定位速度要比在非结构化数据库中定位的速度快许多。但是,结构会引起一些问题,例如用户可能不知道数据库的记录格式。因此,为了帮助用户搜索结构化数据库,有一种称为实例查询（缩写为 QBE）的方法,如图 10-7 所示。

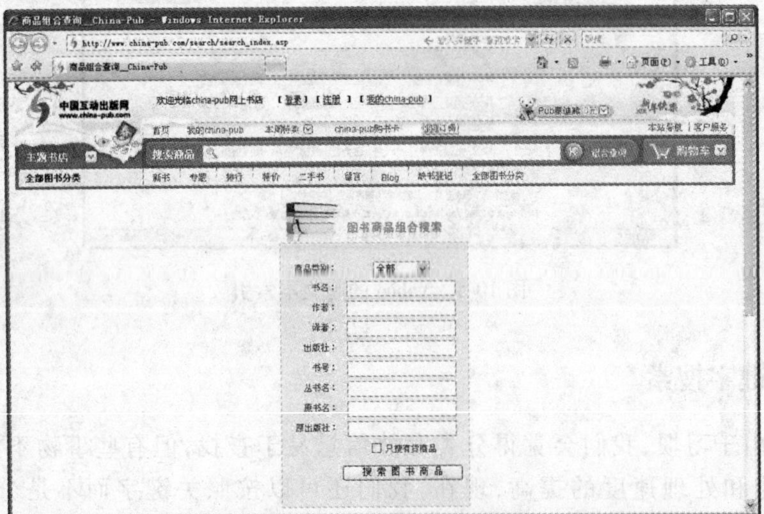

图 10-7　互动出版网的实例查询

10.4　数据仓库

数据仓库（Data Warehouse,DW）是一个面向主题（Subject Oriented）、集成（Integrate）、相对稳定（Non-Volatile）和反映历史变化（Time Variant）的数据集合。数据仓库是一个环境,而不是一件单一产品,它提供了用户用于决策支持的当前和历史数据,这些数据在传统的操作型数据库中很难或不能得到。

数据仓库技术是为了把操作型数据有效地集成到统一环境中，以提供决策型数据访问的各种技术和模块的总称，其目的就是为了让用户更快、更方便地查询所需要的信息，提供决策支持。

10.4.1 数据仓库的特点

数据仓库有如下一些特点。

(1) 面向主题。操作型数据库的数据组织面向事务处理任务，各个业务系统之间各自分离，而数据仓库中的数据是按照一定的主题域进行组织的。主题是一个抽象的概念，是指用户使用数据仓库进行决策时所关心的重点方面，一个主题通常与多个操作型信息系统相关。

(2) 集成的。面向事务处理的操作型数据库通常与某些特定的应用相关，数据库之间相互独立，并且往往是异构的。而数据仓库中的数据是在对原有分散的数据库数据抽取、清理的基础上，经过系统加工、汇总和整理得到的。必须消除源数据中的不一致性，以保证数据仓库内的信息是关于整个企业的一致的全局信息。

(3) 相对稳定。操作型数据库中的数据通常实时更新，数据根据需要及时发生变化。数据仓库的数据主要供企业决策分析用，所涉及的数据操作主要是数据查询。某个数据一旦进入数据仓库，一般情况下将被长期保留，亦即，数据仓库中一般有大量的查询操作，但修改和删除操作很少，通常只需要定期地加载和刷新。

(4) 反映历史变化。操作型数据库主要关心当前某一个时间段内的数据，而数据仓库中的数据通常包含历史信息，系统记录了企业从过去某一时点（如开始应用数据仓库的时点）到目前的各个阶段的信息，通过这些信息，可以对企业的发展历程和未来趋势做出定量分析和预测。

10.4.2 数据仓库的组成

数据仓库由数据仓库数据库、数据抽取工具和元数据等内容组成。

(1) 数据仓库数据库。这是整个数据仓库环境的核心，是数据存放的地方，提供对数据检索的支持。相对于操纵型数据库来说，其突出特点是对海量数据的支持和快速的检索技术。

(2) 数据抽取工具。把数据从各种各样的存储方式中拿出来，进行必要的转化、整理，再存放到数据仓库内。对各种不同数据存储方式的访问能力是数据抽取工具的关键，以访问不同的数据。数据转换包括删除对决策应用没有意义的数据段，转换到统一的数据名称和定义，计算统计和衍生数据，给缺值数据赋以默认值，把不同的数据定义方式统一等。

(3) 元数据。是指描述数据仓库内数据的结构和建立方法的数据。可将其按用途不同分为两类，即技术元数据和商业元数据。

技术元数据是数据仓库的设计和管理人员用于开发和日常管理数据仓库时用的数据。包括数据源信息、数据转换的描述、数据仓库内对象和数据结构的定义、数据清理和数据更新的规则、源数据到目的数据的映射、用户访问权限、数据备份历史记录、数据导入历史记录和信息发布历史记录等。

商业元数据从商业业务的角度描述了数据仓库中的数据。包括业务主题的描述、包含的数据、查询和报表等。

元数据为访问数据仓库提供了一个信息目录，这个目录全面描述了数据仓库中有什么数据,这些数据是怎么得到的,以及怎么访问这些数据,它是数据仓库运行和维护的中心,数据仓库服务器利用它来存储和更新数据,用户通过它来了解和访问数据。

(4) 访问工具。为用户访问数据仓库提供手段。有数据查询和报表工具、应用开发工具、管理信息系统(EIS)工具、在线分析(OLAP)工具、数据挖掘工具等。

(5) 数据集市(Data Marts)。是指为了特定的应用目的或应用范围,而从数据仓库中独立出来的一部分数据,也可称为部门数据或主题数据。在数据仓库的实施过程中,往往可以从一个部门的数据集市着手,以后再用几个数据集市组成一个完整的数据仓库。需要注意的是,在实施不同的数据集市时,同一含义的字段定义一定要相容,这样以后实施数据仓库时才不会造成大麻烦。

有关决策支持型数据库的数据集市是面向企业中的某个部门或是项目小组的。一些专家顾问将数据集市的建造描述为建立数据仓库全过程中的一步。首先,一个存储企业全部信息的数据仓库被创建,其中,数据均具备有组织的、一致的、不变的格式。数据集市随后被创建,其目的是为不同部门提供他们所需要的那部分信息。数据仓库聚集了所有详细的信息,而数据集市中的数据则针对用户的特定需求。

而另外一些专家则认为数据集市的建立并不需要首先建立一个数据仓库。在这个模型中,数据直接由事务型数据库转入数据集市中。一个公司可能建立有多个数据集市,而彼此之间毫无联系。这种不在建立数据仓库的基础上创建数据集市的方式会更便宜、更快速,因为它的规模更加易于管理。

第二种观点的缺陷在于无法实现最初创建数据仓库的最主要的目的——将企业所有的数据统一为一致的格式。现有的事务处理系统的数据往往是不一致的、冗余的。如果首先建立起一个全公司范围的数据仓库,组织就能够获得一个统一关于企业的活动和客户的知识库。如果先建立起一个个独立的数据集市,那么数据仓库的诸多优势都能够得以实现,但是企业远远无法做到对数据一致的存储。

(6) 数据仓库管理。包括安全和特权管理、跟踪数据的更新、数据质量检查、管理和更新元数据、审计和报告数据仓库的使用和状态、删除数据、复制/分割和分发数据、备份和恢复、存储管理等。

(7) 信息发布系统。把数据仓库中的数据或其他相关的数据发送到不同的地点或用户。基于 Web 的信息发布系统是对付多用户访问的最有效方法。

10.4.3 数据仓库的意义

还是在计算机发展的早期,人们就已经提出了建立数据仓库的构想,当时的描述是:数据仓库是为支持企业决策而特别设计和建立的数据集合。

许多公司在计算机系统中存储了大量的数据,记录着企业购买、销售及生产过程中的大量信息和客户信息。通常这些数据都存储在许多不同的地方。使用数据仓库后,企业将所有收集来的信息存放在一个唯一的地方——数据仓库,仓库中的数据按照一定的方式组织,从而使信息容易存取并且有使用价值。

数据仓库为企业带来了一些"以数据为基础的知识",它们主要应用于对市场战略的评价,和为企业发现新的市场商机,同时,也用来控制库存、检查生产方法和定义客户群。数据仓库将企业的数据按照特定的方式组织,从而产生新的商业知识,并为企业的运作带来新的视角。

数据仓库的解决方案包括:将决策支持型数据处理从事务型数据处理中分离出来。数据按照一定的周期(通常在每晚或者每周末),从事务型数据库中导入决策支持型数据库(数据仓库)。数据仓库按回答企业某方面的问题来分“主题”组织数据,这是有效的数据组织方式。

10.4.4 数据仓库与数据库

作为数据管理手段,传统的数据库技术是单一的数据资源,主要用于事务处理,也称为操作型处理。它以数据库为中心,进行从事务处理、批处理到决策分析的各种类型的数据处理工作。用户关心的是响应时间、数据的安全性和完整性。

数据仓库用于决策支持,也称分析型处理,它是建立决策支持系统(DSS)的基础。数据仓库对关系数据库的联机分析能力提出了更高的要求,采用普通关系型数据库作为数据仓库在功能和性能上都是不够的,它们必须有专门的改进。因此,数据仓库与数据库的区别不仅仅表现在应用的方法和目的方面,同时也涉及到产品和配置上的不同。因此,数据仓库是一种新的数据处理体系结构和信息管理技术,它是企业内部各部门业务数据进行统一和综合的中央数据仓库。它为企业决策支持系统和行政信息系统提供所需的信息,为预测利润、风险分析、市场分析,以及加强客户服务与营销活动等管理决策提供支持。

要提高分析与决策的效率和有效性,分析型处理及其数据必须与操作型处理及其数据相分离,必须把分析型数据从事务处理环境中提取出来,按照DSS处理的需要进行重新组织,建立单独的分析处理环境。数据仓库正是为了构建这种新的分析处理环境而出现的一种数据存储和组织技术。

10.5 数据挖掘

作为决策支持新技术,数据挖掘也和数据仓库一样,近年来得到了迅速发展。

数据挖掘(Data Mining,DM,也称数据开采)是从大型数据库或数据仓库中发现并提取隐藏在其中的有用信息或知识信息的一种技术,它主要是利用某些特定的知识发现(KDD,Knowledge Discovery in Database)算法,在一定运算效率的限制内,从数据对象(例如数据库或数据仓库,也可以是文件系统或其他任何组织在一起的数据集合)中发现有关的知识。它帮助决策者寻找数据间潜在的关联,发现被忽略的因素。而这些信息和因素对预测趋势和决策行为是至关重要的。数据挖掘方法的提出,让人们有能力最终认识数据的真正价值,即蕴藏在数据中的信息和知识。知识即意味着数据元素之间的关系和模式。

因此,数据挖掘可以定义为:应用一系列技术从大型数据库或数据仓库的数据中提取人们感兴趣的信息和知识,这些知识或信息是隐含的、事先未知而潜在有用的,提取的知识表示为概念、规则、规律、模式等形式。

作为知识发现过程的一个特定步骤,数据挖掘是一系列技术及应用,或者说是对大容量数据及数据间关系进行考察和建模的方法集。它的目标是将大容量数据转化为有用的知识和信息。

知识发现是一个多步骤的对大量数据进行分析的过程,包括数据预处理、模式提取、知识评估及过程优化。知识获取往往需要经过多次的反复,通过对相关数据的再处理及知识发现算法的优化,不断提高学习效率。如在分析影响信用风险的因素时,可能先假设几种可能的因素,然后通过不断反复的实验,不断增加或删除因素,最终得到对信用风险最具影响的因素。

数据仓库是一种存储技术,它的数据存储量是一般数据库的100倍,它包含大量的历史数据、当前的详细数据及综合数据,它能为不同用户的不同决策需要提供所需的数据和信息。而数据挖掘是从人工智能机器学习中发展起来的,它研究各种方法和技术,从大量的数据中挖掘出有用的信息和知识。

数据仓库完成数据的收集、集成、存储和管理等工作,数据挖掘面对的是经初步加工的数据,使得数据挖掘能更专注于知识的发现。又由于数据仓库所具有的新特点,对数据挖掘技术提出了更高的要求。另一方面,数据挖掘为数据仓库提供了更好的决策支持,同时促进了数据仓库技术的发展。可以说,数据挖掘和数据仓库技术要充分发挥潜力,就必须结合起来。

作为数据挖掘对象,数据仓库技术的产生和发展为数据挖掘技术开辟了新的战场,也提出了新的要求和挑战。数据挖掘和数据仓库的联系可以概括为如下几点。

(1) 数据仓库为数据挖掘提供了更好的、更广泛的数据源。数据仓库中集成和存储着来自异构信息源的数据,而这些信息源本身就可能是一个规模庞大的数据库。同时数据仓库存储了大量长时间的历史数据,这使得我们可以进行数据长期趋势的分析,为决策者的长期决策行为提供支持。

(2) 数据仓库为数据挖掘提供了新的支持平台。数据仓库的发展不仅仅是为数据挖掘开辟了新的空间,更对数据挖掘技术提出了更高的要求。数据仓库的体系结构努力保证查询和分析的实时性。数据仓库一般设计成只读方式,数据仓库的更新由专门的一套机制保证。数据仓库对查询的强大支持使数据挖掘效率更高,开采过程可以做到实时交互,使决策者的思维保持连续,有可能开采出更深入、更有价值的知识。

(3) 数据仓库为更好地使用数据挖掘工具提供了方便。数据仓库的建立充分考虑数据挖掘的要求。用户可以通过数据仓库服务器得到所需的数据,形成开采中间数据库,利用数据挖掘方法进行开采,获得知识。数据仓库为数据挖掘集成了企业内各部门的全面的、综合的数据,数据挖掘要面对的是关系更复杂的企业全局模式的知识发现。而且,数据仓库机制大大降低了数据挖掘的障碍,一般进行数据挖掘要花大量的精力在数据准备阶段。数据仓库中的数据已经被充分收集起来,进行了整理、合并,并且有些还进行了初步的分析处理。这样,数据挖掘的注意力能够更集中于核心处理阶段。另外,数据仓库中对数据不同粒度的集成和综合,更有效地支持了多层次、多种知识的开采。

(4) 数据挖掘为数据仓库提供了更好的决策支持。企业领导的决策要求系统能够提供更高层次的决策辅助信息,从这一点上讲,基于数据仓库的数据挖掘能更好地满足高层战略决策的要求。数据挖掘对数据仓库中的数据进行模式抽取和发现知识,这些正是数据仓库所不能提供的。

(5) 数据挖掘对数据仓库的数据组织提出了更高的要求。数据仓库作为数据挖掘的对象,要为数据挖掘提供更多、更好的数据。其数据的设计、组织都要考虑到数据挖掘的一些要求。

(6) 数据挖掘还为数据仓库提供了广泛的技术支持。数据挖掘的可视化技术、统计分析技术等都为数据挖掘提供了强有力的技术支持。

10.6 阅读与思考:9·11 事件中的摩根斯坦利证券公司

2001 年 9 月 11 日,一个晴朗的日子。

和往常一样,当 9 点的钟声响过之后,美国纽约恢复了昼间特有的繁华。姊妹般的世贸大厦迎接着忙碌的人们,熙熙攘攘的人群在大楼中穿梭往来。在大厦的 97 层,是美国一家颇有实力的著名财经咨询公司——摩根斯坦利证券公司。这个公司的 3500 名员工大都在大厦中办公。

就在人们专心致志地做着他们的工作时,一件惊心动魄的足以让全世界目瞪口呆的事情发生了!这就是著名的"9.11"飞机撞击事件。在一声巨大的响声中,世贸大楼像打了一个惊天的寒颤,所有在场的人员都被这撕心裂肺的声音和山摇地动的震撼惊呆了。继而,许多人像无头苍蝇似的乱窜起来。大火、浓烟、鲜血、惊叫,充斥着大楼的上部,如图 10-8 所示。

在一片慌乱中,摩根斯坦利公司却表现得格外冷静,该公司虽然距撞机的楼上只有十几米,但他们的人员却在公司总裁的指挥下,有条不紊地按紧急避险方案从各个应急通道迅速向楼下疏散。不到半个小时,3500 人除 6 人外都撤到了安全地点。后来知道,摩根斯坦利公司在"9.11"事件中共有 6 人丧生,其中 3 个是公司的安全人员,他们一直在楼内协助本公司外的其他人员撤离,同时在寻找公司其他 3 人。另外 3 人丧生情况不明。如果没有良好的组织,逃难的人即便是挤、踩,也会造成重大的死伤。据了解,摩根公司是大公司中损失最小的。当然,公司人员没有来得及带走他们的办公资料,在人员离开后不久,世贸大厦全部倒塌,公司所有的文案资料随着双塔的倒塌飞灰烟灭,不复存在。

然而,仅仅过了两天,又一个奇迹在摩根斯坦利公司出现,他们在新泽西州的新办公地点准确无误地全面恢复了营业!撞机事件仿佛对他们丝毫没有影响。原来,危急时刻公司的远程数据防灾系统忠实地工作到大楼倒塌前的最后一秒钟,他们在新泽西州设有第二套全部股票证券商业文档资料数据和计算机服务器,这使得他们避免了重大的业务损失。是什么原因使摩根斯坦利公司遇险不惊,迅速恢复营业,避免了巨大的经济和人员损失呢?事后人们了解到,摩根斯坦利公司制定了一个科学、细致的风险管理方案,并且,他们还居安思危,一丝不苟地执行着这个方案。

如今,"9.11"事件已经成为过去,但如何应付此类突发事件,使企业在各种危难面前把损失减小到最低限度,却是一个永久的话题。

据美国的一项研究报告显示,在灾害之后,如果无法在 14 天内恢复业务数据,75% 的公司业务会完全停顿,43% 的公司再也无法重新开业,20% 的企业将在两年之内宣告破产。美国 Minnesota 大学的研究表明,遭遇灾难而又没有恢复计划的企业,60% 以上将在两三年后退出市场。而在所有数据安全战略中,数据备份是其中最基础的工作之一。

资料来源:老兵网,http://www.laobing.com.cn/tyjy/lbjy1003.html,本文有删改

请分析:

(1) 通过因特网搜索和浏览,了解摩根斯坦利证券公司,以体会数据安全对该企业的意义,并请简单叙述之。

(2) 本案例对你产生了哪些启迪？请简述之。

(3) 为什么说“在所有数据安全战略中,数据备份是其中最基础的工作之一”？

(4) 阅读网络新闻,了解摩根斯坦利证券公司与 IBM 公司在数据备份领域开展的最新合作。请简述其内容和意义。

10.7 主要术语

确保自己理解以下术语：

CGI（通用网关接口）	关系操作符	数据检索
ISAPI	基数	数据库
NSAPI	基于 Web 的数据库	数据库管理系统（DBMS）
Smalltalk	集	数据库管理员（DBA）
SQL（结构化查询语言）	记录	数据库模型
报表模板	记录长度	数据类型
报表生成器	记录类型	数据模型
备注数据类型	记录数	数据冗余
变长字段	结点	数据挖掘

表	结构化数据库	数值数据类型
表达式	类	搜索特性
层次数据库	逻辑数据类型	所有者
查询	面向对象 DBMS	索引
超文本索引	面向对象数据库模型	索引文件
成员	排序	网状数据库
大小写敏感	排序关键字	文件结构
定长（固定长度）字段	全局更新	一对多关系
定制软件	日期数据类型	一对一关系
对象	实例查询（QBE）	元组
多对多关系	实数	整数
范围检查	实体	属性
方法	输入列表	子结点
非结构化数据库	数据仓库	字段
父结点	数据独立性	字段格式
根结点	数据访问软件	字段名
关键字搜索引擎	数据管理	字符数据类型
关系	数据集市	

10.8 练习与实验

本章“练习与实验”的目的如下。

（1）熟悉数据库的基本概念，理解“数据独立性”的含义及其在数据库管理系统中的应用。

（2）区分记录类型，了解关系型数据库的基本组成，描述用于在数据库中查找数据的技术。

（3）描述四种主要数据库模型的不同特性。

（4）区分结构化数据库和非结构化数据库，熟悉数据库检索技术及其应用。

（5）熟悉数据库的基本应用领域，了解数据仓库和数据挖掘技术的基本概念及其应用领域。

（6）了解桌面数据库软件 Access 的基本操作及其应用领域。

10.8.1 工具与准备工作

在开始本实验之前，请回顾教科书的相关内容。

需要准备一台安装有 Microsoft Office Access 2003 软件的计算机。

10.8.2 实验内容与步骤

1. 快速测试

下面是一些快速测试题，请通过完成这些测试题目，检查自己是否理解了课程的内容。

（1）应该使用________数据类型来作为包含身份证号或学号字段的数据类型。

（2）实数和整数可以输入到定义为________数据类型的字段中。

（3）在________文件中，所有的记录都具有同样的记录类型。

（4）________数据库是使用统一的记录和域格式组织信息的文件，而________数据库是各种信息的松散结构的集合。

（5）当使用________用户界面搜索数据库时，要使用空白记录来输入想要计算机查找的数据实例。

（6）像 SQL 这样的________由指令字集组成，可以使用这些指令指导计算机在结构化数据库中检索信息。

（7）数据________描述数据库中存储数据的方式。

（8）最简单的数据库模型是________模型。

（9）________数据库模型是表的集合。

（10）文件管理任务通常由________软件来完成，它们用来保持和操作数据。

（11）文件管理软件能适应不同的文件，这称为________。

（12）文件管理软件和数据文件是独立的，但是操作这些数据的方法存在于________数据库的内部。

（13）文件管理软件每次只能打开一个文件，如果想定义两个或多个文件的数据之间的关系，必须使用________软件。

（14）________DBMS 将数据处理任务分布在工作站和网络服务器之间。

（15）SQL 是流行的________语言。

（16）为了使用关键字搜索引擎，用户只需要输入像“music”这样的词就可以了，搜索引擎会找到数据库中所有有关的信息。对不对？（　　）

（17）一旦在数据库中找到了信息，就可以将它打印出来，导出到其他软件包中，复制和粘贴到其他软件中，存储以供以后引用或发送。对不对？（　　）

（18）如果想将方法分配到数据，最好使用面向对象数据库，对或错？（　　）

（19）使用标准的 HTML 标记可以创建基于 Web 的数据库，对或错？（　　）

2. Access 数据库初步

在某大学针对教师、研究生和高年级学生进行的计算机教育需求调查⊖表明，71% 的人使用数据库软件，其中 57% 的人使用 MS Access，25% 的人使用 SQL Server。

被称为桌面数据库管理系统软件的 Access 是微软公司 Office 办公套件中的一个极为重要的组成部分，如图 10-9 所示。最初，Access 是作为一个独立产品销售的，自从 Access 捆绑到 Office 97 以后，已经成为各个版本 Office 套件中的一个重要成员。

随着不断的发展和改进，Access 的新版本功能变得更加强大。不管是处理公司的客户订单数据，管理自己的个人通讯录，还是大量科研数据的记录和处理，人们都可以利用它来解决大量数据的管理工作。并且，Access 的使用也变得越来越容易。

（1）熟悉 Access 操作界面。

Access 的窗口界面可以分成五个部分：标题栏、菜单栏、工具栏、状态行和数据库窗口，如图 10-10 所示。其中，工具栏的按钮所实现的功能都可以通过执行菜单中的相应命令来实现。

⊖ 张铭等，从调查入手，了解对计算机教育的新需求，北京：《计算机教育》杂志，2005 年第 11 期，p. 13

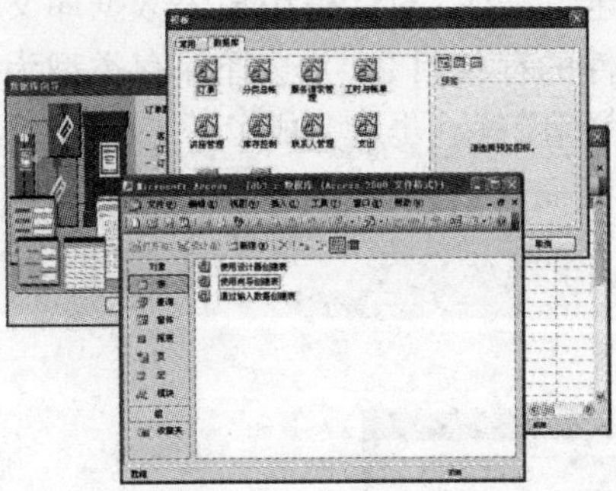

图 10-9　桌面 DBMS Access

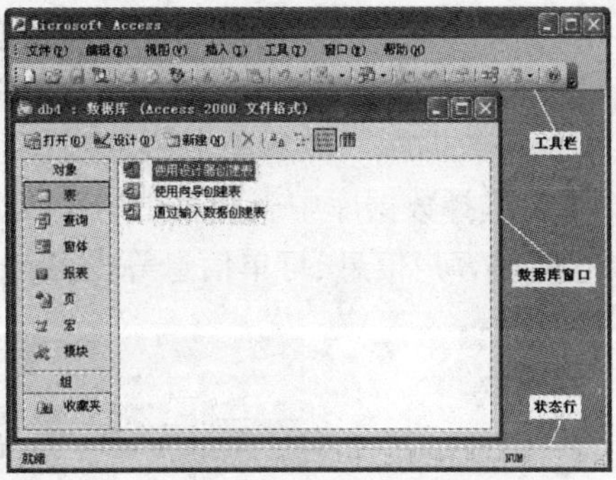

图 10-10　Access 操作界面

数据库窗口中也有一些功能按钮。窗口左侧包含两个方面的内容，上面是“对象”，下面是“组”。对象分类列出了 Access 数据库中的所有对象，例如单击“表”对象，窗口右边就会列出本数据库中已经创建的所有表；而“组”则提供了另一种管理对象的方法：可以把那些关系比较紧密，即把不同类别的对象归到同一组中。比如通讯簿数据库，其中的通讯簿表和通讯簿窗体就可以归为一组。当数据库中的对象很多时，用分组的方法可以更方便地管理各种对象。

例如，为建立一个新表，可将鼠标移到“对象”下面的“表”项上，单击左键，再将鼠标移动到“新建”按钮上并单击，就新建了一个表。

另一方面，组内的对象只是真实对象的快捷方式。将组中对象删除，只是将对象在组中建立的这个快捷方式删除，并不影响这个对象及其里面的内容的完整，它仍然存在于数据库中。

(2) 使用 Access 向导。

下面，我们来学习如何在 Access 数据库向导的帮助下建立自己的数据库——客户订单管理数据库。“数据库向导”是 Access 为了方便用户建立数据库而设计的向导类型的程序。

步骤 1：选择“开始”→“Microsoft Office Access 2003”命令，进入 Access 操作界面。在“新建文件”栏中单击“本机上的模板”，进一步在“模板”对话框的“常用”和“数据库”两个选项卡中选择“数据库”选项，如图 10-11 所示。

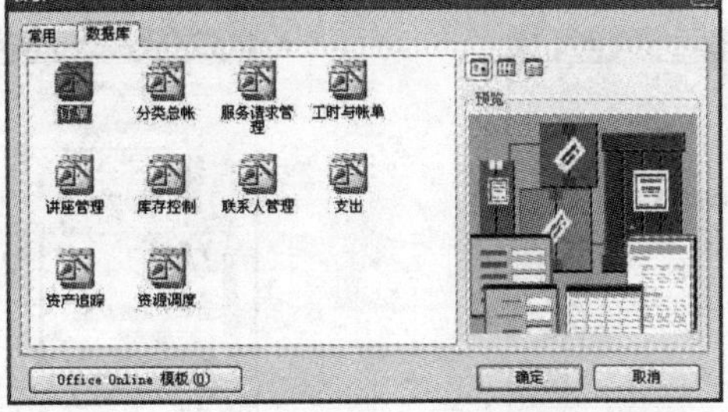

图 10-11　数据库“模板”对话框

步骤 2：选择所需要的数据库类型。不同类型的数据库有不同的数据库向导，不能选错向导。

第一个图标是关于订单的，它可以帮助我们建立一个关于公司客户、订单等情况的数据库。双击这个图标，数据库向导就开始工作了。

步骤3:定义数据库名称和所在目录。在“文件新建数据库”对话框中输入数据库文件名为“向导型数据库”,在“保存位置”选择这个数据库文件的存放目录,并选择保存类型为“Microsoft Access 数据库”,然后单击【创建】按钮,创建新数据库这一步就完成了。

步骤4:选择数据库中表和表中的字段。屏幕上显示向导信息,如图10-12所示,提示数据库需要存储的客户信息、订单信息等内容。

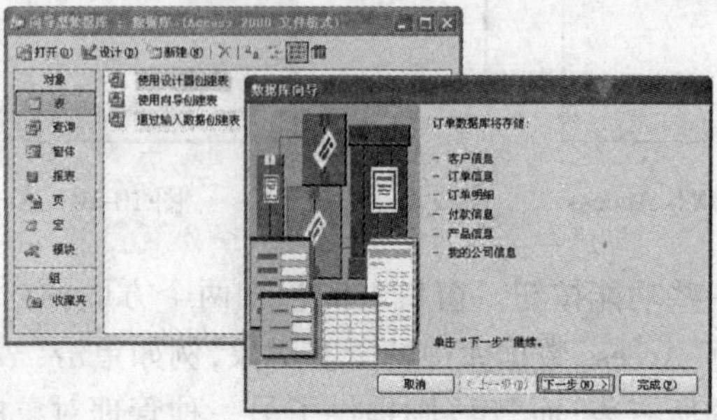

图10-12　向导提示之一

单击【下一步】按钮,向导对话框提示“请确定是否添加可选字段?”。对话框中分类列出了数据库中可能包含的信息,左边框中是信息的类别,右边框中列的是当前选中的类别中的信息项,如图10-13所示。

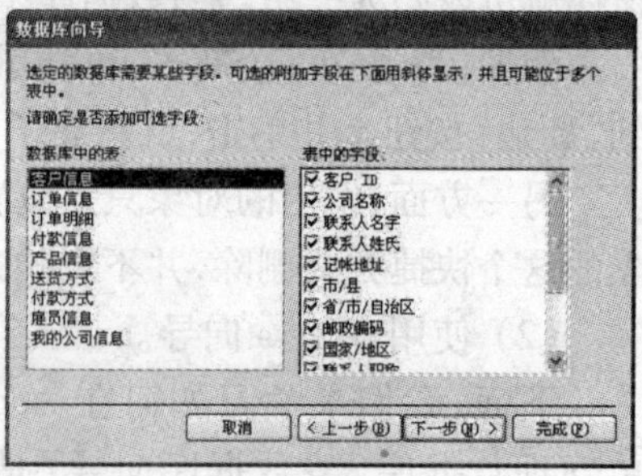

图10-13　向导提示之二

可以通过单击信息项前的小方框来决定数据库中是否要包含某些信息项。绝大多数的信息项是不能取消的,这是因为使用数据库向导建立数据库的时候,向导认为有些信息项是此类数据库必须包含的,它们和数据库中的窗体和报表紧密相关。从外观上很容易区分必选项目和非必选项目,用正常字体书写的项目都是必选项目。选择后,单击【下一步】按钮。

步骤5:接着,向导提示设置屏幕显示方式和打印报表的样式,如图10-14和图10-15所示,单击【下一步】按钮继续。

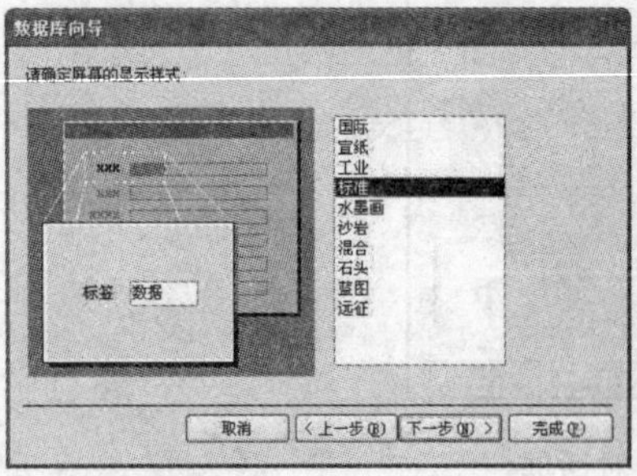

图10-14　向导提示之三

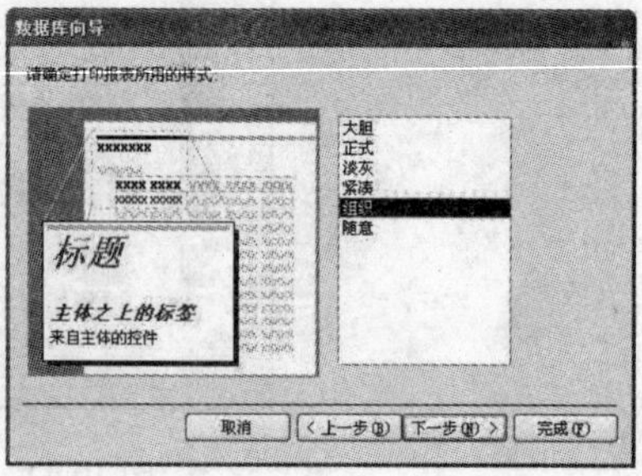

图10-15　向导提示之四

步骤6:为数据库指定标题。图10-16提示要给新建的数据库指定一个标题。在对话框中输入“客户订单资料库”。

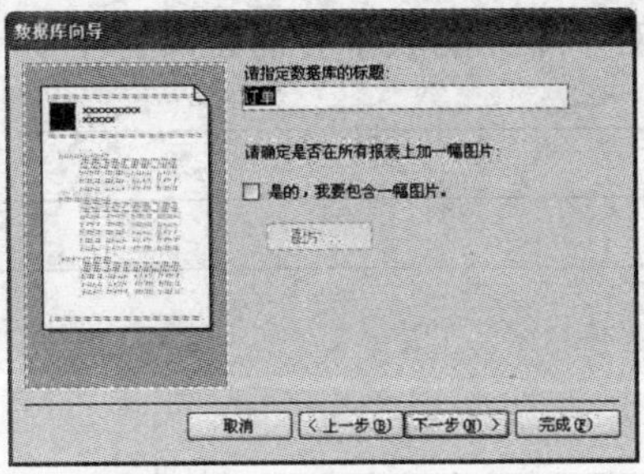

图 10-16　向导提示之五

对话框中输入的名称是新建的数据库入口窗体上的标题词，这和前面为数据库文件命名不同。“在所有报表上加一幅画”的意思是，如果想在这个数据库打印出来的所有文件报表上都加上某个图片，就在此选择“是的，我要包含一幅图片”，并选择一幅图片。接着单击【下一步】按钮。

步骤7：启动数据库。如图10-17所示，单击【完成】按钮，数据库就建好了。选择打开新建的数据库，如图10-18所示。

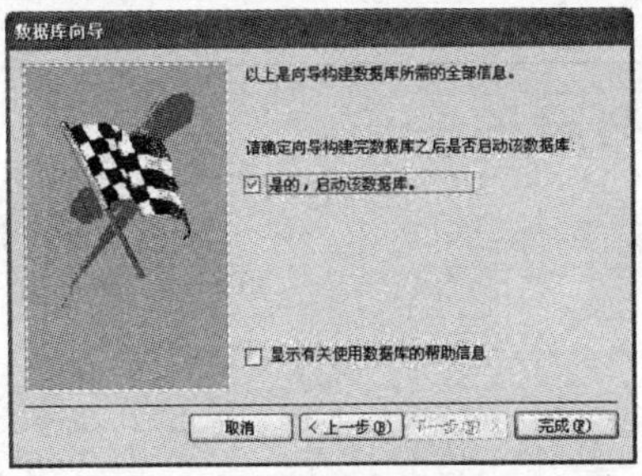

图 10-17　向导提示之六

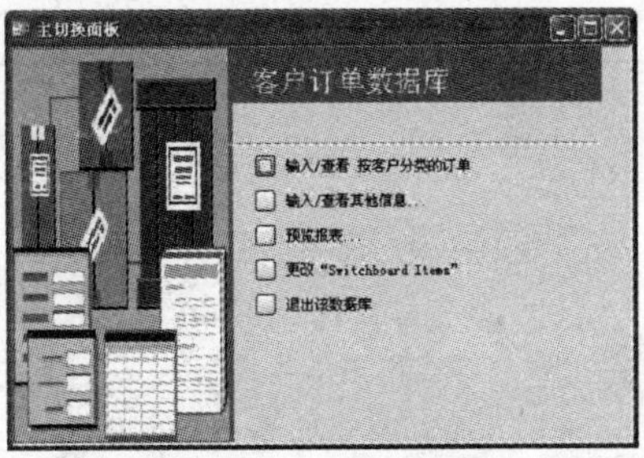

图 10-18　启动数据库

新建的数据库中还没有数据，因为Access是数据库管理系统，它的向导只是为数据库管理搭建好数据库框架，而数据则需要自己输入。

步骤8：使用Access示例数据库。还可以继续阅读一些示例数据库，以增加对Access数据库软件的了解。在Access的“帮助”菜单中单击“示例数据库”命令，Access在这里提供了地址簿、联系人和家庭财产等示例数据库。

请记录：上述各项操作能够顺利完成吗？如果不能，请说明为什么。

____

10.8.3　单元学习评价

（1）你认为本单元最有价值的内容是：

____

____

（2）下列问题仍需要进一步地了解或得到帮助：

____

____

(3) 为使学习更有效,你对本单元的教学有何建议?

10.8.4 实验总结

10.8.5 实验评价(教师)

第 11 章　软件工程与软件测试

软件工程和硬件工程都可以看成是计算机系统工程的一部分。用于计算机硬件的工程技术是由电子设计技术发展起来的，而且在几十年的时间里已经达到了比较成熟的水平，虽然制造方法仍在不断地改进，但硬件的可靠性已经是一种可以期待的现实而不再是一种愿望了。

但是，计算机软件工程还处于某种困境之中。在以计算机为基础的系统中，软件已经取代硬件成为系统中设计起来最困难、最不容易成功（按时完成和不超过预计的成本），而且是最不易管理的部分。另一方面，随着以计算机为基础的系统在数量、复杂程度和应用范围上的不断增长，对软件的需求却有增无减。软件工程就建立在这样的基础之上。

11.1　软件生存周期及其模型

软件生存周期是软件工程中的一个基础概念。国家标准《软件工程术语》(GB/T11457－1995）定义了软件生存周期，即：从设计软件产品开始到产品不能再使用时为止的时间周期。亦即：一个计算机软件，从出现一个构思之日起，经过开发成功投入使用，在使用中不断增补修订，直到最后决定停止使用，并被另一项软件代替之时止，被认为是该软件的一个生存周期（或称生命周期、生存期，Life Cycle）。

一个软件产品的生存周期可以划分成若干个互相区别而又有联系的阶段，每个阶段中的工作均以上一阶段工作的结果为依据，并为下一阶段的工作提供了前提。经验表明，失误造成的差错越是发生在生存周期的前期，在系统交付使用时造成的影响和损失就越大，要纠正它所花费的代价也就越高。因而在前一阶段工作没有做好之前，决不要草率地进入下一阶段。

国家标准《计算机软件开发规范》(GB/T8566－1988)将软件生存周期划分为以下八个阶段，即：可行性研究与计划、需求分析、概要设计（即结构设计）、详细设计、实现（包括单元测试）、组装测试（即集成测试）、确认测试、使用和维护。软件生存周期是对软件的一种长远发展的看法，这种看法把软件开发之前和软件交付使用之后的一些活动都包括在软件生存周期之内。应当注意的是，软件系统的实际开发工作不可能直线地通过分析、设计、编程和测试等阶段，出现各阶段间的回复是不可避免的。

软件生存周期的每个阶段都要产生一定规格的软件文件（文档）移交给下一阶段，使下一阶段在此基础上继续开展工作。

11.1.1　软件生存周期过程

《软件生存周期过程》(GB/T8566－2001）根据软件工程的实践和软件工程学科的发展，进一步完善了软件生存周期的定义，即：从概念形成直到退役，并且由获取和供应软件产品及服务的各个过程组成。该标准把软件生存周期中开展的活动分为五个基本过程（获取过程、供应过程、开发过程、运作过程、维护过程）、八个支持过程(文档编制过程、配置管理过程、质量保证过程、验证过程、确认过程、联合评审过程、审核过程、问题解决过程)和四个组织过程

（管理过程、基础设施过程、改进过程、培训过程）。

软件生存周期过程中阶段的划分，有助于软件研制管理人员借用传统工程的管理方法（重视工程性文件的编制，采用专业化分工方法，在不同阶段使用不同的人员等），从而有利于明显提高软件质量、降低成本、合理使用人才、进而提高软件开发的劳动生产率。

11.1.2 软件生存周期模型

软件生存周期模型（又称软件开发模型）是软件工程的一个重要的概念，它可以定义为：一个框架，它含有遍历系统从确定需求到终止使用这一生存周期的软件产品的开发、运行和维护中需要实施的过程、活动和任务。

软件生存周期模型能清晰、直观地表达软件开发全过程，明确规定了开发工作各阶段所要完成的主要活动和任务，以作为软件项目开发工作的基础。对于不同的软件系统，可以采用不同的开发方法，使用不同的程序设计语言及各种不同技能的人员参与工作，运用不同的管理方法和手段等，允许采用不同的软件工具和不同的软件工程环境。软件生存周期模型是稳定有效和普遍适用的。

在软件生存周期过程中，软件生存周期模型仅对软件的开发、运作和维护过程有意义，在ISO12207 和 ISO9000-3 中都提到软件生存周期模型，它包括瀑布模型、渐增模型、演化模型、螺旋模型、喷泉模型和智能模型等。

11.1.3 瀑布模型

瀑布模型（Waterfall Model）是 1970 年 W. Royce 提出的最早的软件开发模型，它将软件开发过程中的各项活动规定为依固定顺序连接的若干阶段工作，形如瀑布流水，如图 11-1 所示，最终得到软件系统或软件产品。换句话说，它将软件开发过程划分成若干个互相区别而又彼此联系的阶段，每个阶段中的工作都以上一个阶段工作的结果为依据，同时为下一个阶段的工作提供了前提。

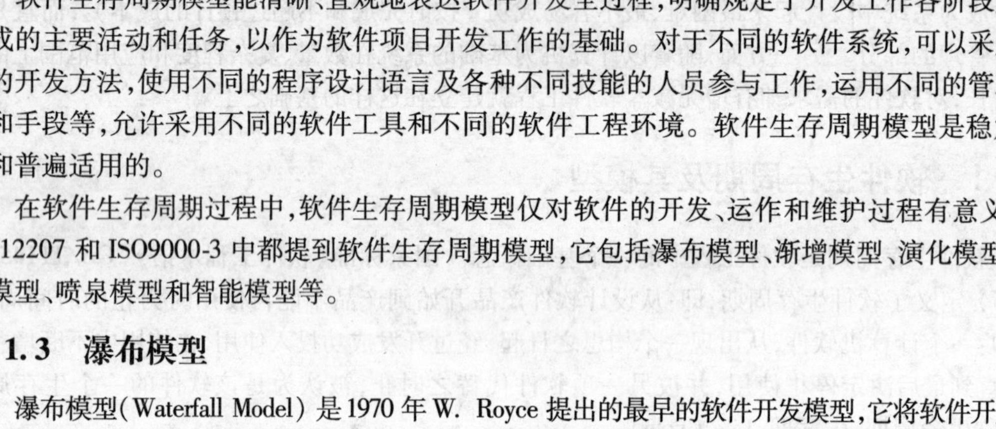

图 11-1 软件生存周期的瀑布模型

瀑布模型之所以能广泛流行，一方面是由于它在支持开发结构化软件、控制软件开发复杂度、促进软件开发工程化方面起了显著作用，另一方面是它为软件开发和维护提供了一种当时较为有效的管理模式，根据这一模式制订开发计划，进行成本预算，组织开发人员以阶段评审和文档控制为手段，有效地对软件开发过程进行指导，从而使软件质量有一定程度的保证。

11.1.4 渐增模型

渐增模型(Incremental Model,又称增量模型)是指从一组给定的需求开始,通过构造一系列可执行的中间版本来实施开发活动。第一个中间版本纳入一部分需求,下一个中间版本纳入更多的需求,依此类推,直到系统完成。每个中间版本都要执行必要的过程、活动和任务,如:需求分析和体系结构设计需要执行一次,而详细设计、编码和测试、软件组装和验收测试在每个中间版本构造过程中都执行,如图 11-2 所示。

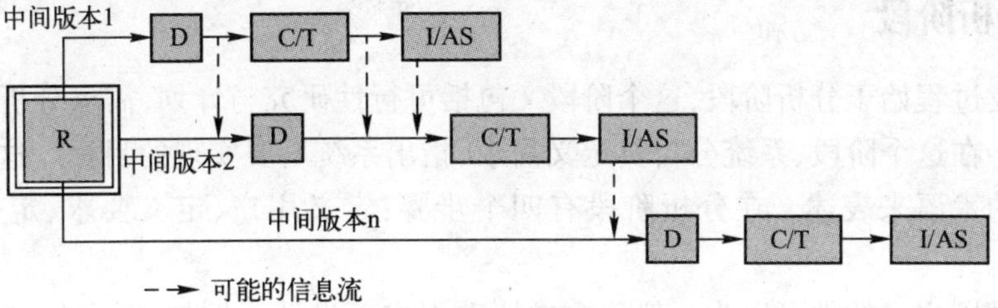

图 11-2　渐增模型示意

R:需求　C/T:编码/测试　D:设计 I/AS:安装和验收支持

在开发每个中间版本时,开发过程中的活动和任务顺序地或部分平行地使用。当相继的中间版本在部分并行开发时,开发过程中的活动和任务可以在各中间版本间平行地采用。

第一个简化版本通常只包括主模块,以及对空白子模块的调用。例如,一个软件包有 10 个子模块,主模块调用每个子模块,而每个子模块只返回说明它被调用的信息。

在第二个版本中,更多的子模块被完成,然而仍然有很多没有完成(它们仅仅在通信)。再次测试软件包以证明主模块可以正确地调用子模块。如果有问题的话,开发者知道问题在子模块而不在主模块。他们不再增加子模块直到软件包工作正常。这个过程继续进行直到所有子模块增加完毕。

11.2 软件工程定义

发展至今,软件工程已经是一门交叉性学科,它是解决软件问题的工程,对它的理解不应是静止的和孤立的。软件工程是应用计算机科学、数学及管理科学等原理,借鉴传统工程的原则、方法来创建软件,从而达到提高质量、降低成本的目的。其中,计算机科学和数学用于构造模型、分析算法,工程科学用于制定规范、明确风格、评估成本、确定权衡,管理科学用于进度、资源、质量、成本等的管理。

软件工程的目标是明确的,就是研制开发与生产出具有良好质量和费用合算的软件产品。费用合算是指软件开发运行的整个开销能满足用户的要求,软件质量是指该软件能满足明确的、隐含的和需求能力的有关特征和特性的总和。

软件工程的基础是一些指导性的原则,例如以下几点。

- 必须认识软件需求的变动性,并采取适当措施来保证最终产品能忠实地满足用户要求。在软件设计中,通常要考虑模块化、抽象与信息隐蔽、局部化、一致性等原则。
- 稳妥的设计方法大大地方便了软件开发,为达到软件工程的目标,软件工具与环境对软件设计的支持来说，颇为重要。

- 软件工程项目的质量与经济开销直接取决于对它所提供的支撑的质量与效用。
- 有效的软件工程只有在对软件过程进行有效管理的情况下才能实现。

11.3 软件开发过程

在软件生存周期中，开发阶段可以概括为四个阶段，即分析、设计、实现和测试。

11.3.1 分析阶段

整个开发过程始于分析阶段，这个阶段（包括可行性研究与计划、需求分析）显示程序包应该做什么。在这个阶段，系统分析员定义需求，指出系统所要实现的目标。这些需求通常用用户能理解的术语来表述。在分析阶段有四个步骤：定义用户、定义要求、定义需求和定义方法。

（1）定义用户。软件可以为一般用户或特殊用户而设计。例如：财会软件可以为任何一家公司的使用而创建。另一方面，一个专门订做的银行软件包是为某一个特定的银行而开发的。因此，必须很清楚地划分软件的使用者。

（2）定义要求。确定用户以后，系统分析员开始定义要求。在这个阶段，最好的答案来自于用户。用户或用户代表清楚地定义了他们对软件的期望。

（3）定义需求。在用户要求的基础上，系统分析员能够准确地定义系统的需求。例如：假设一个软件在月底给每个雇员打印账单，则需要说明实现怎样的安全和精度的等级。

（4）定义方法。最后，在用清晰的术语定义好需求之后，系统分析员应选择适当的方法来满足这些需求。

11.3.2 设计阶段

设计阶段定义系统怎样完成在分析阶段所定义的需求。在设计阶段，将确定系统，完成文件和（或）数据库的设计。

（1）模块化。设计阶段遵循模块化原则。整个程序包划分成许多小的模块。每个模块经过设计、测试并通过主程序与其他模块进行链接。

（2）工具。在设计阶段使用许多工具，其中最常用的是模块结构图（SC）。模块结构图显示了如何将软件包分解成逻辑步骤，每个步骤就是一个独立的模块。模块结构图也显示了各部分（模块）之间的相互作用。

11.3.3 实现阶段

在实现阶段，完成实际程序代码的编写。

（1）工具。在这个阶段，在实际代码编写之前使用了许多工具来显示程序的逻辑流程。程序流程图（框图）是流行的主要工具之一。程序流程图使用标准的图形符号来表示贯穿模块的数据逻辑流程。

第二个被程序员使用的工具是伪代码。伪代码部分是英文，部分是用精确的算法细节来描述程序将完成什么的程序逻辑。而这需要用足够的细节定义步骤，以便能够容易地转换成计算机程序。

(2) 编码。在完成程序流程图、伪代码或两者都完成之后,程序员真正开始用指定的程序设计语言编写代码。

11.3.4 测试阶段

一旦程序设计完成,必须进行测试。测试阶段是在程序开发中非常单调且很花费时间的部分。程序员负责测试他们编写的程序(单元测试)。在大型开发项目中,通常有专家担任测试工程师,负责测试整个系统(组装测试),这种测试将确保所有的程序都能在一起工作。

测试的主要类型有两种:黑盒测试和白盒测试。

(1) 黑盒测试。即在不知道程序内部构造也不知道程序是怎样工作的情况下测试程序。换言之,程序就像看不见内部的黑盒。

简单地说,黑盒测试计划是从需求说明发展起来的。这就是为什么有一组好的需求如此重要的原因之一。测试工程师通过利用这些需求和他的系统开发知识及用户的工作环境来产生测试计划。这个计划主要用于系统的整体测试。编写程序之前,应当查看和了解这些测试计划。

(2) 白盒测试。与黑盒测试假设对程序代码的一无所知相反,白盒测试假定你知道有关程序的一切。在这种情况下,程序就像玻璃房子,其中的一切都是可见的。

白盒测试主要是程序员的责任,他们准确地知道程序内部发生了什么。必须确保每一条指令和每一种可能情况都已经被测试过。这不是一个简单的工作。

经验将帮助程序员设计好的测试数据,但是,程序员从一开始就能做的事是养成撰写测试计划的习惯。还在设计阶段时就应该开始编制测试计划。在构建程序结构图时,就应该构思测试何种情况,特别是那些特殊的情况,并立即记下这些情况。因为一个小时后可能就不记得了。

当程序员撰写程序流程图或伪代码时,应该以面向测试用例的眼光来复审它们,并记下所需要的用例。开始构造测试用例时,应该回顾笔记并将它们组织成逻辑组。除了非常简单的学生程序以外,对于较大规模的开发项目,一般需要运行 20、30 或更多的测试用例来验证程序。

最后,在测试中,将考虑更多的测试用例,并把它们加入到测试计划中。当程序完成并成为软件产品后,在修改程序时,将再次需要这些测试计划。

11.4 模块化

模块化意味着将大项目分解成较小的部分,以便能够容易理解和处理。换言之,模块化意味着将大程序分解成能互相通信的小程序。

11.4.1 工具

有两种工具可以用于在程序设计中实现模块化,即模块结构图(SC)或类图。模块结构图用于过程化编程以显示过程或函数之间的关系,类图用于面向对象编程以显示类之间的关系,统一建模语言(Unified Modeling Language,UML)作为一个标准,包括有助于这方面的工具和图。

11.4.2 耦合

耦合是对两个模块互相绑定紧密程度的度量。越紧耦合的模块,它们的独立性越差。既然目标是为了让模块尽可能地独立,我们希望模块间松散耦合,其主要理由如下。

(1) 独立(即松散耦合)的函数更可能被重用。

(2) 松散耦合的函数几乎不会在相关的函数中产生错误。相反,耦合越紧,一个函数中的错误在另一个相关函数中导致错误的可能性就越高。

(3) 维护修改(修改以实现新的用户需求)更容易,且不易在松散耦合的函数中产生错误。

耦合的类型主要有如下几种。

(1) 数据耦合。只从调用函数向被调用函数传递最少的需求数据。所有需求数据作为参数传递,没有额外的数据传递。这是耦合的最佳形式,应该尽可能地使用。

(2) 控制耦合。传递的是标记,它可用于指示函数的逻辑流程,它与数据耦合极为相似,不同之处仅在于前者传递的是标记,后者传递的是数据。

如果使用得当,控制耦合是两个函数之间进行通信所必需的和有效的方法,它传递状态,如到达文件尾部、找到查询的值等。糟糕的标记使用通常是糟糕的程序设计的一种标志,比如一个处理过程在两个或更多的独立函数之间分开等。

(3) 公共耦合。又称全局耦合,用全局变量来进行两个或更多函数之间的通信,这不是一个好的耦合技术。实际上,应该避免使用。例如,全局耦合实际上不可能决定哪些模块正在互相通信。当一个程序需要改动时,它无法评估和隔离这种变化造成的影响,常常导致没改动的函数突然失效。其次,全局耦合紧密地把函数绑定在程序上,这意味着它很难移植到另一个程序中。

(4) 内容耦合。是在一个函数直接引用另一个函数的数据或语句时产生的耦合。显然,这种观念打破了结构化编程的宗旨,引用另一个函数的数据要求该数据在函数的外部可见。

11.4.3 内聚

模块化的另一个问题是内聚,内聚是程序中处理过程相关紧密程度的度量。内聚的级别有多种。

(1) 功能内聚。带有功能内聚的模块仅仅包含一个处理过程,这是最高级别的内聚,并且是应该尽力实现的级别。

只做一件事:每个函数应该只做一件事,而且函数中的所有语句应该仅为这件事服务。

在一个位置:一个函数应该只在一个地方做一件事。如果一个处理过程的代码散落在程序中多个不同的无关的部分,那么它将很难改动。所以,一个任务的所有处理过程应该放在一个函数中,如果需要也可以放在其子函数中。

(2) 顺序内聚。带有顺序内聚的模块包含两个或更多紧密联系在一起的相关任务,通常一个流程的输出作为另一个的输入。

一个典型的例子是对销售额的计算,该函数可能要求顺序处理:汇总明细项价格、明细项总计、计算销售税和计算总额。在这个例子中,第一个处理过程是购买数量乘以单价,汇总的价格在计算购买明细项购买总和的过程中被使用,这个总和用于计算销售税,而这个销售税最后加在总和上得到销售总额。在每个事例中,一个过程的输出被用作下一个过程的输入。

虽然常常能找到把这些处理过程统统合并在单个函数中的详细代码,但这的确使函数变得更复杂并减少了重用性。如果在同一个程序的不同部分发生相同的或类似的计算,那么就需要考虑重用性了。

(3) 通信内聚。将使用同一数据的处理过程合并。在程序的较高级别模块中使用通信内聚是很自然的,但是基本的级别中将不会发现通信内聚。例如,考虑一个读入库存文件的函数,它打印当前零部件的状态,接着检查是否有需要订购的零部件。

前三个级别的内聚被认为是良好的结构化编程原则。一旦逾越这个观点,易于理解和实现、可维修性及准确性就开始急剧滑落。下几个级别的内聚仅被用于结构图中的更高级别。

(4) 过程内聚。合并由控制流程连接的不相关的处理过程(它不同于顺序内聚,顺序内聚是数据流从一个过程到另一个过程)。

(5) 时间内聚。仅仅在超过处理过程的限定范围时才被接受。它合并了那些总是一起发生但并不相关的处理过程。两个瞬时内聚的函数是工作的初始化和结尾。因为它们在程序中仅仅使用一次且从来不可移植。但是,无论何时使用,它仍然应该包含对功能内聚的原始函数的调用。

(6) 逻辑内聚和偶然内聚。这在如今的程序中是少见的。逻辑内聚合并了由控制它们的实体所关联的处理过程。一个函数基于作为参数传递的标记,有条件地打开不同的文件集,这可能就是逻辑内聚。最后,偶然内聚合并了无关的处理过程,一般仅在理论上存在。

11.5 软件质量

软件质量是计算机软件所有内在属性的组合,它历来是软件开发中的关键问题,也是软件生产中的核心问题。并且,软件质量包括程序、数据和文件等多方面的质量。随着计算机日益广泛地应用于各行各业,软件质量将直接影响到计算机应用的深度和广度。因此,如何科学地对软件进行评价、测试和鉴定,对促进软件质量的提高,加速软件产业化、商品化进程具有重要的意义。

在关于软件质量的讨论过程中,应该遵循以下三条原则。

(1) 应强调软件的总体质量,不应该片面强调软件的正确性,而忽略其可维护性与可靠性,或忽略其易用性与效率等。

(2) 应在软件生产的整个过程中都注意软件的质量,而不能只注意软件最终成品的质量。

(3) 应定量地测量软件的质量,而不能仅仅定性地评价软件的质量,软件产品评价应逐步走上评测结合、以测试为主的科学轨道。

11.5.1 质量定义

软件质量是"软件产品具有满足规定或隐含要求的与能力要求有关的特性与特性总和"。软件质量的评估通常从对软件质量框架的分析开始。

好的软件的每个属性都来自于系统设计员和程序员的努力。记住,程序员不仅要满足用户的显性需求,还要满足他们的隐性需求。通常,用户不完全了解他们自己的需要。在这种情况下,决定隐藏在背后的隐性需求就成了程序员的工作。

但是优质软件不是一个含糊的概念,必须能够测量它,只要可能,这些度量都应该是定量的,也就是说,它们必须可以测量出具体的数值。例如,每千行代码中错误(bug)的数量和它所维护的每个软件系统发生故障的间隔平均时间等。

另一方面,也有一些度量是定性的,例如灵活性和可测试性。这并不意味着它们无法度量,相反,在度量系统质量时它们依赖某些人的判断。

11.5.2 质量因素

软件质量能够划分成三个广义的度量:可操作性、可维护性和可移植性,如图 11-3 所示。

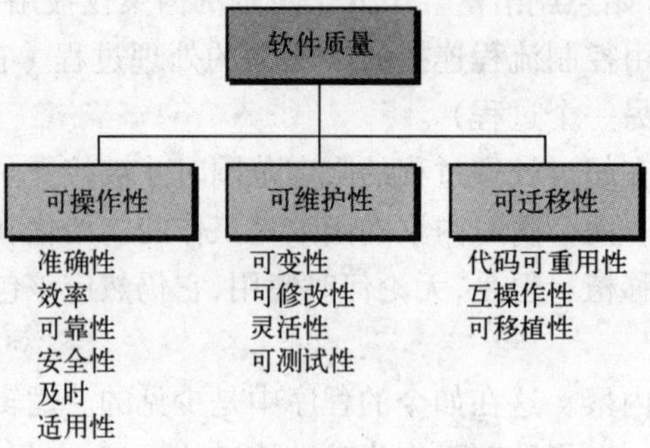

图 11-3 软件质量因素

1. 可操作性

可操作性涉及到系统的基本操作。用户对系统的第一印象通常是该系统看上去和感觉上怎样。特别是对在线的交互式系统,这意味着使用起来有多容易和多直观?它是否很好地适应其运行所依赖的操作系统?例如,如果运行在 Windows 环境中,它的下拉和弹出菜单应该与其操作系统的菜单工作方式一致。

但是,这些因素是主观的,它们是不可度量的。组成可操作性的因素主要有如下几点。

(1) 准确性。不准确的系统比没有系统更糟糕。大多数工作人员宁愿依赖直觉和经验也不依赖给他们带来错误和误导信息的系统。所以,开发的任何系统都必须经过测试工程师和用户的测试。准确性能够通过诸如故障平均间隔时间、每千行代码错误数,以及用户请求变更数这样的测量指标来进行度量。

(2) 效率。在某些情况下,用户将指定性能标准,例如实时响应必须在 1 秒之内接收到,成功率在 95% 等。它显然是可测量的。

(3) 可靠性。实际上综合了其他各因素。如果用户指望系统能够完成工作并对其有信心,这时它就是最可靠的了。在另一方面,一些度量直接说明了系统的可靠性,最显著的是故障平均间隔时间。

(4) 安全性。系统的安全是以未经授权的人得到系统数据的难易程度为参照的。尽管这是个主观的领域,但仍然有可核查的清单帮助评估系统的安全性。例如,系统能通过输入密码来验证用户吗?

(5) 及时。这可以意味着几件不同的事情,例如:系统及时传递它的输出了吗?对于在线系统,响应时间满足用户的需求了吗?如果系统有好的审计能力,也有可能来决定系统中的数据是否是及时的。也就是说,在创建数据的动作发生后,这些数据在合理的时间内被记录下来了吗?

(6) 适用性。这是另一个很主观的领域。对适用性的最好度量方法是观察用户,看他们是否正在使用这个系统。用户访谈常常能够发现系统适用性上的问题。

2. 可维护性

以保持系统正常运行并及时更新为参照。很多系统经常需要改变,这不是因为它们实现得不好而是因为外部因素的改变。

(1) 可变性。系统可改变的难易程度是个主观因素。但是,有经验的项目领导可以估计出多长时间需要请求一次改变。如果时间太长,则有可能是因为系统很难改变,这一点对老系统特别正确。

如今,有不少软件测量工具来估算程序的复杂性和结构。如果程序的复杂程度太高,那应该考虑重写程序。如果程序使用很多年并改了很多次,它将失去它的结构重心并很难改动,那么它们也应该被重写。

(2) 可修正性。它的一种度量是恢复正常的平均时间,也就是当程序发生故障后,使程序恢复运行所花费的时间。虽然它是重复的定义,但目前还没有手段来预测当发生故障时改正程序需要花多长时间。

(3) 灵活性。用户经常要求在系统中进行变动。灵活性是个定性的属性,试图度量进行这些变动的难易程度。如果需要完全重写程序来进行改变,那它就不灵活。幸运的是,随着结构化编程的出现,这个因素变得问题不大了。

(4) 可测试性。测试工程师有各种因素的检测清单来评估系统的可测试性。

3. 可迁移性

是指把数据和/或系统从一个平台迁移到另一个平台并重用代码的能力。在很多情况下,这不是一个重要的因素。但如果编写的是具用通用性的软件,那么可迁移性就很关键了。

(1) 代码可重用性。如果编写的函数可以在不同的程序和不同的项目中重用,那么它具有很好的可重用性。好的程序员通过建立函数库来解决类似问题,以便能够重用这些函数。

(2) 互操作性。是发送数据给其他系统的能力。在高度集成的系统中,这是非常需要的属性。操作系统现在都支持系统之间传递数据的能力,例如在文字处理软件和电子数据表之间传递数据。

(3) 可移植性。是一种把软件从一个硬件平台转移到另一个硬件平台的能力。例如从 Macintosh 到 Windows 工作环境,或从 IBM 大型机到 VAX 工作环境等。

11.6 软件文档

软件的正确使用和有效维护离不开文档。通常软件文档包括用户文档和系统文档。

11.6.1 用户文档

为了正确运行软件,用户手册对用户是必不可少的,它告诉用户如何使用该软件,通常包含一个指导用户熟悉该软件各项特性的教程。好的用户手册能够成为功能强大的营销工具。手册应该面向新手和专业用户。

11.6.2 系统文档

系统文档定义软件本身。撰写系统文档的目的是为了让原始开发人员之外的人能够维护和修改软件。系统开发的各个阶段都应该有文档。

国家标准《计算机软件产品开发文件编制指南》(GB/T8567－1988) 建议在软件的开发过程中编制下述 14 种文件,即:可行性研究报告、项目开发计划、软件需求说明书、数据要求说明书、概要设计说明书、详细设计说明书、数据库设计说明书、用户手册、操作手册、模块开发卷宗、测试计划、测试分析报告、开发进度月报及项目开发总结报告。而《计算机软件需求说明编制指南》(GB/T9385－1988)、《计算机软件测试文件编制规范》(GB/T9386－1988) 等有关软件工程的国家标准对软件文件的编制提出了更为详尽的要求,《软件文档管理指南》(GB/T16680－1996) 则明确了对软件文件的管理要求。

(1) 分析阶段的文档化。在这一阶段,收集的信息应该仔细地记录在文档中。另外,系统分析员应该定义信息的来源,必须清楚地表述需求和选用方法。

(2) 设计阶段的文档化。在这一阶段,在最终版本中用到的工具必须记录在文档中。例如,如果模块结构图修改了多次,那么最终的版本要用完整的注释记录在文档中。

(3) 实现阶段的文档化。在这一阶段,每一工具和每一程序都应记录在文档中。另外,程序通常应该自成文档。程序文档有两个层次,第一层次是在程序开头的通用文档,第二层次是在各个代码块中的文档。

通用文档:每个程序都是从该程序的通用性描述开始的。接下来是程序作者的姓名和编写日期。然后是程序的变更记录。对于横跨多年的产品化程序,变更的历史可能会变得很广。

功能文档:无论何时,只要需要,都应该为代码块加入简短的注释。代码块很像报告中的段落,它包含一个想法——即完成某个特定任务的一组语句。程序中的代码块应该用空行分开。

(4) 测试阶段的文档化。最后,开发人员必须用文档仔细记录测试阶段。用于最终产品的每种测试都应该和结果一起被记录。甚至不利的结果和产生这些结果的数据也必须记录在案。

文档化是进行中的过程。如果软件在发布之后出现问题,必须得到记录;如果软件被改动,所有的改动和它们与原始软件的关系也必须记录在案。直到软件过时而退役,文档化的工作才结束。

11.7 软件测试

作为保证软件质量和可靠性的关键技术手段,软件测试正日益受到广泛的重视。但如何进行测试,如何提高测试的质量和效率,从而确保软件产品的质量和可靠性,仍是令人深感困扰的问题。

11.7.1 测试应用程序

严格的测试过程是保证新系统正常工作的唯一方法。在新系统投入正常运行之前,不同的测试方法可以帮助定位和解决问题。

应用程序测试是一个严格测试各种不同的输入序列,检查其输出结果,保证应用程序正常工作的过程。应用程序测试一般由单元测试、组装（集成）测试和确认（验收）测试等环节组成。

当每个应用程序模块完成时,可以进行单元测试,以确保它能可靠正确地工作。当所有模块都完成和测试后,就需要进行组装测试以保证模块之间可以正确操作。单元测试和组装测试通常在测试域中完成。测试域是可以进行软件测试,而不会影响组织正常信息系统的区域。测试域可以是运行组织机构信息系统的计算机系统上某个独立的存储空间,或者可能位于完全独立的计算机系统上。在进行单元测试或者组装测试出现问题时,项目小组必须跟踪问题源进行解决(调试和排错)。单元测试和组装测试可以重复进行以确保问题已经正确解决,并且没有引入新的问题。

在单元测试和组装测试完成后,确认测试可以保证所有的硬件和软件组件能一起正常工作。如果修改了某个已经存在的信息系统后,就需要进行确认测试。在一个全新的信息系统中,确认测试用来模拟日常的工作负载,以确保系统处理速度和精确性能满足说明文档的需求。在理想情况下,确认测试应该在测试域中进行。如果某组织机构没有足够的硬件资源来为测试目的复制现有信息系统,则确认测试必须“现场”进行,即在工作环境下进行测试,这时有可能会造成组织机构中部分日常功能受到影响。

有时,也组织单独的验收测试阶段作为系统的最后测试。验收测试用来让新系统的购买者或使用者确信,系统能完成预期工作。验收测试过程通常由用户和系统分析员来设计,并且经常包括使用真实数据来确信新系统在数据加载的尖峰和平常情况下都能正常工作。

11.7.2 软件测试自动化

软件测试自动化是一项让计算机代替测试人员进行软件测试的技术,它可以让测试人员从烦琐和重复的测试活动中解脱出来,专心从事有意义的测试设计等活动。如果采用自动比较技术,还可以自动完成测试用例执行结果的判断,从而避免人工比对存在的疏漏问题。在大多数情况下,软件测试自动化可以减少开支,增加有限时间内可执行的测试,在执行相同数量测试时节约测试时间。

软件测试自动化通常借助测试工具进行。测试工具可以进行部分的测试设计、实现、执行和比较的工作。通过运用测试工具,可以达到提高测试效率的目的。所以,测试工具的选择和推广使用应该给予重视。部分的测试工具可以实现测试用例的自动生成,但通常的工作方式为人工设计测试用例,可以使用工具进行用例的执行和比较。

软件测试自动化的设计通常必须由测试人员进行手工设计,但是在设计时却必须考虑自动化的特殊要求,否则无法实现利用工具进行用例的自动执行。为此,就必须在测试设计和内容组织方面采取一些特殊的方法。

对于软件测试自动化的工作,大多数人都认为是一件非常容易的事。其实,软件测试自动化的工作量非常大,而且也并不是在任何情况下都适用,同时软件测试自动化的设计并不见得比程序设计简单。

按测试功能分,测试工具包括单元测试、功能测试、负载（压力）测试、Web 测试工具、数据库测试工具、回归测试工具和性能测试工具等。例如 Mercury Interactive（MI）公司的自动化测试应用实施方案就包括了该公司的 3 个重要产品,即测试管理软件 TestDirector、功能测试工具 WinRunner 和负载（性能）测试工具 LoadRunner。

11.8 面向对象方法和 UML

20 世纪 80 年代以来,面向对象的方法与技术受到广泛重视,80 年代出现的 Smalltalk-80 标志着面向对象程序设计进入了实用阶段,80 年代中到 90 年代,研究重点转移到面向对象的分析与设计,从而演化成一种完整的软件开发方法和系统的技术体系,成为软件工程的第二代,称之为对象工程。

11.8.1 面向对象的基本认识

面向对象方法是一种把面向对象的思想应用于软件开发过程中,指导开发活动的系统方法,简称 OO 方法,它是建立在对象概念（对象、类和继承）基础上的方法。面向对象典型的方法有 P. Coad 和 E. Yourdon 的面向对象分析（Object- Oriented Analysis,OOA）和面向对象设计（Object - Oriented Design,OOD）、G. Booch 的面向对象开发方法、J. Rumbaugh 等人提出的对象建模技术（OMT）,以及 Jacobson 的面向对象软件工程（OOSE）等。面向对象方法已经成为主流开发方法之一。

（1）从认知学的角度看,面向对象方法符合人们对客观世界的认识规律。

很长一段时间里,我们分析、设计、实现一个软件系统的过程与我们认识一个系统的过程存在着差异。例如结构化方法分析的结果是数据流图,设计的结果是模块结构图,实现的结果是由程序模块组成的源程序。这些图中的成分或程序模块不能直接映射到客观世界中系统的实体上,也就是说,解空间的结构与问题空间的结构是不一致的。当用户需求有一些小的改变时,这种不一致性将导致分析、设计的较大变化。而面向对象方法则以客观世界中系统的实体为基础,将客观实体的属性及其操作封装成对象。在分析阶段,识别系统中的对象及它们之间的关系;在设计阶段,仍延用分析的结果,并根据实现的需要增加、删除或合并某些对象,或在某些对象中添加相关的属性和操作,同时设计实现这些操作的方法;在实现阶段,则用程序设计语言来描述这些对象及它们之间的联系。因此,面向对象方法的分析、设计、实现的结果能直接映射到客观世界中系统的实体上,也就是说,解空间的结构与问题空间的结构是一致的。分析、设计、实现一个系统的过程与认识这个问题的过程是一致的。由于面向对象的分析和设计采用同样的图形表示形式,分析、设计和实现都以对象为基础,因此,面向对象开发的各阶段之间具有很好的无缝连接。当用户的需求有所改变时,由于客观世界中的实体是不变的,实体之间的联系也是基本不变的,面向对象的总体结构也相对比较稳定,所引起的变化大多集中在对象的属性与操作及对象之间的消息通信上。总之,面向对象方法符合人们对客观世界的认识规律,所开发的系统相对比较稳定。

（2）面向对象方法开发的软件系统易于维护,其体系结构易于理解、扩充和修改。

面向对象方法开发的软件系统由对象类组成,对象的封装性很好地体现了抽象和信息隐蔽的特征。对象以属性及操作作为接口（界面）,使用者只能通过接口访问对象（请求其服务）,对象的具体实现细节对外是不可见的。这些特征使得软件系统的体系结构呈现模块化,这种体系结构易于理解、扩充和修改。当对象的接口确定以后,实现细节的修改不会影响其他对象,易于维护。同时也便于分配给不同的开发人员去实现,依据规定的接口能方便地组装成系统。

（3）面向对象方法中的继承机制有利支持软件的复用。

在同一应用领域的不同应用系统中，往往会涉及到许多相同或相似的实体，这些实体在不同的应用系统中存在许多相同的属性和操作，也存在一些不同的应用系统所特有的属性和操作。在开发一个新的软件系统时，可复用已有系统中的某些类，通过继承和补充形成新系统的类。在同一个应用系统中，某些类之间也存在一些公共的属性和操作，也含有它们各自私有的属性和操作。这也可以通过继承来复用公共的属性和操作。

11.8.2 统一建模语言

各种面向对象的方法都有自己的表示法、过程和工具，甚至各种方法所使用的术语也不尽相同。而每种方法都各有短长，很难找到一个最佳答案。设计“统一建模语言”（UML）的一个初始目标就是结束面向对象领域中的方法大战。

1994 年 Booch 和 Rumbaugh 在 Rational software Corporation 开始了 UML 的工作，其目标是创建一个“统一的方法”，他们把 Booch-93 和 OMT-2 统一起来，于 1995 年发布了 UM 0.8（Unified Method）。1995 年 OOSE 的创始人 Jacobson 加盟到这项工作中，他们在研究过程中认识到，由于不同公司和不同文化之间过程（或方法）的区别是很大的，要创建一个人人都能使用的标准过程（或方法）相当困难，而建立一种标准的建模语言比建立标准的过程（或方法）要简单得多。因此，他们的工作重点放在创建一种标准的建模语言，并重新命名为统一建模语言（UML，Unified Modeling Language）。他们以 Booch 方法、OMT 方法和 OOSE 方法为基础，吸收了其他流派的长处，于 1996 年 6 月、10 月，1997 年 1 月、11 月分别推出了 UML 0.9、UML 0.91、UML 1.0 和 UML 1.1。

自 1996 年起，一些机构把采用 UML 作为其商业策略，宣布支持并采用 UML，成立了 UML 成员协会，以完善、加强和促进 UML 的定义。到 1996 年底，UML 已稳定地占领了面向对象技术市场，成为事实上的工业标准。1997 年 11 月，国际对象管理组织 OMG（Object Management Group）批准把 UML 1.1 作为基于面向对象技术的标准建模语言，它由记号（模型中使用的符号）和一组如何使用它的规则（语法、语义和语用）组成。

一个系统往往可以从不同的角度进行观察，从一个角度观察到的系统，构成系统的一个视图（View），每个视图是整个系统描述的一个投影，说明了系统的一个特殊侧面。若干个不同的视图可以完整地描述所建造的系统。视图并不是一种图表（Graph），它是由若干幅图（Diagram）组成的一种抽象。每种视图用若干幅图来描述，一幅图包含了系统某一特殊方面的信息，它阐明了系统的一个特定部分或方面。由于不同视图之间存在一些交叉，因此一幅图可以作为多个视图的一部分。一幅图由若干个模型元素组成，模型元素表示图中的概念，如类、对象、用例、结点（Node）、接口（Interface）、包（Package）、注解（Note）、构件（Component）等都是模型元素。用于表示模型元素之间相互连接的关系也是模型元素，如关联（Association）、泛化（Generalization）、依赖（Dependency）和聚集（Aggregation）等。

UML 中有九种图（Diagram）和五种视图。9 种图是：用例图（Use-Caseram）、类图（Class）、对象图（Object）、状态图（State）、时序图（Sequence）、协作图（Collaboration）、活动图（Activity）、构件图（Component）和部署图（Deployment）。

UML 可以从五种视图来观察系统，即：用例视图、逻辑视图、构件视图、并发视图和部署视图。

11.9 信息系统建设

信息系统的目的是通过提供有用的、精确的和及时的信息来改善组织机构的效率。信息系统可能有一个或者多个子系统:办公自动化系统、事务处理系统、管理信息系统、决策支持系统和专家系统等。

11.9.1 办公自动化

办公自动化（OA）系统能使日常的办公任务“自动”进行或计算机化。文字处理、电子表格、数据库和电子邮件等都已经集成到了大多数的办公自动化系统中。通过提供员工和集中化存储（如文档、报表、备忘录和其他数据的集中化存储）之间的通信机制,局域网、内联网和因特网也在办公自动化中发挥着重要作用。

11.9.2 事务处理

在信息系统中,事务是一个需要人工参与的事件或者基于计算机的活动。当用户在某网站订购了产品,或者在商店中购买了商品时,就参与到了一个事务中。当用户打电话或缴纳电话账单时,也参与到一个事务中。大部分的事务需要一系列步骤,例如,要缴纳电话账单,必须收到账单,写张支票,并使用邮件发送该支票。然后,邮局必须把付款移交给电话公司,并由电话公司会记录用户的缴费情况。要成功完成一件事务,必须做完事务的每一步,如果其中有一步失败了,则整个事务失败。

组织的生产活动通常涉及到一个或多个事务。事务处理系统（TPS）通过提供收集、存储、显示、修改和取消事务的方法,使其可以跟踪组织机构中所有的事务。下面是商业活动中典型的事务处理系统的例子。

- 销售点（POS）系统能够在每个现金出纳处记录购买的任何物品,并且计算出每次销售的总的应付款。有些 POS 系统会自动验证信用卡,计算变化情况,确定那些以前信用记录不佳的客户。
- 订单/发票系统提供了输入、查看、修改和删除顾客订单的方法。它能帮助跟踪每个订单的状态,并且生成发票。
- 通用会计系统通过跟踪收入、支出和财产,来记录公司的现金状况。
- 电子商务系统收集在线订单和处理信用卡付费。

事务处理系统使用的数据通常被存储在文件或者数据库中,可以被用于产生正规的报告,比如每月账单、每周付账情况、年度库存总结、每日生产调度或者阶段性的检查表。

11.9.3 管理信息系统

事务处理系统是为办公室职员记录事务而设计的,大部分的事务处理系统产生有限的报表,提供一个完整事务的基本记录。然而,管理人员需要更为有效的报表,来帮助他们理解和分析数据,这些报表通常由管理信息系统创建。

管理信息系统（MIS）可以是“信息系统”的同义语,或者也可以是信息系统的一个特殊类型。在这里,我们使用其第二种意义,指的是使用事务处理系统收集数据,然后操作这些数据来产生报表以供管理人员对结构化问题进行决策的信息系统类型。MIS 的特点是产生管理人员用来解决结构化和日常任务的常规报表。

MIS 的一个主要目标是增加管理活动的有效性。不同等级的管理人员有不同的信息需求，为此，MIS 需要产生几种不同的报表类型。详细报表是一个有组织机构的列表。例如，按照生产厂家名称的字母顺序进行排序的库存物品报表。这些报表适合于一些主管人员的活动，但是很少用于战略或者策略计划。总结报告对数据进行了组合和分组，并且通常只显示总数。例如，总结报告可能只显示过去五年的总销售量。总结报告对于战略和策略计划很有用。异常报告包含一些不在正常范围的信息，如重新订购报告显示库存中存储量较小的物品。

11.9.4 决策支持系统

决策支持系统（DSS）允许用户直接操作数据，从外部信息源获得数据并创建数据模型。DSS 是用来帮助管理人员和员工对非常规问题进行决策的，如解决基于不精确数据或需要猜测的半结构化问题。决策制定者使用 DSS 来设计一个决策模型并可以进行查询。决策模型是对现实情况的数字表示，例如商业中的现金流动模型显示了收入是怎样增加的，及消耗是怎样进行的。决策查询是一个用来描述进行决定所需数据的问题或者一个指令集合。

决策支持系统名称的由来是因为它能够“支持”决策者进行决策，也就是它给决策者提供了用来检查数据的工具。然而，DSS 并不能进行决策——这仍然是决策者的角色。

通常 DSS 包括建模工具，如电子表格等。这样，管理人员可以在当前情况下创建一个数字式的表示。DSS 通常还包括统计分析工具，这样管理人员在进行决策之前可以对趋势进行研究。DSS 还包括从组织机构的事务处理系统中获得的数据，同时，还可能包括或者可以访问到外部数据，如股市和报表等。

11.9.5 专家系统

DSS 可以帮助管理人员处理做出决定所需要的数据，然而，DSS 并不能做出决定。管理人员必须分析数据，并找到解决方案。DSS 并不能替代管理人员的判断，在有些情况下，需要由训练有素的专业人员来进行判断。然而，在许多组织机构中，如果并不是每个决定都需要由工资很高的专家来做出，那么 DSS 会很有用处。

专家系统有时称为基于知识的系统，是一个用来分析数据并产生建议或决定的计算机系统。专家系统是一个计算机化的专家。要创建一个专家系统，需要以一组事实和规则获得某个领域内的专家的知识，这些事实和规则称为知识库。知识库存储在计算机文件中，通过软件操作，称为推理机。当需要做出决定时，推理机按照知识库中的规则开始分析可用的数据，如果专家系统需要额外的数据，它检查外部数据库，寻找事务处理系统中的数据或者要求用户来回答问题。专家系统并不是一个通用的问题求解器或者决策者。每个专家系统都针对于一个特定的领域。

专家系统有时是使用计算机程序语言创建的，但是更多的时候是使用专家系统工具来创建的。专家系统工具是一个软件工具，用来开发专家系统应用程序。它是一个没有任何规则的专家系统，包括推理机和输入规则到知识库的方法。为了创建专家系统，可以使用工具来输入规则，然后使用推理机来测试规则，并确保所产生的决策是正确的。

专家系统通常用来处理不太精确的数据或者用来处理不止一个解决方案的问题。借助于一种被称为模糊逻辑的技术，专家系统通过设置一定的置信度来处理不精确的数据。

11.10 软件开发绘图工具 Visio

Visio 系列产品大约从 1990 年开始研发。Visio 软件通过提供许多应用领域的基本图形模块,允许用户通过拖放图件来组合出自己所需要的图形,使用十分简单,大大简化了用户的工作,产品受到广泛的欢迎。1995 年,这家研发 Visio 软件的公司干脆更名为 Visio,并于同年完成了股票上市。1999 年,Microsoft 以股票交易方式并购了 Visio 公司,不久之后,便推出了新版本的 Visio 软件。至此,和大家熟悉的 Word、Excel、PowerPoint、FrontPage、Access 等软件一样,Visio 也成为 Microsoft Office 家族的一员,得到了 Microsoft 强大的技术支持。

Visio 是一个软件开发的绘图工具,但它是建立流程图、组织图、日程表、行销图和布置图等各种图形图表最快速、最简便的工具之一。Visio 带有一个绘图模板集,包含了用于各种商业和工程应用的符号。其中的软件和系统开发模板提供了流程图、数据流图、实体—联系(E-R)图、UML 图,以及其他许多图形符号。模板提供了一个用于存储图表元素的定义和描述信息的有限资料库,并且这些模板还在不断地补充和发展中,其使用范围也将越来越广泛。图 11-4 显示了其中的“软件”模板和“网络”模板。

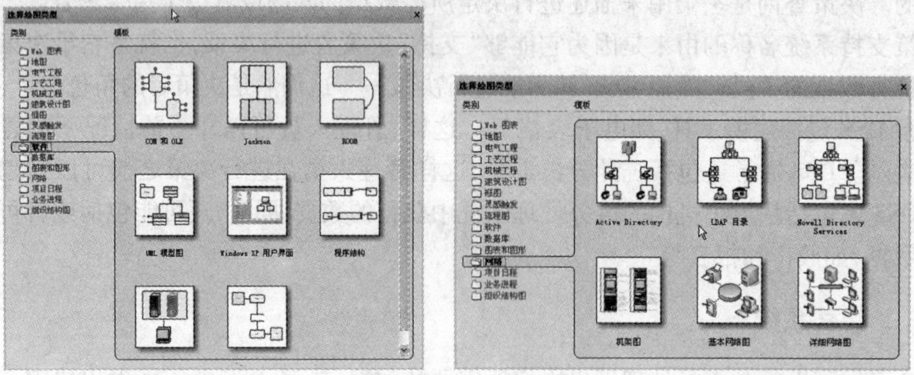

a)　　　　b)

图 11-4　Visio 的模板

a)“软件”模板　b)“网络”模板

Visio 文件共有四种类型,即绘图文件、模具文件、模板文件和工作环境文件。

(1) 绘图文件(.vsd):用于存储绘制的各种图形。一个绘图文件中可以有多个绘图页,它是 Visio 中最常用的文件。

(2) 模具文件(.vss):用来存放绘图过程中生成各种图形的“母体”,即形状(图件)。Visio 自带了大量对应于不同绘图场合的模具文件,给绘图带来了很大的方便。用户还可以根据自己的需要,生成自己的模具文件。

(3) 模板文件(.vst):同时存放了绘图文件和模具文件,并定义了相应的工作环境。Visio 自带了许多模板文件。用户可以利用 Visio 自带的或者自己生成的模具文件,对操作环境加以改造,进而生成自己的模板文件。

(4) 工作环境文件(.vsw):用户根据自己的需要将绘图文件与模具文件结合起来,定义最适合个人的工作环境,生成工作环境文件。该文件存储了绘图窗口、各组件的位置和排列方式等。在下次打开时,可以直接进入预设的工作环境。

此外,Visio 还支持其他多种格式的文件,可以在 Visio 的打开或保存操作中使用这些文件类型。

11.11 阅读与思考:《人月神话》作者布鲁克斯

20 世纪最后一年(1999 年)的图灵奖授予了年已 69 岁的资深计算机科学家布鲁克斯(Frederick Phillips Brooks, Jr.)。20 世纪 60 年代初,布鲁克斯只有 29 岁时就主持并领导了被称为"人类从原子能时代进入信息时代标志"的 IBM/360 系列计算机(图 11-5)的开发工作,取得辉煌成功,从而名噪一时。以后,他作为硬件和软件的双重专家和出色的教育家始终活跃在计算机舞台上,在计算机技术的诸多领域中都做出了巨大的贡献。在计算机科学领域,布鲁克斯的名字俨然已经成了一个"神话"。

图 11-5　IBM/360 计算机

布鲁克斯 1931 年 4 月 19 日生于北卡罗来纳州的杜哈姆。1953 年从杜克大学毕业,并进入哈佛大学深造,1956 年取得博士学位。他的博士论文课题工作是在哈佛著名的计算实验室进行的,最终完成的博士论文题目为"自动数据处理系统的分析设计"。

在哈佛取得博士学位以后,布鲁克斯进入 IBM 公司设立在纽约波凯普茜的实验室当工程师,并在那里参加了 Harvest 和 Stretch 计算机的开发,任体系结构设计师。1959 年出任 IBM/360 项目的主持人。IBM/360 的开发总投资 5 亿美元,达到美国研究原子弹的曼哈顿计划投资的 1/4。在研制期间,布鲁克斯率领着 2000 名程序员夜以继日地工作,单单 360 操作系统的开发就用了 5000 个人年。因此,在 IBM 公司纪念其成立 50 周年的庆祝大会上,360 系列计算机被称为"公司历史上发布的最重要的产品"。为此,布鲁克斯常常被称为"IBM/360 之父"。

360 成功以后,布鲁克斯离开 IBM 回到故乡,为北卡大学创建了计算机科学系,并担任系主任长达 20 年(1964—1984 年)。除了教学以外,他还致力于发展美国的计算机技术和计算机在国防等方面的应用,有许多社会兼职。1966—1970 年,他是 ACM 全国委员会的委员,1973—1975 年出任 ACM 体系结构委员会的主席,1977—1980 年布鲁克斯在美国国家研究院计算机科学技术部任职,1983—1984 年他是美国国防科学委员会人工智能攻关领导小组的成员,1986—1987 年是上述委员会另一个攻关领导小组"计算机模拟和训练"的成员,1985—1987 年他担任军用软件攻关小组组长。1987 年布鲁克斯当选为美国工程院院士,他同时也是英国皇家学会和荷兰皇家科学与艺术院的外籍院士。

在 IBM System/360 大型电脑的开发期间,由于复杂的需求,以及当时软件工程水平低下,使得 System/360 的开发工作陷入了前所未有的、最可怕的"软件开发泥潭",并催生了布鲁克斯最著名的失败论著——《人月神话》(The Mythical Man-Month)。1975 年出版的《人月神话》一书,是软件工程经典名著。1995 年,为纪念该书发行 20 周年,第二版上市,其第一次发行印数就达 250000 册。

资料来源:引自软件名人堂(http://www.sawin.cn/HallOfFame/),有删改。

结合本课程的学习,建议读者找出时间来阅读一下布鲁克斯的《人月神话》,尝试从广泛阅读中体会学习的乐趣和汲取丰富的知识。阅读后,建议找个机会和老师、同学们来分享你所获得的体会和认识。

11.12 主要术语

确保自己理解以下术语:

POS 系统	决策支持系统(DSS)	软件生存周期模型
TQM(全面质量管理)	可变性	软件自动测试
UML(统一建模语言)	可操作性	设计阶段
安全性	可测试性	时间内聚
白盒测试	可靠性	实现
办公自动化系统(OA)	可行性研究与分析	事务处理系统(TPS)
编码	可修正性	数据耦合
测试阶段	可移植性	顺序内聚
程序流程图	可重用性	松散耦合
单元测试	控制耦合	通信内聚
电子商务系统	类图	推理引擎
订货/发票系统	灵活性	伪代码
非结构化问题	逻辑内聚	系统文档
分析阶段	面向对象方法(OO)	详细设计
概要设计	面向对象分析(OOA)	效率
公共关系	面向对象设计(OOD)	信息分析工具
公共耦合	模块	信息系统
功能耦合	模块独立性	需求分析
管理信息系统(MIS)	模块化	验收测试
过程内聚	内聚	异常报告
黑盒测试	内容耦合	用户文档
互操作性	偶然内聚	运行与维护
集成测试	耦合	知识库
计算机化	瀑布模型	专家系统
渐增模型	确认测试	专家系统工具
结构化问题	软件测试	准确性
结构图	软件工程	组织机构
决策查询	软件生存周期	组装测试
决策模型	软件生存周期过程	

11.13 练习与实验

本章“练习与实验”的目的如下。

(1) 理解软件工程的基本概念，包括软件、软件生存周期、软件生存周期过程等，熟悉软件生存周期各阶段的定义和内容。

(2) 通过因特网搜索与浏览，了解网络环境中主流的软件工程技术网站，掌握通过专业网站不断丰富软件工程最新知识的学习方法，尝试通过专业网站的辅助与支持来开展软件工程应用实践。

(3) 了解 Visio 工具软件的功能特色、安装、工作环境和基本操作等各方面的基本知识。掌握应用 Visio 工具绘制软件开发图形的基本操作。

11.13.1 工具与准备工作

在开始本实验之前，请回顾教科书的相关内容。

需要准备一台带有浏览器，能够访问因特网的计算机，该机器需要安装有 Microsoft Office Visio 2003 软件。

11.13.2 实验内容与步骤

1. 快速测试

下面是一些快速测试题，请通过完成这些测试题目，检查自己是否理解了课程的内容。

填空题

(1) 文字处理软件可能是________系统的一部分。

(2) 当顾客购买商品时收集信息的信息系统是 POS 系统，它被划分为________处理系统。

(3) ________系统的特点是管理人员解决结构化和日常任务时产生调度报告。

(4) ________报告包括正常情况或可接受范围之外的信息，如重新订购报告显示了需要重新购买的库存物品。

(5) ________系统给用户提供直接操作数据、创建数据模型和集成外部数据的能力。

(6) ________系统被设计用来以规则的形式捕获专家知识，其中这些规则是计算机解决问题的基础。

(7) ________包括推理机和用来分析数据的方法，但是并不包括任何规则。

(8) ________使用计算机电路来模拟人脑处理、学习和记忆信息的方式。

(9) ________是使用程序设计语言和应用程序开发工具来创建程序的过程。

(10) ________测试验证了多个模块是否能够正确协同工作。

(11) 在专家系统中设计、输入和测试这些规则的过程称为________。

(12) ________是可以进行软件测试，并且不会破坏已经存在的信息系统的地方。

(13) ________测试验证了特定软件模块是否正确操作。

(14) ________测试确保所有硬件和软件组件能一起正常工作。

选择题

(1) 系统开发中具有的阶段是(　　)。

A. 分析　　B. 测试　　C. 设计　　D. 以上均有

(2) 定义用户及其需求是(　　)阶段的一部分。

A. 分析　　B. 设计　　C. 实现　　D. 测试

(3) 在系统开发过程中,编写代码是(　　)阶段的一部分。

A. 分析　　B. 设计　　C. 实现　　D. 测试

(4) 在系统开发过程中,模块结构图是(　　)阶段使用的一个工具。

A. 分析　　B. 设计　　C. 实现　　D. 测试

(5) 在系统开发过程中,程序流程图是(　　)阶段使用的一个工具。

A. 分析　　B. 设计　　C. 维护　　D. 测试

(6) 黑盒测试一般由(　　)完成。

A. 用户　　B. 测试工程师　　C. 程序员　　D. A和B

(7) 白盒测试一般由(　　)完成。

A. 程序员　　B. 用户　　C. 测试工程师　　D. CTO

(8) (　　)将大程序分解成小部分。

A. 耦合　　B. 增量　　C. 废弃　　D. 模块化

(9) (　　)是对互相绑定的两模块紧密程度的一种度量。

A. 模块化　　B. 耦合　　C. 互操作性　　D. 内聚

(10) (　　)是对程序中处理过程相关紧密程度的一种度量。

A. 模块化　　B. 耦合　　C. 互操作性　　D. 内聚

(11) (　　)耦合只从调用函数向被调用函数传送最少的需求数据。

A. 数据　　B. 内容　　C. 控制　　D. 公共

(12) (　　)耦合发生在一个函数直接引用另一个函数中的数据或语句的时候。

A. 数据　　B. 内容　　C. 控制　　D. 公共

(13) (　　)耦合是指通过全局变量来进行两个或更多函数之间的通信。

A. 数据　　B. 内容　　C. 控制　　D. 公共

(14) (　　)耦合传递标记用于指示函数的逻辑流程。

A. 数据　　B. 内容　　C. 控制　　D. 公共

(15) (　　)内聚是内聚的最高级别。

A. 功能　　B. 顺序　　C. 通信　　D. 逻辑

(16) (　　)内聚合并了那些总是一起发生但并不相关的处理过程。

A. 逻辑　　B. 过程　　C. 瞬时　　D. 功能

(17) (　　)内聚合并了那些由控制他们的实体关联的处理过程。

A. 逻辑　　B. 过程　　C. 瞬时　　D. 功能

(18) (　　)内聚合并了两个或更多个紧密绑定在一起的相关任务。

A. 功能　　B. 顺序　　C. 通信　　D. 逻辑

(19) (　　)内聚合并了由控制流程连接的不相关的处理过程。

A. 功能　　B. 顺序　　C. 过程　　D. 逻辑

(20) (　　)内聚合并了工作在同一数据上的处理过程。

A. 功能　　B. 顺序　　C. 通信　　D. 逻辑

(21) 准确性、效率、可靠性、安全性、及时和适用性是软件(　　)方面的重要因素。

A. 可操作性　　B. 可维护性　　C. 可迁移性　　D. 耐久性

(22) 可变性、可修正性、灵活性及可测试性是软件(　　)方面的重要因素。

A. 可操作性　　B. 可维护性　　C. 可迁移性　　D. 耐久性

(23) 代码可重用性、互操作性和可移植性是软件(　　)方面的重要因素。

A. 可操作性　　B. 可维护性　　C. 可迁移性　　D. 耐久性

2. 概念分析

请利用所学概念回答下列问题,必要时请借助于教科书、网络等寻求资料。注意发挥自己的批判性思考能力、逻辑分析能力及创造力。

(1) 请查阅有关资料,给出"软件"的定义:

____

____

(2) "软件生存周期"是软件工程技术的重要基础,是对软件的一种长远发展的看法,这种看法把软件开始开发之前和软件交付使用之后的一些活动都包括在软件生存周期之内。

请查阅有关资料,给出"软件生存周期"的定义:

____

____

____

(3) 由于工作对象和范围的不同及经验的不同,对软件生存周期过程中各阶段的划分也不尽相同。但是,这些不同划分中有许多相同之处。相关的软件工程国家标准把软件生存周期划分为八个阶段,这八个阶段是:

1) ______________________________

2) ______________________________

3) ______________________________

4) ______________________________

5) ______________________________

6) ______________________________

7) ______________________________

8) ______________________________

你认为把软件生存周期划分为不同阶段的意义何在:

____

____

____

(4) "软件生存周期过程"概念进一步完善了关于软件生存周期的定义,其主要内容是:

____

____

____

(5) 请查阅有关资料,给出"软件工程"的定义:

____

（6）何谓白盒测试？

（7）何谓黑盒测试？

（8）内聚和耦合有何不同？

（9）某函数要找出一组数中的最小值。该组数以数组形式传递给函数，最小值返回给主调函数。在调用和被调用函数之间使用的是什么类型的耦合？

（10）某函数要排序一组数，该函数使用调用函数中的数组，但返回一个标志来表明排序成功与否。在调用和被调用函数之间使用的是什么类型的耦合？

（11）某函数要求两个变量交换数值，该函数直接使用调用函数中定义的变量，使用的是什么类型的耦合？

3. 搜索与浏览

请上网搜索和浏览，了解软件工程技术的应用情况，看看哪些网站在做着软件工程的技术支持工作？请在表 11-1 中记录搜索结果。

> **提示**：一些软件工程专业网站的例子如下。
>
> http://www.csai.cn（希赛网，原 www.51cmm.com——软件工程专家网）
>
> http://soft.zdnet.com.cn（至顶网——软件，企业级 IT 资源门户）
>
> http://dev.yesky.com（天极——开发者网络——软件）
>
> http://www.uml.net.cn（火龙果软件——UML 软件工程组织）

表 11-1　软件工程专业网站实验记录

网站名称	网　址	内容描述

请记录在本实验中感觉比较重要的两个软件工程专业网站。

（1）网站名称：

（2）网站名称：

4. Visio 初步

下面,我们来学习 Visio 的工作界面和基本操作。

(1) Visio 的工作环境。Visio 的工作环境包括工作窗口、菜单、工具栏、定位工具及帮助等内容。

1) 工作窗口。对应所打开 Visio 文件的不同,工作窗口也会有所差异,但其基本样式类似。如图 11-6 是一个新建的 Visio 数据流程图文件的工作窗口。

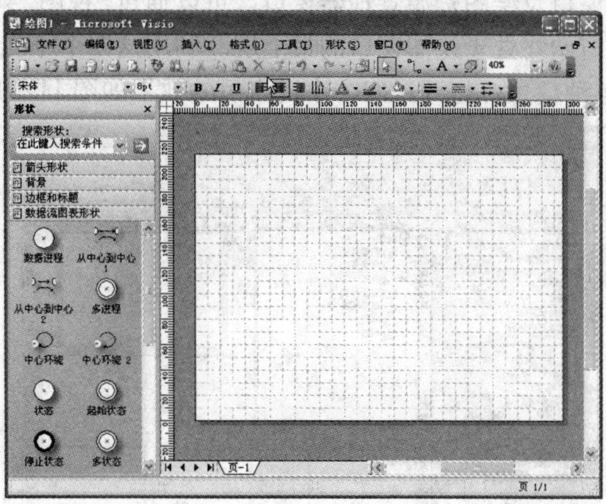

图 11-6　Visio 的工作窗口

- 菜单:通过单击菜单命令的操作,可以实现 Visio 的各项功能。
- 工具栏:可以快速执行各项功能和操作,是菜单的快捷方式。
- 绘图页面:相当于一张图纸,可以在它上面生成并编辑图形。一个绘图文件可以产生好几个绘图页面,可以通过“页面标签”来切换。
- 网格:在绘图时对图形的位置进行校正,但打印时一般并不显示。
- 标尺:用于对图形进行更为精确的定位。
- 绘图窗口:相当于一个工作台,在上面放置绘图页面等其他组件。
- 形状(也称图件):是 Visio 中最核心的部分。通过鼠标的拖曳而在绘图页面中产生对应的图形副本。将鼠标指针在图件上停留片刻,可以看到对该图件的注释,即对该图件功能和使用范围的说明。
- 模具:存放各种图件的仓库。

2) 视窗的调整。主要依靠菜单中的“视图”、“窗口”命令和“视图”工具栏来实现。视窗调整中常见的操作如下。

- 缩放操作:利用该操作可以调整页面的显示比例,以便更有效地进行绘图操作,且该功能改变的只是页面在屏幕上的显示效果,对实际大小并无影响。

> **提示**:“视图”菜单中有几个命令比较特殊,“全屏显示”仅显示页面中的内容,“整页”使页面恰好显示为一页,“页宽”使页面在页宽方向上最大显示。

- 显示方式调整:当有多个文件同时打开时,可以用“并排”、“水平”和“层叠”三种排列方式来显示视窗。并排排列可在“窗口”菜单中单击“平铺”命令;水平排列可在按下<Ctrl>键的同时,在“窗口”菜单中单击“平铺”命令;层叠排列可在“窗口”菜单中单击“层叠”命令。

2）任务窗格。这项功能提供了一些常用的命令选项。Visio 的任务窗格功能主要有开始工作、帮助、剪贴画、信息检索、搜索结果、新建绘图、模板帮助、共享工作区、文档更新和审阅等。选择“视图”→“任务窗格”命令,可以调出任务窗格并显示在屏幕右侧。

3）小视窗。Visio 有四个小视窗,堪称其“显微镜”,它们分别是扫视和缩放窗口、自定义属性窗口、大小和位置窗口及绘图资源管理器窗口。可以通过“视图”菜单中的相应命令来打开它们,还可以使小视窗始终处于绘图窗口的最上层。利用这四个小视窗,可以更加方便快捷地观看并修改图形的各种信息。打开这四个小视窗后的效果如图 11-7 所示。

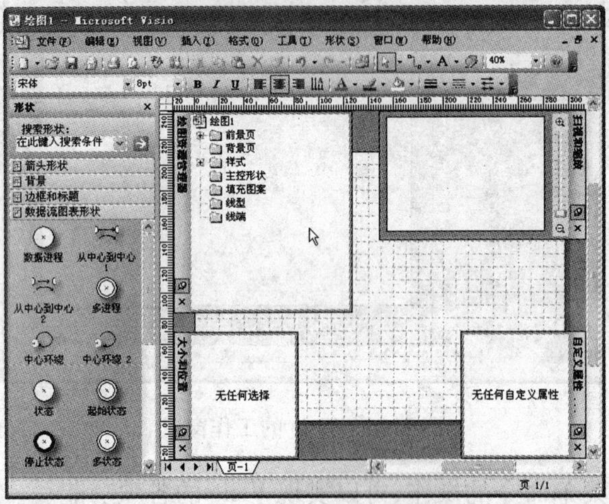

图 11-7　Visio 的四个小视窗

四个小视窗的功能分别如下所述。

- 扫视和缩放窗口:该视窗将显示出完整的绘图页面略图。移动或改变红色矩形框的位置和大小可以局部放大绘图页面中对应位置的图形,并实现改变结果的同步显示。
- 自定义属性窗口:在绘图页面选中图形,则在该窗口中可以看到所选图形的自定义属性,可以在此对自定义的属性值进行修改。
- 大小和位置窗口:利用该视窗可以显示和修改所选择图形的位置坐标和尺寸。
- 绘图资源管理器窗口:该视窗列出了当前打开绘图文件中的所有资源数据,例如页面、图形、图层、背景页和图件等。

练习 1

(1）窗口

1）操作并熟悉 Visio 的工作窗口。

2）分别新建几个绘图文件,调整并观察它们的显示方式。

3）打开并观察三个任务窗格。

4）打开并观察小视窗,体会它们中各个栏目的含义。

(2）菜单

Visio 的菜单栏提供了各种绘图命令,包括文件、编辑、视图、插入、格式、工具、形状、窗口和帮助等九个菜单项。通过菜单操作,可以完成几乎所有的图形编辑功能。

用户还可以在系统默认菜单的基础上，选择“工具”→“自定义”命令来定制个性化菜单，即根据个人的使用习惯，在原有菜单命令的基础上，添加新的菜单命令或是添加新的菜单项。

练习2

1）观察菜单栏中的各个命令。

2）尝试在菜单栏中添加一个新的菜单项，并在该菜单项下添加几个常用的菜单命令（如打开、保存命令等）。

(3) 工具栏。

Visio 提供了 12 个工具栏，利用它们可以完成对绝大多数对象的操作，而且使用效果同菜单命令是一样的。还可以使用“自定义”选项来定制包含特殊要求的工具栏。

练习3

1）打开并观察所有的工具栏，尽量找出其命令按钮同菜单命令的对应关系。

2）试着添加一个新的工具栏，其中包含“插入图片”和“插入符号”两个命令按钮。

(4) 定位工具

作为一种绘图软件，提供必要的工具以进行精确定位是非常重要的。Visio 提供了多种定位工具，主要有标尺、网格、参考线和连接点等四种。可以在“视图”菜单下找到这些工具。

1）标尺：分为垂直标尺和水平标尺两种，分别位于绘图窗口的左侧和上方。标尺的单位可以根据需要，选择“文件”→“页面设置”命令，在对话框“页属性”选项卡的“度量单位”中进行修改。

默认情况下，水平标尺和垂直标尺的坐标零点都位于绘图页面的左下角，而绘图窗口左上角处水平标尺和垂直标尺相交的位置称为“辅助点”，在按下 Ctrl 键的同时，用鼠标拖动“辅助点”，可以改变标尺坐标零点的位置；而用鼠标双击“辅助点”，可以将坐标原点恢复成默认值（及绘图页面的左下角处），如图 11-8 所示。

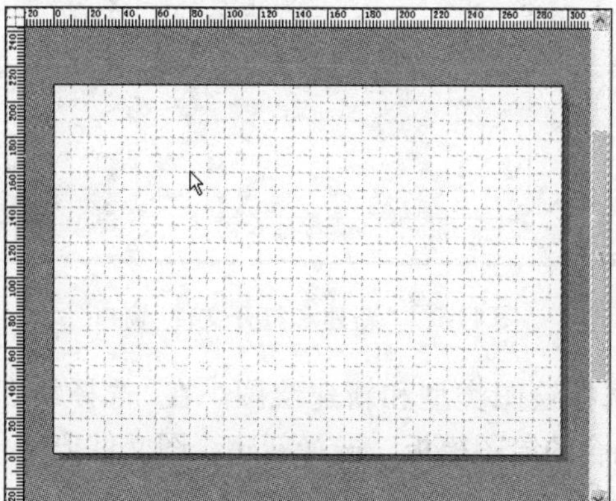

图 11-8　标尺的坐标原点和辅助点

2）网格：在绘制图形时网格是必不可少的，它的作用是用来对齐对象，使图形的整体效果整齐美观。网格只是起到辅助绘图的作用，在实际打印时一般并不出现。

网格的格式设置如网格线的粗细、间距等，可以选择“工具”→“标尺和网格”命令来进行。

3）参考线（定位导线）：这同样也用于帮助对齐各种图形。与网格不同的是，参考线可以在绘图窗口中随意产生和移动，而且在移动参考线时，所有和它对齐的图形也将随之移动。

将鼠标指针置于水平或垂直标尺上，当形状变为双箭头时，按鼠标左键并拖动，参考线就会自动产生并随鼠标移动。参考线平常为蓝色虚线，而在被选中时变为绿色粗实线。

若是在“辅助点”处开始进行拖动操作的话，最终将会产生一个小型的十字参考线——辅助点。选中参考线，再单击 <Delete>键即可将其删除。

4）连接点：这是 Visio 的最大特色之一。Visio 的图形一般都有若干连接点，利用这些连接点，不但可以准确定位，而且通过连接点的“粘和”操作，还能将多个图形连为一体，相当方便快捷。

选择“视图”→“连接点”命令，可以显示图形上的连接点，所有的连接点都标记为蓝色叉号。在 Visio 中，连接点可以根据实际需要随意增加、移动和删除。

练习 4

使用标尺、网格、定位导线和连接点、体会它们的定位功能。

(5) 文件操作

文件操作通常包括新建、打开、保存和保护等。Visio 中的文件操作同其他软件相比有一定差别。

1）新建文件。在每次进入 Visio 程序时，首先看到的都是“新建和打开文件”窗口，如图 11-9 所示。

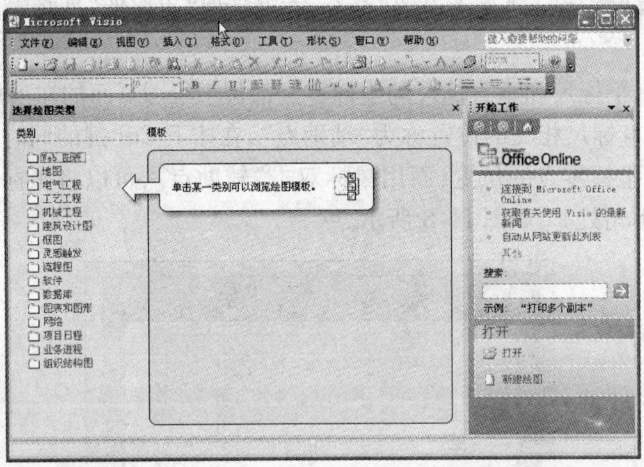

图 11-9 “新建和打开文件”窗口

该窗口分为两部分：选择绘图类型和新建绘图。在“选择绘图类型”部分按类别列出了 Visio 提供的适用于各种场合的绘图模板。选择新建绘图文件要使用的模板，双击它便可以生成一个新的基于该模板的绘图文件。若不想使用任何现成模板，那么直接单击右侧任务窗格中“打开”栏下的“新建绘图”就可以了。

2）打开文件。进入 Visio 时，单击右侧任务窗格中“打开”栏的“打开”项，可以在“打开”对话框中选择已经存在的 Visio 文件和打开文件的类型等，选定后，单击【打开】按钮即可。

如果已经处在 Visio 的绘图工作状态，可选择“文件”→“打开”命令，或者单击工具栏上【打开】按钮。

3）保存文件。选择“文件”→“保存”命令，或者直接单击工具栏上的“保存文件”按钮，都可以保存文件。如果是第一次保存文件，会弹出“另存为”对话框。

设定完毕后单击【保存】按钮,将弹出"属性"对话框,可对"常规"、"摘要"和"内容"三个选项卡进行相应设置。最后,单击【确定】按钮即可完成保存操作。

4）保护文件。在 Visio 中,可以对文件设置保护,设置哪些对象需要保护,哪些对象不需要保护。

具体操作方法是:选择"视图"→"绘图资源管理器窗口"命令,打开"绘图资源管理器窗口"小视窗,用鼠标右键单击当前打开的文件,在快捷菜单中选择"保护文档"命令。此时,将弹出"保护文档"对话框,如图 11-10 所示。

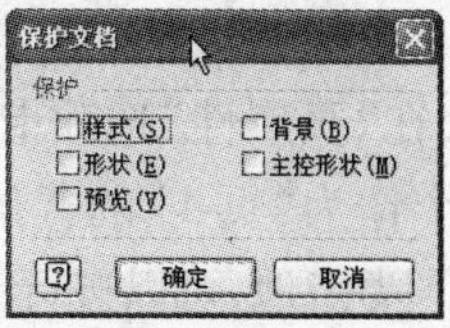

图 11-10　设定需要保护的部分

在此可以选择设定想要保护的部分。设定完毕,单击【确定】按钮使之生效。

(6) 绘图页面操作。

Visio 为绘图页面提供了强大的编辑功能,利用它们可以完成绘图页面的打印格式页面设置、绘图页的增加和删除,以及背景页的生成等各种操作。

1）页面属性设定。在绘图文件的打开状态下,可以对绘图页面的属性进行设定。选择"文件"→"页面设置"命令,将弹出"页面设置"对话框,可在其中进行"打印设置"、"页面尺寸"、"绘图缩放比例"、"页属性"和"布局和排列"等选项操作。

2）增加新绘图页。当建立一个新的绘图文件时,Visio 已经自动生成了一个新的绘图页,将其命名为"页-1"并显示在"页面标签"中。每个绘图文件都可以包含多个绘图页,在每个绘图页中都可以绘制各自的图形。

为增加新的绘图页,可在绘图窗口下方的"页面标签"上单击鼠标右键,在快捷菜单中选择"插入页"命令,此时,将弹出"页面设置"对话框,可在其中填入新绘图页的各项属性,如类型、名称等,然后单击【确定】按钮即可。当然,也可以使用系统默认值而直接单击【确定】按钮。

3）删除绘图页。选择"编辑"→"删除页"命令,或者使用右键快捷菜单选择删除某个绘图页。

4）重命名绘图页。在要重命名的绘图页的"页面标签"上单击鼠标右键,在弹出的右键快捷菜单中单击"重命名页"命令,则对绘图页名称进行修改。

5）背景页操作。在绘图文件中加入背景页,可以使图形显得更加美观和专业。生成背景页有多种方法,最简单的方法是利用 Visio 提供的"背景"模具。

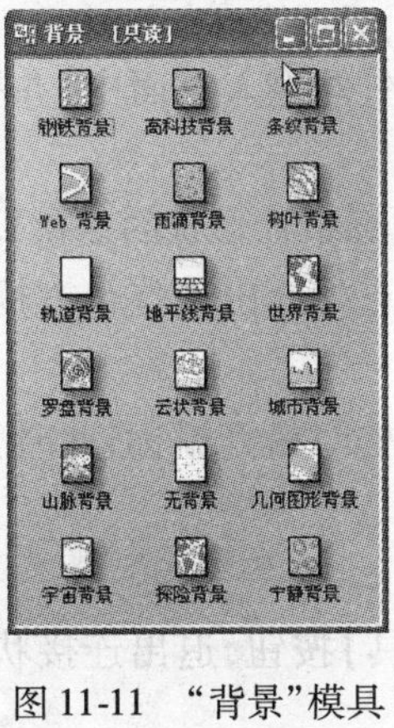

图 11-11　"背景"模具

当我们打开 Visio 程序时,就是使用某个模具来建立新文件,则"背景"模具一般是自动打开的;如果"背景"模具没有自动打开,则可以选择"文件"→"形状"→"其他 Visio 方案"→"背景"命令,或者单击"常用"工具栏上的【形状】按钮进行选择,如图11-11所示。

用鼠标选中"背景"模具中任意一个图件,并拖放到绘图页面上,此时将弹出一对话框询问是否要为所选择的绘图页增加一个背景页,单击【是】按钮,系统自动生成一个背景页,内容便是刚才选取并拖动的图形。

用户也可以用自己绘制的页面作为背景,方法如下。

步骤 1:新建一个页面,将"页属性"中的类型设为"前景",背景设为“无”。

步骤2:在该新建页上绘制自己的图形或写上文字。

步骤3:编辑完毕后,选择“文件”→“页面设置”命令,在弹出对话框的“页属性”选项卡下将类型设置为“背景”。单击【确定】按钮,则该页被设置为背景页。

步骤4:此时再切换到“页-1”页面,选择“文件”→“页面设置”命令,打开“页面设置”对话框,在“页属性”选项卡的背景选项列表中,可以看到在前面设置的几个背景选项。从中选择一个作为“页-1”的背景页面。

类似地,可以进行删除背景页的操作。但需要注意的是,在删除背景页之前,需要先将其从所有以它为背景的绘图页面中移除,否则会出现警告对话框,且不能完成背景页的删除操作。

6）页眉与页脚的设定。与Office系列的其他软件一样,Visio的页眉和页脚也是给绘图页面编上页码,加入作者、日期和文件名称等各种附加信息,使得打印出来的图形更美观、更专业,方便阅读。页眉与页脚的设置方法是选择“视图”→“页眉和页脚”命令,在弹出的“页眉和页脚”对话框的对应栏中填入内容即可。

7）其他设定。Visio还允许对其他一些功能进行设定。这些功能设定主要集中在“选项”对话框中。选择“工具”→“选项”命令,可在对话框的不同选项卡中对不同类型的功能进行相应的设定。

(7) 制作第一个Visio图形。

在对Visio有了初步了解的基础上,来制作第一个Visio图形。将要制作的图形是一个关于演示C程序运行步骤的流程图。

步骤1:启动Visio,进入“新建和打开文件”窗口。

步骤2:在“选择绘图类型”栏的“类别”中选择“流程图”→“基本流程图”模板,Visio自动启动相关模板,并生成新的空白绘图页。

可以看到,窗口左侧是绘图模具,里面放置了大量绘图所需的图件,如图11-12所示。将鼠标指向图件图标时,将自动显示该图件的用途。

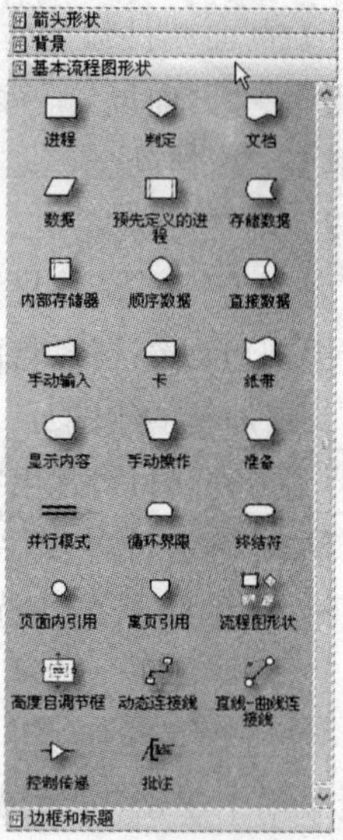

图11-12 绘制“基本流程图”的图件

步骤3:在模具中选择一个图件,将其拖放到绘图页面上的合适位置。

步骤4:重复上述拖动步骤,将进程、判定、顺序数据和终结符等图件拖入页面中,并排列如图11-13所示。

步骤5:单击“常用”工具栏上的【连接线工具】按钮（注意观察鼠标指针形状的变化）,将鼠标移动到第一个要连接图形的连接点附近,当连上图形时,在连接点处会出现红色方框,表示连接线和连接点已经连上了。

步骤6:按下鼠标,移动到下一个图形的连接点上,待出现红色边框时松开鼠标,此时完成了两图形间的连接。

步骤7:重复上述步骤,完成其他图形之间的连接,如图11-14所示。

步骤8:所有图形连接完毕后,单击“常用”工具栏上的【指向工具】按钮,退出连接状态,恢复到鼠标选取状态。

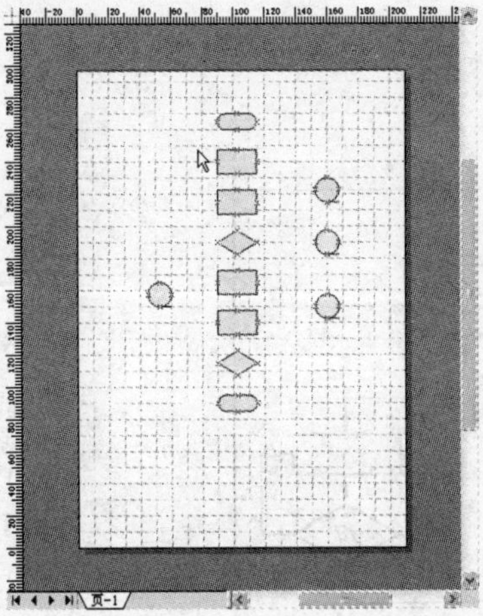

图 11-13　拖动图件构成流程图的基本框架

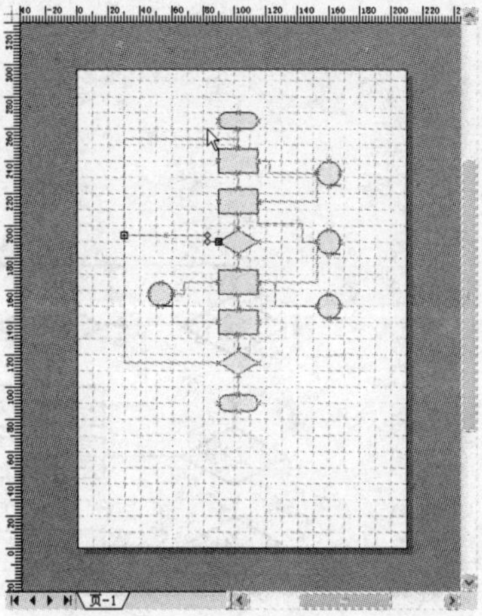

图 11-14　完成流程图的连接

步骤 9：接着进行线型设定。用鼠标单击要改变线型的连接线将其选中（若要同时选择多条连接线需在按下 <Shift> 键的同时进行选取），然后单击“格式”工具栏上的【线型】按钮选择线型。

步骤 10：在第一个图形上双击鼠标，进入文字编辑模式，输入文字“开始”。如果对文字的字体和大小不满意，可以先将文字选中，然后在“格式”工具栏的“字体”和“字号”选项中进行设置。

步骤 11：重复上述步骤，在图形中输入其他文字。连接线上的文字也可以通过双击连接线进入文字编辑模式来输入。

至此，流程图便基本制作完成，为了显得更加美观和专业，还可以给它加上背景页及页眉和页脚等。

步骤 12：保存文件。

（8）Visio 应用实践

通过上述操作，我们可以对制作一份 Visio 绘图文件需要经过的六个主要步骤总结如下。

1）选择合适的模板建立绘图文件。

2）从模具中向绘图页拖入图件形成图形。

3）用连接线工具将相互间有关系的图形连接起来。

4）为图形和连接线加上适当的文字说明。

5）对绘图文件进行美化处理。

6）保存绘图文件。

下面，请根据已经取得的操作经验，制作一个程序流程图，如图 11-15 所示。请注意体会整个过程中对文件和绘图页面的各种操作，并注意总结绘制过程中经历了哪些主要步骤。

请记录：

1）上述各项操作能够顺利完成吗？如果不能，请说明为什么。

____

2）Visio 绘制流程图实验完成，请交现场的实验指导老师确认：________________

或者：按以下文件名格式保存该制作文件，并以电子邮件方式交给实验指导老师。

<班级>_<学号>_<姓名>_程序流程图 . vsd

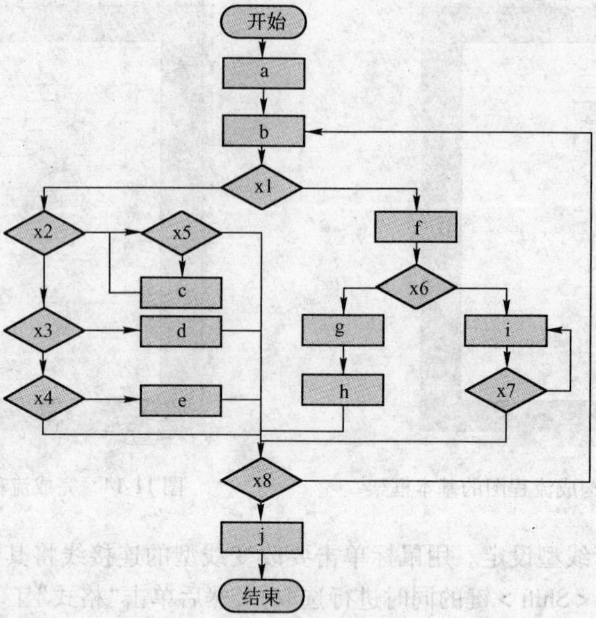

图 11-15　一个结构化程序的流程图

11.13.3　单元学习评价

（1）你认为本单元最有价值的内容是：

____

____

（2）下列问题仍需要进一步地了解或得到帮助：

____

____

（3）为使学习更有效，你对本单元的教学有何建议？

____

____

11.13.4　实验总结

____

____

____

____

____

11.13.5　实验评价（教师）

____

____

____

第12章　信息安全与风险责任

信息安全，又称数据安全、网络安全、计算机安全等，是指信息网络的硬件、软件及系统中的数据受到保护，不因偶然的或者恶意的原因而遭到破坏、更改或泄露，系统连续可靠正常地运行，使信息服务不中断。

信息安全是一门涉及计算机科学、网络技术、通信技术、密码技术、信息安全技术、应用数学、数论和信息论等多种学科的综合性学科。从广义上说，凡是涉及到网络上信息的保密性、完整性、可用性、真实性和可控性的相关技术和理论都属于数据安全的研究领域。

如今，基于网络的信息安全技术已是未来信息安全技术发展的重要方向。由于因特网是一个全开放的信息系统，窃密和反窃密、破坏与反破坏广泛存在于个人、集团甚至国家之间，资源共享和信息安全一直作为一对矛盾体而存在着，网络资源共享的进一步加强及随之而来的信息安全问题也日益突出。

12.1　基于计算机系统的风险

今天的计算机用户正在为避免数据丢失、被窃及损坏而努力。数据的丢失，是指数据不能被访问，这通常是因为偶然被删去而导致的；数据被窃并不意味着数据丢失，而是在未经授权的情况下数据被访问或者被复制；数据不准确的原因包括数据输入错误、被蓄意或者偶然修改、没有及时编辑以反映当前事实等。

尽管计算机病毒及犯罪被人们广泛关注，但实际上，许多数据出现问题仅仅是因为操作错误、电源不正常或者硬件失效等偶然原因造成的。

12.1.1　操作错误

操作错误是指计算机用户所犯的错误，这常常是不可避免的。尽管如此，但如果用户注意力集中，并且养成了有助于避免出错的一些好习惯，那么操作性错误就可以大大减少。

12.1.2　掉电、电源尖峰、电源混涌

所谓掉电是指整个计算机系统完全停止供电，这常常是因为某些不能控制的事件而导致的，例如跳闸、电线毁坏等。由于不能对计算机系统进行持续供电，存储在 RAM 中的数据就会丢失。即使只是短暂的电源终止，也会使计算机重新启动，并丢失 RAM 中的所有数据。

闪电及供电公司的故障可能导致电源尖峰或者电源浪涌，从而损坏敏感的计算机元件。电源尖峰是指电压在持续很短的一段时间（例如小于百万分之一秒内）突升；电源浪涌是指电压在持续较长的时间里（例如百万分之几秒内）突降。电源尖峰和电源浪涌比掉电更容易损坏计算机系统，可能会损坏主板及磁盘驱动设备的电路板等。因此，专家建议在雷电交加的天气里拔下计算机设备的电源，自己采取某种保护性措施。

UPS（不间断电源，图 12-1）是防止掉电、电源尖峰和电源浪涌的最好防护手段，它包含一个可以持续性提供电源的电池，并可以防止电源尖峰和电源浪涌到达计算机的电路系统。UPS 可以在短暂的停电中为计算机持续供电，使之继续工作，或者在长久停电的情况下给出充足的时间来保存机器内的文件，停止程序的运行。UPS 是网络服务器的关键设备，但是也推荐个人采用。采购 UPS 取决于计算机所需要的功率及 UPS 的功能。

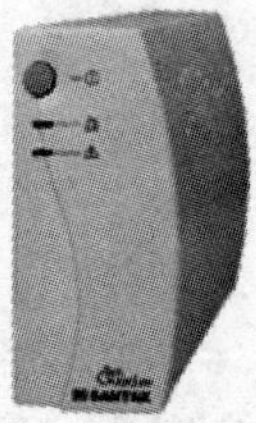

图 12-1　SANTAK UPS

12.1.3　硬件失效

计算机部件的可靠性一般是通过 MTBP（平均故障时间）来衡量的，这是一个统计数据，由实验设备的工作时间除以实验阶段出现的故障数量而得到。这个标准很容易误导消费者。例如，硬盘驱动器的 MTBF 是 125000h，大约是 14 年的时间，其意思是，平均起来，硬盘驱动器有可能工作 125000h 不出故障。但是，实际情况是，很可能它工作 10h 就出故障。所以，应该考虑硬件失效问题，而不是只希望不出现故障。

硬件失效的影响取决于失效的部件。大多数的硬件失效只会造成不便，例如，显示器、RAM 芯片故障等。但是，如果硬盘驱动器出现了问题就可能会造成很大的损失，因为可能丢失存储在硬盘上所有的数据。除非已经对硬盘上的程序，尤其是数据文件进行了完整的最新备份。

12.2　计算机病毒

“病毒”一词源于生物学，人们通过分析研究发现，计算机病毒在很多方面与生物病毒有相似之处，以此借用生物病毒的概念。在我国《计算机信息系统安全保护条例》中的相关定义是：“计算机病毒，是指编制或者在计算机程序中插入的破坏计算机功能或者毁坏数据，影响计算机使用，并且能够自我复制的一组计算机指令或者程序代码。”

计算机病毒实际上是一种在计算机系统运行过程中能够实现传染和侵害计算机系统功能的程序。在系统穿透或违反授权攻击成功后，攻击者通常要在系统中植入一种能力，为攻击系统、网络提供条件。例如向系统中侵入病毒、蛀虫、特洛伊木马、陷门、逻辑炸弹，或通过窃听、冒充等方式来破坏系统的正常工作。

因特网是目前计算机病毒的主要传播源。

12.2.1　计算机病毒的产生

随着计算机应用的普及，早期就有一些科普作家意识到可能会有人利用计算机进行破坏，提出了“计算机病毒”这个概念。不久，计算机病毒便在理论、程序上都得到了证实。

1949 年，计算机创始人冯·诺依曼发表论文《复杂自动机器的理论和结构》，提出了计算机程序可以在内存中进行自我复制和变异的理论。此后，许多计算机人员在自己的研究工作中应用和发展了程序自我复制的理论。1959 年，AT&T 贝尔实验室的三位成员设计出具有自我复制能力、并能探测到别的程序在运行时能将其销毁的程序。1983 年，Fred Cohen 博士研制出一种在运行过程中可以复制自身的破坏性程序，并在全美计算机安全会议上提出，在

VAX Ⅱ/150 机上进行演示，从而证实计算机病毒的存在，这也是公认的第一个计算机病毒程序的出现。

随着计算机技术的发展，出现了一些具有恶意的程序。最初是一些计算机爱好者恶作剧性质的游戏，后来有一些软件公司为防止盗版在自己的软件中加入了病毒程序。1988 年，罗伯特·莫里斯（Rober Moms）制造的蠕虫病毒是首个通过网络传播而震撼世界的“计算机病毒侵入网络案件”。后来，又出现了许多恶性计算机病毒。

计算机病毒会抢占系统资源、删除和破坏文件，甚至对硬件造成毁坏，而网络的普及使得计算机病毒的传播更加广泛和迅速。

12.2.2 恶意程序

所谓恶意程序是指一类特殊的程序，它们通常在用户不知晓也未授权的情况下潜入，具有用户不知道（一般也不许可）的特性，激活后将影响系统或应用的正常功能，甚至危害或破坏系统。恶意程序的表现形式多种多样，有的是改动合法程序，让它含有并执行某种破坏功能；有的是利用合法程序的功能和权限，非法获取或篡改系统资源和敏感数据，进行系统入侵。

根据恶意程序威胁的存在形式不同，将其分为需要宿主程序和不需要宿主两大类，如图 12-2 所示。前者基本上是不能独立运行的程序片段，而后者是可以被操作系统调度和运行的自包含程序。

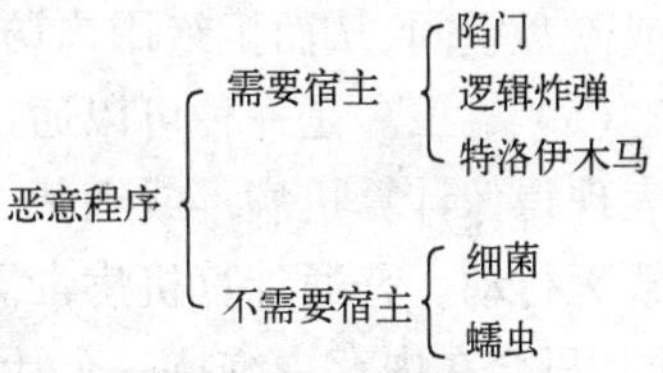

图 12-2 恶意程序的分类

另外，也可以根据是否进行复制来区分这些恶意程序。前者是当调用宿主程序时被激活起来完成一个特定功能的程序片段；后者是由程序片段（病毒）或由独立程序（蠕虫、细菌）组成，在执行时可以在同一个系统或某个其他系统中产生自身的一个或多个以后将被激活的副本。

事实上，随着恶意程序彼此间的交叉和互相渗透（变异），这些区分正变得模糊起来。恶意程序的出现、发展和变化给计算机系统、网络系统和各类信息系统带来了巨大的危害。

（1）陷门。是进入程序的秘密入口。知道陷门的人可以不经过通常的安全访问过程而获得访问权力。陷门技术本来是程序员为了进行调试和测试程序时避免烦琐的安装和鉴别过程，或者想要保证存在另一种激活或控制程序的途径而采用的方法。如通过一个特定的用户ID、秘密的口令字、隐蔽的事件序列或过程等，这些方法都避开了建立在应用程序内部的鉴别过程。

当陷门被无所顾忌地用来获得非授权访问时，就变成了威胁。如一些典型的可潜伏在用户计算机中的陷门程序，可将用户上网后的计算机打开陷门，任意进出；可以记录各种口令信息，获取系统信息，限制系统功能；还可以远程对文件或注册表等进行操作。

在有些情况下，系统管理员会使用一些常用的技术来加以防范。例如：利用工具给系统打补丁，把已知的系统漏洞给补上；对某些存在安全隐患的资源进行访问控制；对系统的使用人员进行安全教育等。这些安全措施是必要的，但绝不是足够的。只要是在运行的系统，总是可能找出它的漏洞而进入系统，问题只是进入系统的代价大小不同。另外，信息网络的迅速发展是与网络所能提供的大量服务密切相关的。由于种种原因，很多服务也存在这样或那样的漏洞，这些漏洞若被入侵者利用，就成了有效进入系统的陷门。

（2）逻辑炸弹。在病毒和蠕虫之前，最古老的软件威胁之一就是逻辑炸弹。逻辑炸弹是嵌入在某个合法程序里面的一段代码，被设置成当满足特定条件时就会“爆炸”，执行一个有害行为的程序，如改变、删除数据或整个文件，引起机器关机，甚至破坏整个系统等。

(3) 特洛伊木马。是指一个有用的，或者表面上有用的程序或命令过程，但其中包含了一段隐藏的、激活时将执行某种有害功能的代码，可以控制用户计算机系统的程序，并可能造成用户的系统被破坏甚至瘫痪。特洛伊木马程序是一个独立的应用程序，不具备自我复制能力，但具有潜伏性，常常有更大的欺骗性和危害性，而且特洛伊木马程序可能包含蠕虫病毒程序。

特洛伊木马的一个典型例子是被修改过的编译器。该编译器在对程序（例如系统注册程序）进行编译时，将一段额外的代码插入到该程序中。这段代码在注册程序中构造陷门，使得可以使用专门的口令来注册系统。不阅读注册程序的源代码，永远不可能发现这个特洛伊木马。

(4) 细菌。是一些并不明显破坏文件的程序，它们的唯一目的就是繁殖自己。一个典型的细菌程序除了在多进程系统中同时执行自己的两个副本，或者可能创建两个新的文件（每一个都是细菌程序原始源文件的一个复制品）外，可能不做什么其他事情。那些新创建的程序又可能将自己两次复制，依此类推，细菌以指数级复制，最终耗尽了所有的处理机能力、存储器或磁盘空间，从而拒绝用户访问这些资源。

(5) 蠕虫。是一种可以通过网络进行自身复制的病毒程序。一旦在系统中激活，蠕虫可以表现得像计算机病毒或细菌。可以向系统注入特洛伊木马程序，或者进行任何次数的破坏或毁灭行动。普通计算机病毒需要在计算机的硬盘或文件系统中繁殖，而典型的蠕虫程序则不同，只会在内存中维持一个活动副本，甚至根本不向硬盘中写入任何信息。此外，蠕虫是一个独立运行的程序，自身不改变其他程序，但可携带一个具有改变其他程序功能的病毒。

为了自身复制，网络蠕虫使用了某种类型的网络传输机制。例如电子邮件。网络蠕虫表现出潜伏期、繁殖期、触发期和执行期的特征。

12.2.3 反病毒技术

现在，成熟的反病毒技术已经能够做到对已知病毒的彻底预防和杀除，这主要涉及到三大技术，即实时监视技术、自动解压缩杀毒技术和全平台反病毒技术等。系统对于计算机病毒的实际防治能力和效果要从以下三方面来评判。

(1) 防毒能力。指预防病毒侵入计算机系统的能力。根据系统特性，通过采取相应的系统安全措施预防病毒侵入计算机。

(2) 查毒能力。指发现和追踪病毒来源的能力。对于确定的环境（包括内存、文件、引导区、网络等），应该能够准确地发现计算机系统是否感染有病毒，并能给出统计报告，报告病毒的名称，来源等。此能力由查毒率和误报率来评判。

(3) 解毒能力。指从感染对象中清除病毒，恢复被病毒感染前的原始信息的能力。根据不同类型病毒对感染对象的修改，并按照病毒的感染特性所进行的恢复，其恢复过程不能破坏未被病毒修改的内容。此能力用解毒率来评判。

检测计算机病毒主要基于四种方法，如图12-3所示。

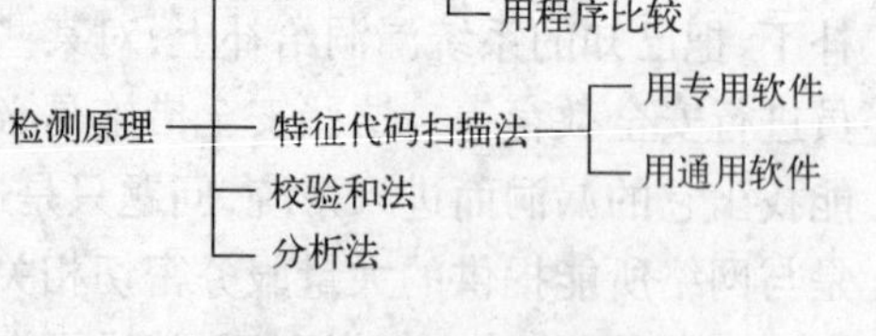

图12-3 检测方法原理

(1) 比较法。用原始备份与被检测的引导扇区或被检测的文件进行比较。比较时可以靠打印的代码清单或用程序来进行比较。

(2) 特征代码扫描法。病毒的特征代码是病毒程序编制者用来识别自己编写程序唯一的代码串,因此也可利用病毒的特征代码检测病毒程序和防止病毒程序传染。

特征代码扫描法所用的软件称病毒扫描软件。病毒扫描软件由两部分组成:一部分是病毒代码库,含有经过特别选定的各种计算机病毒的代码串;另一部分是利用该代码库进行扫描的程序。打开被检测文件,在文件中搜索,检查文件中是否含有病毒数据库中的病毒特征代码。如果发现病毒特征代码,由于特征代码与病毒一一对应,便可以断定被查文件中感染有何种病毒。面对不断出现的新病毒,采用病毒特征代码扫描法的检测工具,必须不断更新版本。

(3) 校验和法。根据正常文件的内容计算其校验和,将该校验和写入文件中或写入别的文件中保存。在文件使用过程中,定期地或每次使用文件前,检查根据文件现在内容算出的校验和与原来保存的校验和是否一致,因而可以发现文件是否感染,这种方法称为校验和法。

这种方法既能发现已知病毒,也能发现未知病毒,但它不能识别病毒类别。由于病毒感染并非文件内容改变的唯一原因,所以校验和法常常误报警。而且此种方法也会影响文件的运行速度。

(4) 分析法。一般使用分析法的人是反病毒技术人员。使用分析法的目的在于确认被观察的磁盘引导区和程序中是否含有病毒;如果有病毒,确认病毒的类型和种类,判定其是否是一种新病毒;如果是新病毒,搞清楚病毒体的大致结构,提取特征代码或特征字,增添到病毒代码库供病毒扫描和识别程序用,详细分析病毒代码,为相应的反病毒措施制定方案。

病毒检测的分析法是反病毒工作中不可或缺的重要技术,任何一个性能优良的反病毒系统的研制和开发都离不开专门人员对各种病毒的详尽而认真的分析。但分析法要求使用者具有比较全面的有关操作系统结构功能调用及关于病毒方面的各种知识,这是与检测病毒的前三种方法不一样的地方。

12.3 风险管理

所谓风险就是潜在的问题,已知确定会发生的问题不是风险。风险源于实际工作环境的不确定性。不同行业中风险的具体类别也不相同。如在软件工程中,可能的风险包括:技术风险(如目前还比较薄弱的技术领域)、来自用户的风险(如用户对项目执行情况的确认、用户新需求对原来需求的影响)、关键开发人员离职的风险和开发队伍管理不善的风险(如资源配置和协调落后)等。

风险管理(Risk Management)一词最初是由美国的肖伯纳博士于1930年提出的,其定义是:风险管理就是使用适当的工具和方法把风险限制在可以接受的限度内。我国台湾地区的专家袁宗慰把风险管理定义为:在对风险的不确定性及可能性等因素进行考察、预测、收集、分析的基础上,制定出包括识别风险、衡量风险、积极管理风险、有效处置风险及妥善处理风险所致损失等一整套系统而科学的管理方法。尽管定义的细节不尽相同,但风险管理的目的却是一致的,即以一定的风险处理成本达到对风险的有效控制和处理。

一般来说,风险管理包括以下几个阶段。

(1) 风险评定。这是风险管理的出发点,也是风险管理的核心,包括风险识别、风险分析和风险优先级评定等。

(2) 选择处理风险的方法。即对各种处理风险的方法进行优化组合,把风险成本降到最低。

(3) 风险管理效果评价。就是分析、比较已实施的风险管理技术和方法的结果与预期目标的契合程度,以此来评判管理方案的科学性、适应性和收益性。同时,当项目风险发生新变化,如目标平台改变,项目成员变动,用户需求变动的时候,风险的优先级及风险处理的方法也要相应改变。所以风险管理效果评价的另一个内容就是对风险评定及管理方法进行定期检查、修正,以保证风险管理方法适应变化了的新情况。

12.3.1 建立政策和规程

对于计算机,所谓的容许使用政策指的是规定应该如何使用计算机系统的规则和条例。政策通常由管理者制定,一些单位通过它来约束计算机设备、服务和数据的访问者。例如,某单位向其员工提供电子邮件账户,但是公司的容许使用政策禁止员工使用公司所有的电子邮件系统来收发非业务性邮件。该政策也规定不保护电子信件的隐私权,尤其是根据某种信息怀疑信件的内容包含非法的或者不道德的数据时。

容许使用政策的优点是定义了如何使用一个计算机系统,使用户明白限制和惩罚,并且为不遵守政策的个人提供了一个合法的或者工作方面的框架。政策的制定对于整个数据安全过程来讲不是开销很大的步骤。它不需要特殊的软件和硬件,需要的只是组织、修订、公布和执行的时间。

容许使用政策通常不能防止导致数据丢失或者破坏的操作错误,但是很多这样的操作错误还是可以避免的。用户长期养成的比较好的习惯可以大大减少他们犯错误的机会。这些习惯,被组织正规化和采用后就称为最终用户规程。

此外,防止对设备破坏的最好办法是限制对计算机系统的物理接触。如果潜在的犯罪分子没办法使用计算机或者终端,那么他们对数据的偷窃和破坏会增加困难。

12.3.2 限制在线访问

显然,并不是每个人都有权访问银行或者商业公司计算机上的数据。但是,从通信的基本构造和技术上来讲,每个连接到因特网的用户都有可能与这些系统进行交互。随着计算机网络技术的发展,数据的访问必须限制在合法用户范围之内的问题越来越重要。由此带来的问题是:如何辨认是不是合法用户,尤其是从几千米以外的地方登录进来的用户?这样就涉及到个人身份鉴定问题。

有多种个人身份鉴定的方法,例如某个人所带的某种东西,某个人知道的某些信息,某个人唯一的物理特征等。任何方法都可以识别一个人,并且每种方法都有其自身的优缺点。

- 身份卡:包含照片、指纹或者条形码等,是医院和政府等机构识别身份的主要方法之一。
- 用户 ID 和口令:这是限制对计算机系统访问的常用方法。当使用多用户系统或者网络时,通常必须有一个用户 ID 和口令。
- 生物测定法:是根据某些唯一的物理特征,如指纹或者视网膜上的血管组织等。和口令不同,生物测定数据不会被忘记、丢失或者转借。生物测定技术已经发展成为能够内置于个人计算机系统上的实用技术,并且可以替代口令。生物测定技术包括手形扫描、声音识别、面部识别,以及指纹扫描等,如图 12-4 所示。

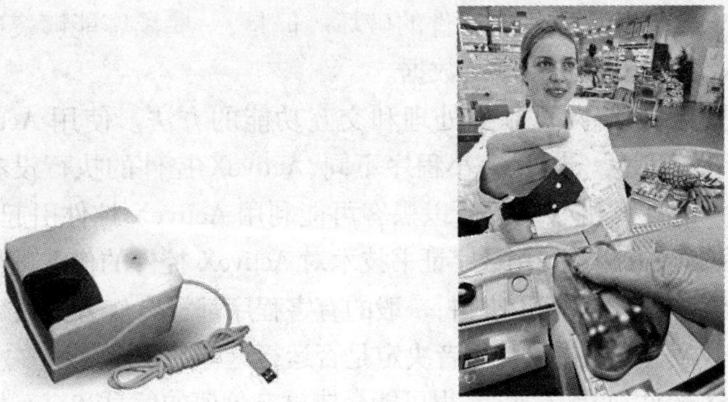

a)　　b)

图 12-4

a）指纹识别仪　b）德国超市实行指纹付款

12.3.3　用户权限

限制非法进入系统的一种方法是设定用户权限。用户权限是指限制每个用户可以访问的文件和目录的规则。当你申请到某个计算机系统的账号时，系统管理员会给你一定的权限，允许访问特定的目录及其中的文件。比如，在计算机实验室中，你也许只具有访问包含特定软件的目录的读权限。大多数网络和主机的系统管理员可以给用户提供如删除权限、创建权限、写权限、读权限和文件查找权限等。

只授予用户工作所需要的最低权限，可以防止一些意外的及故意的数据破坏行为。

12.3.4　数据加密

当数据被非法读取后，这些数据就不再是秘密的了。尽管有口令保护和物理安全措施限制访问计算机数据，但黑客和犯罪分子仍然能够访问计算机中的数据。诸如信用卡账号、银行记录和医疗信息之类的重要数据应该保存为加密格式，以阻止被进入计算机的黑客获取。除此之外，当通过因特网传输此类数据时，也应该使用加密格式。

加密是对数据进行混乱的拼凑或者隐藏信息的过程，从而使数据难以理解，除非使用密钥进行解密或者破译，把它转换成原始的形式。加密是防止非法使用数据的最后一道防线。数据被加密后，非法用户得到的只是一堆杂乱无章的垃圾，而不是有意义的信息。

无论是微机、小型机还是大型机都有数据加密软件。软件的成本与它的复杂程度相关。无论如何，加密软件对于一些部门是非常必要的，例如传送和存储资金信息的金融机构。

12.3.5　因特网安全

从因特网上下载一个文件后，在运行之前应该使用病毒检测软件进行检测，确保这个文件没有被病毒感染。但是，一些站点会自动往用户的计算机中发送程序，在用户还没来得及进行病毒检测之前就运行。因特网的许多安全问题源于两个技术：Java 小程序和 ActiveX 控件。

Java 小程序的作用是在网页上增加处理和交互的能力。例如，一个 Java 小程序可以统计网上购物花费的总金额。当访问包含 Java 小程序的网页时，它被自动下载到用户的计算机上，在一片被称为沙盒的认为是安全的区域执行。从理论上讲，沙盒限制了 Java 小程序的运行和它对计算机的 RAM，以及磁盘上文件的破坏。但是，一些黑客能够突破沙盒的安全机制，创建有害的 Java 小程序，破坏或者偷窃数据。

ActiveX 控件是另一种给网页添加处理和交互功能的方法。使用 ActiveX 控件的程序会自动下载到用户的计算机上。与 Java 小程序不同，ActiveX 控件的执行没有受到沙盒的限制，它可以全权访问用户的计算机系统。所以黑客可能利用 ActiveX 控件引起混乱。

这个问题的一种解决方法是使用数字证书技术对 ActiveX 控件的作者进行识别。一个有效的程序包含有作者的数字签名。从理论上讲，一般的有害程序都没有作者的数字签名。浏览器程序可以对没有签名的程序发出警告，由使用者决定是否运行这样的程序。许多网页包含的是合法的 Java 小程序和 ActiveX 控件，如果不接受，很可能会错过有价值的信息和交互机会。具有连接到因特网的主机和局域网的公司通常运行防火墙来屏蔽潜在的有害程序。

12.3.6 提供冗余

意外的事件会破坏数据和设备。导致停机，使计算机系统不能正常工作。将停机时间降低到最小和最可靠的方法是备份数据和设备。备份设备是指提供双份计算过程中与关键功能相关的设备，也称之为硬件冗余。

硬件冗余是因特网主机服务机构必须考虑的关键问题，因为他们必须保证所驻留的成百上千网页和电子商务站点的持续工作。主机服务机构为了保证提供可靠的服务，必须实现服务器、路由器和通信链路的冗余。硬件冗余也降低了公司对于外面维修技术的依赖性，但付出这种代价时必须权衡在停机和维修期间对收入的影响。

12.4 数据备份

备份是指对文件或者磁盘的内容建立一个拷贝。如果原始文件丢失或者被破坏，可以通过备份文件把数据恢复到原来的工作状况。数据备份可能是为用户数据提供全面的安全保证的最好方法，可以使用户数据避免硬盘失效、外部破坏、操作失误及自然灾害带来的损失。

专家建议所有计算机用户都应该进行备份。为了保证数据的安全，应该根据特定计算需要制订数据备份计划。需要考虑的因素是：数据的价值、存储在计算机上数据的数量、数据更新的频率，以及所使用的备份设备的类型。随着这些因素的改变，备份计划也应该变化。

备份要远离计算机本身。因为如果备份和计算机很接近，火灾或者水灾在损毁计算机的同时会破坏备份。

12.5 阅读与思考：计算机行业的特点

随着信息技术的不断发展，计算机作为一种必要的工作工具已经浸透到各个传统行业中，各个行业中的计算机专业人员，虽然身处不同机构，却从事着相近的工作，已经形成了一个具有明确职业特点、工作条件、职业道德和行为准则的独立职业。

计算机职业的形成

计算机行业聚集了所有从事理论研究、软硬件研发、网络和基础应用的专业工作人员，也使他们由原有的各个行业分离出来形成了一个新的职业——计算机职业。计算机职业人员包括在计算机行业内从事理论研究、软硬件研发、网络服务和销售等方面的计算机专业人员，以及在各个行业中专门从事计算机管理的专业人员。

按照一般分类，计算机职业人员大体可分为以下几类。

(1) 技术类人员：即从事计算机专业技术工作的网络与硬件设计、运行维护人员、软件设计及开发人员、系统测试与优化人员等。

(2) 近技术类人员：即在各类机构中从事与计算机技术工作相关工作的系统与需求分析人员、项目实施与咨询人员等。

(3) 营销类人员：即专门从事计算机类产品营销的市场谋划人员、销售人员和客户服务人员。

(4) 后勤类支持人员：即为计算机技术岗位服务的后勤支持人员。

计算机职业的职业特点

计算机职业的从业人员门类繁多，工作的内容、范围和成果等都不尽相同，而工作对象却有着相对的一致性。计算机职业的职业特点可归纳为工作范围广泛化、工作内容多元化、工作对象特定化和工作成果多样化等四个方面。

(1) 工作范围广泛化。计算机职业人员不仅存在于计算机行业，还分布在社会的各行各业。除了计算机行业内传统的门类划分（如硬件工程、软件研发、网络应用等）以外，服务于非计算机行业的计算机职业人员其职业特点既包括了计算机职业特点，也有很强的所在行业的行业特点。

(2) 工作内容多元化。对计算机职业人员而言，其工作内容就是通过对计算机及相关设备的应用，实现其所需的工作成果。由于计算机职业工作范围广泛，计算机职业人员的工作内容也具有多元化的特点。从事不同具体工作的计算机职业人员其工作内容之间有着较大的差异。例如，计算机职业人员的工作内容包括：办公软件应用、数据库应用、计算机辅助设计、计算机辅助制造、专业排版、计算机通信管理、网络管理、计算机维修、图形图像处理、多媒体软件制作、应用程序设计编制、会计软件应用、网页制作、数字音频视频编辑和企业信息管理等。

(3) 工作成果多样化。所谓工作成果，就是从事一项工作所要达到的目的。从事每一种职业的工作都有其预期的工作成果。计算机职业人员工作内容的多样性，决定了其工作实现的工作成果更是各不相同。

(4) 工作对象特定化。计算机职业人员最大的共同之处就在于他们的工作对象是相同的并且是特定的，那就是计算机及其相关设备，其工作内容、工作成果都必须通过这一工作对象来得以实现。工作对象的特定化也是计算机职业不同于其他行业的显著特点之一。经常使用计算机并不一定属于计算机工作人员。

计算机职业的工作条件

由于在工作对象、工作内容等方面所具有的特殊性，计算机职业人员的工作条件有一定的要求，这一点与其他行业略有不同。

(1) 硬件条件。分为环境条件和设备条件两个方面。环境条件包括环境温度、环境湿度、洁净要求、电源要求和防止强磁场干扰等；设备条件是指从事相应工作所需的计算机及相关设备，以及相应的软件设备等。

(2) 人员条件。又分为素质条件和道德条件两个方面。

由于计算机职业是一项专业性极强的技术类职业，所以对从业人员有着较高也较为特殊的素质能力条件要求，包括基础能力、专业知识、运用工具或技术的能力，以及行业经验等。在学校学到的知识和技能，如开发、设计、测试、管理和计划等能力都属于基础能力；专业知识是指发现问题和解决问题的能力；运用工具或技术的能力包括所掌握的程序设计语言、操作系统和工具等；行业经验指对自己所处行业理解的深刻程度。在这四个技能中，前二者是最有价值的。

作为一名合格的计算机职业人员，除了需要具有工作所需的能力素质外，还需要符合计算机职业所特有的职业道德要求。

资料来源：李晨，文化发展网（http://www.ccmedu.com/），此处有删改。

请分析：阅读上述内容，请简单叙述你的理解和感想。

____

____

____

____

12.6 主要术语

确保自己理解以下术语：

Java 小程序	风险管理	生物测定法
MTBF（平均失效时间）	复制磁盘	时间炸弹
UPS（不间断电源）	复制工具	数据安全
备份	黑客	数字识别
备份软件	宏	特洛伊木马
病毒特征码	宏病毒	停机时间
操作错误	计算机病毒	文件病毒
电源保护器	加密	陷门
电源尖峰	逻辑炸弹	引导区病毒
电源浪涌	密钥	硬件冗余
电源失效	容许使用政策	用户权限
反病毒软件	蠕虫	有载荷
防火墙	沙盒	最终用户规程

12.7 练习与实验

本章“练习与实验”的目的如下。

（1）描述在掉电或者硬件失效的情况下，如何保护计算机数据避免丢失。

（2）了解计算机病毒的原理，熟悉计算机系统感染病毒的一般症状。

（3）说出病毒、特洛伊木马、蠕虫、逻辑炸弹及时间炸弹等概念的不同。熟悉避免、检测，以及消除计算机病毒的技术。

(4) 了解流行的数据安全技术的优点和缺点。

(5) 了解风险管理的内涵,了解数据备份技术。

12.7.1 工具与准备工作

在开始本实验之前,请回顾教科书的相关内容。

需要准备一台带有浏览器,能够访问因特网的计算机。

12.7.2 实验内容与步骤

1. 快速测试

下面是一些快速测试题,请完成这些测试题目,检查自己是否理解了课程的内容。

(1) 不经意的文件删除是一个________错误的例子。

(2) 掉电会导致计算机 RAM 及硬盘上的数据全部丢失。对不对?(　　)

(3) ________所包含的电池能在电源系统短时间掉电的时候为计算机持续供电。

(4) 电源尖峰和电源浪涌可能会破坏计算机电路板上的电子元器件。对不对?(　　)

(5) MTBF 表示的是一个电子设备可以工作多长时间。对不对?(　　)

(6) 数据的最好保险是及时进行________。

(7) ________是当计算机执行它所附着的文件时能进行自我复制的程序。

(8) ________病毒寄存在文档中,而不是可执行文件上。

(9) ________是一个可能含有病毒或者时间炸弹的软件包。

(10) ________可以自我复制,但不需要附着在可执行文件上。

(11) 许多反病毒软件是通过查找称为________的唯一性字节序列来识别病毒的。

(12) ________是权衡计算机数据面临的危害和可牺牲性数据量以及保护关键数据的成本的过程。

(13) ________是信息系统部门为了限制员工安装没有经过批准的软件而制定的条例。

(14) 最终用户规程可以帮助减少人为的数据删除和破坏的错误。对不对?(　　)

(15) 如果网络管理员分配了________,用户只能访问某些文件和程序。

(16) 黑客有时候通过开发和测试阶段后没有删除的________而实现未经过授权地进入计算机系统。

(17) ________是 Web 服务器用于存储有关访问 Web 站点信息的数字消息。

(18) ________是指计算机系统不能进行正常工作时间的计算机通用语言。

(19) Web 主机服务机构也许会把硬件________作为为客户维护持久性可靠服务的策略。

(20) MTBF 指定计算机使用 UPS 的时间。对不对?(　　)

(21) ________病毒会感染 .exe 文件,而________病毒附在文档和电子表格上。

(22) 由于病毒在发作前可能会潜伏在计算机中一段时间,所以定期进行病毒扫描可以防止数据灾难的发生。对不对?(　　)

(23) 反病毒软件会在数据中搜索病毒________。

(24) 使用五个字符的口令比由两个字典单词组成的口令更加难以攻破。对不对?(　　)

（25）________是在安全过程中所创建的，可以屏蔽正常的安全措施，当安装结束后应该删除。

（26）________被存储在计算机中，包含用户在访问 Web 站点时收集的信息。

2. 你的系统安全吗

以下是一些普通的计算机用户经常会犯的安全性错误，请对照并根据自己的实际情况做出选择（在供选择的答案前面打“√”，注意：单选）。

（1）使用没有电压保护的电源。这个错误真的能够毁掉计算机设备及其所保存的数据。你可能以为只在雷暴发生时，系统才会有危险，但其实任何能够干扰电路，使电流回流的因素都能烧焦设备元件。有时甚至一个简单的动作，比如打开与计算机设备在同一个电路中的设备（如电吹风、电加热器或者空调等高压电器）就能导致电涌。如果遇到停电，当恢复电力供应时也会出现电涌。

使用电涌保护器就能够保护系统免受电涌的危害，但是请记住，大部分价钱便宜的电涌保护器只能抵御一次电涌，随后需要进行更换。不间断电源（UPS）更胜于电涌保护器，UPS 的电池能使电流趋于平稳，即使断电，也能给用户提供时间，从容地关闭设备。

请选择：

□ A. 我懂并已经做到了　　□ B. 我懂得一点，但觉得没必要

□ C. 知道电涌的厉害，但不知道 UPS　　□ D. 现在刚知道，我会关注这一点

□ E. 不知道也无所谓，我是外行我怕谁

（2）不使用防火墙就上网。许多家庭用户会毫不犹豫地启动计算机开始上网，而没有意识到他们正将自己暴露在病毒和入侵者面前。无论是宽带调制解调器或者路由器中内置的防火墙，还是调制解调器或路由器与电脑之间的独立防火墙设备，或者是在网络边缘运行防火墙软件的服务器，或是计算机上安装的个人防火墙软件（如 Windows XP 中内置的防火墙，或者第三方防火墙软件），总之，所有与互联网相连的计算机都应该得到防火墙的保护。

在笔记本电脑上安装个人防火墙的好处在于，当用户带着计算机上路或者插入酒店的上网端口，或者与无线热点相连接时，已经有了防火墙。拥有防火墙不是全部，用户还需要确认防火墙是否已经开启，并且配置得当，能够发挥保护作用。

请选择：

□ A. 我懂并已经做到了　　□ B. 我懂得一点，但觉得没必要

□ C. 知道有防火墙但没有用过　　□ D. 现在刚知道，我会关注这一点

□ E. 不知道也无所谓，我是外行我怕谁

（3）忽视防病毒软件和防间谍软件的运行和升级。事实上，防病毒程序令人讨厌，它总是阻断一些用户想要使用的应用，而且为了保证效用还需要经常升级，在很多情况下升级都是收费的。但是，尽管如此，在现在的应用环境下，你无法承担不使用防病毒软件所带来的后果。病毒、木马、蠕虫等恶意程序不仅会削弱和破坏系统，还能通过计算机向网络其他部分散播病毒。在极端情况下，甚至能够破坏整个网络。

间谍软件是另外一种不断增加的威胁。这些软件能够自行在电脑上进行安装（通常都是在你不知道的情况下），搜集系统中的情报，然后发送给间谍软件程序的作者或销售商。防病毒程序经常无法察觉间谍软件，因此需要使用专业的间谍软件探测清除软件。

请选择：

□ A. 我懂并已经做到了　　　　　　　　□ B. 我懂得一点，但觉得没必要

□ C. 知道防病毒，但不知道防间谍　　　□ D. 现在刚知道，我会关注这一点

□ E. 不知道也无所谓，我是外行我怕谁

(4) 安装和卸载大量程序，特别是测试版程序。由于用户对新技术的热情和好奇，经常安装和尝试新软件。免费提供的测试版程序甚至盗版软件能够使用户有机会抢先体验新的功能。另外还有许多可以从网上下载的免费软件和共享软件。

但是，安装软件的数量越多，使用含有恶意代码的软件，或者使用编写不合理的软件而可能导致系统工作不正常的几率就高。这样的风险远高于使用盗版软件。另一方面，过多的安装和卸载也会弄乱 Windows 的系统注册表，因为并不是所有的卸载步骤都能将程序剩余部分清理干净，这样的行为会导致系统逐渐变慢。

你应该只安装自己真正需要使用的软件，只使用合法软件，并且尽量减少安装和卸载软件的数量。

请选择：

□ A. 我懂并已经做到了　　　　　　　　□ B. 我懂得一点，但觉得没必要

□ C. 有点了解但不知道什么是注册表　　□ D. 现在刚知道，我会关注这一点

□ E. 不知道也无所谓，我是外行我怕谁

(5) 磁盘总是满满的并且非常凌乱。频繁安装和卸载程序（或增加和删除任何类型的数据）都会使磁盘变得零散。信息在磁盘上的保存方式导致了磁盘碎片的产生，这样就使得磁盘文件变得零散或者分裂，导致在访问文件时，磁头不会同时找到文件的所有部分，而是到磁盘的不同地址上找回全部文件。这样使得访问速度变慢。如果文件是程序的一部分，程序的运行速度就会变慢。

可以使用 Windows 自带的“磁盘碎片整理”工具（在 Windows 中选择“开始”→“所有程序”→“附件”→“系统工具”命令）来重新安排文件的各个部分，以使文件在磁盘上能够连续存放。

另外一个常见的能够导致性能问题和应用行为不当的原因是磁盘过满。许多程序都会生成临时文件，运行时需要磁盘提供额外空间。

请选择：

□ A. 我懂并已经做到了　　　　　　　　□ B. 我懂得一点，但觉得不重要

□ C. 有点知道但不懂“磁盘碎片整理”　 □ D. 现在刚知道，我会关注这一点

□ E. 不知道也无所谓，我是外行我怕谁

(6) 打开所有的附件。收到带有附件的电子邮件就好像收到一份意外的礼物，总是想窥视一下是什么内容。但是，电子邮件的附件可能包含能够删除文件或系统文件夹，或者向地址簿中所有联系人发送病毒的编码。

最容易被洞察的危险附件是可执行文件（即扩展名为 .exe 和 .cmd 的文件），以及其他很多能自行运行的文件，如 Word 的 .doc 和 Excel 的 .xls 文件等，其中能够含有内置的宏。脚本文件（Visual Basic、JavaScript 和 Flash 等）不能被计算机直接执行，但是可以通过程序运行。

过去一般认为纯文本文件（. txt）或图片文件（. gif,. jpg,. bmp）是安全的，但现在也不是了。文件扩展名也可以伪装，入侵者能够利用 Windows 默认的特性设置，将文件的实际扩展名隐藏起来，这样收件人会以为它是图片文件，但实际上却是恶意程序。

用户只能在确信附件来源可靠并且知道是什么内容的情况下才打开附件。即使带有附件的邮件看起来似乎来自可以信任的人，也有可能是某些人将他们的地址伪装成这样，甚至是发件人的计算机已经感染了病毒，在他们不知情的情况下发送了附件。

请选择：

□ A. 我懂并已经做到了　　□ B. 我懂得一点，但觉得并不严重

□ C. 知道附件危险但不太了解扩展名　　□ D. 现在刚知道，我会关注这一点

□ E. 不知道也无所谓，我是外行我怕谁

（7）单击所有链接。单击电子邮件或者网页上的超级链接有可能将用户带入植入 ActiveX 控制或者脚本的网页，利用这些就可能进行各种类型的恶意行为，如清除硬盘，或者在计算机上安装后门软件，这样黑客就可以潜入并夺取控制权。

点错链接也可能会带你进入具有色情图片、盗版音乐或软件等不良内容的网站。如果使用的是工作计算机就可能会因此麻烦缠身，甚至惹上官司。

在点击链接之前请务必考虑一下。有些链接可能被伪装在网络钓鱼信息或者那些可能将你带到其他网站的网页里。例如，链接地址可能是 www. a. com，但实际上会指向 www. b. com。一般情况下，用鼠标在链接上滑过而不点击，就可以看到实际的 URL 地址。

请选择：

□ A. 我懂并已经做到了　　□ B. 我懂得一点，但觉得并不严重

□ C. 以前遇到过但没有深入考虑　　□ D. 现在刚知道，我会关注这一点

□ E. 不知道也无所谓，我是外行我怕谁

（8）共享或类似共享的行为。分享是一种良好的行为，但是在网络上，分享则可能将你暴露在危险之中。如果允许文件和打印机共享，别人就可以远程与你的电脑连接，并访问数据。即使没有设置共享文件夹，在默认情况下，Windows 系统会隐藏每块磁盘根目录上可管理的共享。一个黑客高手有可能利用这些共享侵入你的电脑。解决方法之一就是，如果不需要网络访问电脑上的任何文件，就请关闭文件和打印机共享。如果确实需要共享某些文件夹，则请务必通过共享级许可和文件级（NTFS）许可对文件夹进行保护。另外还要确保自已的账号和本地管理账号的密码足够安全。

请选择：

□ A. 我懂并已经做到了　　□ B. 我懂得一点，但觉得并不严重

□ C. 知道共享文件和文件夹有危险，但不知道共享打印机也危险

□ D. 现在刚知道，我会关注这一点　　□ E. 不知道也无所谓，我是外行我怕谁

（9）用错密码。这也是使我们暴露在入侵者面前的又一个常见错误。即使网络管理员并没有强迫你选择强大的密码并定期更换，你也应该自觉这样做。不要选用容易被猜中的密码，且密码越长越不容易被破解。因此，建议你的密码至少为 8 位。常用的密码破解方法是采用“字典”破解法，因此，不要使用字典中能查到的单词作为密码。为安全起见，密码应该由字母、数字及符号组合而成。很长的无意义的字符串密码很难被破解，但是如果你因为记不住密

码而不得不将密码写下来的话，就违背了设置密码的初衷，因为入侵者可能会找到密码。例如，可以造一个容易记住的短语，并使用每个单词的第一个字母，以及数字和符号生成一个密码。

请选择：

□ A. 我懂并已经做到了 □ B. 我懂得一点，但觉得并不严重

□ C. 知道密码但不了解密码 □ D. 现在刚知道，我会关注这一点

□ E. 不知道也无所谓，我是外行我怕谁

（10）忽视对备份和恢复计划的需要。即使你听取了所有的建议，入侵者依然可能弄垮你的系统，你的数据可能遭到篡改，或因硬件问题而被擦除。因此，备份重要信息，制订系统故障时的恢复计划是相当必要的。

大部分计算机用户都知道应该备份，但是许多用户从来都不进行备份，或者最初做过备份但是从来都不定期对备份进行升级。应该使用内置的 Windows 备份程序或者第三方备份程序以及可以自动进行备份的定期备份程序。所备份的数据应当保存在网络服务器或者远离计算机的移动存储器中，以防止水灾、火灾等灾难情况的发生。

请牢记数据是计算机上最重要的东西。操作系统和应用都可以重新安装，但重建原始数据则是难度很高甚至根本无法完成的任务。

请选择：

□ A. 我懂并已经做到了 □ B. 我懂得一点，但灾难毕竟很少

□ C. 知道备份重要但不会应用 □ D. 现在刚知道，我会关注这一点

□ E. 不知道也无所谓，我是外行我怕谁

请汇总并分析：上述 10 个安全问题，如果 A 选项为 10 分，B 选项为 8 分，C 选项为 6 分，D 选项为 4 分，E 选项为 2 分，请汇总，你的得分是：________分。

用户总是会用层出不穷的方法给自己惹上麻烦。与同学和朋友们分享这个“傻事清单”，将能够避免他们犯这些原本可以避免发生的错误。你觉得呢？请简述你的看法：

____

____

3. 提高系统的安全级别

针对个人用户的蠕虫病毒一般通过网络（主要是电子邮件，恶意网页形式）传播，这一类恶意网页主要含有恶意的 ActiveX 或 Applet、JavaScript 代码，所以，在 Windows 的 IE 设置中将 ActiveX 插件和控件、Java 脚本等全部禁止，就可以大大减少被网页恶意代码感染的几率。

步骤 1：在 Windows 环境下运行 IE 浏览器软件，在 IE 窗口中选择“工具”→“因特网选项”命令，屏幕显示如图 12-5 所示。

步骤 2：在弹出的对话框中切换到“安全”选项卡，再单击【自定义级别】按钮，会弹出“安全设置”对话框，屏幕显示如图 12-6 所示。

步骤 3：在其中把所有 ActiveX 插件和控件，以及与 Java 相关的选项选择“禁用”。

步骤 4：完成后，单击【确定】按钮退出设置对话框。

但是，这样做了，在以后的网页浏览过程中有可能会使一些正常应用 ActiveX 的网站无法浏览。

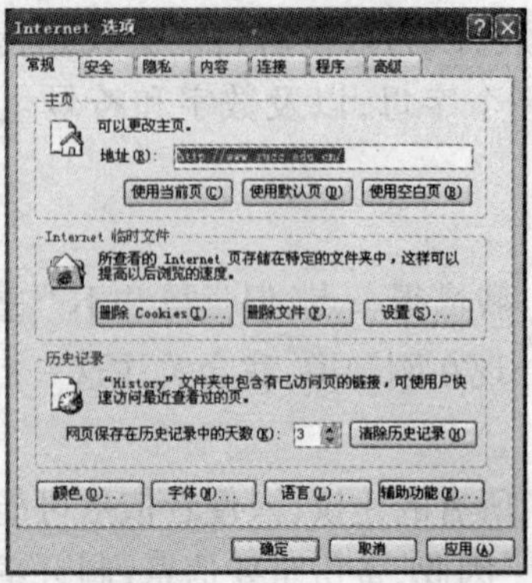

图 12-5 设置因特网选项

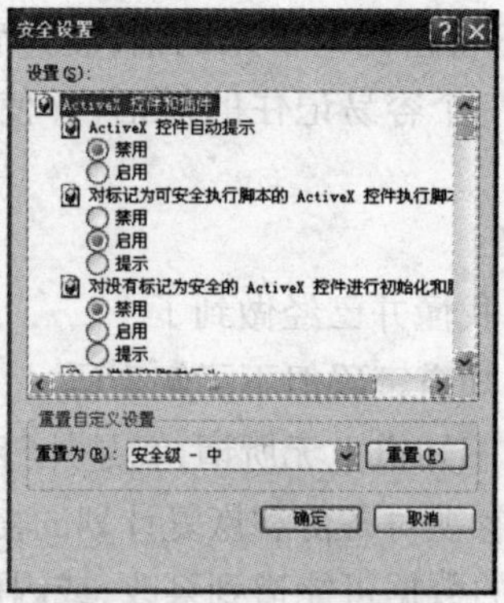

图 12-6 “安全设置”对话框

12.7.3 单元学习评价

（1）你认为本单元最有价值的内容是：

（2）下列问题仍需要进一步地了解或得到帮助：

（3）为使学习更有效，你对本单元的教学有何建议？

12.7.4 实验总结

12.7.5 实验评价（教师）

第13章　职业、职业素质与法律

随着计算机技术（特别是网络技术）的迅猛发展和广泛应用，由新技术带来的诸如网络空间的自由化、网络环境下的知识产权、计算机从业人员的价值观与职业素质等社会和职业问题已极大地影响着信息产业的发展，并引起业界人士的高度重视。无论是购买计算机还是选择职业，作为一个专业学生，同时也是消费者，了解计算机行业非常重要。

13.1　IEEE/ACM 计算学科教学计划的相关要求

1990 年，IEEE/ACM 研究的《计算学科教学计划》（CC1991 报告）将“社会、道德和职业的问题”列入到计算学科主领域中，并强调它对计算学科的重要作用和影响。之后，CC2001 充分肯定了 CC1991 关于“社会、道德和职业的问题”的论述，并将它改为“社会和职业的问题”，继续强调它对计算学科的重要作用和影响。

“社会和职业的问题”属于学科价值观方面的内容。《计算学科教学计划》要求计算专业的学生不但要了解专业，还要了解社会。例如，要求学生了解计算学科的基本文化、社会、法律和道德方面的固有问题，了解计算学科的历史和现状，理解它的历史意义和作用。另外，作为未来的实际工作者，他们还应当具备其他方面的一些能力，如能够回答和评价有关计算机对社会的冲击这类严肃问题，并能预测将已知产品投放到给定环境中去会造成什么样的冲击；知道软件和硬件的卖方及用户的权益，并树立以这些权益为基础的道德观念；意识到他们各自承担的责任，以及不承担这些责任时可能产生的后果等。

《计算学科教学计划》将“社会和职业的问题”主领域划分为以下 10 个子领域，即：① 计算的历史；② 计算的社会背景；③ 道德分析的方法和工具；④ 职业和道德责任：⑤ 基于计算机系统的风险与责任；⑥ 知识产权；⑦ 隐私与公民的自由；⑧ 计算机犯罪；⑨ 与计算有关的经济问题；⑩ 哲学框架。

13.2　计算的社会背景

计算机技术和网络技术正在使世界经历一场巨大的变革，这种变革不但体现在人们的日常工作和生活中，而且深刻地反映在社会经济、文化等各个方面。比如：网络信息的膨胀正在逐步瓦解信息集中控制的现状；与传统的通信方式相比，计算机通信更有利于不同性别、种族、文化和语言的人们之间的交流，更有助于减少交流中的偏见和误解。如今，网络建设的发展已经成为衡量一个社会信息化程度的重要标准。

13.2.1　网络的社会内涵

人们逐渐认识到，为了让网络长远地造福于社会，就必须规范对网络的访问和使用。这就对政府、学术界和法律界提出了挑战，人们面临的一个难题就是如何制定和完善网络法规。具体地说，就是如何在计算机空间里保护公民的隐私，规范网络言论，保护电子知识产权，以及保障网络安全等。

20 世纪 80 年代以来，美国政府相继颁布了多项法律法规，初步建立了因特网法制的整体框架。颁布于 1986 年的《计算机反欺诈和滥用法》，主要目的是惩处计算机欺诈和与计算机有关的犯罪行为，被视为惩治计算机黑客犯罪的里程碑；1997 年 7 月 1 日发布的《全球电子商务框架》报告，阐述了美国政府在建立全球电子商务基础结构上的原则立场，是划时代的政策性文件；1998 年 10 月 28 日，由前美国总统克林顿签署的《数字千年版权法》，对网络上的软件、音乐和文字作品的著作权给予了新的保护。

澳大利亚堪培拉大学在其制定的《网络使用和用户的责任与义务》中规定：该校的网络，包括因特网和 E-mail，必须并只能用于与该校有关的事务；用户必须以一种礼貌的、负责任的方式进行网上通信；用户必须遵守国家立法和学校制定与网络相关的规章、制度和政策，还规定学校有权利也有义务监督本校网络的使用与访问，以保证其与国家立法和学校的法规、制度和政策相符合。

在我国，网络立法已经受到有关方面的高度重视，近年来出台了多部有关网络使用规范、网络安全和网络知识产权保护的规定。如 1997 年 5 月 20 日修正的《中华人民共和国计算机信息网络国际联网管理暂行规定》，2000 年发布的《互联网信息服务管理办法》、《中文域名注册管理办法（试行）》、《教育网站和网校暂行管理办法》、《计算机病毒防治管理办法》、《关于音像制品网上经营活动有关问题的通知》、《计算机信息系统国际联网保密管理规定》和《全国人大常委会关于维护互联网安全的决定》等，这些管理规定的制定标志着我国网络法规的起步。

13.2.2 知识产权保护

所谓“知识产权”，是指人们可以就其智力创造的成果依法享有的专有权利。按照 1967 年 7 月 14 日在斯德哥尔摩签订的《关于成立世界知识产权组织公约》第二条的规定，知识产权应当包括以下权利。

- 关于文学、艺术和科学作品的权利；
- 关于表演艺术家的演出、录音和广播的权利；
- 关于人们努力在一切领域的发明的权利；
- 关于科学发现的权利；
- 关于工业品式样的权利；
- 关于商标、服务商标、厂商名称和标记的权利；
- 关于制止不正当竞争的权利；
- 在工业、科学、文学或艺术领域里一切其他来自知识活动的权利。

世界各国大都有自己的知识产权保护法律体系。在美国，与出版商和多媒体开发商关系密切的法律主要有四部：《版权法》、《专利法》、《商标法》和《商业秘密法》。版权在我国称为著作权。

信息时代的知识产权问题要复杂得多，法律条文之外的讨论、争议和争论为知识产权问题增加了丰富的内容，同时这些讨论、争议和争论的存在又是完善现有知识产权保护法律体系的必要前提。

目前,在我国,软件只能申请发明专利,且申请条件较严。因此,一般软件通常用著作权法来保护。软件开发者依照《中华人民共和国著作权法》和《计算机软件保护条例》对其设计的软件享有著作权。著作权包括如下人身权和财产权。

- 发表权,即决定作品是否公之于众的权利;
- 署名权,即表明作者身份,在作品上署名的权利;
- 修改权,即修改或者授权他人修改作品的权利;
- 保护作品完整权,即保护作品不受歪曲、篡改的权利;
- 使用权和获得报酬权。

加入 WTO 之后,我国对知识产权的保护越来越重视。但软件的知识产权保护问题较为复杂,它和传统出版物的版权保护既相似又有不同。随着国际贸易和国际商业往来的日益发展,知识产权保护已经成为一个全球性的问题。各国除了制定自己国家的知识产权法律之外,还建立了世界范围内的知识产权保护组织,并逐步建立和完善了有关国际知识产权保护的公约和协议。1990 年 11 月,在关税与贸易总协定（乌拉圭回合）多边贸易谈判中,达成了《与贸易有关的知识产权协议》草案,它标志着保护知识产权的新的国际标准的形成。

13.2.3 隐私保护

隐私,又称私人生活秘密或私生活秘密。隐私权,即公民享有的个人生活不被干扰的权利和个人资料的支配控制权。具体到计算机网络与电子商务中的隐私权,可从权利形态来分:隐私不被窥视的权利、不被侵入的权利、不被干扰的权利、不被非法收集利用的权利。也可以从权利内容上分:个人特质的隐私权（姓名、身份、肖像和声音等）、个人资料的隐私权、个人行为的隐私权、通信内容的隐私权和匿名的隐私权等。

在西方,人们对权利十分敏感,不尊重甚至侵犯他人的权利被认为是最可耻的。随着我国改革开放和经济的飞速发展,人们也开始逐渐对个人隐私有了保护意识。人们希望属于自己生活秘密的信息由自己来控制,从而避免对自己不利或自己不愿意公布于众的信息被其他个人、组织获取、传播或利用。因此,尊重他人隐私是尊重他人的一个重要方面,隐私保护实际上体现了对个人的尊重。

在保护隐私安全方面,目前世界上可供利用和借鉴的政策法规有:《世界知识产权组织版权条约》(1996 年）、美国《知识产权与国家信息基础设施白皮书》(1995 年）、美国《个人隐私权和国家信息基础设施白皮书》(1995 年）、欧盟《欧盟隐私保护指令》(1998 年）、加拿大的《隐私权法》(1983 年）等。

在我国已有的法律法规中,涉及到隐私保护也有一些规定。《宪法》第 38 条、第 39 条和第 40 条分别规定:中华人民共和国公民的人格尊严不受侵犯。禁止用任何方式对公民进行非法侮辱、诽谤和诬告陷害,中华人民共和国的公民住宅不受侵犯。禁止非法搜查或者非法侵入公民的住宅,中华人民共和国的通信自由和通信秘密受法律的保护,除因国家安全或者追究刑事犯罪的需要,公安机关或者检察机关依照法律规定的程序对通信进行检查外,任何组织或者个人不得以任何理由侵犯公民的通信自由和通信秘密。

《民法通则》第 100 条和第 101 条规定:公民享有肖像权,未经本人同意,不得以获利为目的使用公民的肖像,公民、法人享有名誉权,公民的人格尊严受到法律保护,禁止用侮辱、诽谤等方式损害公民、法人的名誉。

在宪法原则的指导下，我国刑法、民事诉讼法、刑事诉讼法和其他一些行政法律法规分别对公民的隐私权保护作出了具体的规定，如刑事诉讼法第 112 条规定：人民法院审理第一审案件应当公开进行。但是有关国家秘密或者个人隐私的案件不公开审理。

目前，我国出台的有关法律法规也涉及到计算机网络和电子商务中的隐私权保护，如《计算机信息网络国际联网安全保护管理办法》第 7 条规定：用户的通信自由和通信秘密受法律保护。任何单位和个人不得违反法律规定，利用国际联网侵犯用户的通信自由和通信秘密。《计算机信息网络国际联网管理暂行规定实施办法》第 18 条规定：用户应当服从接入单位的管理，遵守用户守则；不得擅自进入未经许可的计算机学校，篡改他人信息；不得在网络上散发恶意信息，冒用他人名义发出信息，侵犯他人隐私；不得制造传播计算机病毒及从事其他侵犯网络和他人合法权益的活动。

在电子信息时代，网络对个人隐私权已形成了一种威胁，计算机系统随时都可以将人们的一举一动记录、收集、整理成一个个人资料库，使我们仿佛置身于一个透明的空间，毫无隐私可言。隐私保护，已成为关系到现代社会公民在法律约束下的人身自由及人身安全的重要问题。人们认识到，仅靠法律并不能达到对个人隐私完全有效的保护，而发展隐私保护技术就是一条颇受人们关注的隐私保护策略。发展隐私保护技术的直接目的就是为了使个人在特定环境下（如因特网和大型共享数据库系统中），从技术上对其私人信息拥有有效的控制。

13.2.4 职业和道德责任

“职业化”通常也被称为“职业特性”、“职业作风”或“专业精神”等，应该视为从业人员、职业团体及其服务对象——公众之间的三方关系准则。该准则是从事某一职业，并得以生存和发展的必要条件。实际上，该准则隐含地为从业人员、职业团体（由雇主作为代表）和公众（或社会）拟定了一个三方协议，其中规定的各方的需求、期望和责任构成了职业化的基本内涵。如从业人员希望职业团体能够抵制来自社会的不合理要求，能够对职业目标、指导方针和技能要求不断进行检查、评价和更新，从而保持该职业的吸引力。反过来，职业团体也对从业人员提出了要求，要求从业人员具有与职业理想相称的价值观念，具有足够的、完成规定服务所要求的知识和技能。类似地，社会对职业团体及职业团体对社会都具有一定的期望和需求。任何领域提供的任何一项专业服务都应该达到三方的满意，至少能够使三方彼此接受对方。

“职业化”是一个适用于所有职业的一个总的原则性协议，但具体到某一个行业时，还应考虑其自身特殊的要求。虽然职业道德规范没有法律法规所具有的强制性，但遵守这些规范对行业的健康发展是至关重要的。

道德准则被设计来帮助计算机专业人士决定其有关道德问题的判断。许多专业机构（诸如美国计算机协会、英国计算机协会、澳大利亚计算机协会以及美国计算机伦理研究所等）都颁布了道德准则，每种准则在细节上存在着差别，但是为专业人士行为提供了整体指南准则。

计算机伦理研究所颁布的最短准则如下。

（1）不要使用计算机来伤害他人。

（2）不要干扰他人的计算机工作。

（3）不要监控他人的文件。

（4）不要使用计算机来偷窃。

（5）不要使用计算机来提供假证词。

(6) 不要使用或者复制你没有付费的软件。

(7) 不要在没有获得允许的情况下使用他人的计算机资源。

(8) 不要盗用他人的智能成果。

(9) 应该考虑到自己所编写程序的社会后果。

(10) 使用计算机时应该体现出对信息的尊重。

美国计算机协会（ACM）为专业人士行为制定的道德准则包含21条,包括“美国计算机协会成员必须遵守现有的本地、州、地区、国家及国际法律,除非有明确准则要求不必这样做。”

在计算机日益成为各个领域及各项社会事务中心角色的今天,那些直接或间接从事软件设计和软件开发的人员,有着既可从善也可从恶的极大机会,同时还影响着周围其他从事该职业的人的行为。为能保证使其尽量发挥有益的作用,必须要求软件工程师致力于使软件工程成为一个有益的和受人尊敬的职业。为此,1998年,IEEE-CS和ACM联合特别工作组在对多个计算学科和工程学科规范进行广泛研究的基础上,制定了软件工程师职业化的一个关键规范《软件工程资格和专业规范》。该规范不代表立法,它只是向实践者指明社会期望他们达到的标准,以及同行们的共同追求和相互期望。该规范要求软件工程师应该坚持以下八项道德规范。

原则1:公众。从职业角色来说,软件工程师应当始终关注公众的利益,按照与公众的安全、健康和幸福相一致的方式发挥作用。

原则2:客户和雇主。软件工程师应当有一个认知,什么是其客户和雇主的最大利益。他们应该总是以职业的方式担当他们的客户或雇主的忠实代理人和委托人。

原则3:产品。软件工程师应当尽可能地确保他们开发的软件对于公众、雇主、客户,以及用户是有用的,在质量上是可接受的,在时间上要按期完成并且费用合理,同时没有错误。

原则4:判断。软件工程师应当完全坚持自己独立自主的专业判断并维护其判断的声誉。

原则5:管理。软件工程的管理者和领导应当通过规范的方法赞成和促进软件管理的发展与维护,并鼓励他们所领导的人员履行个人和集体的义务。

原则6:职业。软件工程师应该提高他们职业的正直性和声誉,并与公众的兴趣保持一致。

原则7:同事。软件工程师应该公平合理地对待他们的同事,并应该采取积极的步骤支持社团的活动。

原则8:自身。软件工程师应当在他们的整个职业生涯中,积极参与有关职业规范的学习,努力提高从事自己的职业所应该具有的能力,以推进职业规范的发展。

另外,在软件开发的过程中,软件工程师及工程管理人员不可避免地会在某些与工程相关的事务上产生冲突。为了减少和妥善地处理这些冲突,软件工程师和工程管理人员应该以某种符合道德的方式行事。1996年11月,IEEE道德规范委员会指定并批准了《工程师基于道德基础提出异议的指导方针草案》,草案提出了九条指导方针。

(1) 确立清晰的技术基础:尽量弄清事实,充分理解技术上的不同观点,而且一旦证实对方的观点是正确的,就要毫不犹豫地接受。

(2) 使自己的观点具有较高的职业水准,尽量使其客观和不带有个人感情色彩,避免涉及无关的事务和感情冲动。

(3) 及早发现问题,尽量在最低层的管理部门解决问题。

(4) 在因为某事务而决定单干之前,要确保该事务足够重要,值得为此冒险。

(5) 利用组织的争端裁决机制解决问题。

(6) 保留记录,收集文件。当认识到自己处境严峻的时候,应着手制作日志,记录自己采取的每一项措施及其时间,并备份重要文件,防止突发事件。

(7) 辞职:当在组织内无法化解冲突的时候,要考虑自己是去还是留。选择辞职既有好处也有缺点,作出决定之前要慎重考虑。

(8) 匿名:工程师在认识到组织内部存在严重危害,而且公开提请组织的注意可能会招致有关人员超出其限度的强烈反应时,对该问题的反映可以考虑采用匿名报告的形式。

(9) 外部介入:组织内部化解冲突的努力失败后,如果工程人员决定让外界人员或机构介入该事件,那么不管他是否决定辞职,都必须认真考虑让谁介入。可能的选择有:执法机关、政府官员、立法人员或公共利益组织等。

13.3 计算机犯罪与立法

计算机犯罪的概念是20世纪五十、六十年代在美国等信息科学技术比较发达的国家首先提出的。国内外对计算机犯罪的定义都不尽相同。美国司法部从法律和计算机技术的角度将计算机犯罪定义为:因计算机技术和知识起了基本作用而产生的非法行为。欧洲经济合作与发展组织的定义是:在自动数据处理过程中,任何非法的、违反职业道德的、未经批准的行为都是计算机犯罪行为。

一般来说,计算机犯罪可以分为两大类:使用了计算机和网络新技术的传统犯罪和计算机与网络环境下的新型犯罪。前者例如网络诈骗和勒索、侵犯知识产权、网络间谍、泄露国家秘密及从事反动或色情等非法活动等,后者比如未经授权非法使用计算机、破坏计算机信息系统、发布恶意计算机程序等。

我国刑法认定的几类计算机犯罪如下。

(1) 违反国家规定,侵入国家事务、国防建设、尖端科学技术领域的计算机信息系统的行为。

(2) 违反国家规定,对计算机信息系统功能进行删除、修改、增加、干扰造成计算机信息系统不能正常运行,后果严重的行为。

(3) 违反国家规定,对计算机信息系统中存储、处理或者传输的数据和应用程序进行删除、修改、增加的操作,后果严重的。

(4) 故意制作、传播计算机病毒等破坏性程序,影响计算机系统正常运行,后果严重的行为。这几种行为基本上包括了国内外出现的各种主要的计算机犯罪。

一般来说,防范计算机犯罪有以下几种策略。

(1) 加强教育,提高计算机安全意识,预防计算机犯罪。

(2) 健全惩治计算机犯罪的法律体系。健全的法律体系一方面使处罚计算机犯罪有法可依,另一方面能够对各种计算机犯罪分子起到一定的威慑作用。

(3) 发展先进的计算机安全技术,保障信息安全。比如使用防火墙、身份认证、数据加密、数字签名和安全监控技术、防范电磁辐射泄密等。

(4) 实施严格的安全管理。计算机应用部门要建立适当的信息安全管理办法,确立计算机安全使用规则,明确用户和管理人员职责;加强部门内部管理,建立审计和跟踪体系。

13.4 计算机职业

在过去几十年中,计算机行业以其创造性、开拓性和技术性创造了以前从未有过的工作岗位和财政机会。研究数据显示,计算机和数据处理服务行业被认为是发展最快的行业,系统分析员、计算机工程师和数据处理设备维修人员被认为是社会需求量最大的几个职业之一。

13.4.1 工作的分类

今天,几乎每个工作都要使用计算机,但并非使用计算机的人都属于计算机行业。为了清楚计算机工作,将其分成三类:计算机专业工作、计算机相关工作和计算机使用工作。计算机专业工作包括计算机编程、芯片设计和网络管理等那些没有计算机就不再存在的工作;计算机相关工作是一些普通工作在计算机行业的变形,这些工作在其他行业也存在。例如计算机销售、图形设计等;计算机使用工作需要使用计算机来完成某些任务,这些任务并不仅仅是计算。

拥有计算机专业工作的个人经常被称为“计算机专业人士”。在这三种工作中,计算机专业工作要求有充分的准备,对那些喜欢计算机、热爱计算机的人有很大的吸引力。

13.4.2 计算机专业

从事计算机软硬件的设计和开发工作要求经过很高程度的培养/培训和具有丰富的工作经验。很多大学都可以授予计算机工程、计算机科学和信息系统的学位,它们为计算机专业工作提供了高质量的教育,这些专业之间有重叠的地方,但是它们的重点不同。

计算机工程学位要求有良好的工程、数学和电子技术知识。计算机工程的毕业生一般从事计算机硬件和外围设备的设计工作,属于“芯片”级。

计算机科学学位要求有良好的数学和计算机编程知识。它的主要学习对象是计算机,其主要目标是如何让计算机更有效地工作。计算机科学的毕业生通常是初级程序员,以后可以晋升到软件工程师、面向对象/GUI 开发人员或者应用程序开发中的项目经理。

信息系统学位集中于商业或组织机构中的计算机应用。它需要掌握商业、会计、计算机编程、通信、系统分析和人类心理学等知识。对于那些数学功底不够又想成为计算机专业人员的学生,导师会建议他们选择信息系统的学位。信息系统的毕业生毕业后,一般从事初级程序员、技术支持工程师,以后可以晋升为系统分析员、项目管理人员、数据库管理员、网络管理员或其他管理职位。

13.4.3 准备从事计算机行业工作

在寻找有发展潜力的计算机工作时,教育和经验非常重要。除了需要计算机工程、计算机科学和信息系统的学位以外,还要考虑如何通过兼职、服务、培训和自学得到充分的工作经验,这些经验是正规教育的合适补充。

拥有自己的计算机、安装软件、解决软硬件问题等,为熟悉市场计算标准提供了很好的经验。为了让学历证书更有效,可能需要考虑参加认证学习。社会上有很多计算机工作方面的认证考试,包括程序设计、系统分析和网络管理等。例如,在计算机公司中从事网络管理,就应当考虑通过 Novell NetWare 或 Microsoft 认证系统工程师等的考试。

时刻留意专业领域的就业市场,以及特殊开发技能和综合知识很重要。将多种知识和能力综合起来并灵活运用,会产生创造性的想法来解决问题。特殊技能(例如熟练使用 Visual Basic 编程)将使用户能够解决特定工作中的问题。这些技巧将是寻找新的工作时所需要的计算机技能,可以使用户在求职时比其他人更有竞争力。

计算机工程、计算机科学和信息系统的毕业生一般工作在舒适的办公室或实验室环境中。许多高科技公司给雇员提供了良好的环境。但是,实际的工作条件决定于所在的公司和特定的项目。

不少计算机专业人员喜欢自己找项目来做,自己负责合同、咨询等事宜。合同程序员和技术专家都为自己工作,寻找短期项目,谈判磋商项目收益率。他们自己安排时间表,通常每天要工作很长时间,要获得成功,需要动力和自律,其回报是能够自己安排自己的工作环境。

13.4.4 寻找工作的技巧

为寻找工作,第一步就是真实地评估自己的资历和需求。资历包括计算机技能、教育背景、工作经验、沟通能力和个人品质等。将资历和某份工作的要求进行比较,就会发现自己成功的机会。要明确自己理想的工作地点、工作条件、公司风格和薪水。通过比较需求和雇主所提供的工作条件,就会知道一旦被雇用,是否会喜欢这份工作。我们的目标是找到工作,找到自己喜欢的、有机会晋升并且报酬也可以的工作。

今天,通过因特网了解就业市场很容易。求职者需要准备一份简历,上面有求职目标、经验、技能和教育程度。有些求职顾问建议在寻求高技术工作岗位时,没有必要按照传统的规则来书写简历。例如,如果有很多的工作技能可以写,就没有必要局限于一张纸。简历应当显示出自己的经验,没有必要过分压缩;除非要申请的工作是 Web 页面制作或图形设计,否则没有必要把简历做得像杂志的页面;要记住公司的文化有差异,例如,在 IBM 公司需要穿衬衣打领带,而在雅虎公司却可以穿牛仔裤和凉鞋。你可以使用 Word 来制作自己的简历以适应不同雇主公司的文化。

发布个人求职信息的标准方法就是将申请和简历通过邮件寄出去。不过,还有其他的更有效的方法。许多公司可以使用传真来接收简历以减少处理时间。电子邮件也是一个加速处理的方法。如果可能,要注意在申请表中写明电子邮件地址。使用电子邮件除了可以加速沟通之外,还表明申请者熟悉当前的技术。如果有个人主页的话,还可以在自己的主页上粘贴自己的简历。这个方法也很有效,它可以展示你对申请工作的熟练程度,大学生更喜欢这种方式。

13.5 阅读与思考:计算机职业人员的职业道德与原则

作为一种特殊职业,计算机职业有其自己的职业道德和行为准则,这些职业道德和行为准则是每一个计算机职业人员都要共同遵守的。

职业道德的概念

所谓职业道德,就是同人们的职业活动紧密联系的符合职业特点所要求的道德准则、道德情操与道德品质的总和。每个从业人员，不论从事哪种职业，在职业活动中都要遵守道德。如教师要遵守教书育人、为人师表的职业道德，医生要遵守救死扶伤的职业道德等。职业道德不仅是从业人员在职业活动中的行为标准和要求，而且是本行业对社会所承担的道德责任和义务。职业道德是社会道德在职业生活中的具体化。

作为一种特殊的道德规范，职业道德有以下四个主要特点。

(1) 在内容方面，职业道德要鲜明地表达职业义务、职业责任，以及职业行为上的道德准则。

(2) 在表现形式方面，职业道德往往比较具体、灵活、多样。它从本职业交流活动的实际出发，采用制度、守则、公约、承诺、誓言及标语口号等形式。

(3) 从调节范围来看，职业道德一方面用来调节从业人员内部关系，加强职业、行业内部人员的凝聚力，另一方面也用来调节从业人员与其服务对象之间的关系，用来塑造本职业从业人员的形象。

(4) 从产生效果来看，职业道德既能使一定的社会或阶层的道德原则和规范"职业化"，又能使个人道德品质“成熟化”。

职业道德基础规范

作为一名合格的计算机职业人员，在遵守特定的计算机职业道德的同时，首先要遵守一些最基本的通用职业道德规范，这些规范是计算机职业道德的基础组成部分，包括如下内容。

(1) 爱岗敬业：所谓爱岗就是热爱自己的工作岗位，热爱本职工作。而敬业是指用一种严肃的态度对待自己的工作，勤勤恳恳，兢兢业业，忠于职守，尽职尽责。爱岗与敬业总的精神是相通的，是相互联系在一起的，爱岗是敬业的基础，敬业是爱岗的表现。爱岗敬业是任何行业职业道德中都具有的一条基础规范。

(2) 诚实守信：是指忠诚老实信守承诺。诚实守信是为人处事的一种美德。诚实守信不仅是做人的准则也是做事的原则。诚实守信是每一个行业树立形象的根本。

(3) 办事公道：是在爱岗敬业，诚实守信的基础上提出的更高一个层次的职业道德的基本要求。是指从业人员办事和处理问题时，要站在公正的立场上，按照同一标准和同一原则办事的职业道德规范。

(4) 服务群众：这是为人民服务精神更集中的表现，服务群众就是为人民群众服务，这一规范要求从业人员要树立服务群众的观念，做到真心对待群众，做每件事都要方便群众。

(5) 奉献社会：就是不期望等价的回报和酬劳，而愿意为他人、为社会或为真理、为正义献出自己的力量，全心全意地为社会做贡献，是为人民服务精神的更高体现。

计算机职业人员职业道德的最基本要求

法律是道德的底线，计算机职业人员职业道德的最基本要求就是国家关于计算机管理方面的法律法规。多年来，全国人大、国务院和国家机关各部委等陆续制定了一批管理计算机行业的法律法规，例如《全国人民代表大会常务委员会关于维护互联网安全的决定》、《计算机软件保护条例》、《互联网信息服务管理办法》、《互联网电子公告服务管理办法》等，这些法律法规应当被每一位计算机职业人员牢记，严格遵守这些法律法规正是计算机职业人员职业道德的最基本要求。

计算机职业人员职业道德的核心原则

一个行业的职业道德，有其最基础、最具行业特点的核心原则。世界知名的计算机道德规范组织IEEE-CS/ACM软件工程师道德规范和职业实践（SEEPP）联合工作组曾就此专门制定过一个规范，根据此项规范，计算机职业人员职业道德的核心原则主要有以下两项。

原则一 计算机职业人员应当以公众利益为最高目标。这一原则可以解释为以下八点。

(1) 对他们的工作承担完全的责任；

(2) 用公益目标节制软件工程师、雇主、客户和用户的利益；

(3) 批准软件，应在确信软件是安全的、符合规格说明的、经过合适测试的、不会降低生活品质、影响隐私权或有害环境的条件之下，一切工作以大众利益为前提；

(4) 当他们有理由相信有关的软件和文档，可以对用户、公众或环境造成任何实际或潜在的危害时，向适当的人或当局揭露；

(5) 通过合作，全力解决由于软件及其安装、维护、支持或文档引起的社会严重关切的各种事项；

(6) 在所有有关软件、文档、方法和工具的申述中，特别是与公众相关的，力求正直，避免欺骗；

(7) 认真考虑诸如体力残疾、资源分配、经济缺陷和其他可能影响使用软件益处的各种因素；

(8) 应致力于将自己的专业技能用于公益事业和公共教育的发展。

原则二 客户和雇主在保持与公众利益一致的原则下，计算机专业人员应注意满足客户和雇主的最高利益。这一原则可以解释为以下九点。

(1) 在其胜任的领域提供服务，对其经验和教育方面的不足应持诚实和坦率的态度；

(2) 不明知故犯地使用非法或非合理渠道获得的软件；

(3) 在客户或雇主知晓和同意的情况下，只在适当准许的范围内使用客户或雇主的资产；

(4) 保证他们遵循的文档按要求经过某一人授权批准；

(5) 只要工作中所接触的机密文件不违背公众利益和法律，对这些文件所记载的信息须严格保密；

(6) 根据其判断，如果一个项目有可能失败，或者费用过高，违反知识产权法规，或者存在问题，应立即确认、文档记录、收集证据和报告客户或雇主；

(7) 当他们知道软件或文档有涉及到社会关切的明显问题时，应确认、文档记录并报告给雇主或客户；

(8) 不接受不利于为他们雇主工作的外部工作；

(9) 不提倡与雇主或客户的利益冲突，除非出于符合更高道德规范的考虑，在后者情况下，应通报雇主或另一位涉及这一道德规范的适当的当事人。

计算机职业人员职业道德的其他要求

除了基础要求和核心原则外，作为一名计算机职业人员，还有一些其他的职业道德规范应当遵守。

(1) 按照有关法律、法规和有关机关团内的内部规定建立计算机信息系统；

(2) 以合法的用户身份进入计算机信息系统；

(3) 在工作中尊重各类著作权人的合法权利；

(4) 在收集、发布信息时尊重相关人员的名誉、隐私等合法权益。

计算机职业人员的行为准则

所谓行为准则就是一定人群从事一定事务时其行为所应当遵循的一定规则，一个行业的行为准则就是一个行业从业人员日常工作的行为规范。参照《中国科学院科技工作者科学行为准则》的部分内容，对计算机职业人员的行为准则列举如下。

(1) 爱岗敬业。面向专业工作，面向专业人员，积极主动配合，甘当无名英雄。

(2) 严谨求实。工作一丝不苟，态度严肃认真，数据准确无误，信息真实快捷。

(3) 严格操作。严守工作制度，严格操作规程，精心维护设施，确保财产安全。

(4) 优质高效。瞄准国际前沿，掌握最新技术，勤于发明创造，满足科研需求。

(5) 公正服务。坚持一视同仁，公平公正服务，尊重他人劳动，维护知识产权。

资料来源：李晨，文化发展网（http://www.ccmedu.com/），此处有删改。

请分析：阅读上述内容，请简单叙述你的理解和感想。

____

____

____

____

13.6 主要术语

确保自己理解以下术语：

出版物	公民自由	隐私
道德	计算机行业	知识产权
道德评价	计算机职业	职业
道德责任	社会背景	职业道德
法律	社会道德	职业素质

13.7 练习与实验

本章“练习与实验”的目的如下。

(1) 熟悉《计算学科教学计划》关于“社会和职业的问题”的教育内容与要求。

(2) 熟悉计算问题、网络问题的社会背景，了解本专业的相关法律和条例。

(3) 熟悉计算机从业人员的职业素质要求及其应有的道德责任，了解计算机行业的就业机会和求职的基本知识。

(4) 掌握项目管理软件 Project 的基本操作，了解 Project 的应用领域。

13.7.1 工具与准备工作

在开始本实验之前，请回顾教科书的相关内容。

需要准备一台安装有 Microsoft Office Project 2003 软件的计算机。

13.7.2 实验内容与步骤

1. 概念理解

请利用所学概念回答下列问题，必要时请借助于教科书、网络等寻求资料。注意发挥自己的批判性思考能力、逻辑分析能力及创造力。

（1）教育和________是寻求有发展潜力的计算机行业职位的关键。

（2）________学位集中于计算机在商业和组织机构中的应用。

（3）CC1991 和 CC2001 等报告关于“社会和职业的问题”的主要论述是什么？

____

____

____

（4）计算机网络有何社会内涵？

____

____

____

（5）职业化的本质是什么？

____

____

____

（6）软件工程师应具备哪些基本的道德规范？

____

____

____

（7）什么是风险管理？如何进行风险评定？

____

____

____

（8）什么是知识产权？它包括哪些权利？

____

____

____

（9）简要分析隐私权在国内外的法律基础。

____

____

____

（10）我国刑法认定的计算机犯罪有哪几类？

____

____

____

2. 网络搜索与分析

请利用因特网进行搜索并获取相关资料,撰写短文分析计算机工作的自己业和就业问题,内容可以包括:

(1) 你的信息来源?

(2) 你所调查的城市中可以提供程序员工作的就业机会丰富吗?

(3) 各工作岗位给程序员提供的平均工资是多少?

(4) 对程序员教育程度的最低要求是什么?

(5) 用什么语言进行程序设计的程序员需求量最大?

请将报告另外附纸粘贴在这里:

---

3. 项目管理 Project 初步

就一般而言,如果没有软件系统的支持,软件工程项目管理的技术和方法的实现是比较困难的,因为不仅需要用模型来描述它们,其中还需要进行大量的计算。

Microsoft Project 和 Excel 都是实现项目管理技术应用的很好的工具。一项统计调查显示,Project 是最常用的计算机项目管理工具。人们使用 Project 的目的是进行项目控制和跟踪、详细的时间安排、早期的项目计划、沟通、报告、高级计划、甘特图、CPM 和 PERT;而人们使用 Excel 的主要目的,是为了进行成本预算、成本分析、方差分析、跟踪和报表,以及创建工作分解结构(WBS)。

安装 Project 软件后,在 Windows 中选择"开始"→"程序"(或"所有程序")→Microsoft Office Project"命令,就可启动 Microsoft Project 软件,屏幕显示基本操作界面,如图 13-1 所示。

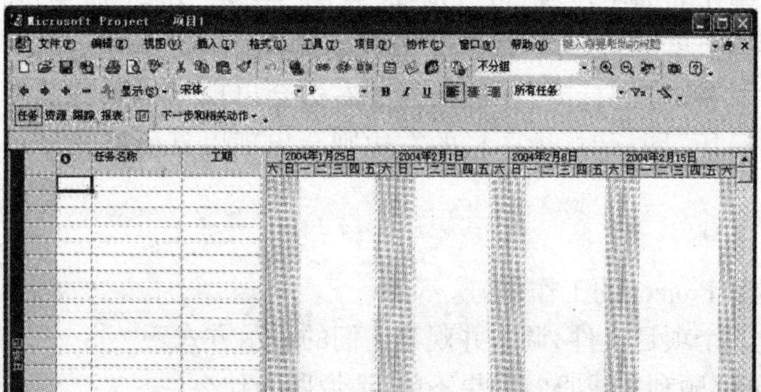

图 13-1 Microsoft Project 用户界面

关闭窗口退出 Project 程序时,系统会将当前打开的所有项目文件一并关闭。

(1) Project 菜单。Project 菜单以下拉式命令选项呈现,包括"文件"、"编辑"、"视图"、"插入"、"格式"、"工具"、"项目"、"协作"、"窗口"和"帮助"等部分。有关下拉式菜单的个性化特点,即一次全部或部分呈现命令,可选择"工具"→"自定义"→"工具栏"命令,然后切换到“选项”选项卡中进行设置。

1）“文件”菜单：用于实现 Project 文件的新建、打开、保存、输出和关闭等操作。

2）“编辑”菜单：用于实现对 Project 文件的编辑操作，包括撤销、剪切、复制、粘贴、查找和替换等操作，还包括对任务的删除、链接等操作。

3）“视图”菜单：用于对许多常用的视图工作表进行操作，包括甘特图、任务分配状况、日历、网络图、资源工作表、资源使用状况和资源图表等。

4）“插入”菜单：可为 Project 文件加入新任务和项目，插入列、分页符及绘图、对象、超级链接等功能。

5）“格式”菜单：用于为 Project 文件的内容，包括字体、条形图、时间刻度、网格及版式等设置格式。

6）“工具”菜单：提供了 Project 项目管理各项操作中常用的工具功能，例如在项目间链接、调配资源和跟踪等。

7）“项目”菜单：提供了排序、筛选任务、分组等项目管理功能。

8）“协作”菜单：提供了项目协同作业方面的管理功能。

（2）Project 工具栏。Project 工具栏是由许多小的操作工具按钮组成的，这些按钮的功能实际上在菜单栏里都可以找到并运行，只不过它以按钮方式出现，可以直接打开，省略了许多中间步骤，所以更加便捷。工具栏的默认设置包括“常用”工具栏和“格式”工具栏，如果想要在屏幕上打开其他的工具栏，可以选择“视图”→“工具栏”命令。

（3）Project 视图栏。Project 视图栏中列出了常用的视图工作表按钮（如图 13-2 所示，如果操作界面中没有，可以选择“视图”→“视图栏”命令），只需在想要显示的图标上单击，右边的视图编辑区域就会显示出所选定的工作图表。例如，单击“甘特图”图标时，在视图栏的右边会出现甘特图的工作表与条形图；而单击“日历”图标时，视图栏的右边则会出现以日历格式显示的窗口。

图 13-2　视图栏

练习

（1）操作并熟悉 Project 的工作窗口。

（2）分别新建几个项目文件，调整并观察它们的显示方式。

请记录：操作能够顺利完成吗？如果不能，请说明为什么。

---

4. 用 Project 制订第一份计划

在了解 Project 的基本操作界面之后，我们来尝试使用 Project 制订第一份计划。

假设某出版社信息出版中心拟在温州雁荡山组织一次关于新版计算机专业教材的研讨会，会期三天。为此，通常的会议准备工作步骤如下。

（1）征求社领导和部分作者、编辑的意见，设计一个三天的会议安排；

（2）根据日程安排，编制费用预算，报主管领导批准；

（3）编制一个工作计划，安排合适的人选负责；

（4）通知并确定参加该会议的人员，以便按人数预订酒店、准备交通工具。

（5）做好其他准备工作。待一切齐备后按时出发。

打开 Project 软件,开始编制项目管理计划。选择“文件”→“新建”命令,选择“空白项目”,并设置当前日期为项目开始日期,如图 13-3 所示。

为把这次会议的标题和其他相关信息一并输入到系统中,以备需要时可以随时取得,选择“文件”→“属性”命令并输入有关信息,如图 13-4 所示。

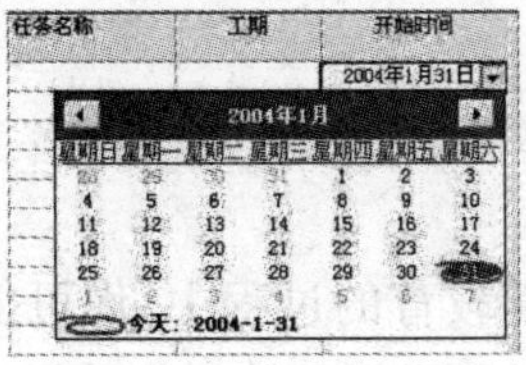

图 13-3　设置开始时间

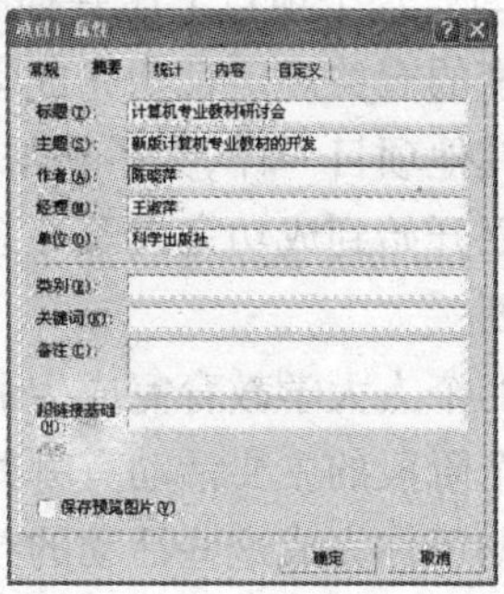

图 13-4　设置项目属性信息

单击【确定】按钮返回甘特图视图。在甘特图视图上先把需要做的工作列举出来,大体上按先后次序进行整理,并估计每项工作所需要的时间,结果如图 13-5 所示。

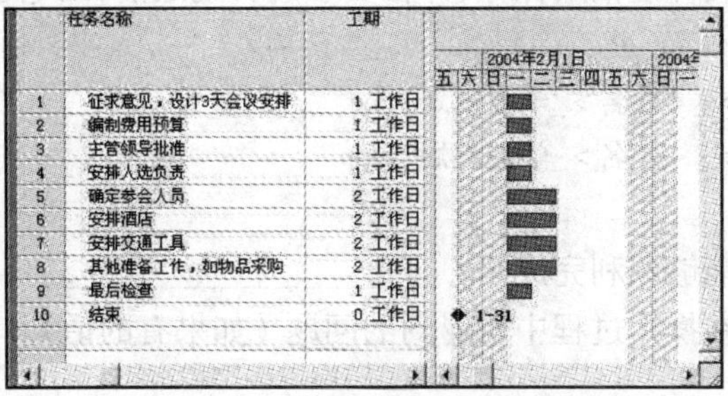

图 13-5　任务列表和持续时间

这些工作不能同时进行。例如只有在预算编制好以后领导才能审批等。可以使用 Project 提供的建立链接关系的功能,将任务关联起来(例如可以把工期数据图符拖动到对应的日期单元格中),最后结果如图 13-6 所示。

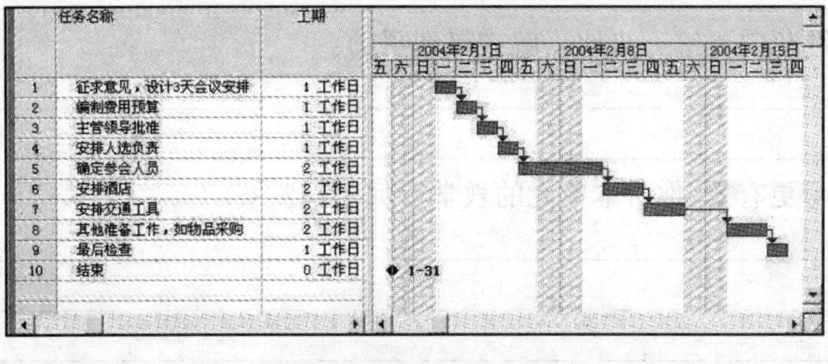

图 13-6　项目甘特图

请记录:操作能够顺利完成吗?如果不能,请说明为什么。

5. 实例研究

借助于软件工程的一些思想方法,我们来研究一个"完成大学教育"的实例。

作为一位完成学历、攻读学位的在校大学生,考虑把完成大学学业当成是一个项目,这个大项目将持续很多年,并且所花费的甚至将远远多于你和你的家庭承受能力;一些学生在管理"完成大学学业"这个项目上比其他人做得更好;有不少学生却会完全失败;有些学生则利用学籍管理制度的有关规定延期完成学业并且超出了预算。

像任何其他项目一样,为了获得成功,你应该遵循某些"完成大学教育"的方法,即应该遵循完成从计划开始到成功完成等一系列的活动和任务的准则。

尝试规划:

(1) 你的个人大学教育完成生命周期的各个阶段是什么?

(2) 每个阶段的主要活动有哪些?

(3) 有助于你完成这些活动的技术有哪些? 在完成大学教育的过程中,你可能会创建什么模型? 请注意区分你建立的那些使你完成大学教育的模型和那些有助于你计划和控制完成大学教育的过程的模型。

(4) 有助于你创建这些模型的工具有哪些?

试就上述问题,以"完成大学学业"为题目编写规划报告,并请将规划安排用 Project 设计体现出来。报告按以下文件名格式保存,并在要求的日期之前,以电子邮件方式交给实验指导老师:

<班级>_<学号>_<姓名>_学业规划.doc

<班级>_<学号>_<姓名>_学业规划.mpp

请记录:

(1) 上述实验步骤能够顺利完成吗? ______________。

(2) 请简单描述你在操作过程中所遇到的问题(如果有的话)。

____

13.7.3 单元学习评价

(1) 你认为本单元最有价值的内容是:

____

____

(2) 下列问题仍需要进一步地了解或得到帮助:

____

____

(3) 为使学习更有效,你对本单元的教学有何建议?

____

____

____

13.7.4 实验总结

____

13.7.5 实验评价(教师)

第 14 章　实验总结与综合实践

至此,我们顺利完成了本书有关计算机导论的全部实验。为巩固通过实验所了解和掌握的相关知识和技术,请就所做的全部实验进行一个系统的总结。由于篇幅有限,如果书中预留的空白不够,请另外附纸张粘贴在边上。

14.1　计算机导论实验总结

14.1.1　实验的基本内容

(1) 本学期完成的计算机导论实验主要有(请根据实际完成的实验情况填写):

1) 第 1 章实验:主要内容是:________________________________

____

2) 第 2 章实验:主要内容是:________________________________

____

3) 第 3 章实验:主要内容是:________________________________

____

4) 第 4 章实验:主要内容是:________________________________

____

5) 第 5 章实验:主要内容是:________________________________

____

6) 第 6 章实验:主要内容是:________________________________

____

7) 第 7 章实验:主要内容是:________________________________

____

8) 第 8 章实验:主要内容是:________________________________

____

9) 第 9 章实验:主要内容是:________________________________

____

10) 第 10 章实验:主要内容是:________________________________

____

11) 第 11 章实验:主要内容是:________________________________

____

12) 第 12 章实验:主要内容是:________________________________

____

____

13）第 13 章实验：主要内容是：________________

____

（2）请回顾并简述：通过实验，你初步了解了哪些有关计算机学科、计算机教育、计算机行业、计算机市场、计算机职业等的重要概念（至少三项）。

1）名称：________________

简述：________________

____

2）名称：________________

简述：________________

____

____

3）名称：________________

简述：________________

____

____

4）名称：________________

简述：________________

____

____

5）名称：________________

简述：________________

____

____

14.1.2 实验的基本评价

（1）在全部实验中，你印象最深，或者相比较而言你认为最有价值的实验是哪一个？

1）________________

你的理由是：________________

____

2）________________

你的理由是：________________

____

（2）在所有实验中，你认为应该得到加强的实验是哪一个？

1）________________

你的理由是：________________

____

2）________________

你的理由是：________________

(3) 对于本课程和本书的实验内容,你认为应该改进的其他意见和建议是什么?

14.1.3 课程学习能力测评

请根据你在本课程中的学习情况,客观地对自己在计算机导论知识方面进行一个能力测评。请在表 14-1“测评结果”栏中合适的项下打“√”。

表 14-1 课程学习能力测评

关键能力	评价指标	测评结果				
		很好	较好	一般	勉强	较差
课程主要内容	1. 了解本课程的主要内容,熟悉本课程的全部或者大多数基本概念					
	2. 熟悉本课程的网络学习环境					
	3. 了解通过网络自主学习的必要性和可行性					
	4. 掌握通过网络提高专业能力、丰富专业知识的学习方法					
对计算学科本身的认识	1. 了解计算学科的历史背景					
	2. 理解计算本质与学科定义					
	3. 熟悉计算学科优秀代表人物及其典型事迹					
	4. 了解计算学科的社会背景、职业特点和职业道德					
对学科基础知识的了解	1. 熟悉计算学科知识体系和各主领域的主要内容					
	2. 掌握计算机及其数据表示的基本概念,熟悉基本用户界面和 GUI					
	3. 熟悉微型机主板的主要部件,熟悉各种存储部件间的区别,了解 CPU 执行指令的过程和影响 CPU 性能的因素					
	4. 熟练掌握 Word、Excel、PowerPoint 等基础应用软件的基本操作,熟悉相关软件的主要功能和应用领域					
	5. 掌握 Visio、Access 和 Project 等专业应用软件的基本操作,熟悉相关软件的主要功能和应用领域					
对学科专业方向的了解	1. 了解计算学科的 5 个专业学科领域					
	2. 了解“计算教程 CC2004”等重要文件对计算学科建设的重要意义					
自我管理与交流能力	1. 培养自己的责任心掌握、管理自己的时间					
	2. 知道尊重他人观点,能开展有效沟通,在团队合作中表现积极					
	3. 能获取并反馈信息					
解决问题与创新能力	1. 能根据现有的知识与技能创新地提出有价值的观点					
	2. 能运用不同思维方式发现并解决一般问题					

说明:“很好”为 5 分,“较好”为 4 分,其余类推。各栏目合计为 100 分,你给自己的测评分是:______分。

14.1.4 课程实验总结

14.1.5　实验总结评价（教师）

14.2　计算机导论综合实践

14.2.1　实践任务

请任课教师根据实际情况，安排本次课程实践活动，组织学生参观当地举办的信息技术、动漫、艺术（美术）等博览会（展览会），并撰写课程实践报告。

根据教师要求，本次课程实践活动将作为：

□课程考核　　□课程实践　　□一般作业

14.2.2　报告内容

请在认真欣赏、学习的基础上，撰写以下课程实践报告。

（1）你参观的展会的名称是：

举办时间：

举办地点：

（2）展会的主要内容描述：

（3）你认为本次展会是：

□传统技术/艺术盛会　　□数字技术/艺术盛会

□传统和数字技术/艺术的盛会　　□不知道

（4）如果是传统和数字技术/艺术的盛会，你认为数字技术的产品/作品在其中占有多少份额？

如果仅仅是传统技术/艺术的展示，你认为所展示的内容和数字技术/艺术有关系吗？如果有，请简单介绍你的观点：

(5) 这次参观给你留下的第一印象是什么？

(6) 在本次参观中，你最喜欢的内容（作品）是什么？请简单描述之。

(7) 你认为这次参观对本课程的学习是否有意义：

□很有意义　□一般意义　□有点意义　□没有意义　□不知道

(8) 如果有意义，那你认为这次参观学习对本课程的主要贡献是什么：

(9) 你认为本次展会存在的问题是：

(10) 你希望老师给予帮助的问题是：

(11) 你希望在班上进行讨论的相关话题是：

14.2.3 实践报告总结

（请叙述你的感受、认识、体会及建议等。）

14.2.4 实践报告评价（教师）

主要参考文献

[1] 计算机学科规范[M]. 北京:高等教育出版社.

[2] June Jamrich Parsons, Dan Oja. 计算机文化(田丽韫,等译. 4th ed.)[M]. 北京:机械工业出版社,2003.

[3] Behrouz A. Forouzan. 计算机科学导论[M]. 刘艺,等译. 北京:机械工业出版社,2004.

[4] 董荣胜,古天龙. 计算机科学与技术方法论[M]. 北京:人民邮电出版社,2002.

[5] 周苏,王文. 软件工程学教程[M]. 2版. 北京:科学出版社,2005.

[6] 周苏,王文. 软件工程学实验[M]. 北京:科学出版社,2005.

[7] 周苏,等. 系统集成与项目管理[M]. 北京:科学出版社,2004.

[8] 周苏,多媒体技术与应用[M]. 修订版. 北京:科学出版社,2007.

[9] 周苏,等. 信息安全技术[M]. 北京:科学出版社,2007.

[10] 周苏,等. 数字艺术设计概论[M]. 北京:科学出版社,2007.

[11] 周苏,等. 人机界面设计[M]. 北京:科学出版社,2007.